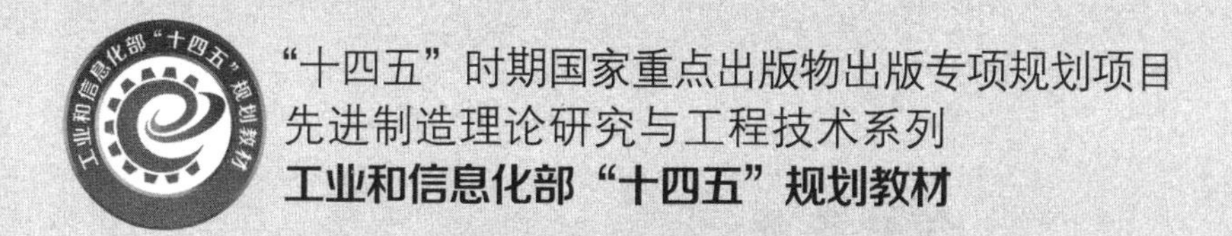

“十四五”时期国家重点出版物出版专项规划项目
先进制造理论研究与工程技术系列
工业和信息化部“十四五”规划教材

智能制造中的知识工程

Knowledge Engineering in Intelligent Manufacturing

林 琳 郭 丰 著

哈爾濱工業大學出版社
HARBIN INSTITUTE OF TECHNOLOGY PRESS

内 容 简 介

本书是作者对所从事的科研工作及为哈尔滨工业大学机电工程学院研究生讲授数字化设计中的“知识工程”课程讲义内容的整理，重点对知识工程中的知识表达、知识挖掘和知识融合的相关理论、方法及其应用进行了阐述。

全书共分8章，主要分为三大部分：知识表达方法、知识挖掘方法和知识融合方法。知识表达重点面向逻辑结构形式、业务流程和语义向量三个方面开展表达方法研究；知识挖掘主要研究模糊知识挖掘和知识迁移方法；知识融合则分别对采用传统证据理论和较为新颖的图论方法进行知识融合开展研究。

本书对从事机械工程与人工智能领域研究的研究生或科研院所的科技人员有很好的借鉴意义，各个层面的读者均可参考使用。

图书在版编目(CIP)数据

智能制造中的知识工程/林琳，郭丰著.—哈尔滨：哈尔滨工业大学出版社，2023.3
（先进制造理论研究与工程技术系列）
ISBN 978-7-5603-9942-3

Ⅰ.①智… Ⅱ.①林… ②郭… Ⅲ.①知识工程
Ⅳ.①TP182

中国版本图书馆CIP数据核字(2022)第092238号

策划编辑 张 荣
责任编辑 周一瞳
出版发行 哈尔滨工业大学出版社
社 址 哈尔滨市南岗区复华四道街10号 邮编150006
传 真 0451-86414749
网 址 http://hitpress.hit.edu.cn
印 刷 哈尔滨市工大节能印刷厂
开 本 787 mm×1 092 mm 1/16 印张18.75 字数468千字
版 次 2023年3月第1版 2023年3月第1次印刷
书 号 ISBN 978-7-5603-9942-3
定 价 58.00元

前　　言

1977年，美国斯坦福大学计算机科学家费根鲍姆教授(B. A. Feigenbaum)在第五届国际人工智能会议上提出了知识工程概念。知识工程可以看成人工智能在知识信息处理方面的发展，为需要知识才能解决的应用难题提供求解的手段。从传统上看，知识工程学中的“知识”一词是指人类发明和发现的自然科学知识和社会科学知识，或储存于人的大脑中的潜能知识，以及智力、智慧和创造力等。随着大数据时代的到来，数据海量增加，数据中挖掘的信息逐步成为新的知识类型。在不了解底层机制的情况下，数据挖掘依然能够从“笨拙”的数据中发现知识，其在工程中的应用越来越广泛，并且效果愈加显著。在这种形势下，数据的价值越来越得到公众的认可，各个领域都在积极收集、组织和管理行业大数据，针对大数据的信息挖掘的相关理论、方法和工具已经成为热点。传统意义上的知识工程与新兴的数据工程的边界愈发模糊，无论是针对背景还是相关技术方法的研究都在不断地融合和发展，技术更加复杂，应用更加深入和具体。

本书在这种大背景意义下，对所从事的科研工作及为哈尔滨工业大学机电工程学院研究生讲授数字化设计中的“知识工程”课程讲义进行整理并成稿，重点对知识工程中的知识表达、知识挖掘和知识融合的相关理论、方法及其应用进行了阐述。本书大量的应用案例全部来自于实际工程，对从事相关工程领域研究的研究生或科研院所的科技人员有很好的借鉴意义，这也是本书的特色与优势之一。由于所从事的科研工作时间跨度较长，因此本书中既有相对经典和基础的方法，也有即时跟踪到并改进的热点方法，各个层面的读者都可以参考阅读。

全书共分8章。第1章为面向逻辑结构的知识表达方法，对两种经典知识表达方法进行了相应的介绍，并给出了相应的工程案例；第2章为面向业务流程的模块知识表达方法，其是在科研工作中根据实际工程需要研发的一种更加便捷、高效的窗口式和模块化的表达方法，并在实际工程中进行了验证；第3章为基于向量空间的文本知识表达方法，其是目前较为热点的知识表达方法，这种方法使得采用数据处理方法处理文本成为可能；第4章为基于模糊理论的知识挖掘方法，主要讲解了模糊理论及采用模糊理论如何在工程背景中挖掘模糊知识，从该章开始进入知识挖掘方法的讨论；第5章为基于贝叶斯理论的知识挖掘方法，介绍了基于贝叶斯理论的知识挖掘方法及相关的工程应用；第6章为迁移学习方法及其应用，是即时跟踪较为热点的机器学习方法，即将一种背景中学习到的模型迁移到另一种背景中，快速获得新背景中的模型的方法；第7章为基于D－S证据理论的知识融合方法，讨论了较为经典的D—S证据理论及在工程中进行应用，从该章开始进入知识融合方法的讨论环节；第8章为基于知识图谱的知识融合方法，主要针对网络中存在的大量碎片化的知识图谱的融合问题开展讨论，提出了一种可以将大量碎片知识图谱融合为一个系统化知识图谱的方法。

本书是为研究生教学而撰写的，也可作为从事相关科研工作的技术人员的参考书籍。由于本书涉及面广、内容繁多，因此在实际教学和应用中可以根据实际工程需要进行取舍。本书包含作者多年的科研工作中的实践和教学工作中的体会，也参考了大量的同类书籍和相关文献的精华，在此谨向这些教材、文献的作者表示感谢，也向提供帮助的多位老师和学生表示感谢。

限于作者水平，书中难免存在疏漏及不足之处，希望广大读者批评指正。

作 者

2023年1月

目　录

第5章 基于贝叶斯理论的知识挖掘方法

第6章 迁移学习方法及其应用

第7章 基于D－S证据理论的知识融合方法

第8章 基于知识图谱的知识融合方法

第1章 面向逻辑结构的知识表达方法

1.1 基于谓词的知识表达方法

1.1.1 谓词逻辑

谓词逻辑表达方法在理解上比较接近自然语言，因此是一种简单、高效的说明类知识表达方法。谓词逻辑是在命题逻辑的基础上进一步发展起来的，其本质是对命题逻辑的扩充。为说明谓词逻辑在知识表达方法方面的应用，首先需要了解命题逻辑及其相关知识。

命题是具有真假意义的陈述句。一个命题总具有一个值，称为真值。真值只有“真”和“假”两种，一般使用符号 T 和 F 表示。一切没有判断内容、无所谓是非的语句都不能作为命题。命题具有两种类型：第一种类型是不能分解成更简单的陈述语句的命题，称为原子命题；第二种类型是由连接词、标点符号和原子命题等复合构成的命题，称为复合命题。

通常用大写字母 P、Q、R 等来表示命题，如

$$P\text{：今天下雨}$$

P 是命题符号，在上例中代表“今天下雨”这个命题。如果命题符号表示确定的命题，就称其为命题常量；如果命题符号只表示任意命题的位置标志，就称其为命题变元。因为命题变元可以表示任意命题，所以它不能确定真值，故命题变元不是命题。若 P 为命题变元，则只有当 P 被一个特定的命题取代时，P 才能确定真值，这时又称对 P 进行指派。当命题变元表示原子命题时，该命题变元称为原子变元。

命题逻辑就是研究命题与命题之间关系的符号逻辑系统。虽然命题逻辑是非常简单的一种逻辑系统，但是仍然需要语法和语义来实现。

命题逻辑语法非常简单，相关符号包括以下几种。

(1)逻辑常量。

逻辑常量有 True(T)和 False(F)，它们本身也是语句。

(2)命题符号。

命题符号有 P、Q、R 等。

(3)连接词。

命题逻辑主要使用以下五个连接词，通过这些连接词，可以用简单的命题构成复杂的复合命题。

①¬。

¬表示否定(Not),句子¬ P 称为 P 的否定,即"非 P"。只有¬是一元连接词,其他四个连接词都是二元连接词。否定连接词也可以用"～"表示。

②∧。

∧表示合取(Conjunction),复合命题 $P \wedge Q$ 表示 P 和 Q 的合取,即"P 和 Q"。

③∨。

∨表示析取(Disjunction),复合命题 $P \vee Q$ 表示 P 和 Q 的析取,即"P 或 Q"。

④→。

→表示蕴含(Implies),复合命题 $P \rightarrow Q$ 称为蕴含或条件句,表示命题 P 蕴含命题 Q,或称命题 P 是命题 Q 的条件,即"如果 P,那么 Q"。P 称为蕴含的前件(Antecedent),Q 称为蕴含的后件(Consequent)。

⑤↔。

↔表示等价(Equivalent),命题 $P \leftrightarrow Q$ 称为等价(或双条件),表示命题 P 和命题 Q 互为条件,即"如果 P,那么 Q;如果 Q,那么 P",也就是"P 当且仅当 Q"。

(4)括号。

括号即( ),主要用于改变默认连接词优先级。

在命题逻辑中,五个连接词的优先级顺序(从高到低)为¬,∧,∨,→,↔。

由连接词把原子命题构成的复杂句子就是复合命题,称为命题公式。命题中合式公式(Well-Formed Formula,wff)递归定义如下。

①任何原子命题都是合式公式,如 P、R 等都是原子命题,也是合式公式。

②如果 P 和 Q 是合式公式,则¬ P、$P \wedge Q$、$P \vee Q$、$P \rightarrow Q$、$P \leftrightarrow Q$ 都是合式公式。

③经过有限次地使用①和②,得到的由原子公式、连接词和括号组成的符号串也是合式公式。

④除上述三种情况外,再没有其他的合式公式,如 $P \rightarrow \neg$、$\vee Q$,因为都不是原子命题,故都不是合式公式。

命题逻辑的语义也非常直接,通过给出命题符号、常量就可以定义命题逻辑的语义。

在逻辑上,一个语句的意义是它所指的事实是什么。怎样知道语句的意义,怎样建立语句和事实之间的相应关系,从根本上来说是由书写该语句的人决定的。为说明它的意义,书写者还必须提供语句的解释,说明语句对应于哪个事实。不过,命题 P 可以表示为语句"汽车发动机启动",也可以表示为语句"北斗卫星发射成功",二者皆为简单语句,语句的解释无须书写者额外说明。

对于复合语句,其意义可以从组成复杂语句的各个部分推导出来,即复杂语句的意义是语句组成成分所关联的各个部分的函数。例如,复合语句"$P \vee Q$"的意义就决定于其组成成分"P""Q"及连接词"∨"的意义,P 和 Q 的意义是析取即∨的输入,一旦 P、Q、∨的意义确定了,该复合语句的意义也就确定了。

语法中所定义的连接词的语义可以定义如下。

①¬ P 为真,当且仅当 P 为假。

②$P \wedge Q$ 为真,当且仅当 P 和 Q 都为真。

③$P \vee Q$ 为真，当且仅当 P 为真或 Q 为真。

④$P \rightarrow Q$ 为真，当且仅当 P 为假或 Q 为真。

⑤$P \leftrightarrow Q$ 为真，当且仅当 $P \rightarrow Q$ 为真，并且 $Q \rightarrow P$ 为真。

上述关系可以利用真值表表示，见表1.1。

表 1.1 真值表

P	Q	$\neg P$	$P \wedge Q$	$P \vee Q$	$P \rightarrow Q$	$P \leftrightarrow Q$
T	T	F	T	T	T	T
T	F	F	F	T	F	F
F	T	T	F	T	T	F
F	F	T	F	F	T	T

【例 1.1】 研究公式 $G=((P \wedge Q) \rightarrow (\neg R))$。

其中，“=”可读为“代表”。该公式中出现的原子是 P、Q、R，假定 P、Q、R 的真值分别为 T、F、T，那么 $(P \wedge Q)$ 的真值为 F，$(\neg R)$ 的真值也为 F，由此得出 G 的真值为 T。

对原子集合 $\{P,Q,R\}$ 中各原子分别赋予真值的结合{T,F,F}就是对公式 G 的一个解释。因为 $\{P,Q,R\}$ 中各原子都可以或者赋予 T，或者赋予 F，所以公式 G 共有 $2^3=8$ 种解释。公式 G 全部 8 种解释下的真值见表1.2，称其为公式 G 的真值表，它显示了对 G 中出现的各原子赋予的所有可能真值的对应关系。

表 1.2 公式 G 的真值表

P	Q	R	$P \wedge Q$	$\neg R$	G
T	T	T	T	F	F
T	T	F	T	T	T
T	F	T	F	F	T
T	F	F	F	T	T
F	T	T	F	F	T
F	T	F	F	T	T
F	F	T	F	F	T
F	F	F	F	T	T

【定义 1.1】 设 G 为公式，$A_1,\cdots,A_n$ 为 G 中出现的所有原子。G 的一个解释是对 $A_1,\cdots,A_n$ 赋予的一组真值，其中每个 $A_i(i=1,\cdots,n)$ 取值为 T 或 F。

如果一个语句根据语义给出了一个解释，则该语句描述了一个事实。若语句在某个解释下是真的，则代表对应的事实符合某个客观世界的规律。

【定义 1.2】 公式 G 称为在一种解释下(或按一种解释)为真，当且仅当 G 按该解释算出的真值为 T，否则称为在该解释下为假。

若在公式中有 n 个不同的原子 $A_1,\cdots,A_n$，那么该公式就有 2^n 个不同的解释。通常用集合$\{m_1,\cdots,m_n\}$表示一种解释，其中m_i或为A_i，或为$\neg A_i$。若m_i为A_i，则A_i的真值为T；若m_i为$\neg A_i$，则A_i的真值为F。例如，集合$\{P,\neg Q,R\}$是表示P、Q、R的真值分别为T、F、T的一种解释。

谓词逻辑根据对象和对象上的谓词（即对象的属性和对象之间的关系），通过使用连接词和量词来表示客观世界。其主要思想是：世界是由对象组成的，可以用标识符和属性来区分它们。在这些对象中还包含着相互的关系。在谓词逻辑中，常用的是一阶谓词逻辑。一阶谓词逻辑允许量化陈述的公式，是用于数学、哲学、语言学及计算机科学中的一种形式系统。一阶谓词逻辑是区别于高阶谓词逻辑的数理逻辑，高阶谓词逻辑不允许量化性质。

一阶谓词逻辑在数学、哲学和人工智能上一直都非常重要。在人工智能系统中，一阶谓词逻辑便于程序实现且具有通用性。因此，本章中的谓词逻辑主要是一阶谓词逻辑。

1. 谓词逻辑语法

命题是能够做出判断的语句，不能做出判断的语句不是命题。一般来说，能够做出判断的语句是由主语和谓语两部分组成的。主语一般是个体，个体是可以独立存在的，它可以是具体的事物，也可以是抽象的概念。用于刻画个体的性质、状态和个体之间关系的语言成分就是谓词。例如，张三是研究生，李四是研究生，这两个命题可以用不同的符号P和Q表示，但是P和Q的谓语有共同的属性：是研究生。因此，引入一个符号表示“是研究生”，再引入一个方法表示个体的名称，这样就把“某某是研究生”这个命题的本质刻画出来了。因此，可以用谓词来表示命题。

一个谓词可以分为谓词名和个体两部分。谓词的一般形式为

$$P(x_1,x_2,\cdots,x_n)$$

式中，P是谓词名；$x_1,x_2,\cdots,x_n$是个体。对于上面的命题，可以用谓词分别表示为Graduate(A)、Graduate(B)。其中，Graduate是谓词名；A和B都是个体。“Graduate”刻画了“A”和“B”是研究生这一特征。

谓词逻辑语法的元素表示如下。

(1)个体符号或常量。

个体符号或常量为A、B等，通常是对象名称。

(2)变量符号。

变量符号习惯上用小写字母表示，如x、y、z等。

(3)函数符号。

函数符号习惯上用小写英文字母或小写英文字母串表示，如plus、f、g。

(4)谓词符号。

谓词符号习惯上用大写英文字母或（首字母）大写英文字母串表示。

(5)连接词。

谓词逻辑中使用的连接词与命题逻辑中使用的连接词一样，都是$\wedge$、$\vee$、$\rightarrow$、$\leftrightarrow$。

任何函数符号和谓词符号都取指定个数的变元。若函数符号f中包含的个体数目为n，则称f为n元函数符号。若谓词符号P中包含的个体数目为n，则称P为n元谓词符号。例如，father(x)是一元函数，Less(x,y)是二元谓词。一般来说，一元函数表达了

个体的性质，而多元谓词则表达了个体之间的关系。

在谓词中，个体可以是常量，也可以是变元和函数。例如，“$x<5$”可以表示为Less(x,5)，其中的 x 为变元。又如，“小王的父亲是教师”可以表示为 Teacher(father(Wang))，其中的 father(Wang)是一个函数。

如果谓词 P 中的所有个体都是个体常量、变元或函数，则该谓词为一阶谓词；如果某个个体本身又是一个一阶谓词，则称 P 为二阶谓词，余者类推。

个体变元的取值范围称为个体域。个体域可以是无限的，也可以是有限的。把各种个体域综合在一起作为讨论范围的域称为全总个体域。

谓词与函数表面上很相似，都是一种映射，其实就是两个完全不同的概念，容易引起混淆。函数是把个体域中的个体映射到另一个个体，函数的映射并无真假之分。例如，father(Wang)建立了名为 Wang 的人与 Wang 的父亲的映射。谓词是把常量映射成为 T 或 F，即谓词的映射存在真假之分。例如，将二元谓词 Greater(5,3)映射为 T，Greater(3,5)映射为 F。

在一阶谓词逻辑中，称 Teacher(father(Wang))中的 father(Wang)为项。

【定义 1.3】 项可递归定义如下：

①单独一个个体是项(包括常量和变量)；

②若 f 是 n 元函数符号，$t_1,t_2,\cdots,t_n$ 是项，则 $f(t_1,t_2,\cdots,t_n)$也是项；

③任何项都由上述规则生成。

可见，项是把个体常量、个体变量和函数统一起来的概念。

由定义可以看出，plus(plus(x,1),x)和 father(father(John))都是项，前者表示“$(x+1)+x$”，后者表示“John 的祖父”。

【定义 1.4】 若 P 为 n 元谓词符号，$t_1,t_2,\cdots,t_n$ 都是项，则称 $P(t_1,t_2,\cdots,t_n)$为原子。

在原子中，若 $t_1,t_2,\cdots,t_n$ 都不含变量，则 $P(t_1,t_2,\cdots,t_n)$是命题。

为刻画谓词与个体之间的关系，在谓词逻辑中引入了两个量词。

(1)全程量词。

全程量词($\forall x$)表示“对个体域中所有(或任意一个)个体 x”，读为“对所有的 x”“对每个 x”或“对任一 x”。

(2)存在量词。

存在量词($\exists x$)表示“在个体域中存在个体 x”，读为“存在 x”“对某个 x”或“至少存在一个 x”。

$\forall$ 或 $\exists$ 后面的 x 称为量词的指导变元或作用变元。

假如 Greater(x,y)表示谓词 x 大于 y，plus(x,y)表示函数 $x+y$，则有：

①($\forall x$)Greater(plus(x,1),x)，表示命题“对于任意 x，$x+1$ 都大于 x”；

②($\exists x$)Greater(x,3)，表示命题“存在 x，x 大于 3”；

③($\forall x$)($\exists y$)Greater(y,x)，表示命题“对任意 x 都存在 y，y 大于 x”。

注意，在使用量词时，被量化的变量一定要对应一个定义域，如在公式($\exists x$)Greater(x,3)中，x 的定义域为整数，该命题表示“存在整数 $x>3$”。

类似于命题逻辑，谓词逻辑可以利用原子、五种逻辑连接词及量词来构造复杂的符号表达式，这就是谓词逻辑中的公式。

【定义 1.5】 一阶谓词逻辑的合式公式(可以简称为公式)可递归定义如下：

①原子谓词是合式公式(又称原子公式)；

②若 P、Q 是公式，则 $\neg P$、$P \wedge Q$、$P \vee Q$、$P \rightarrow Q$、$P \leftrightarrow Q$ 都是合式公式；

③若 P 是合式公式，x 是任一个体变元，则 $(\forall x)P$、$(\exists x)P$ 也是合式公式；

④任何合式公式都由有限次应用①、②、③来产生。

在谓词逻辑合式公式中，连接词的优先级别与命题逻辑中的优先级别是一样的，从高到低为 $\neg$，$\wedge$，$\vee$，$\rightarrow$，$\leftrightarrow$。

在谓词逻辑中，量词存在辖域、自由变元和约束变元的概念。通常，把位于量词($\exists x$ 和 $\forall x$)后面的单个谓词或用括号括起来的合式公式称为量词的辖域。例如：

$$(\exists x)(P(x,y) \rightarrow Q(x,y)) \vee R(x,y)$$

式中，$(P(x,y) \rightarrow Q(x,y))$ 是 $(\exists x)$ 的辖域，辖域内的变元 x 是受 $(\exists x)$ 约束的变元，而 $R(x,y)$ 中的 x 是自由变元，公式中所有 y 都是自由变元。

在谓词公式中，一个约束变元所使用的名称符号是无关紧要的，如 $(\exists x)P(x)$ 和 $(\exists y)P(y)$ 具有相同的意义。为此，可以对谓词公式中的约束变元更改名称符号，即约束变元换名。其更改规则如下。

①更改的变元名称范围是量词中的指导变元及该量词作用域中所出现的该变元，如果该变元出现，则在公式中的其他部分不变。

②换名时必须更改为作用域中没有出现过的变元名称。例如，对于公式 $(\exists x)(P(x,y) \rightarrow Q(x,y)) \vee R(x,y)$，可以换名为 $(\exists z)(P(z,y) \rightarrow Q(z,y)) \vee R(x,y)$，但不能换名为 $(\exists y)(P(y,y) \rightarrow Q(y,y)) \vee R(x,y)$。

对于谓词公式中的自由变元，也允许更改，这种更改称为代入，其规则如下。

①代入时需要在公式中出现该自由变元的每一处进行。

②用以代入的变元与原公式中所有变元的名称不能相同。例如，对于公式 $(\exists x)(P(x,y) \rightarrow Q(x,y)) \vee R(x,y)$，可以代入为 $(\exists x)(P(x,z) \rightarrow Q(x,z)) \vee R(x,z)$，但不能代入为 $(\exists x)(P(x,x) \rightarrow Q(x,x)) \vee R(x,x)$。

2. 谓词逻辑语义

在命题逻辑中，命题公式的语义是通过给出命题符、常量、连接词的意义定义的。为确定一个语句的含义，还必须知道命题变元的解释，即对命题公式的一次真值指派。一旦解释确定后，根据各个连接词的定义就可以求出命题公式的真值。在谓词逻辑中，由于公式中可能含有个体常量、个体变元及函数，因此不能像命题公式那样直接通过真值指派给出解释，必须首先考虑个体常量和函数在个体域中的取值，然后才能针对常量和函数的具体取值为谓词分别指派真值。

在给出一阶谓词逻辑公式的一个解释时，需要规定公式中个体的定义域和公式中出现的常量、函数符号、谓词符号的定义。

【定义 1.6】 设 D 为谓词公式 P 的非空个体域，若对 P 中的个体常量、函数、谓词按如下规定赋值，则称这些指派为公式 P 在 D 上的一个解释：

①为每个个体常量指派 D 中的一个元素；

②为每个 n 元函数指派一个从 D_n 到 D 的映射，其中 $D_n=\{(x_1,x_2,\cdots,x_n)\mid x_1,x_2,\cdots,x_n\in D\}$；

③为每个 n 元谓词指派一个从 D_n 到 $\{T,F\}$ 的映射。

这样可以给出量词的定义。

①命题 $(\forall x)P(x)$ 为真，当且仅当对于 D 中所有 x，都有 $P(x)$ 为真；命题 $(\forall x)P(x)$ 为假，当且仅当至少存在一个 x_0 属于 D，使得 $P(x_0)$ 为假。

②命题 $(\exists x)P(x)$ 为真，当且仅当至少存在一个 x_0 属于 D，使得 $P(x_0)$ 为真；命题 $(\exists x)P(x)$ 为假，当且仅当对于 D 中所有 x，都有 $P(x)$ 为假。

因此，对于一个公式在定义域 D 上的每种解释，可按下述规则计算公式真值：

①若计算出公式 P 和 Q 的真值，则公式 $\neg P$、$P\wedge Q$、$P\vee Q$、$P\rightarrow Q$、$P\leftrightarrow Q$ 的真值可以由表 1.2 所示的真值表确定；

②若 P 对 D 中所有元素 d 算出的真值都为 T，则 $(\forall x)P$ 的真值为 T，否则为 F；

③若 P 对 D 中至少一个元素 d 算出的真值为 T，则 $(\exists x)P$ 的真值为 T，否则为 F。

1.1.2 谓词推理

1. 谓词公式的等价性和永真蕴含

谓词公式的等价性和永真蕴含可分别用相应的等价式和永真蕴含式来表示，这些等价式和永真蕴含式作为推理规则，是演绎推理的主要依据。

【定义 1.7】 设 P 和 Q 是 D 上的两个谓词公式。若对 D 上的任意解释，P 与 Q 都有相同的真值，则称 P 和 Q 在 D 上是等价的。若 D 是任意非空个体域，则称 P 与 Q 是等价的，记作 $P\Leftrightarrow Q$。

常用等价式如下。

(1)双重否定律。

$$\neg\neg P\Leftrightarrow P$$

(2)交换律。

$$P\vee Q\Leftrightarrow Q\vee P,\ P\wedge Q\Leftrightarrow Q\wedge P$$

(3)结合律。

$$(P\vee Q)\vee R\Leftrightarrow P\vee(Q\vee R)$$

$$(P\wedge Q)\wedge R\Leftrightarrow P\wedge(Q\wedge R)$$

(4)分配律。

$$P\wedge(Q\vee R)\Leftrightarrow(P\wedge Q)\vee(P\wedge R)$$

$$P\vee(Q\wedge R)\Leftrightarrow(P\vee Q)\wedge(P\vee R)$$

(5)德·摩根律。

$$\neg(P\vee Q)\Leftrightarrow\neg P\wedge\neg Q$$

$$\neg(P\wedge Q)\Leftrightarrow\neg P\vee\neg Q$$

(6)吸收律。

$$P\vee(P\wedge Q)\Leftrightarrow P$$

$$P\wedge(P\vee Q)\Leftrightarrow P$$

(7)补余律。

$$P \vee \neg P \Leftrightarrow \mathrm{T}$$

$$P \wedge \neg P \Leftrightarrow \mathrm{F}$$

(8)连接词化归律。

$$P \rightarrow Q \Leftrightarrow \neg P \vee Q$$

$$P \leftrightarrow Q \Leftrightarrow (P \rightarrow Q) \wedge (Q \rightarrow P)$$

$$P \leftrightarrow Q \Leftrightarrow (P \wedge Q) \vee (\neg P \wedge \neg Q)$$

(9)量词转化律。

$$\neg(\exists x)P \Leftrightarrow (\forall x)(\neg P)$$

$$\neg(\forall x)P \Leftrightarrow (\exists x)(\neg P)$$

(10)量词分配律。

$$(\forall x)(P \wedge Q) \Leftrightarrow (\forall x)P \wedge (\forall x)Q$$

$$(\exists x)(P \vee Q) \Leftrightarrow (\exists x)P \vee (\exists x)Q$$

【定义 1.8】 对谓词公式 P 和 Q,若 $P \rightarrow Q$ 永真,则称 P 永真蕴含 Q,且称 Q 为 P 的逻辑结论,P 为 Q 的前提,记作 $P \Rightarrow Q$。

常用永真蕴含式如下。

(1)化简式。

$$P \wedge Q \Rightarrow P$$

$$P \wedge Q \Rightarrow Q$$

(2)附加式。

$$P \Rightarrow P \vee Q$$

$$Q \Rightarrow P \vee Q$$

(3)析取三段论。

$$\neg P, P \vee Q \Rightarrow Q$$

(4)假言推理。

$$P, P \rightarrow Q \Rightarrow Q$$

(5)拒取式。

$$\neg Q, P \rightarrow Q \Rightarrow \neg P$$

(6)假言三段论。

$$P \rightarrow Q, Q \rightarrow R \Rightarrow P \rightarrow R$$

(7)二难推理。

$$P \vee Q, P \rightarrow R, Q \rightarrow R \Rightarrow R$$

(8)全称固化。

$$(\forall x)P(x) \Rightarrow P(y)$$

其中,y 是个体域中任一个体。利用此永真蕴含式可以消去公式中的全称量词。

(9)存在固化。

$$(\exists x)P(x) \Rightarrow P(y)$$

其中,y 是个体域中任意一个可使 $P(y)$ 为真的个体。利用此永真蕴含式可以消去公式中的存在量词。

上面列出的等价式和永真蕴含式是进行推理的重要依据，应用这些公式可以保证推理的有效性。此外，在进行推理过程中，谓词逻辑中还可以使用以下推理规则。

(1)P 规则。

P 规则是指前提在推理过程中的任何时候都可以引入使用。

(2)T 规则。

T 规则是指在推理时，如果有一个或多个公式永真蕴含着公式 S，则可把 S 引入推理过程中。

(3)CP 规则。

CP 规则是指如果能从 R 和前提集合(KB，又称知识库)中推出 S，则可以从前提集合中推出 $R \Rightarrow S$。即如果有($\mathrm{KB} \wedge R \Rightarrow S$)，则有 $\mathrm{KB} \Rightarrow (R \rightarrow S)$。

(4)逻辑推论和有效性。

设 $F_1, \cdots, F_n, G$ 为公式，则 G 为 $F_1, \cdots, F_n$ 的逻辑推论，当且仅当公式

$$((F_1 \wedge \cdots \wedge F_n) \rightarrow G)$$

是有效(永真)的。

(5)反证法。

设 $F_1, \cdots, F_n, G$ 为公式，则 G 为 $F_1, \cdots, F_n$ 的逻辑推论，当且仅当公式

$$(F_1 \wedge \cdots \wedge F_n \wedge \neg G)$$

是不可满足(永假)的。

规则(4)和(5)非常重要，它们说明了证明一个公式是另一组公式的逻辑推论，等价于证明某个相关公式是有效(永真)的，或不可满足(永假)的。

2. 谓词公式的有效性和可满足性

推理通常用于代表任何可以得出结论的过程。本章主要关心的是合理的推理，又称逻辑推理或演绎。逻辑推理是实现语句间有效推论关系的过程。

在推理过程中，如果已知前提语句为真，其产生新的事实也为真，则语句之间的这种关系称为有效推论，反映了一个事实与其他事实的关系。知识库 KB 与语句 a 之间的有效推论关系可用数学符号表示为

$$\mathrm{KB} \models a$$

【定义 1.9】 一个语句是有效的或永真的或重言式的，当且仅当在所有可能的客观现实中，在所有可能的解释下它都为真。也就是说，谓词公式 P 对非空个体域 D 上的任意解释都为真，则称 P 在 D 上是有效的；如果对任何非空个体域均有效，则称 P 有效。

有效推论在人工智能系统中是很重要的，因为它提供了一种强有力的方法来说明：如果有关一个客观现实的命题是真的，那么另一些所关注的命题也是真的。因此，研究怎样把想要证明的信息表述为合式公式，并且怎样有效地产生推论的合式公式即能证明该合式公式的永真性是至关重要的。利用真值表方法，可决定不含有变量的任何公式的永真性，但是这样做并不总是可行的，对于含有量词的合式公式来说，真值表方法就不适用了，人们可能无法计算出一个公式是否永真，这就需要寻找更简单的方法。一个富有吸引力的可以代替有效推论的方法就是推理。一个推理过程能够完成下面两项工作之一：已知

知识库KB,得到KB的推论a;已知知识库KB和语句a,用推理过程来判断a是不是KB的有效推论。

可以用一个推理过程i能够得到的语句来刻画推理过程。如果推理过程i可以从KB得到a,记作

$$\mathrm{KB} \vdash_i a$$

表示"a是有i从KB得到的"或"i从KB得到a"。有时,推理过程是确定的,则i可以删除。

【定义1.10】 仅仅产生有效语句的一个推理过程称为合理的或真值保持(Truth Preserving),即假设对任意的知识库KB和合式公式a,$\mathrm{KB} \vdash_i a$蕴含着$\mathrm{KB} \models a$。

【定义1.11】 一个合理的推理过程的记录称为一个证明。

为说明有效推论和证明的关系,可以把KB所有的结论想象为一堆草,把a想象为一根针。有效结论类似于草堆中的针,证明就像是要发现它。对真正的草堆来说,它是有限的,显然可以用一种方法确定一根针是不是在草堆里,这就是完备性或完整性问题。

【定义1.12】 一个推理过程是完备的,如果对任何有效推论都可以找到一个证明过程,则对任意知识库KB和合式公式a,当有$\mathrm{KB} \models a$时,存在使用KB中规则,从KB推出a的验证,即$\mathrm{KB} \vdash_i a$。

一个完备的证明过程是否存在的问题直接与数学相关,同时在人工智能系统中也有很大的价值:不考虑复杂性问题,任何可以用一阶谓词逻辑表述的问题都可以用一台机器解决。有关完备性问题的研究在20世纪取得了很大的成果。在1930年和1931年,德国逻辑学家Kurt Godel给出了其完备性定理:在一阶谓词逻辑中,任何可由一组语句有效地推出的语句都可以从这组语句中得到证明。

完备性定理是指在草堆中找到针的过程确实是存在的。Kurt Godel证明了存在这样一个过程,但是并没有给出如何得到这个过程。直到1965年Robinson发表了归结算法,才说明了如何得到这个过程的一种方法。

【定义1.13】 对于谓词公式P,如果至少存在D上的一个解释I,使公式P在此解释下的真值为T,则称公式P在D上是可满足的,I又称公式P的一个模型。

谓词公式的可满足性又称相容性。

【定义1.14】 如果谓词公式P对非空个体域D上的任一解释都取得假,即F,则称P在D上是不可满足的;如果P对任何非空个体域都是不可满足的,则称P是不可满足的。

谓词公式的不可满足性又称永假性、不相容性或不一致性。

有人认为有效的和不可满足的语句是没有用的,因为它们仅仅能够表达显然是真的或假的语句。事实上,有效性和不可满足性对计算机推理能力来说是至关重要的。

一类问题是可判定的,当且仅当存在一个算法或过程,该算法用于求解该类问题时,可在有限步内停止,并给出正确的解答。如果不存在这样的算法或过程,则称这类问题是不可判定的。可判定性又称可解性。长期以来,寻找可行的方法来判定公式是否有效一直是数理逻辑中的重要问题。

命题演算是可判定的,判定算法的基本原理是:穷尽原子命题的一切可能取值,分别

计算各种取值可能下命题的真值。显然这一方法不适用于一阶谓词逻辑，这是因为量词及嵌入的函数符号使得“草堆”大小成为无穷，对任一公式都有无穷的指派，从而该公式所涉及的原子公式的取值可能也是无穷的。事实上，一阶谓词逻辑是不可判定的。Church首先指出了这一点：“任何至少含有一个二元谓词的一阶谓词演算系统都是不可判定的。”证明过程可以不停地执行，但是人们无法知道该过程是陷入一个无希望的循环中，还是其他无解不停止过程中。这样，一个逻辑语句 P 是否可以从知识库 KB 中推出是不可判定的。也就是说，根本不存在一个算法能够在有限步内判定一阶谓词公式是否永真。在现实应用中充斥着大量不可判定的问题，如 Turing 机的停机问题。但是，可以有下面的结论：对于一阶谓词演算存在一个可机械地实现的过程，能对一阶谓词演算中的定理做出可能的判断，但对于非定理的一阶谓词演算公式却未必能做出否定的判断。这一结论说明一阶谓词演算是半可判定的，即：如果一个语句是一组前提的结论，那么就可以证明它；如果该语句不是这组前提的结论，则不能总是给出一个证明，即有可能在有限步内得到证明，并回答“否”，也可能无穷推演而永不终止。同样，作为一个推论，一组语句的一致性问题（即是否存在一种方法，使得所有的语句为真）也是半可判定的。

由于一阶谓词演算是半可判定的，即 $\mathrm{KB} \vdash P$ 与否是半可判定的，因此可以构造一阶谓词逻辑的定理证明器，用于验证任一给定公式 P 是否为一阶谓词逻辑的定理，或者是否为给定公式集 KB 的演绎结果。

一阶谓词逻辑的不可判定性导致其不易处理性，一般不宜处理性仅在最坏的情况下出现，一个关于定理证明的算法可以在大部分情况下工作良好。但是从使用的角度出发，不可判定性引入了不可靠性，不适用于高可靠性的场合。对于一阶谓词逻辑的不易处理性，可以通过加速定理证明的过程来降低其不易处理性，使得更多不可判定推理能在合理的时间内可判定。另外一种降低不易处理性的方法是放宽解答正确性的概念，最简单的方法是在指定的时间用完后，允许在规定时间内得不到答案时回答“不知道”。回答“不知道”总比无限地等到给出答案要好一些。

1.1.3 逻辑范式

所谓范式，就是公式的标准形式。公式往往可以转换为与它等价的范式，以便对它们做一般性的处理。其方法是对给定公式中的某子公式，用与它“等价”的一个公式来代替，并且重复该过程，直到得出所需要的形式为止。下面给出一些定义。

【定义 1.15】 文字是原子或原子之非。

【定义 1.16】 公式 G 称为合取范式，当且仅当 G 有形式 $G_1 \wedge \cdots \wedge G_n (n \geqslant 1)$，其中每个 G_i 都是文字的析取式。

【定义 1.17】 公式 G 称为析取范式，当且仅当 G 有形式 $G_1 \vee \cdots \vee G_n (n \geqslant 1)$，其中每个 G_i 都是文字的合取式。

在命题逻辑中，若 P、Q、R 是原子，则：

①P、Q、R、$\neg P$、$\neg Q$、$\neg R$ 都是文字；

②$(P \vee \neg Q \vee R) \wedge (\neg P \vee Q)$是合取范式；

③$(\neg P \vee Q) \vee (P \wedge \neg Q \wedge \neg R)$是析取范式。

【定理 1.1】 对任意公式,都有与之等值的合取范式和析取范式。

可按下述程序使用上一节中的等价式将一个公式化为合取范式或析取范式:

①使用等价式中的连接词化归律消去公式中的连接词→、↔;

②反复使用双重否定律和德·摩根律将"¬"移到原子之前;

③反复使用分配律和其他定律得出一个标准型。

在一阶谓词逻辑中,为简化定理证明程序,需要引入所谓的"前束标准型"。

【定义 1.18】 设 F 为一谓词公式,如果其中的所有量词均非否定地出现在公式的最前面,而它们的辖域为整个公式,则称 F 为前束范式。一般来说,前束范式可写成

$$(Q_1x_1)\cdots(Q_nx_n)M(x_1\cdots x_n)$$

式中 $Q_i(i=1,2,\cdots,n)$——前缀;

$(Q_1x_1)\cdots(Q_nx_n)$——一个由全称连词或存在量词组成的量词串;

$M(x_1\cdots x_n)$——母式,它是一个不含任何量词的谓词公式。

下面是一些前束范式的例子,即

$$(\forall x)(\forall y)(P(x,y)\wedge Q(y))$$

$$(\forall x)(\forall y)(\neg P(x,y)\rightarrow Q(y))$$

$$(\forall x)(\forall y)(\exists z)(Q(x,y)\rightarrow Q(z))$$

为把一个公式转化为前束范式,需要对上一节的等价式扩充,使之包含一阶谓词逻辑特有的等价式对,即

$$(Qx)F(x)\vee G\Leftrightarrow(Qx)(F(x)\vee G)$$

$$(Qx)F(x)\wedge G\Leftrightarrow(Qx)(F(x)\wedge G)$$

$$(Q_1x)F(x)\vee(Q_2x)H(x)\Leftrightarrow(Q_1x)(Q_2z)(F(x)\vee H(z))$$

$$(Q_1x)F(x)\wedge(Q_2x)H(x)\Leftrightarrow(Q_1x)(Q_2z)(F(x)\wedge H(z))$$

在上述等价公式中,$F(x)$和 $H(x)$均含未量化变量 x 的公式,G 表示不含未量化变量 x 的公式,Q_1、Q_2 或为∃或为∀。对上述第 3、4 个公式,要求 z 不出现在 $F(x)$中,并且符合约束变量的换名原则。

使用前面定义的等价式,总可以把一个公式转化为前束标准型。转化过程如下:

①使用等价式中的连接词化归律消去公式中的连接词→、↔;

②反复使用双重否定律和德·摩根律将"¬"移到原子之前;

③必要时重新命名量化的变量;

④使用连词分配律和等价式,把所有量词都移到整个公式的最左边以得出一个范式。

【例 1.2】 根据某公司内部《水轮机设计手册》可知,在某次方案设计中,导叶高度与允许局部间隙之间的关系见表 1.3,要求能够根据此表判断方案是否符合要求。

表 1.3 导叶高度与允许局部间隙之间的关系 mm

导叶高度	200～600	600～1 200	1 200～2 000	>2 000
允许局部间隙	0.08	0.10	0.13	0.15

在开展水轮机设计过程中,导水机构的设计非常重要。导水机构主要由导叶、导叶操作机构、环形部件、轴套、密封等部件组成。导水机构的设计方案中包括导水机构的零件

公差和配合间隙设计，导水机构的配合间隙设计又包括导叶立面间隙设计、导叶与顶盖和底环配合面的断面间隙等。本应用案例以导叶立面间隙设计为例进行说明。

在进行谓词逻辑推理时，需要先将问题符号化，然后证明某个公式是另一组公式的逻辑推论。在本应用案例中，课题小组的设计方案序号为 N，导叶高度为 900 mm，采用的允许间隙为 0.10 mm，则推理出本设计方案符合要求的具体过程如下。

用导叶高度设计方案[600－1 200](X)表示序号为 X 的导叶高度设计方案中导叶高度在 600～1 200 mm，且要求允许局部间隙为 0.10 mm，导叶高度设计方案(X)满足要求表示序号为 X 的导叶高度设计方案是符合要求的。将其符号化后，令 $P(X)$ 表示导叶高度设计方案[600－1 200](X)，$Q(X)$ 表示导叶高度设计方案(X)满足要求。

由于设计方案中导叶高度为 900 mm，存在于区间 600～1 200 mm，因此上述命题可以得到以下两个公理：

①$(\forall X)(P(X)\rightarrow Q(X))$；

②$P(N)$。

设 I 为任意解释，它满足①和②。因为对所有 X，I 都满足 $P(X)\rightarrow Q(X)$，则 I 也满足

$$P(N)\rightarrow Q(N)$$

即 I 满足

$$\neg P(N) \vee Q(N)。$$

但由于 I 满足 $P(N)$，因此 $\neg P(N)$ 必然为假，所以 I 满足 $Q(N)$。综上所述，$Q(N)$ 是①和②的结论。

根据以上分析可知，“导叶高度设计方案(N)满足要求”是本次推理的结论。

1.2 基于框架的知识表达方法

1.2.1 框架结构

在框架知识表达方法中，框架结构是知识表达的基本单元，用于表达对象类和个体对象。框架结构具有很强的知识表达能力，就如一个人走进一间教室，对其整体结构有一个认识，如有桌子、椅子、黑板、门、窗、墙等，教室这个框架不仅指出了相应事物的名称(教室)，而且指出了事物各个方面的属性(如有多少椅子和桌子、四面墙的特性等)。

一般情况下，在知识库组建时，一个对象对应一个框架。对象的静态属性和动态属性都封装在表达对象的框架中，因此框架结构所组成的知识库具有结构化和模块化的特点。同时，该知识库组建程序的程序设计思想与面向对象的程序设计思想一致。

框架知识表达的巴科斯范式(BNF)如下：

＜框架＞::＝unit:＜框架名＞ in ＜知识库名＞;
　{superclasses:＜超类框架名＞{,＜超类框架名＞};}
　{subclasses:＜子类框架名＞{,＜子类框架名＞};}
　{member:＜成员框架名＞{,＜成员框架名＞};}

（以上三行：框架标识和分类关系）

```
<槽>{<槽>}————————→  框架属性
end unit;————————→  框架结尾

<槽>::=memberslot|ownslot:<槽名>from<框架名>;
  valueclass:<槽值类型>;
  inheritence:<继承属性>;
{<自定义侧面>:<侧面值>;}
  values:<槽值>;
end slot;

<槽值类型>::=integer{real|string|rules|METHODS|<类框架名>}
<继承属性>::=override|union|METHOD
<框架名>::=<字符>{<字符>|<数字>}
<槽名>::=<字符>{<字符>|<数字>}
<侧面值>::=<数值>|<字符串>
<槽值>::=<数值>|<字符串>|<方法名>|<框架名>|<规则集>
<数值>::=<整数>|<实数>
<字符串>::=<字符>{<字符>|<数字>}
<字符>::=A…Z|a…z
<数字>::=0…9
```

其中,{}表示可出现0到多次。

框架可以有注释行,单行可以用“//”风格;多行或一段文字范围可以以“/*”开头,以“*/”结尾。

系统框架又称单元(Unit),从以上BNF中可以看出,框架结构大体可分为四个部分,即框架标识段、框架的分类关系定义段、框架属性定义段和框架结尾段。其中,框架标识段与框架属性定义段必须同时存在,而框架的分类关系定义段与是否要表达分类关系有关。下面是框架表达实例。

【例1.3】 框架表达实例。

```
unit: 转轮 in 转轮设计;
    superclass:转轮设计属性;//框架的分类关系

matrixslot: 叶片数 from 转轮设计;
    inheritance:over;
    valueclass:integer;
dimension:19;
values:unknown;
end slot;
```

```
ruleslot: ruleset1 from 转轮设计;
      inheritance:over;
      valueclass:rules;
          values:
          {
              rule 1
                  fact 转轮材料="不锈钢"
                  then begin Kn=3; Ka=300; Km=0.8;
          end
              rule 2
                  fact 转轮材料="碳钢"
                  then begin Kn=5; Ka=600; Km=1.8;
          end
          }
     end slot;

method start(zhuanlun: keyword)
     var
     i:integer;
     nVane:interger;

Dm:real;//模型转轮直径
Dl:real;//真机转轮直径
begin
     open(pfile,"TurInput.dat","r");
     fread(pfile,Hr);
     close(pfile);
     设计水头=Hr;

reason(this, ruleset2);
i=1;
open(pfile,"Turbine.dat","w");
while(i<候选转轮型号数目 or i=候选转轮型号数目 )
     begin
          N110=matrix(转轮最优单位转速(i));
          Q110=matrix(转轮最优流量(i));
          Eata110=matrix(转轮最优效率(i));
          Q11=matrix(限制工况流量(i));
          Eata11=matrix(限制工况效率(i));
```

```
            Dm=matrix(模型转轮直径(i));
            type=matrix(转轮型号(i));
            nVane=matrix(叶片数(i));
            fwrite( pfile, N110, "", Q110, "", Eata110, "",Q11, "", Eata11, "",
Dm, "", nVane, "", type);
              i=i+1;
        end
        close( pfile);
    end
  end unit;
```

框架结构具有表达个体子类和超类的能力,超类表达了一类子类的共有特征。框架系统支持超类—子类关系表达,子类的实例在框架表达中称为成员。框架系统的超类—子类—成员关系使得框架系统形成了分类层次化结构:超类框架表达了较一般化的模型;子类框架表达较为固定业务的模型,实例是子类的一个具体的表达。在分类层次化结构中,子类或成员可以继承它的超类的全部或部分信息。利用分类结构,可以实现知识代码的复用,方便知识库开发和维护。图 1.1 所示为超类、子类与成员类之间的层次关系图。

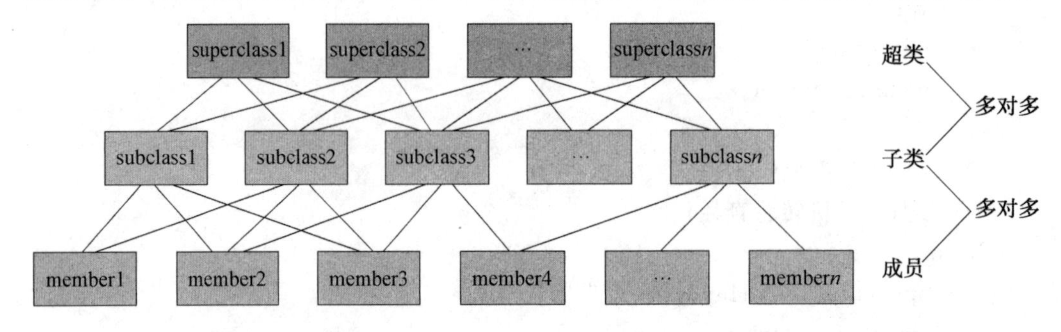

图 1.1　超类、子类与成员类之间的层次关系图

单个框架只能表示简单对象的知识,实际系统把多个相互联系的框架组织起来进行表示,这些相互联系的框架就形成了一个框架系统。成员类层次图组成了框架之间的纵向关系,如图 1.2 所示。各个框架中的槽值可以用于定义其他的框架,建立的框架横向关系如图 1.3 所示。

1.2.2　框架推理

框架是一种复杂的语义网络,框架系统中的推理与语义网络一样,遵循匹配和继承的原则。匹配是根据已知事实寻找合适的框架,继承实际上是一种填槽过程,即填写框架未知的槽值。

1. 匹配

匹配的过程往往是先把要求解的问题用框架表示出来,然后把它与知识库中的框架进行匹配,即逐槽比较,从中找出一个或几个与该信息所提供的情况最适合的预选框架,

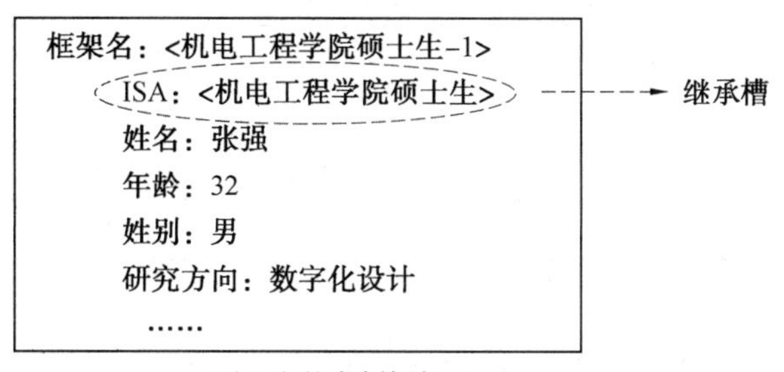

图 1.2 框架纵向关系

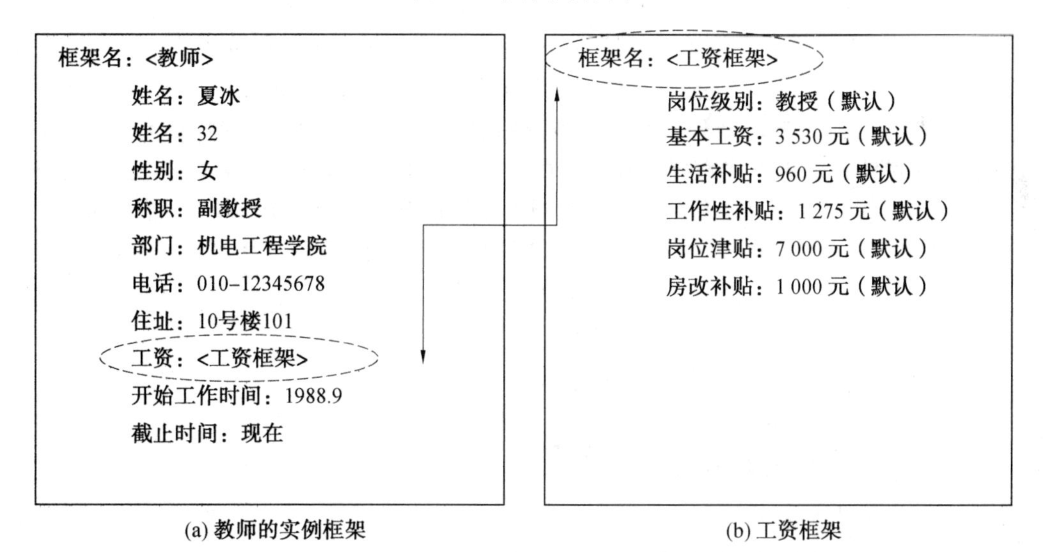

图 1.3 框架横向关系

对所有预选框架进行评估，决定最适合的预选框架。但是由于框架是对一类事物的一般描述，是这一类事物的代表，当应用于某个具体事物时，往往存在偏离该类事物的某些特殊性，因此框架之间的匹配是不完全匹配。不完全匹配主要表现在以下方面：

①框架中规定的属性不存在；

②框架中规定属性值与当前具体事物的属性值不一致；

③当前具体事物具有框架中没有说明的新属性。

当框架与当前具体事物之间出现不完全匹配时，有必要规定一些准则，用来确定事实与预选框架的匹配度，可以做以下设置：

①设置重要属性存在性的匹配程度；

②设置属性值属于允许误差范围的匹配程度；

③设置多重判定规则。

表 1.4 所示为水轮机转轮型号框架匹配，转轮型号为 A384－30 的框架通过匹配可以获得三个其他转轮框架。由于各个框架的属性是相同的，因此可以采用各个槽值之间的欧几里得（简称欧氏）距离判断框架之间的匹配程度。

表 1.4 水轮机转轮型号框架匹配

转轮型号	A384－30	A414－30	A466－30	A522－35
最大水头/m	125.0	125.0	125.0	130.0
单位转速/$(r\cdot min^{-1})$	77.7	80.0	73.0	70.0
单位流量/$(cm^3\cdot s^{-1})$	1 017.0	1 026.0	1 068.0	1 012.0
效率/%	93.1	92.5	92.4	92.4

2. 继承

在框架网络中，各个框架之间存在超类—类，类—实例的偏序关系，下层框架可以继承其上层框架中定义的属性和属性值。继承关系比较复杂，一般分为以下两种。

(1)缺省继承。

框架中有些槽值可设置缺省继承方式。当进行推理时，如果没有给当前实例设置的槽值，则可通过缺省继承直接获得其上层类的对应槽值。例如，图 1.4 所示的缺省继承示意图中 A466－30 是转轮型号的实例。当推理到转轮型号 A466－30 时，最大水头没有设置值，则通过缺省继承方式直接取其父类的最大水头的值 125.0 m；单位流量虽然在父类中设置值为 1 068.0 m^3/s，但是在当前实例中已经设置了 1 017.0 m^3/s，则推理过程中直接提取 1 017.0 m^3/s；效率这个槽虽然在父类中设置数值，但是没有定义可以继承，则推理到转轮型号 A466－30 的这一槽时，没有获得值。

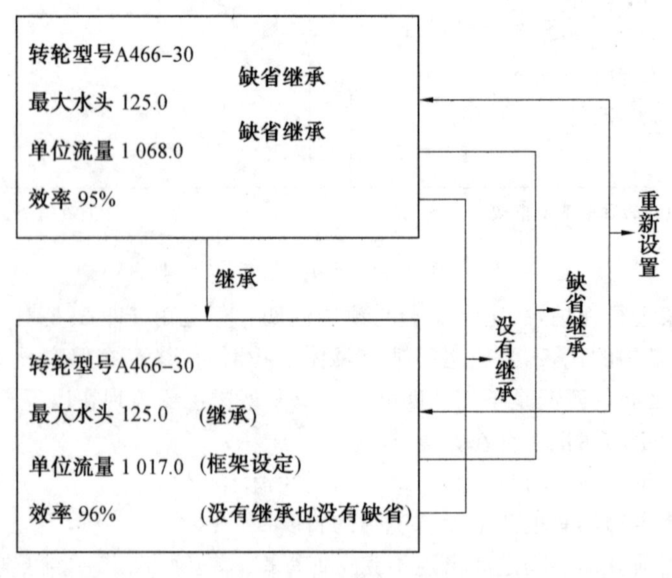

图 1.4 缺省继承示意图

(2)if－needed 继承。

框架中有些槽值可设置 if－needed 继承。当进行推理时，如果需要对某些框架槽中的值进行赋值或修改操作，则可通过 if－needed 继承方式继承父类中另一槽值的计算结果(图 1.5)。例如，当实例框架(AKO 表示框架 BRICK 继承框架 BLOCK；ISA 表示实例 BRICK12 是框架 BRICK 的一个实例)中的体积(VOLUME)槽值和密度(DENSITY)槽值改变时，自动激活父类中 if－needed 继承方式的质量(WEIGHT)槽，通过质量槽的计算方法(BLOCK－WEIGHT PROCEDURE)重新计算实例 BRICK12 的质量值。此时，在 BRICK12 中不必建立质量的计算方法，只需在父类建立，通过 if－needed 继承方式获得质量的计算结果。

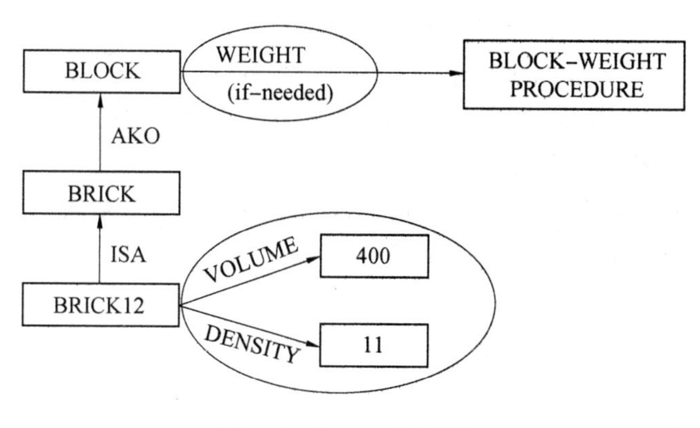

图 1.5 if－needed 继承

本章参考文献

[1] 金聪. 人工智能教程[M]. 北京：清华大学出版社，2007.

[2] 陈慕泽，余俊伟. 数理逻辑基础：一阶逻辑与一阶理论[M]. 北京：中国人民大学出版社，2003.

[3] 陈钟万. 面向计算机科学的数理逻辑[M]. 北京：科学出版社，2002.

[4] 殷磊，刘晓翔. 基于谓词逻辑的设计模式描述方法[J]. 计算机工程与设计，2008，29(9)：2353-2355.

[5] ORTONA S，VENKATA V M，PAOLO P. Rudik：rulediscovery in knowledge bases[J]. Proceedings of the VLDB Endowment，2018，11(12)：1946-1949.

第 2 章

面向业务流程的模块知识表达方法

在知识表达过程中，需要考虑的问题包括表达方法的人性化与便捷性、知识表达的直观性和知识使用的效率性。在知识表达的直观性方面，语义网、框架结构的表达效果较好，但在表达复杂知识时规模略显庞大且直观性降低；在知识使用的效率性方面，逻辑表达是较好的方法，但其直观性差且需要专门的计算机专业知识。因此，本书探讨一种基于模块的知识表达方法，基于封装思想隐藏知识的逻辑信息，面向使用者开放知识的参数信息（包括输入参数和输出参数），以图形化界面的方式提高知识的直观性与重用性，通过对知识进行提前编译来提高使用效率。

从产品设计工程角度分析产品设计过程中知识的特点，一般可将知识来源分为四大类，即设计数据、设计案例、手册知识和专家经验。

（1）设计数据。

设计数据主要是一些基本数据，如材料规格数据、零部件型号数据以及一些标准数据等。

（2）设计案例。

设计案例往往体现为对某一具体设计问题的综合描述，一般包括设计过程和设计结果，通常应用于基于实例推理的产品方案设计中。

（3）手册知识。

手册知识主要包括经过标准化或试验后得到的设计准则或设计数据等，一般需要通过查询相应的设计手册才能够获取。

（4）专家经验。

专家经验是指专家根据自己的知识、经验和分析判断能力对设计过程中所出现的问题形成的主观判断依据。

上述知识具有内容复杂、形式多样的特点，已有知识表达方法难以对上述知识进行统一表达。如果采用计算机程序对上述知识进行表达，也只能一个设计问题采用一个计算机程序实现，由此开发的面向领域的设计支持系统仅能够解决单一领域内的设计问题。本书以计算机对知识的处理方式为标准，提出了相应的知识分类，即将设计知识分为规则型知识、图形型知识、过程型知识、数据型知识等类型。新的知识分类方法使得设计系统能够支持不同领域中设计需求，提高系统的工程适应性。

2.1　模块化知识概述

本书按照新的知识分类方法将知识进行模块化处理，经过模块化处理后的知识称为知识模块。知识模块体现了计算机面向对象的封装思想，在设计系统中用于实现对表达后的多类型知识的高效处理。知识模块可以使设计人员忽略设计过程中一些细节(如知识模块的程序编写细节等),仅关注设计问题,这提高了设计效率。知识模块也体现了知识重用的思想,它可以使设计人员通过修改、增加或删除原有知识模块的细节来生成新知识模块。知识模块创建后将会整合在设计系统中的知识模板(详细说明见 2.3.1 节)内,以此实现知识模块的逻辑关系与知识模板的推理。

根据多类型知识表达方法中知识(即表达知识具体内涵的文本信息)的结构特点,知识模块的参数接口由所表达知识的输入参数(Parameter Input) P_i 和输出参数(Parameter Output) P_o 决定。典型知识模块接口形态如图 2.1 所示。

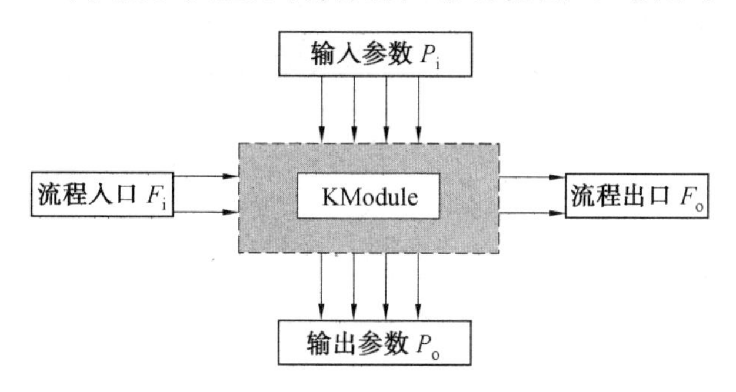

图 2.1　典型知识模块接口形态

图 2.1 中,P_i 和 P_o 的数量根据实际知识模块需要解决的设计问题进行设定,P_i 和 P_o 的类型包括 Digital 型、Boolean 型和 String 型等。流程入口(Flow Input) F_i 是令知识模块激活并执行知识模块内部逻辑过程的模块进入端,流程出口(Flow Output) F_o 是知识模块执行完毕后的结束端,若有后续知识模块与之连接,则激活后续知识模块。F_i 和 F_o 的数量也应根据设计问题进行设定,每个知识模块一般情况下只有一个 F_i 和一个 F_o,但是逻辑知识模块除外。

2.2　基于模块的知识表达方法

设计支持系统中的知识模块主要包括规则型知识模块、过程型知识模块、图形型知识模块和数据型知识模块,分别说明如下。

2.2.1　规则型知识模块

规则型知识是需要经过推理、判断、计算并做出决策的一类知识。规则型知识主要来源于设计过程和专家经验,知识内部通常包括若干条需要推理的规则。规则型知识的表达通常采用 if—then 模式,正确的推理过程是得到正确的推理结果的关键。

规则型知识模块主要完成规则型知识的推理,通过推理做出的决策既可以利用数值等简单结论进行表达,也可以利用字符串表达的参考建议等复杂结论进行描述。规则型知识模块中的 P_i 为规则中的输入参数,P_o 为规则中的输出参数,所有规则封装在规则型知识模块内部。以定子线圈设计中换位节距长度推理为例,在定子线圈设计过程中,需要根据加绝缘后的定子线规厚 AC1 和线规宽 BC1 来确定换位节距长度 tH,对应的规则型知识表达程序模块如图 2.2 所示。

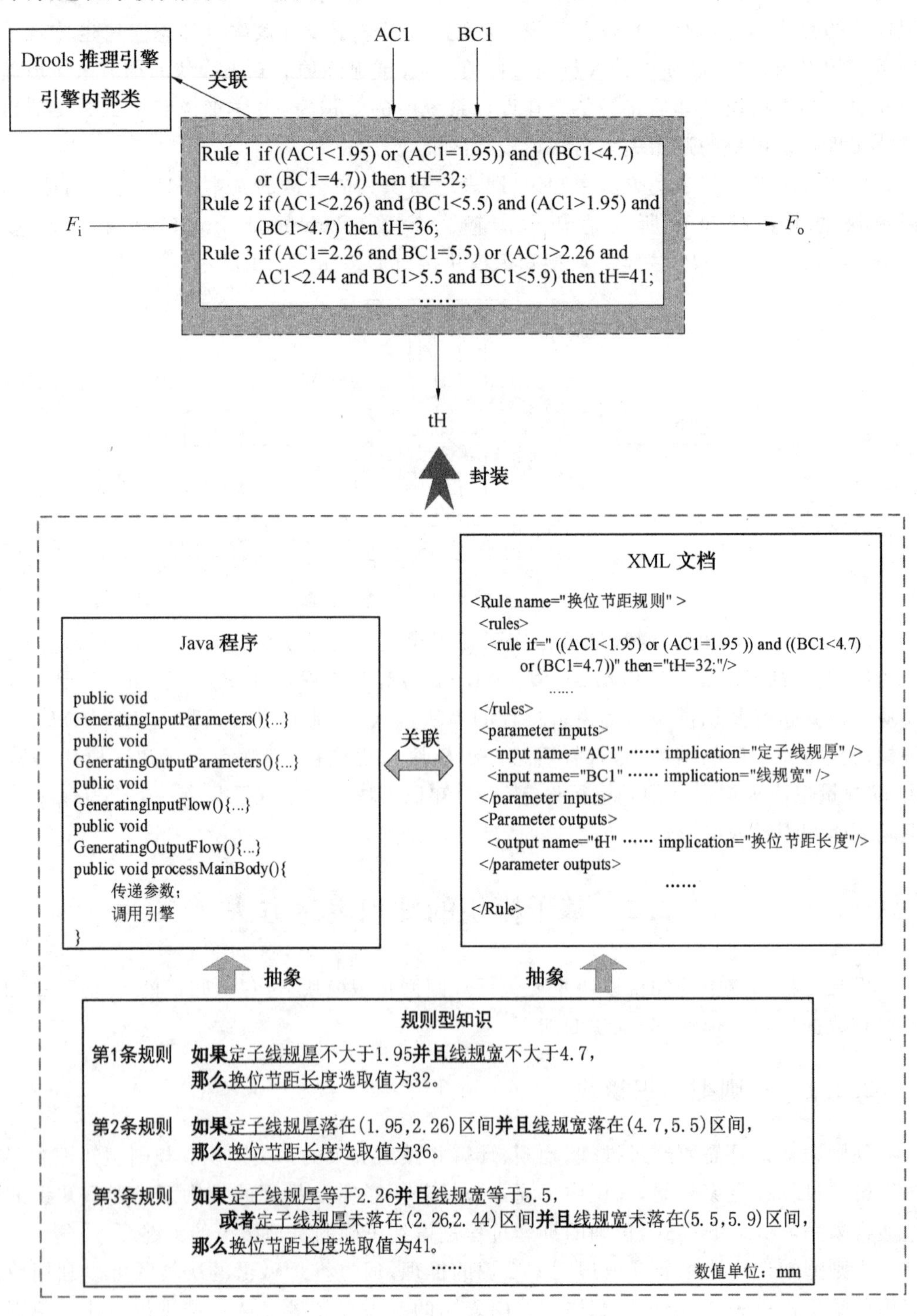

图 2.2 规则型知识表达程序模块

由图 2.2 可知，表达时需要提取规则型知识中的参数与推理规则。规则型知识中的参数(由＜parameter inputs＞与＜parameter outputs＞内部的标签进行表达)与推理规则(由<rules>内部的标签通过 if 与 then 属性进行表达)等信息由 XML 文档进行表达，推理的具体过程由 Java 程序进行表达。二者被统一封装在规则型知识模块中(规则型模块具有特殊性，需要同时封装推理引擎)。

由此可知，规则型知识模块通过配置具体规则完成构建，规则数量应根据知识具体内容设定，规则之间的推理关系由推理引擎根据参数依赖关系决定。规则型知识模块的构建界面如图 2.3 所示，模块内部要对规则中变量类型进行判断并支持规则推理。规则型知识模块至少由一条规则构建，变量类型判断方法的步骤如下：

①将所用规则 Rule 存储在列表 ArrayList_rule 中；

②遍历 ArrayList_rule，提取当前规则 c_Rule；

③提取 c_Rule 结论；

④将 c_Rule 结论“＝”左侧的变量 p(then_left)存储在列表 ArrayList_left 中，并将其标注为输出变量类型；

⑤将 c_Rule 结论“＝”右侧的变量 p(then_right)存储在列表 ArrayList_right 中；

⑥遍历列表 ArrayList_right 中的变量 $p \in p(then\_right)$，如果 p 在 ArrayList_left 中出现过，则从 ArrayList_right 中去掉 p，否则保留在 ArrayList_right 中；

⑦将 ArrayList_right 中的变量标记为输入变量类型；

⑧将 c_Rule 条件中的变量标记为输入变量类型；

⑨返回②，直至 ArrayList_rule 中所有规则遍历完毕。

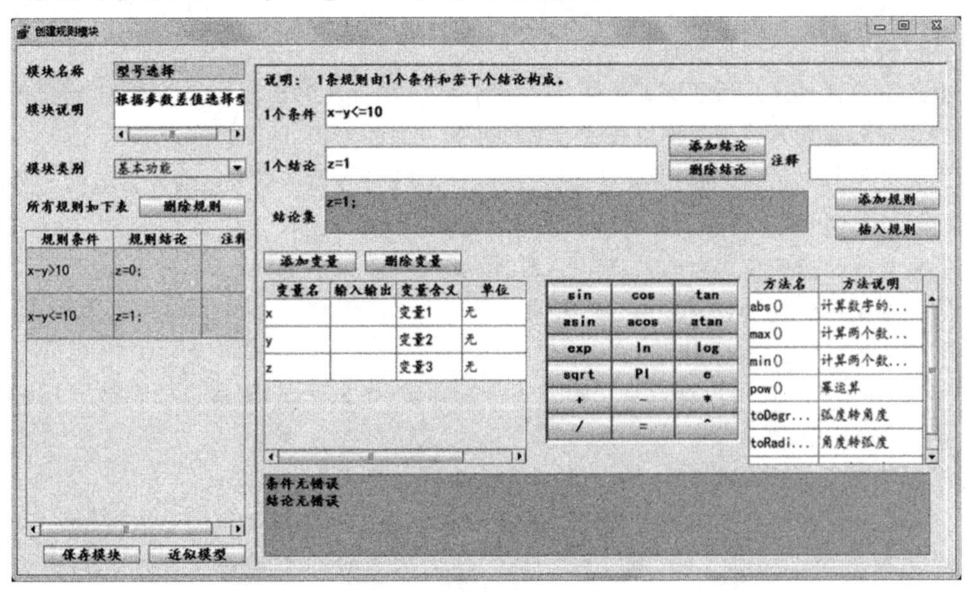

图 2.3　规则型知识模块的构建界面

为使规则易于访问、调整与管理，设计支持系统可采用成熟的第三方规则推理引擎完成模块的推理工作，如 Drools 等。

2.2.2 过程型知识模块

过程型知识是由一组相关公式组成的一类知识，其中的公式一般具有先后顺序，并利用顺序描述设计过程。过程型知识的重点是公式描述设计过程的能力及公式顺序的正确性，同时需要明确公式中所有未知符号的含义。过程型知识主要来源于设计过程和手册知识。

过程型知识模块由一组相关公式构建，通过公式表达计算过程并对设计问题进行描述。过程型知识模块的 P_i 为模块内部所有公式 $F(x)$ 中的未知外部参数集合，P_o 为模块内部所有公式 $F(x)$ 等号左侧并且未在其他公式等号右侧中出现的参数，所有公式 $F(x)$ 过程封装在过程型知识模块内部。以转桨式水轮机转轮主要部件强度计算为例，需要根据设计手册中提供的公式对导向键所受应力进行计算，对应的过程型知识表达过程如图 2.4所示。

由图 2.4 可知，过程型知识由三个公式和九个参数（不包括输入参数和输出参数）组成。公式与参数的描述信息由 XML 文档进行表达，其中的<formula>标签用于表达过程型知识中的公式，公式之间的具体执行逻辑则通过 Java 程序进行表达。Java 代码和 XML 文档封装在过程型知识模块中。

由此可知，过程型知识模块通常由一个或多个不同的计算过程组成，每个计算过程中包括一个或多个公式。过程型知识模块的构建界面如图 2.5 所示。模块内部要实现公式有效性校验和变量类型判断。

公式有效性校验是为了保证公式的准确计算，如果计算时出现未定义参数，则过程模块中的相应公式无效。过程模块公式有效性校验方法如下：

①将过程模块中需要的各种变量 $p_i(i=0,1,\cdots,n)$ 置于变量参数管理列表 ArrayList_para 中，将过程型知识模块中的公式管理列表 ArrayList_fun 置空；

②在过程模块中输入新的公式 fun，遍历 fun 中的参数列表 ArrayList_fun_p；

③如果 ∀ p∈ "ArrayList_fun_p" 并且 p∈ "ArrayList_para" ，则 fun 为有效公式，并将 fun 添加至 ArrayList_fun 中；

④反之，则提示需要设计人员判断公式是否有误，如果无误，则将新的参数 p′添加至 ArrayList_para 中；

⑤当所有公式添加完毕后，ArrayList_fun 中所有公式为有效公式。

过程型知识模块至少由一个公式构建，公式中可能包含不同类型的参数，因此过程型知识模块根据 ArrayList_fun 和 ArrayList_para 对变量的类型进行判断。判断方法如下：

①利用左侧参数列表 ArrayList_left 管理 ArrayList_fun 所有公式等号左边的变量，利用右侧参数列表 ArrayList_right 管理 ArrayList_fun 所有公式等号右边的变量；

②取出 ArrayList_left 中第 i 个待匹配变量 p_i；

③遍历 ArrayList_right 中的每个变量，如果出现与 p_i 同名变量，则将 p_i 标记为临时变量；

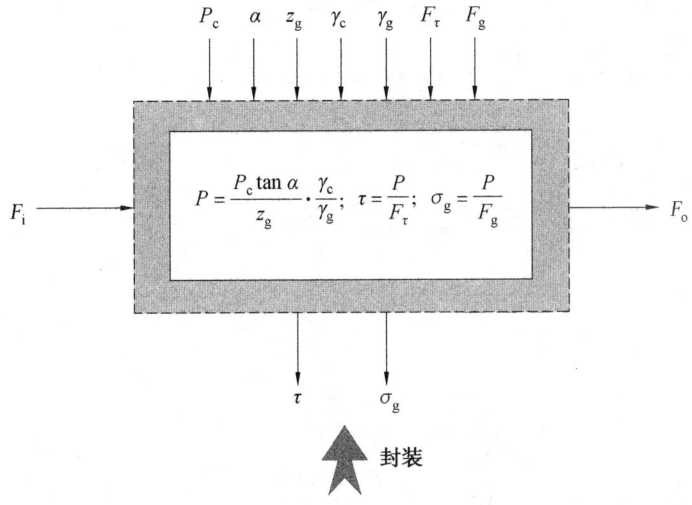

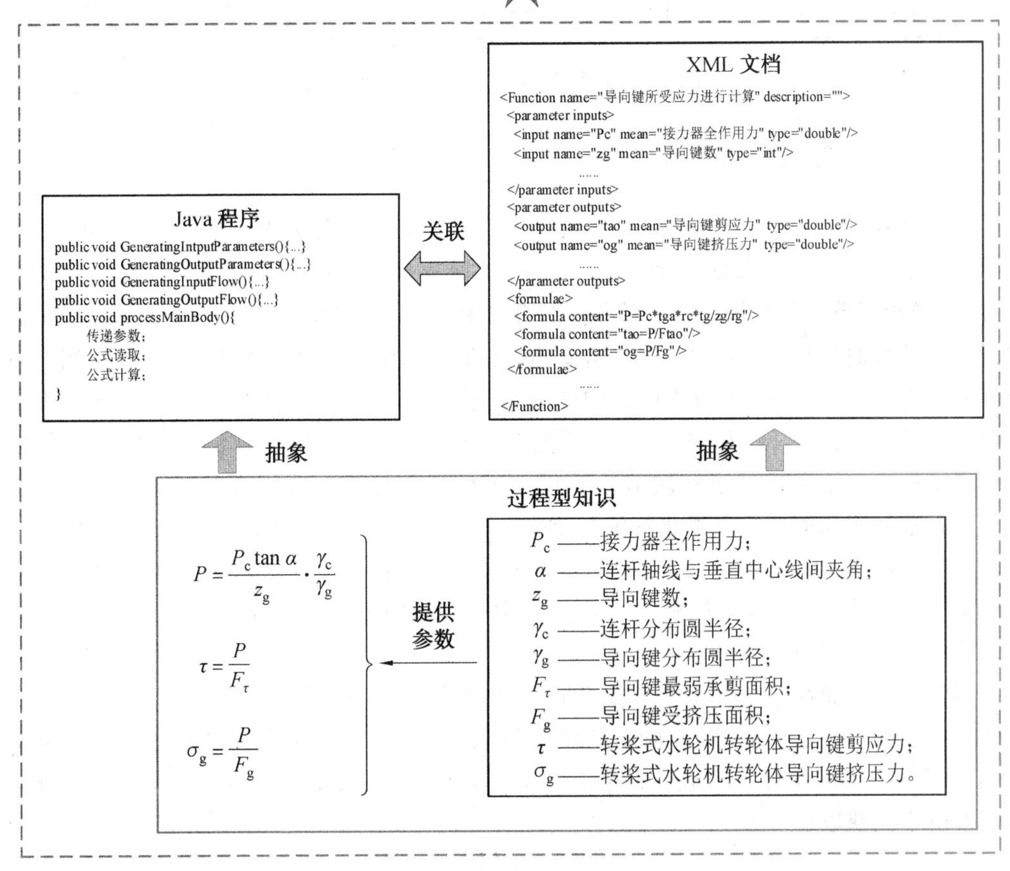

图 2.4 过程型知识表达过程

④取出 ArrayList_left 中第 $i+1$ 个待匹配变量 p_{i+1}，根据③进行判断，如果不存在 p_{i+1}，则停止判断；

⑤将 ArrayList_left 中未标记为临时变量的变量标记为输入变量，标记为临时变量的变量仍然标记为临时变量，将 ArrayList_right 中未标记为临时变量的变量标记为输出变量。

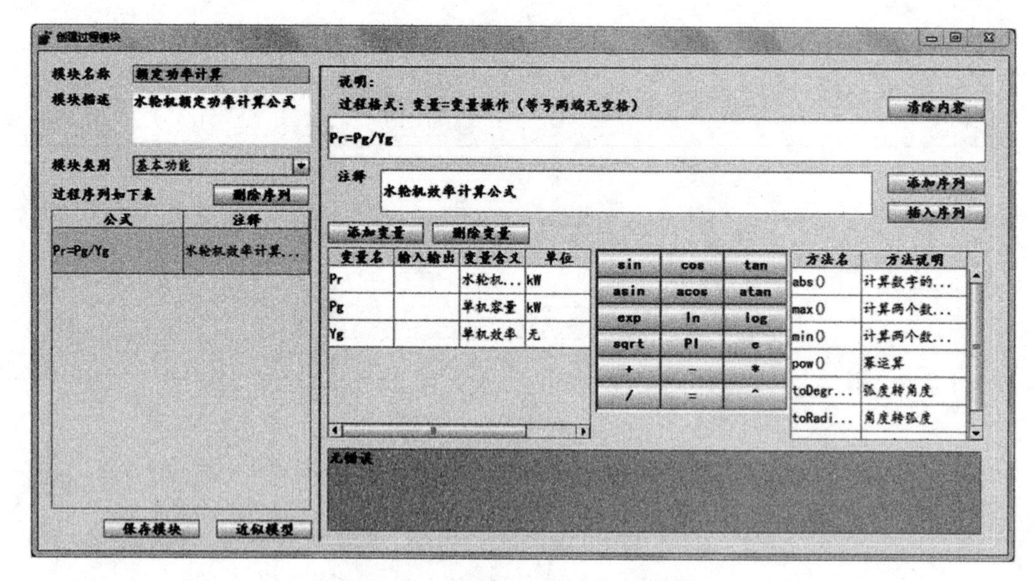

图 2.5 过程型知识模块的构建界面

2.2.3 图形型知识模块

图形型知识是通过图形描述的一类知识，通常为某一产品方案设计参数曲线的图形表示。图形型知识主要来源于设计过程、手册知识和专家经验等。对于复杂的图形型知识，图形型知识模块是利用图形描述设计知识参数的一类模块，通常用于查询某一产品方案设计的参数曲线在不同区间中所对应的输出值。图形型知识模块的 P_i 为待查图形中曲线的横坐标信息 x，P_o 为待查图形中曲线对应横坐标 x 的纵坐标 y。因为用于查询的图形坐标系一般为平面坐标系，且多数情况下坐标轴上关键点坐标值非等比例变化，所以图形型知识模块主要通过坐标映射法实现图形坐标的获取。坐标映射过程如图 2.6 所示。该方法将实际的工程曲线坐标映射到系统界面窗口的屏幕坐标上，其中将坐标系的映射信息采用 XML 文档表达，坐标的屏幕值与实际值的映射关系（区间计算模型）用 Java 表达。从本质上看，坐标映射法将图形中坐标系映射为屏幕坐标系，采用映射比例获得曲线上特定点坐标值。

当实际工程曲线中包含多个坐标系时，图形型知识模块需要同时管理多个坐标系，每个坐标系独立管理原点信息、X 轴信息和 Y 轴信息。其中，X 轴信息和 Y 轴信息分别由 X 轴和 Y 轴上不同坐标点组成。以单坐标系图形知识为例，图形型知识模块管理坐标系的模型由下式获取：

$$\text{坐标}\begin{cases}\text{原点坐标}\\ X_s=(x_0,x_1,x_m)\\ Y_s=(y_0,y_1,y_n)\end{cases} \tag{2.1}$$

式中，$x\in X_s$ 和 $y\in Y_s$ 中的每个坐标由四个值构成，即屏幕 X 坐标 Screen_X、屏幕 Y 坐标 Screen_Y、图形 X 坐标 Figure_X 和图形 Y 坐标 Figure_Y。图形坐标值(Fx,Fy)由下式获取：

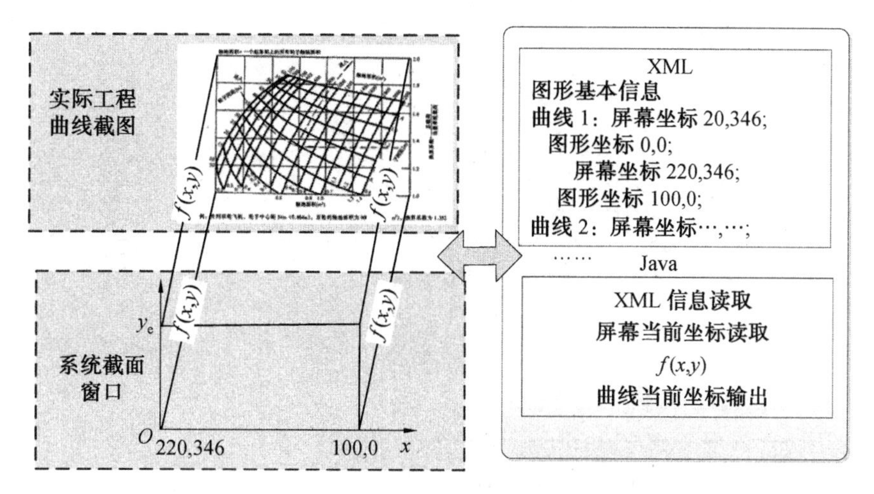

图 2.6 坐标映射过程

$$
\begin{cases}
Fx=\dfrac{Fx_i-Fx_{i+1}}{Sx_i-Sx_{i+1}}\times(Sx_i-Sx)+Fx_i \\
Fy=\dfrac{Fy_i-Fy_{i+1}}{Sy_i-Sy_{i+1}}\times(Sy_i-Sy)+Fy_i
\end{cases}
\tag{2.2}
$$

式中 F——作为前缀的符号表示图形坐标信息；

S——作为前缀的符号表示屏幕坐标信息；

(Sx,Sy)——屏幕坐标值。

以水轮机选型设计为例，设计过程中需要查询特定型号转轮的飞逸特性曲线、等效率曲线、等开度曲线、出力限制曲线和等空化系数曲线等。因此，利用坐标系映射方法表达图形型知识表达过程如图 2.7 所示。

由图 2.7 可知，将图形型知识中的局部(虚线方框)抽离出，以实际工程曲线中的坐标格为基准，确定图形的关键坐标点，然后利用图形知识模块工具(见后文)实现图形关键坐标点与屏幕坐标点的映射，将映射信息用 XML 文档进行表达(其中，屏幕 X 坐标表达为 Screen_X、屏幕 Y 坐标表达为 Screen_Y、图形 X 坐标表达为 Figure_X、图形 Y 坐标表达为 Figure_Y)，将映射关系用 Java 程序进行表达。基于图 2.7 的配置坐标信息如图 2.8 所示，其中在实线(即坐标系的 X 轴与 Y 轴)上的点为坐标系的关键坐标点，图中 X 轴上存在两个关键坐标点，Y 轴上存在六个关键坐标点。

下面通过具体实例说明典型图形型知识模块(为方便说明，选择斜载耳片的折算系数曲线作为图形知识模块中应用的工程曲线，因此模块名称为“斜载耳片的折算系数”)的应用过程。该模块通过配置图形坐标系及建立映射关系计算模型实现不同区间的信息查询，构建过程需要四个步骤：基本模块信息设置、坐标系数据配置、数据验证和坐标系信息配置。其中，基本模块信息设置包括模块的名称、存储的图形文件及坐标系数量的确定；坐标系数据配置用于构建屏幕坐标与图形文件坐标的映射关系；数据验证用于检验坐标数据的准确性；坐标系信息配置用于设定默认坐标系及不同坐标系的备注说明等。各构建界面如图 2.9 所示。图形型知识模块执行时会弹出类似图 2.9(c)所示的界面，提供一种由设计人员确定屏幕横坐标的方法。

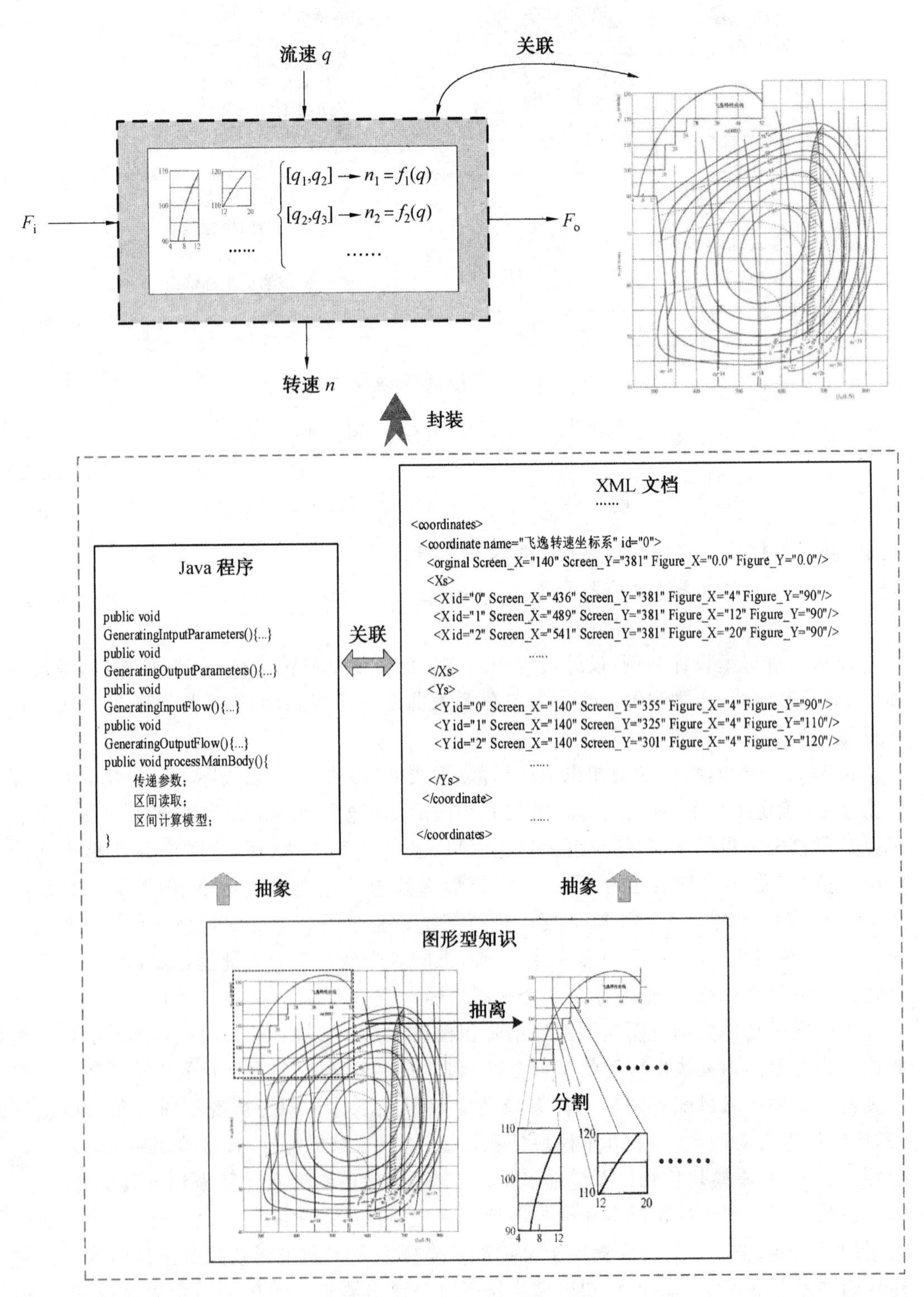

图 2.7　图形型知识表达过程

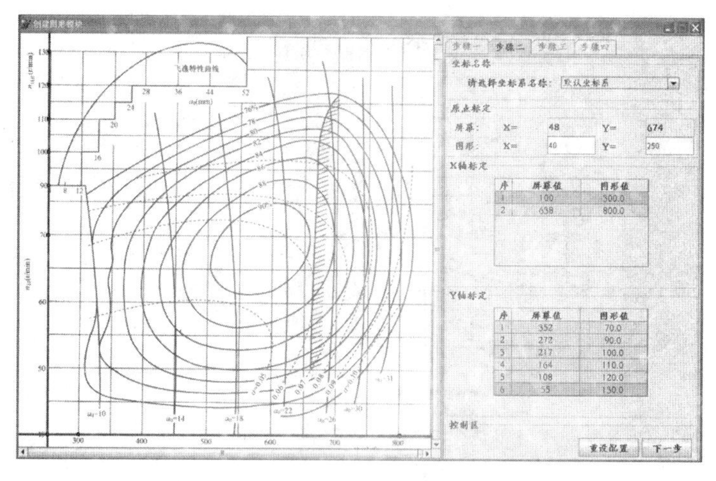

图 2.8 基于图 2.7 的配置坐标信息

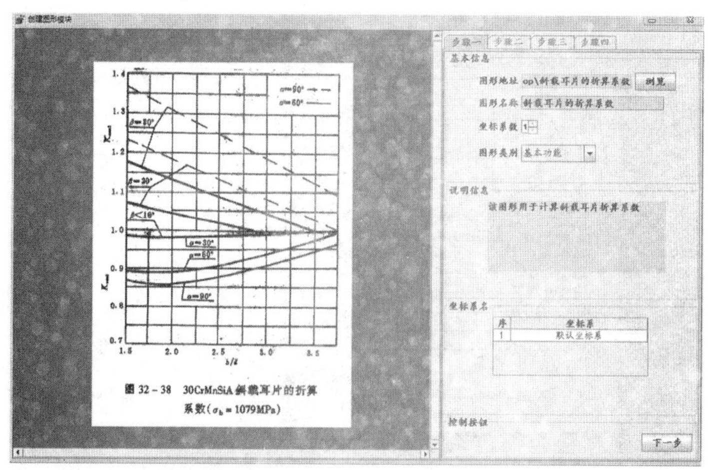

(a)确认基本信息、说明信息和坐标系名称

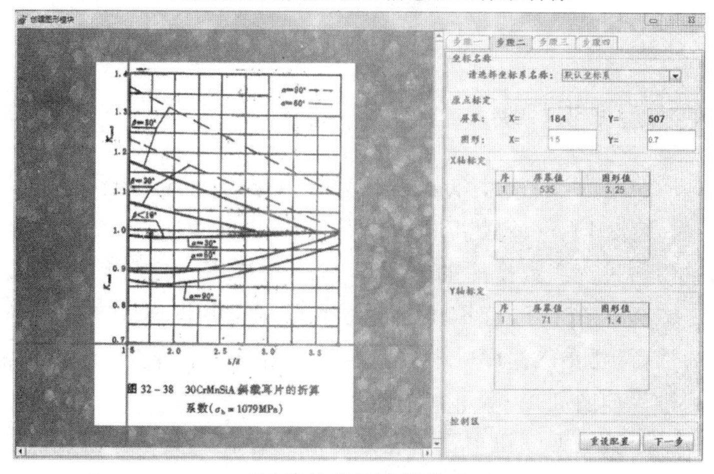

(b)确认坐标映射关系

图 2.9 各构建界面

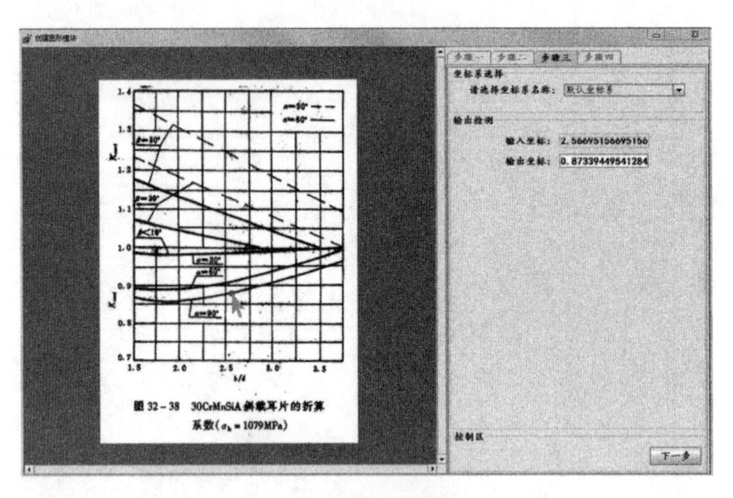

(c)测试坐标系

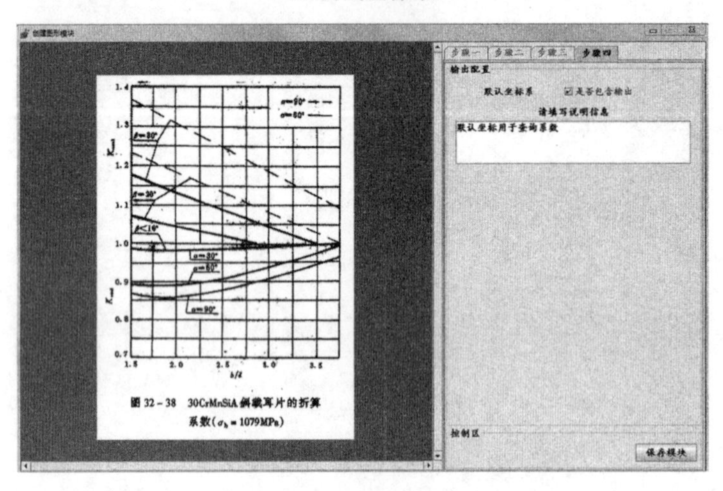

(d)确认坐标系说明

续图 2.9

2.2.4 数据型知识模块

数据型知识模块是为产品设计方案提供设计数据的一类知识模块。设计数据的类型可以是 Digital 型(包括 Integer 型和 Double 型)、Boolean 型或 String 型等。数据型知识模块获取数据主要通过查询数据库的方式实现。其中，P_i 为查询语句 SQL 中的条件参数，P_o 为查询结果参数，查询语句 SQL 被封装在数据型知识模块内部。以导轴承润滑设计的润滑计算为例，需要在数据库中根据润滑油的温度与油牌查询润滑油的黏度，对应的数据型知识表达过程如图 2.10 所示。

由图 2.10 可知，数据型知识主要以表格的形式存在。其中，“温度”与“油牌”为数据型知识的检索条件，作为模块的输入参数；“黏度”为数据型知识的检索结果，作为模块的输出参数。输入参数与输出参数由 XML 文档进行表达，当表格来源于数据库时，数据库连接信息也由 XML 文档进行表达。数据型知识的查询逻辑由 Java 程序进行表达。

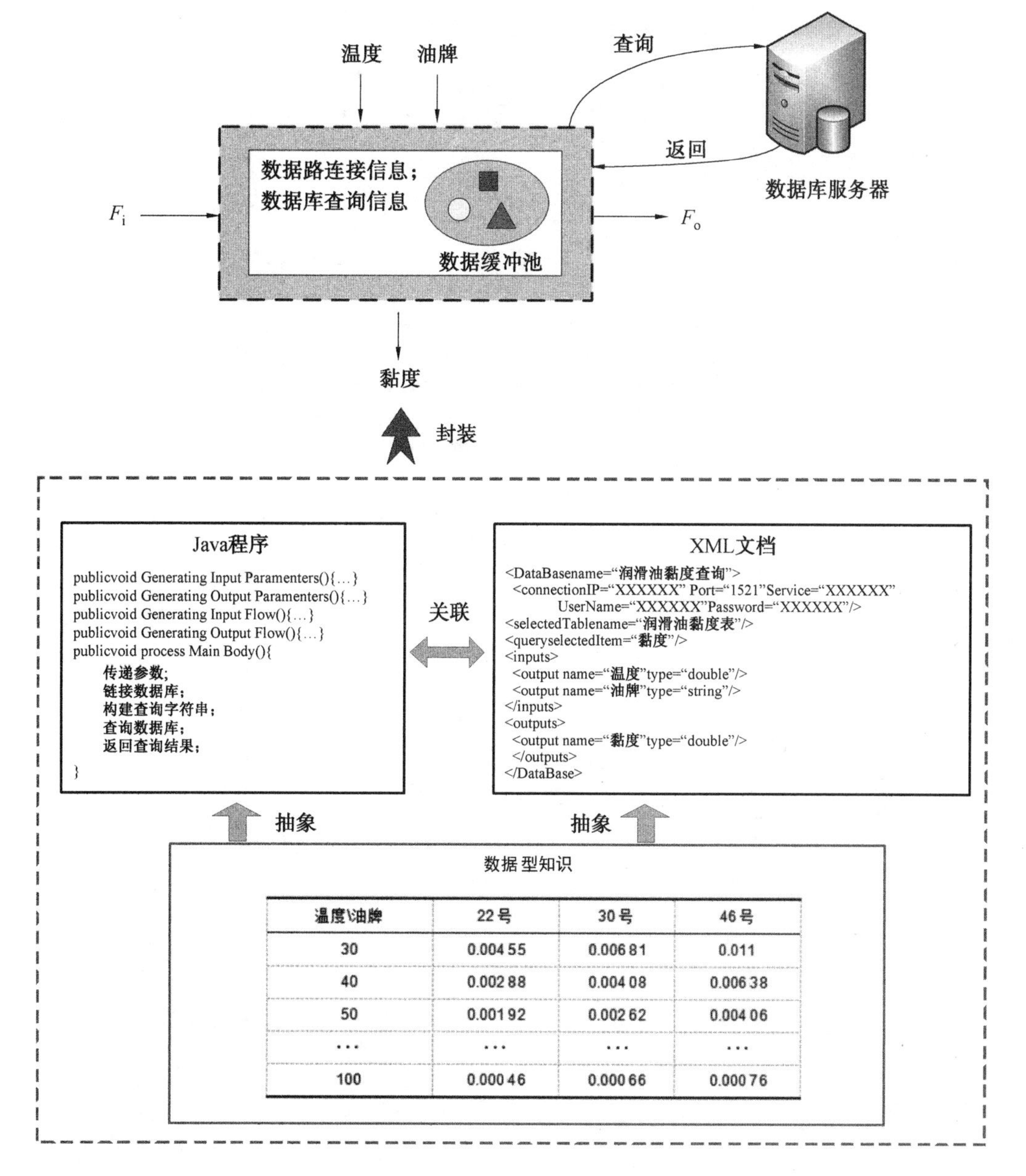

温度\油牌	22号	30号	46号
30	0.004 55	0.006 81	0.011
40	0.002 88	0.004 08	0.006 38
50	0.001 92	0.002 62	0.004 06
…	…	…	…
100	0.000 46	0.000 66	0.000 76

图 2.10　数据型知识表达过程

按照数据来源不同，数据型知识模块可进一步分为基于数据库的数据型知识模块和基于文本型数据集(如 Excel 提供的数据集)的数据型知识模块。本章只讨论基于数据库的数据型知识模块，以“材料选择”数据型知识模块为例，其构建界面如图 2.11 所示。

数据型知识模块内部要实现查询语句构建方法。构建查询语句的关键是将表格中的查询字段和查询条件按照关系数据库查询语句进行组织。其中，查询条件中的关系选择包括等于(=)、大于(>)、小于(<)和不等于(! =)等，查询条件中的条件值根据实际需求确定。查询语句构建方法伪代码描述如下：

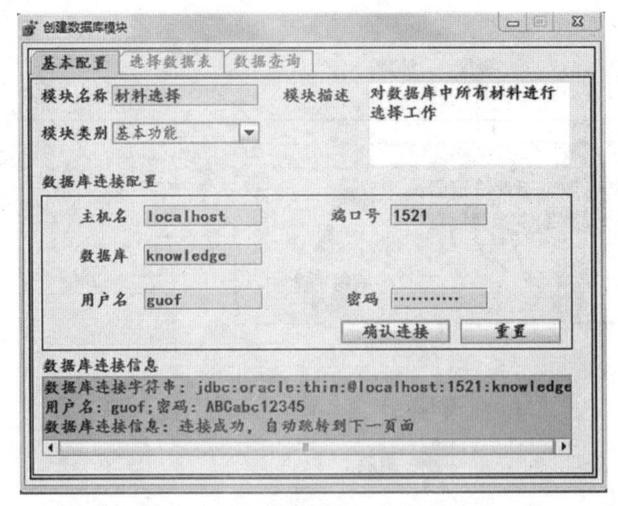

(a)基本配置界面

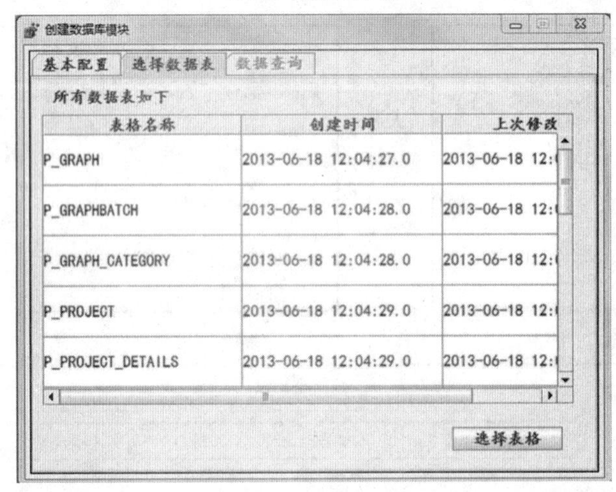

(b)选择数据表界面

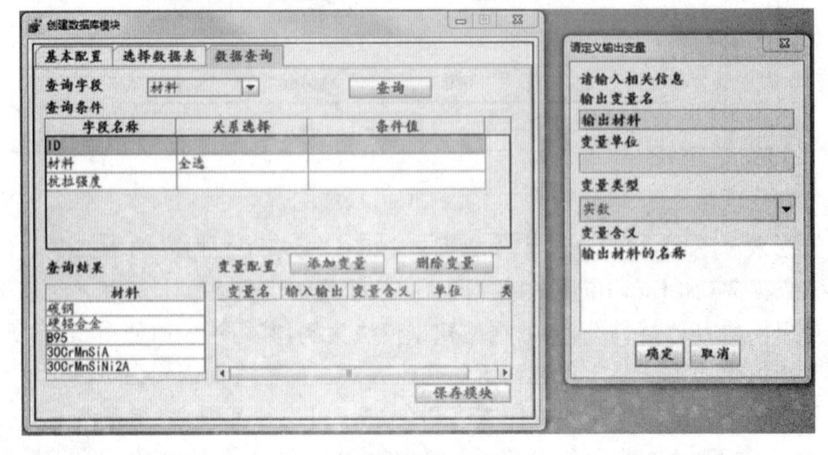

(c)数据查询界面

图 2.11 以“材料选择”数据型知识模块为例的构建界面

①Set：待查询字段＝查询字段值；

②Set：待查询表格＝查询表；

③For：构建查询语句条件部分 in 查询条件；

④提取查询条件中字段名称 Q_name；

⑤提取查询条件中关系选择 Q_relation；

⑥提取查询条件中条件值 Q_value；

⑦利用 Q_name、Q_relation 和 Q_value 构建一个 WHERE 条件语句；

⑧EndFor；

⑨构建完整查询语句。

根据产品方案设计需要，数据模块会出现重复查询某一数据表的情况，为减少数据库访问频率并提高设计支持系统推理效率，将需要重复查询的数据型知识模块在系统推理机中进行标注，并在推理缓冲池中提供单独存储空间，用于存储可能需要重复查询的数据表数据。当需要再次查询相同的数据表时，仅需在单独存储空间中查询即可。

2.3 基于模板的知识表达方法

2.3.1 知识模板案例

设计知识经过模块化表达后，生成可重复使用的知识模块。将不同的知识模块按照设计流程进行连接，则生成知识模板。产品方案设计中的知识模板是能够按照设计流程组装知识模块并通过知识推理来获取产品方案设计结果的知识模块集成，知识模块集成过程需要确定相互之间的信息传递（Information Passing，Information_p）和逻辑连接（Logic Linking，Logic_l）。因此，每个知识模板以能表达特定设计流程作为标准进行知识模板配置，实现产品方案设计流程的数字化表达。

知识模板可包含任意多个不同类型的知识模块，知识模块的数量取决于设计流程的复杂度（一般情况下，复杂度越高，所需的知识模块越多），并且需要根据设计流程确定知识模块的逻辑连接。典型的基于知识模块构建的知识模板如图 2.12 所示。

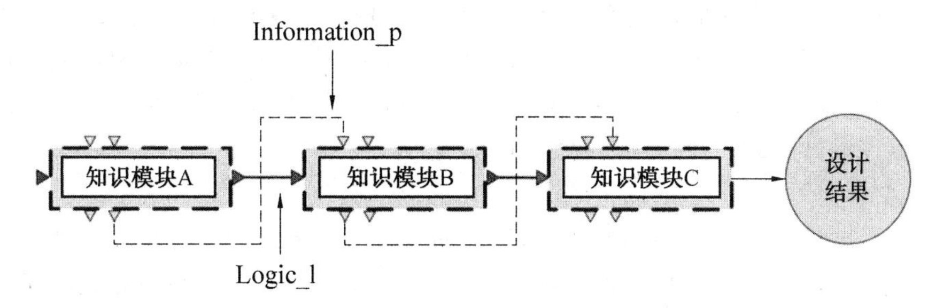

图 2.12 基于知识模块构建的知识模板

设计知识、知识模块与知识模板之间的关系如图 2.13 所示，由图 2.13 可知：

①设计知识由知识模块进行表达；

②知识模块通过集成被表达为知识模板，知识模板对应具体的产品方案设计流程；

③知识模板被组织在设计支持系统中，设计人员根据设计问题调用相应的知识模板。

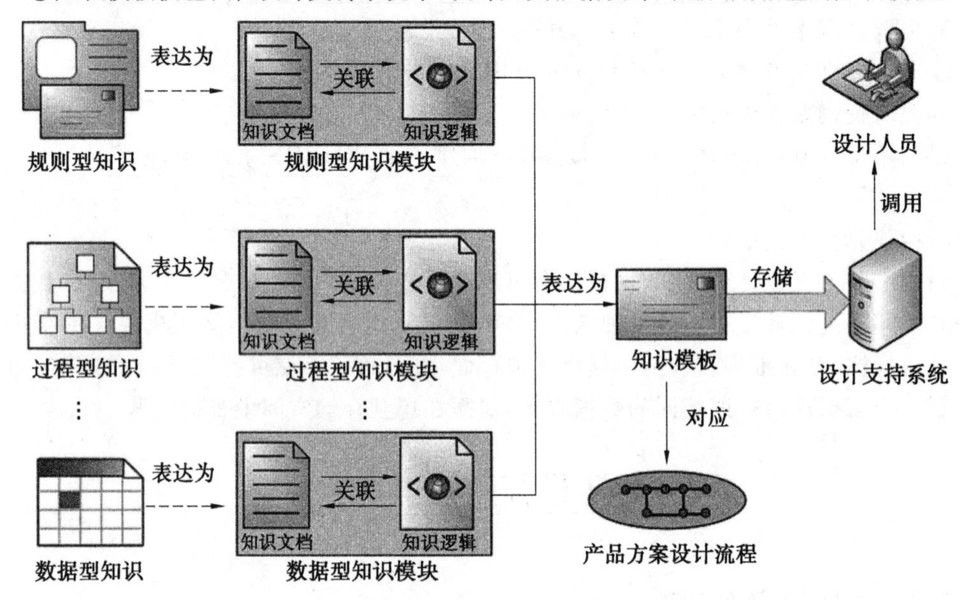

图 2.13　设计知识、知识模块与知识模板之间的关系

1. 知识模块的逻辑关系

由于知识模板对应具体的产品方案设计流程，因此知识模块之间的逻辑关系主要体现为知识模块之间的流程关系。工作流技术将工作活动分解成定义良好的任务、角色、规则和过程来进行执行和监控，广泛应用于过程建模和过程管理中。在产品方案设计中，基于工作流技术的原理，采用可视化流程设计模式构建知识模板，将其中的知识模块以图形化的方式进行呈现，能够提高产品方案设计效率。当知识模板进行推理时，能够根据逻辑连接关系分析知识模板中的知识模块，完成不同知识模块之间的信息传递，调用对应于知识模块和知识模板的推理机。知识模块之间的逻辑关系主要包括以下几种。

(1)顺序关系。

顺序(Sequence)关系是指逻辑连接的知识模块按照顺序依次推理。Sequence 关系如图 2.14 所示，图中各标识的含义如图例所示，后文不再赘述。信息传递的顺序依赖于知识模块推理的顺序。Sequence 关系是知识模板中最常用也是最重要的关系，往往由设计流程中相关设计问题的执行顺序决定。

(2)一对多关系。

一对多(One-to-Many)关系是指逻辑连接的知识模块出现分开并独立推理的一种特殊关系。One-to-Many 关系如图 2.15 所示，One-to-Many 关系强调可以在设计流程中同时开展多项模块推理工作。One-to-Many 关系不仅限于两个分支，且分支之后可以再分支。

(3)多对一关系。

多对一(Many-to-One)关系是指在逻辑连接的许多知识模块中，仅需两个(或多个)

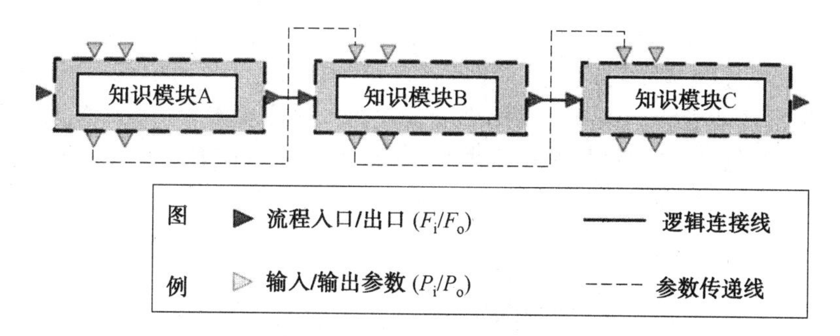

图 2.14　Sequence 关系

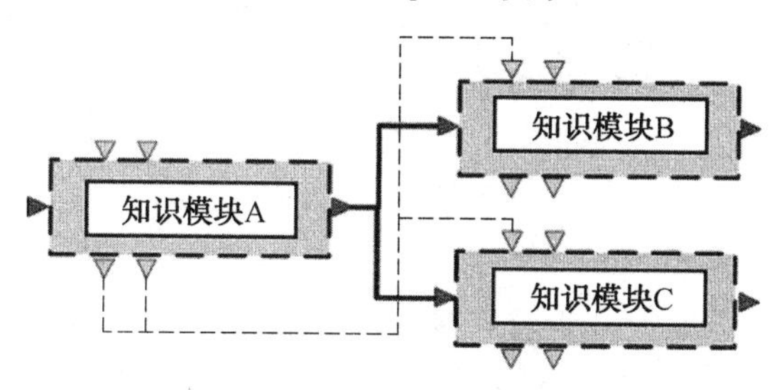

图 2.15　One-to-Many 关系

前序知识模块中的任意一个推理完毕后，即可激活后序知识模块并使后序知识模块进行推理的一种特殊关系。Many-to-One 关系如图 2.16 所示。

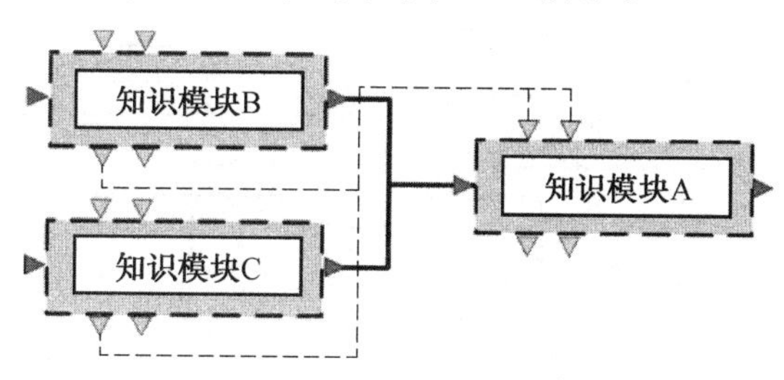

图 2.16　Many-to-One 关系

(4)选择关系。

选择(Selection)关系是指在逻辑连接的许多知识模块中，前序知识模块能够根据条件选择需要激活的后序知识模块并使后序知识模块进行推理的一种特殊关系。Selection 关系如图 2.17 所示。与 One-to-Many 关系不同，它需要前序知识模块至少具有两个 F_o。

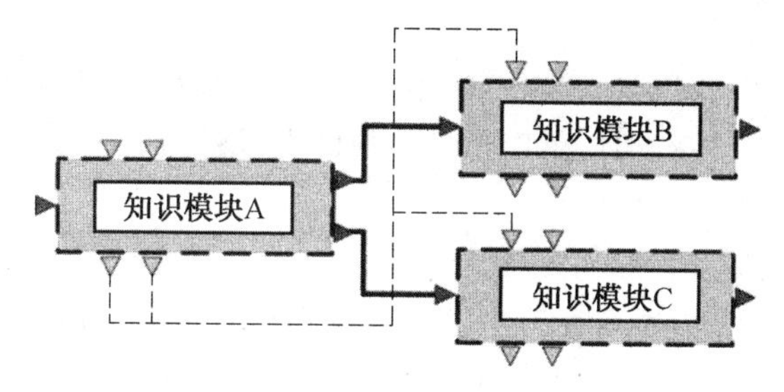

图 2.17　Selection 关系

(5)合并关系。

合并(Join)关系是指在逻辑连接的许多知识模块中，需要两个或多个前序知识模块同时推理完毕后才能激活后序知识模块进行推理的一种特殊关系。Join 关系如图2.18所示。Join 关系需要后序知识模块至少具有两个 F_i，并具备判断是否两个(或多个)前序知识模块同时推理完毕的功能。

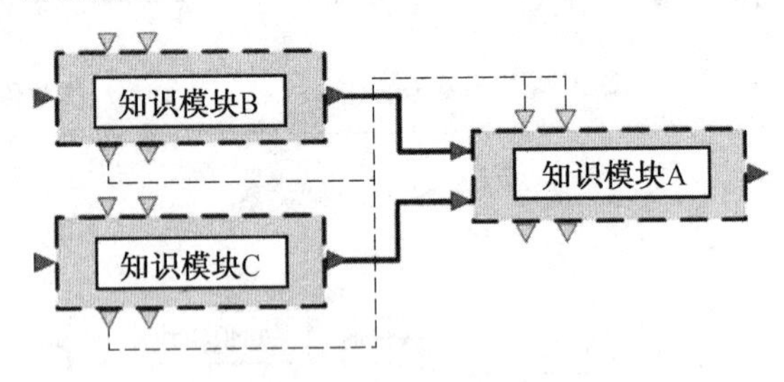

图 2.18 Join 关系

(6)循环关系。

循环(Cycle)关系是指在存在逻辑连接的许多知识模块中，存在一种能够根据特定条件确定是否重新进入推理过程的逻辑关系。Cycle 关系如图 2.19 所示。在 Cycle 关系内部也可以专门设置用于表示推理特定条件的逻辑型知识模块，当不满足特定条件时，跳出循环。

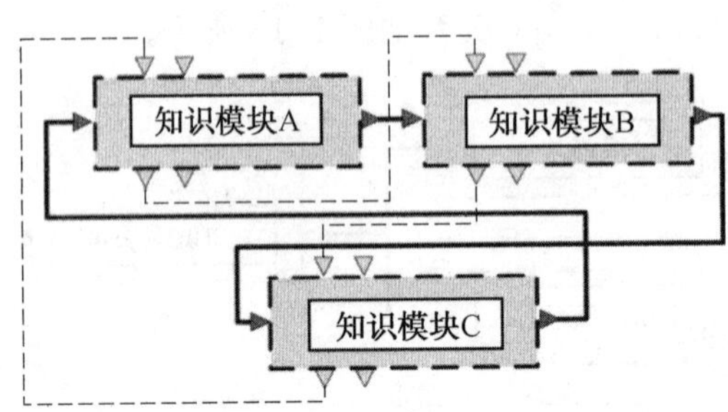

图 2.19 Cycle 关系

2. 配置过程

综上所述，知识模板是根据信息关联关系和逻辑关联关系，将产品设计方案中所需知识模块按照设计流程构建的可推理的知识流程，配置完成的典型知识模板界面如图 2.20 所示，其配置过程由以下三个方面构成。

(1)知识模块构建。

设计人员分析产品方案设计过程中所需设计知识，根据知识类型构建相应的知识模块。当可用知识模块构建完成时，可以通过拖拽的方式将知识模块配置到知识模板中。

(2)知识模块信息关联建立。

知识模块信息关联体现为产品方案设计过程中知识模块之间的参数传递关系。知识模板中参数传递关系的有效性取决于参数传递关系两端的 P_o 和 P_i 是否具有相同的数据类型，这些数据类型包括 Integer 型、Double 型、Boolean 型和 String 型。知识模板中的参数传递关系通过参数传递线在知识模板图形界面中实现(图 2.20 中的虚线)，并在连接完

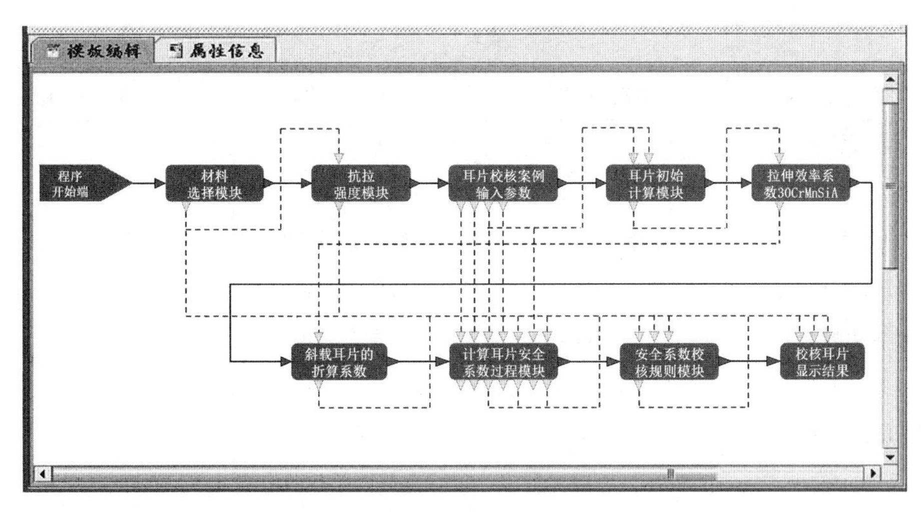

图 2.20 配置完成的典型知识模板界面

成后建立知识模板的参数传递路由表，参数传递路由表决定了知识模板中的参数传递关系。

(3)知识模块逻辑连接建立。

知识模块逻辑连接体现为产品方案设计过程中知识模块之间的流程关系，包括 Sequence、One-to-Many、Many-to-One、Selection、Join 和 Cycle 等关系。知识模板中知识模块逻辑连接的有效性取决于逻辑连接两端是否分别为 F_o 和 F_i。逻辑连接通过流程链接线在图形界面中实现(图 2.20 中的实线)，系统在连接完成后建立知识模板的流程链接路由表，流程链接路由表决定了知识模板中知识模块的推理顺序。

本章以大型水轮机发电导轴承方案设计为例，说明知识模块与知识模板的设计过程。

【例 2.1】 大型水轮发电机产品方案设计是一个典型的涉及多类型参数、多类型设计知识的设计过程，设计内容涵盖电磁设计、定子设计、转子设计、推力轴承设计、导轴承设计和机架结构设计等内容。由于大型水轮发电机产品设计属于复杂产品方案设计，因此一般分为初步方案设计和详细方案设计。其中，初步方案设计用于求得产品方案设计初始域；详细方案设计是基于方案设计初始域获得准确的产品设计结果。在初步方案设计中，需要输入一些初始的基本参数，初步方案设计输入参数见表 2.1。

表 2.1 初步方案设计输入参数

参数名称	参数说明	参数名称	参数说明
额定功率	P_A=2 200.00 kW	额定功率因数	COF=0.80
额定电压	U_N=6 300.00 V	额定转速	n_N=125.00 r/min
飞逸转速	N_Y=270.0 r/min	频率	F_N=50.0 Hz
定子铁芯外径	D_A=425.0 cm	定子铁芯内径	D_i=390.0 cm
定子线规宽	AC1=1.80 mm	定子线规厚	BC1=4.5 mm
定子铁芯长度	l_t=28.00 cm	极身长	L_P=28.00 cm

续表2.1

参数名称	参数说明	参数名称	参数说明
极靴宽	B_P=19.0 cm	极靴高	H_P=3.0 cm
极身宽	B_M=14.0 cm	极身高	H_M=16.0 cm
磁极压板厚	L_F=5.0 cm	阻尼条节距	T2=随机
转子线规厚	AC2=3.00 mm	转子线规宽	BC2=28.0 mm
励磁绕组匝数	W_E=40.0	阻尼条直径	D_B=12.0 mm
阻尼环高	H_R=40.0 mm	阻尼环厚	B_R=10.0 mm
定子槽楔高	H_K=0.650 mm	定子槽数	Z=306
并联支路数	A=1	每线内导体数	CC=8
每极阻尼条数	N_B=5	…	…

导轴承设计则属于详细方案设计中的一部分，包括导轴承润滑设计和座式滑动轴承润滑设计。设计支持系统将导轴承设计作为一个工程进行管理，即知识模板集合。该工程中包括两个知识模板：导轴承润滑设计知识模板和座式滑动轴承润滑设计知识模板。

导轴承润滑设计主要包括两个方面：导轴承负荷计算和导轴承润滑计算。其中，导轴承负荷计算的一个重要作用是将导轴承的负荷作为设计参数 P 参与到导轴承润滑计算中，进行导轴承瓦的最大单位压力计算（见下文的式(2.4)）。

导轴承负荷计算主要由过程知识组成，包括轴的相当惯性矩、推力轴承的转角柔度、拉磁力系数、导轴承负荷影响系数和不同位置导轴承负荷计算等。设计中有些知识需要电磁设计参数作为输入参数，这些参数可以由电磁设计的初步方案中设计输出参数提供（表2.1）。以磁拉力系数公式为例，即

$$K_0=3\,\frac{D_i l_t}{\delta}\left(\frac{B_\delta}{7\,000}\right)^2 \tag{2.3}$$

式中 K_0——磁拉力系数，kgf/cm（1 kgf=9.8 N）；

δ——气隙长度，cm；

D_i——定子铁芯内径，cm；

l_t——定子铁芯长度，cm；

B_δ——气隙磁通密度，Gs。

D_i 和 l_t 均由电磁设计的初步方案设计提供，见表2.1。

由于在导轴承负荷计算中，过程知识都是通过公式获得计算结果的，因此导轴承负荷计算知识模板主要由过程知识模块组成。为清晰地说明设计支持系统对知识模板的应用，本案例以导轴承润滑设计中的润滑计算过程为例，进行知识模块和知识模板的设计，需要的知识模块主要如下。

（1）读取Ⅰ型导轴承设计参数（读参模块，由初步方案设计近似模型提供初步方案设计参数，该模块通过程序直接开发，无可见界面）。设计参数包括滑转子外径 d(cm)、轴瓦数 m(个)、轴向长度 L(cm)、轴向长度 B(cm)、轴承载荷 P(kgf)、额定转速 n_N(r/min)、

容积系数 q、负载系数 D、摩阻系数 Y、冷油的温度 t_1(℃)和黏度 λ_1($\mathrm{kgf \cdot s/m^2}$)、热油的温度 t_2(℃)和黏度 λ_2($\mathrm{kgf \cdot s/m^2}$)、滑油的比热容 C(kcal/(kgf・℃))和比重 r($\mathrm{t/m^3}$)、耗能计算系数 n。其他知识模块根据实际,完成对初步方案设计参数的调整。

(2)导轴承瓦的最大单位压力 p(过程模块)。

$$p=\frac{4P}{mBL} \tag{2.4}$$

式中 P——导轴承的载荷。

该过程模块的构建界面如图 2.21 所示。其他过程模块的构建界面与此类似,此处不再赘述。

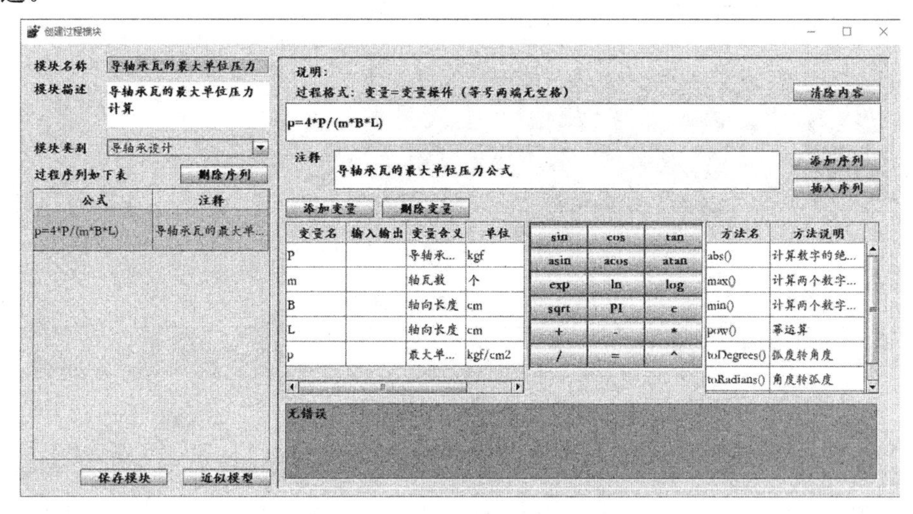

图 2.21 构建界面

(3)滑转子外缘的额定周边速度 v_{N}(过程模块)。

$$v_{\mathrm{N}}=\frac{\pi d n_{\mathrm{N}}}{6\ 000} \tag{2.5}$$

(4)单位压力与周速的乘积 pv_{N}(过程模块)。

(5)计算 $\dfrac{L}{B}$ 比值(过程模块)。

(6)根据图形查得容积系数 q(图形模块)。该图形模块的构建界面如图 2.22 所示,其他图形模块的构建界面与此类似,此处不再赘述。

(7)根据图形查得负载系数 D(图形模块)。图形信息如图 2.22 所示。

(8)根据图形查得摩阻系数 Y(图形模块)。图形信息如图 2.22 所示。

(9)查询润滑油的比重 r 和比热容 C(数据模块)。比重和比热容参数见表 2.2。

(10)计算油的温升 Δt(过程模块)。

$$\Delta t=\frac{47p}{qrC}\times 10^{-3} \tag{2.6}$$

(11)利用逻辑模块中的分支模块进行分支操作。

如果提供的温度是整数,则查询数据库;否则,查询图形。

(12)查询数据库。动力黏度见表 2.3,根据冷油的温度 t_1 查询冷油的黏度 λ_1(数据模块)。

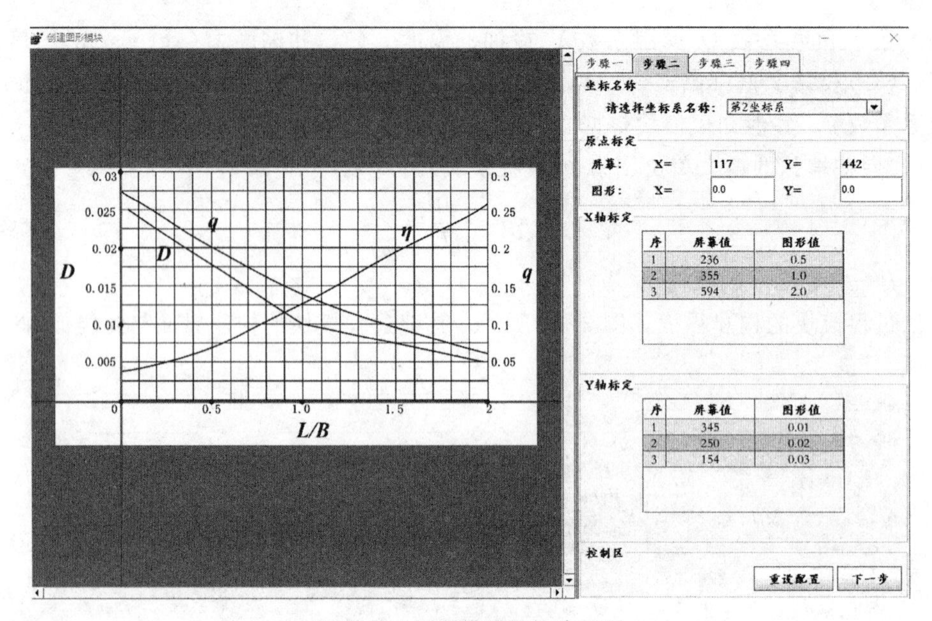

图 2.22 图形模块的构建界面

表 2.2 比重和比热容参数

油牌号	22 号	30 号	46 号
比重/($kg\cdot m^{-3}$)	874	878	882
比热容(20 ℃时)/[$kcal\cdot(kgf\cdot℃)^{-1}$]	0.45		

表 2.3 动力黏度 $kgf\cdot s\cdot m^{-2}$

温度/℃	22 号	30 号	46 号
30	0.004 55	0.006 81	0.011
40	0.002 88	0.004 08	0.006 38
50	0.001 92	0.002 62	0.004 06
60	0.001 35	0.001 79	0.002 67
70	0.001 00	0.001 26	—
80	0.000 75	0.000 94	0.001 32
90	0.000 57	0.000 71	—
100	0.000 46	0.000 66	0.000 76

(13)查询数据库。

参考表 2.3,根据热油的温度 t_2 查询热油的黏度 λ_2(数据模块),但是数据模块与(12)中数据模块相同。

(14)根据冷油的温度 t_1 查询冷油的黏度 λ_1。

润滑油黏度与温度的关系如图 2.23 所示(图形模块)。

(15)查询图形如图 2.23 所示,根据热油的温度 t_2 查询热油的黏度 λ_2(图形模块)。

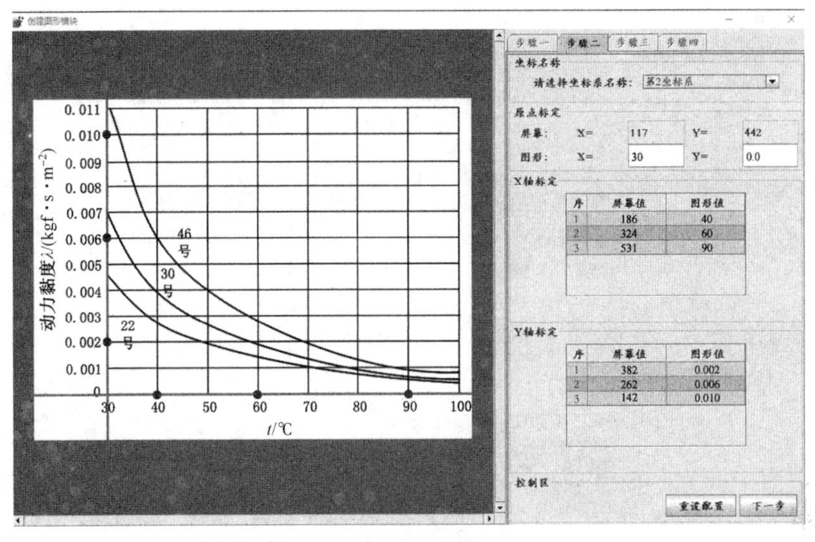

图 2.23　润滑油黏度与温度的关系

(16)查询图形如图 2.23 所示，根据冷油的温度 t_1 与热油的温度 t_2 计算平均温度 t（通过逻辑模块中的均值模块实现），即

$$t=\frac{t_1+t_2}{2} \tag{2.7}$$

(17)查询图形如图 2.23 所示，根据平均温度 t 查询平均黏度 λ（图形模块）。

(18)计算最小油膜厚度 $h_{\min}$（过程模块）。

$$h_{\min}=2.45\sqrt{\frac{D\lambda v_{\mathrm{N}}L}{p}} \tag{2.8}$$

(19)计算损耗（过程模块）。

$$P'_{\mathrm{gb}}=nmBL\sqrt{D}\,\frac{\eta\lambda v_{\mathrm{N}}^2}{h_{\min}}\times10^{-3} \tag{2.9}$$

需要注意，安装和制造缺陷引起的附加损耗约为基本损耗的 50%，故总损耗为

$$P_{\mathrm{gb}}=1.5P'_{\mathrm{gb}} \tag{2.10}$$

(20)判断主要润滑参数取值范围是否符合要求（规则模块，参考表 2.4）。如果超出范围，则需通过调整的方式再次执行知识模板推理以获取正确的详细方案设计参数。该规则模块的构建界面如图 2.24 所示，其他规则模块的构建界面与此类似，此处不再赘述。

表 2.4　主要导轴承润滑设计参数取值范围

参数	取值范围
p	<20 kgf/cm^2
pv	<300 kgf·m/(cm^2·s)
$\frac{L}{B}$	0.8～1.2
Δt	<20 ℃
$h_{\min}$	0.05～0.1 cm

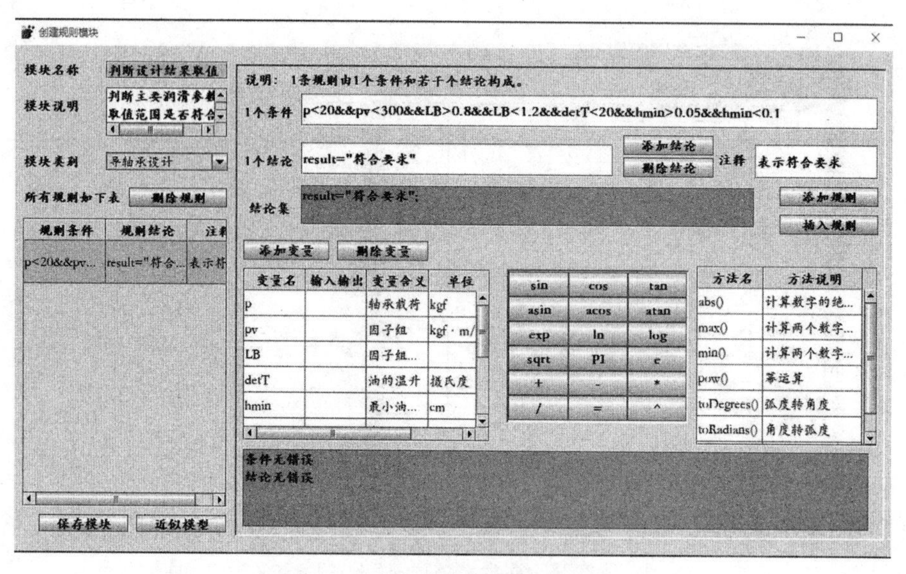

图 2.24　规则模块的构建界面

利用上述知识模块配置知识模板，如图 2.25 所示。其他说明如下。

(1)图 2.25(a)和图 2.25(b)分别为知识模板界面局部界面的第一部分和第二部分。将这两个局部界面拼合之后，即可形成完整知识模板界面。

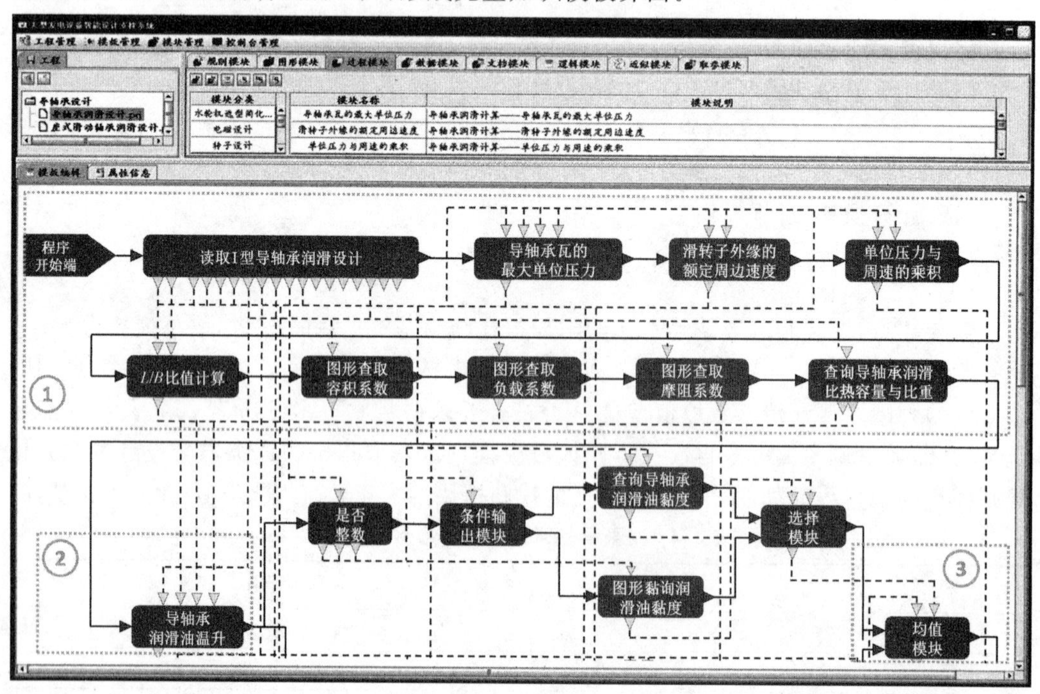

(a)第一部分

图 2.25　导轴承润滑计算知识模板

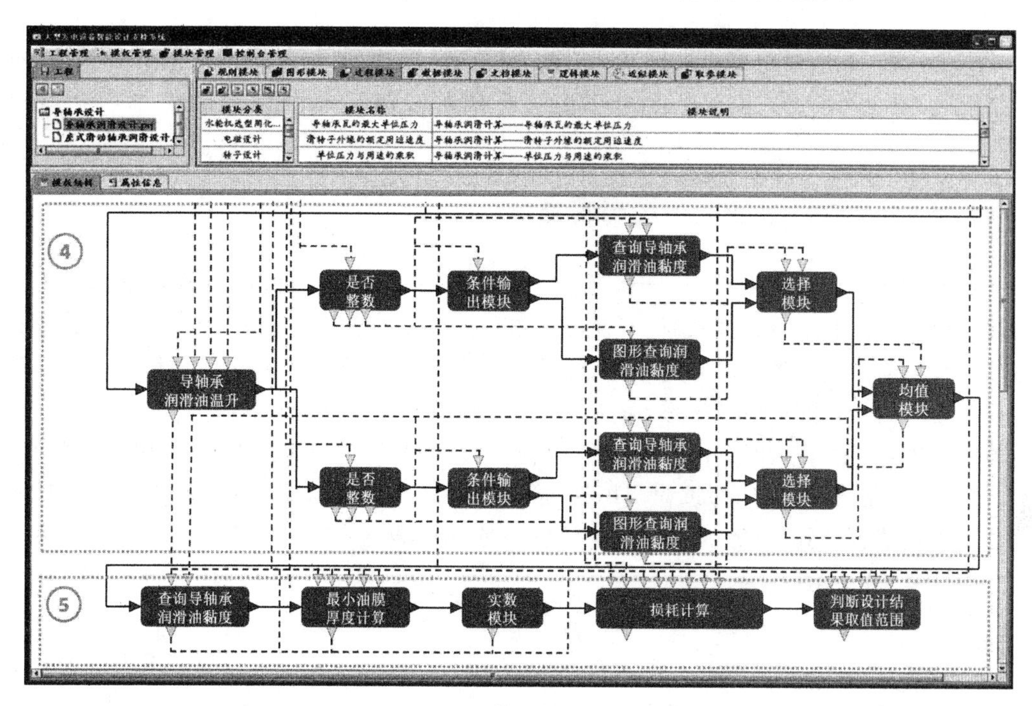

(b)第二部分

续图2.25

(2)知识模板中包括单一流程(①、⑤)和分支流程(④)两部分。其中,单一流程通过Sequence关系实现;分支流程由One-to-Many关系开始(②中"导轴承润滑油温升"),由Join关系结束(③中"均值模块")。

(3)为使知识模板界面清晰,参数传递线与流程链接线利用栅格汇聚显示。

当知识模板执行完毕时,所有导轴承润滑设计参数见表2.5。知识模板可以重用,简单修改后,可根据不同需求重新组织知识模板。

表2.5 所有导轴承润滑设计参数

设计参数	设计数据	设计参数	设计数据	设计参数	设计数据
轴承载荷	72 900.3 kgf	* 比值 L/B	1.033	冷油温度	30 ℃
滑转子外径	150 cm	* 容积系数	0.135	* 冷油黏度	0.006 9 kgf·s/m²
轴瓦数	12个	* 负载系数	0.01	热油温度	41.3 ℃
轴向长度 L	31 cm	* 摩阻系数	2.75	* 热油黏度	0.003 4 kgf·s/m²
轴向长度 B	30 cm	* 润滑油比热容	0.45 kcal/(kgf·℃)	油平均温度	35.64 ℃
* 导轴承瓦最大单位压力	12.9 kgf/cm²	润滑油密度	882 kgf/cm³	* 油平均黏度	0.004 8 kgf·s/m²
* 滑转子外缘额定周边速度	0.135 m/s	* 油的温升	11.3 ℃	* 最小油膜厚度	0.095 cm
* 单位压力与周速的乘积	0.01 kgf·m/(cm·s)	* 基本损耗	26.46 kW	* 总损耗	39.70 kW

注:带*号的为输出参数。

综上所述，利用知识模板进行设计有助于提高设计效率。一旦建立了设计知识库，对于需反复迭代设计的产品，系统就能够大大降低人工成本、加快设计速度、提高工程适用性。

2.3.2 基于 Excel 的知识模板案例

前文所述知识模块主要应用于可独立运行的知识模板中。此外，一些方案设计工作往往需要依赖现有平台开展，如很多设计工作是在 Excel 环境中完成的，这些工作的业务逻辑一般具有固定的模式，即知识之间的关系主要是顺序关系而不存在一对多、多对一等复杂关系。对于这样的设计工作，基于 Excel 的知识模板就完全能够满足工程需要，因此开发基于 Excel 的知识模板（建成 Excel 模板）具有重要的工程应用意义。开发的规则推理、复杂公式集合推理、外部过程调用、图形处理工具等可以与 Excel 中自带的公式计算功能无缝集成，共同完成更复杂的知识（数学）处理功能。典型的基于 Excel 的知识模板案例如图 2.26 所示。

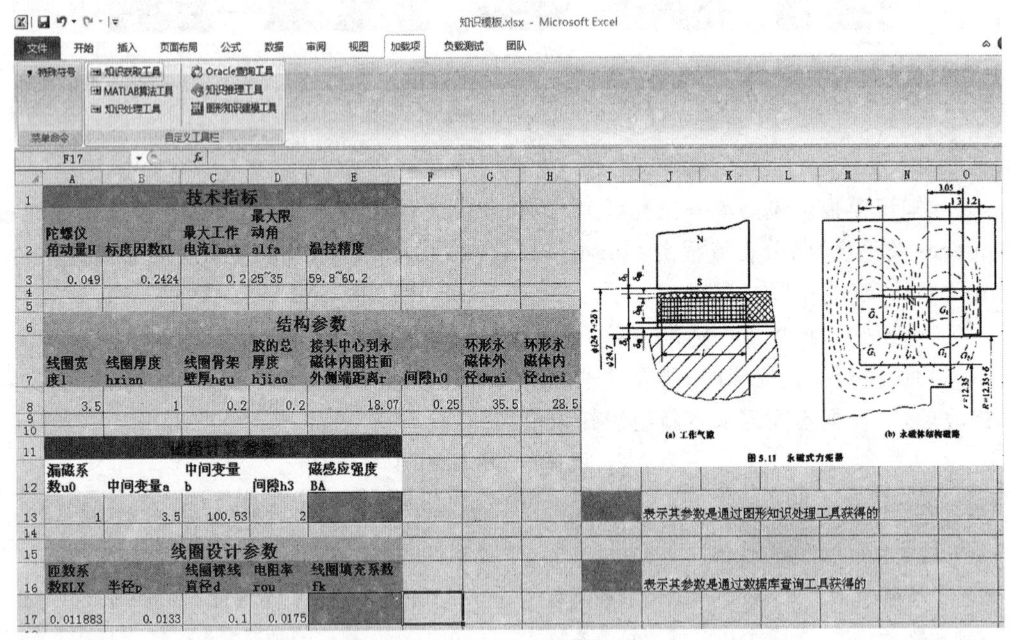

图 2.26 典型的基于 Excel 的知识模板案例

每个 Excel 的单元格都可以作为知识模板中的输入或输出数据，具体根据情况进行定义。所开发的知识处理工具可以从 Excel 的单元格中获取输入数据，并进行推理，推理后的结果可以直接输出到指定的单元格中。因此，每个 Excel 都可以看成一个可执行的电子书，当设计人员修改其中的设计参数时，集成知识处理工具的表单可以自动重新推理，在指定单元格中输出新的结果，其操作过程与 Excel 本身的基于函数的自动更新过程是一致的。因此，基于 Excel 平台的知识处理工具可以看作对 Excel 的功能外扩。

基于 Excel 开发的知识处理工具类型较多，其本质也是对具体知识的处理，因此仍然可用模块的概念进行统一，如推理模块（如知识推理工具）、图形模块（如图形知识建模工具)、数据模块(如 Oracle 查询工具)、外调模块(如 Matlab 算法工具)等。各模块说明如下。

1. 推理模块

推理模块主要处理的是规则型知识和过程型知识,包括知识获取和知识推理两部分。知识获取用于构建推理规则;知识推理则利用相关参数和规则得出知识的推理结果。二者的处理方法与规则型知识模块和过程型知识模块对知识的处理方法类似。模块的输入参数来源于 Excel 模板的单元格,规则和过程被动态配置为推理文档(XML 文档形式),并且与每个 Excel 文件形成一个完整的知识文档包,推理结果输出至 Excel 模板指定单元格。推理模块开发过程中要注意以下问题。

(1)变量定义。

变量定义用于定义推理文档中的变量,包括变量名、变量单位、变量类型、输入输出类型及变量备注等。推理文档会对模块中的变量进行统一管理。

(2)规则定义。

规则定义与规则型知识模块中的规则定义类似,主要定义规则类型的知识。除直接通过输入规则文本的方式定义规则外,在基于 Excel 的设计支持平台中,规则还可以通过现有的工具进行可视化的表达,以提高规则定义的效率。例如,可以在 Excel 中集成 Visio。规则知识表达如图 2.27 所示,椭圆表示规则前件或规则后件,菱形表示“与”,六边形表示“或”,连接线有“条件连接线”和“结论连接线”两种。

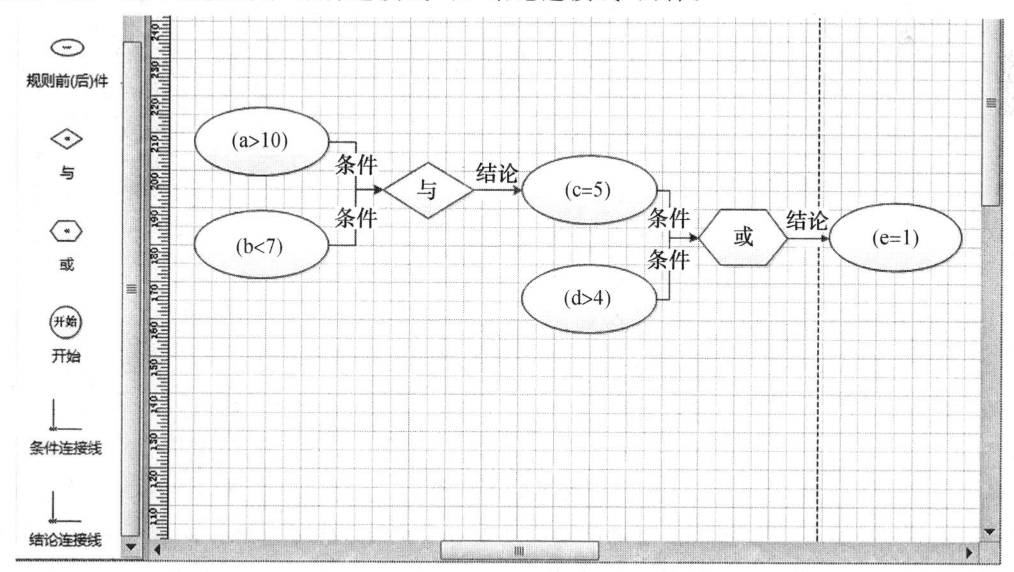

图 2.27 规则知识表达

(3)过程定义。

过程定义与过程型知识模块中的过程定义类似,主要进行系列复杂公式集合表达,可支持 Excel 工具以外的复杂公式推理。在过程集(方法集)中,可能有一些局部有效的临时变量,即该变量仅在该方法集中有效。

(4)顺序定义。

推理文档除定义规则和过程外，还需定义规则与过程的调用顺序，即需要完成顺序定义。

(5)文档检验。

文档检验用于检验推理文档的可执行性。检验内容包括规则集和方法集中使用的变量是否全部定义，以及顺序是否定义。若有误，则需重新定义相关信息；若无误，则可在Excel知识模板中以插件方式正常调用。

典型的推理配置界面如图2.28所示，推理结果直接写入指定单元格。

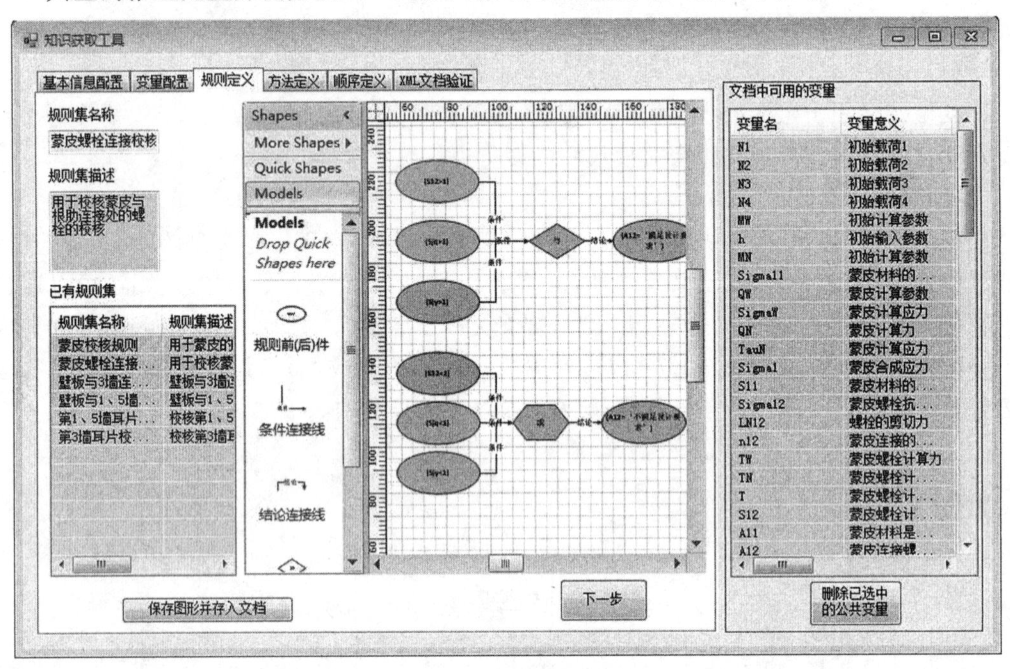

图2.28 典型的推理配置界面

2. 图形模块

如图2.26所示，在磁路计算参数邻近单元格中，永磁体工作点所对应磁感应强度B_A的数值，根据相应永磁体材料的退磁曲线确定。此类参数的确定是通过设计人员人工选择图形坐标的方式实现的，需要基于Excel的知识模板支持设计人员根据指定单元格数据(作为图形查询的横坐标)获取被查询数据(即图形中的纵坐标)来参与后续计算。因此，需要开发主要用于解决图形查询问题的图形模块，其功能与图形知识模块相同，最重要的是需要完成坐标系的配置及图形坐标与屏幕坐标的映射。

以永磁体材料GYRM－28B1退磁曲线查询为例，图形模块主界面如图2.29所示，图中右侧实现了相关信息与指定单元格的关联。当设计人员从曲线中查询出相应值后，图形模块将查询结果自动写入指定单元格。图形模块配置过程与2.2.3节中的图形知识模块配置过程相似，本节不再赘述。

3. 数据模块

数据模块用于根据查询条件在数据库中查询数据，将获取的查询数据写入Excel模

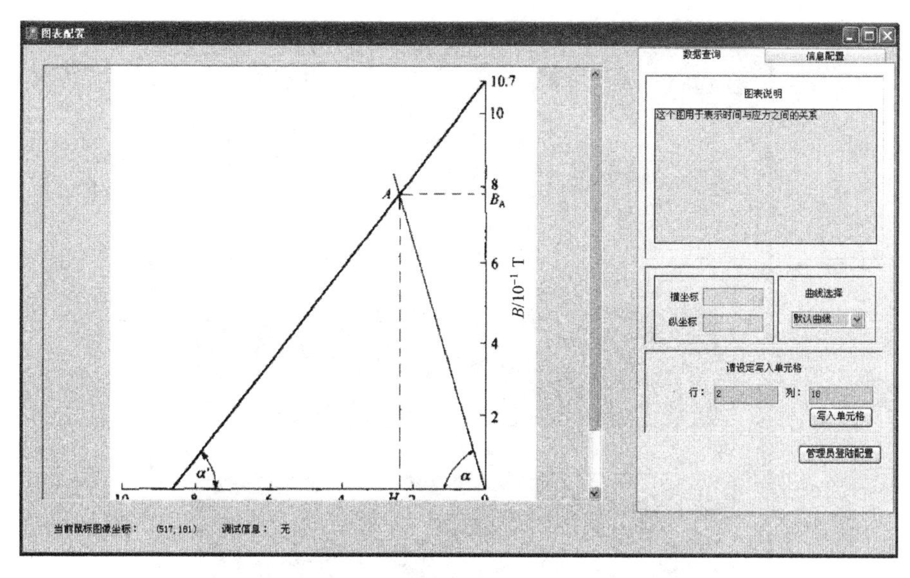

图 2.29 图形模块主界面

板指定单元格中(仍然通过参数行索引和参数列索引实现关联)。以线圈填充系数查询为例,在图 2.26 所示的线圈设计参数邻近单元格中,需要根据所选择的漆包圆铜线的裸线直径 d 来查询其线圈填充系数 f_k。因此,数据库中存在形式如图 2.30 所示的数据表(表名为 Parameter,直径为 d,线圈填充系数为 f_k,其他参数不予考虑),本例中的插件式数据模块查询语句配置界面如图 2.31 所示。查询后,查询结果将自动写入相应的单元格中。

Parameter

ID	d	da	fk	rpm
1	.02	0.035	0.218	55.7
2	.03	0.045	0.352	24.76
3	.04	0.055	0339	13.93
4	.05	0.065	0.39	8.92
5	.06	0.075	0.42	6.19
6	.07	0.085	0.468	4.55
7	.08	0.095	0.497	3.48
8	.09	0.105	0.543	2.75
9	.1	0.12	0.552	2.23
10	.11	0.13	0.561	1.84
11	.12	0.14	0.576	1.55
12	.13	0.15	0.589	1.32
13	.14	0.16	0.601	1.14
14	.15	0.17	0.611	.99
15	.16	0.18	0.617	.87
16	.17	0.19	0.621	.772
17	.18	0.2	0.624	.688
18	.19	0.21	0.626	.616
19	.2	0.225	0.628	.557

图 2.30 数据表结构

4. 外调模块

外调模块用于调用外部开发的各类处理程序,有些设计过程需要复杂的迭代运算或优化计算,这部分运算可以采用外部调用模块进行。当外部调用的输入和输出接口模式

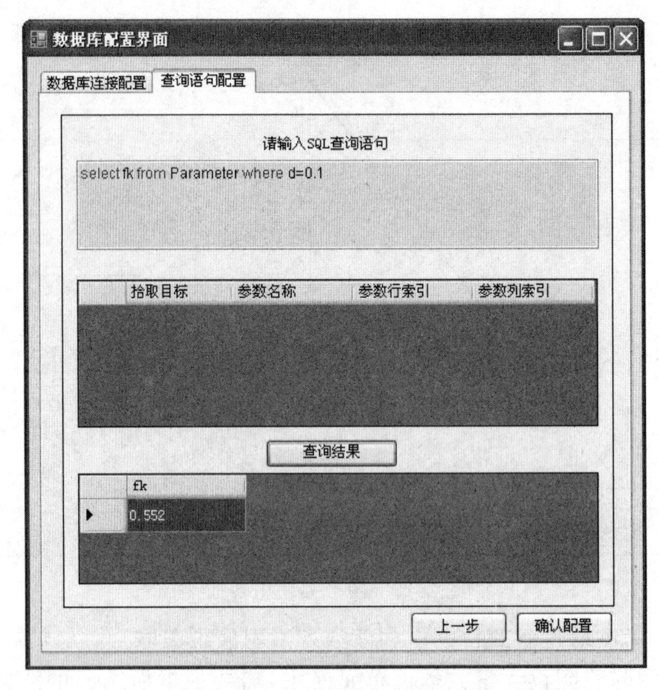

图 2.31 插件式数据模块查询语句配置界面

配置好后，外部程序可以从 Excel 指定的单元格中获得输入数据，在运算结束后将结果返回到指定的单元格中，这有效地解决了 Excel 本身难以进行复杂优化计算的问题。插件式外调模块无统一的图形界面，其界面形式取决于具体的模块功能，本章不再赘述。

本章参考文献

[1] 刘影，万耀青.故障诊断中知识模块的应用研究[J].计算机辅助设计与图形学学报，1999，11(4):332-334.

[2] 张太华，顾新建，何二宝.产品知识模块本体的构建[J].机械设计与制造，2012(2)：261-263.

[3] ROKOSSA D. Efficient robot programming with knowledge-integrated functional modules[C]// Industrial Electronics Society，IECON 2013－39th Annual Conference of the IEEE. Vienna，Austria，IEEE，2013.

[4] 屠立，张树有，陆长明.基于知识模板的复杂产品设计重用方法研究[J].计算机集成制造系统，2009，15(6)：1041-1048.

[5] 史华杰，张定华，汪文虎，等.涡轮叶片精铸模具知识模板构建及应用[J].航空制造技术，2009(4)：81-85.

第3章 基于向量空间的文本知识表达方法

文本是自然语言描述的知识形态，计算机难以直接处理语义，更难以基于文本进行推理。因此，在处理文本时一般需要进行预处理，其主要目的是提取代表文本特征的数字化特征项，并采用数字向量空间对文本进行表达。

3.1 基于词向量空间的文本知识表达方法

3.1.1 基于One－Hot词向量的文本表达方法

One－Hot编码采用 N 位状态寄存器对 N 个状态进行编码，每个状态都有独立的寄存器位，并且在任意时候只有1位有效。采用One－Hot编码进行词向量表达时，一般是统计词库包含的所有 V 个词，然后将这 V 个词固定好顺序，因此每个词就可以用一个 $1\times V$ 维的稀疏向量来表示。每个词向量中只有在该词出现的位置所对应元素才为1，其他元素全为0。例如，下面这几个词，第一个元素为1的表示"中国"，第六个元素为1的表示"是"，第五个元素为1的表示"发展"：

$$
\begin{aligned}
&\text{中国}[1,0,0,0,0,0,0,0,0,\cdots,0,0,0,0,0,0,0]^{\mathrm{T}}\\
&\text{是}\quad[0,0,0,0,0,1,0,0,0,\cdots,0,0,0,0,0,0,0]^{\mathrm{T}}\\
&\text{发展}[0,0,0,0,1,0,0,0,0,\cdots,0,0,0,0,0,0,0]^{\mathrm{T}}\\
&\text{中}\quad[0,0,0,0,0,0,0,0,1,\cdots,0,0,0,0,0,0,0]^{\mathrm{T}}\\
&\text{国家}[0,0,0,0,0,0,0,0,0,\cdots,1,0,0,0,0,0,0]^{\mathrm{T}}
\end{aligned}
$$

那么，"中国是发展中国家"这个句子就可以将上述词向量相加获得其向量表达，即

$$[1,\ 0,\ 0,\ 0,\ 1,\ 1,\ 0,\ 0,\ 1,\ \cdots,\ 1,\ 0,\ 0,\ 0,\ 0,\ 0,0]^{\mathrm{T}}$$

从上述表达中可以看到One－Hot形式的维数通常会很大，因为词数量一般在 10^5 级别，这会导致训练时难度大大增加，造成维数灾难。其主要存在以下两个问题：

①仅仅将词符号化，词与词之间独立，无法反映词与词之间的语义相似度，也无法考虑文本词序信息；

②词表示的高维度和稀疏性，易出现"维数灾难"(Curse of Dimensionality)问题。

3.1.2 基于词频率的文本知识表达方法

在一份给定的文本中，词频(Term Frequency，TF)是指某一个给定的词语在该文本中出现的次数。这个数字通常会被正规化(归一化)，以防止它偏向长的文本(同一个词语在长文本中可能会比在短文本中有更高的词频，而不论该词语是否重要)。对于在某一特

定文本中的特征词语 t_i 来说，它的词频可表示为

$$TF_{ij}=t_{ij}/\sum_{k=1}^{n}t_{kj} \tag{3.1}$$

式中 TF_{ij}——第 i 个特征词语在第 j 个文本中的词频；

t_{ij}——第 i 个特征词语在第 j 个文本中出现的次数；

n——特征词汇的种类总数。

基于词频率的文本知识表达方法是建立在这样一个假设之上的：对区别文本最有意义的词语应该是那些在文本中出现频率高的词语，所以如果特征空间坐标系取特征词 t_i 的词频作为测度，就可以体现同类文本的特点。因此，文本 j 的词频特征向量表达为

$$[TF_{1j},TF_{2j},\cdots,TF_{nj}]^T \tag{3.2}$$

词频作为文本的表达很好理解，但是使用词频进行文本特征描述会造成一定误差。例如，几乎所有论文中都会出现"的"，其词频虽然高，但是重要性却比词频低的"结构"和"飞机"这样的实词要低。因此，在实际应用中会采用特征词汇评估方法对词频表达方法进行修正。比较常用的特征词汇评估方法有词频－逆文档词频方法、信息增益方法、互信息方法和卡方检验方法等。下面分别说明每种方法的实现过程。

1. 词频－逆文档词频方法

词频－逆文档词频(Term Frequency－Inverse Document Frequency，TF－IDF)方法是一种基于统计的词频修正方法，根据特征词汇出现在全部文档中的频率来反映特征词汇的重要性。这种方法实现简单，计算复杂度较低。如果一个词在很多的文本中出现，那么它的 IDF 值应该低，如"的"；如果一个词在比较少的文本中出现，那么它的 IDF 值应该高，如一些专业的名词如"知识表达"；如果一个词在所有的文本中都均匀出现，那么它的 IDF 值应该为 0。

可以直接给出一个词汇 t_i 的 IDF 的基本公式，即

$$IDF(t_i)=\lg\frac{N}{N(t_i)} \tag{3.3}$$

式中 N——语料库中文本的总数；

$N(t_i)$——语料库中包含词 t_i 的文本总数。

上面的公式在一些特殊的情况下会有一些问题，如某一个生僻词在语料库中没有，这样分母会为 0，IDF 就没有意义了。因此，常用的 IDF 需要做一些处理，使语料库中没有出现的词也可以得到一个合适的 IDF 值，即

$$IDF(t_i)=\lg\frac{N+1}{N(t_i)+1}+1 \tag{3.4}$$

因此，特征词频值修正为

$$TF-IDF(t_i)=TF_{ij}\times IDF(t_i) \tag{3.5}$$

则第 j 个文档的词频(词频－逆文档词频)表达为

$$TF-IDF(t_1),TF-IDF(t_2),\cdots,TF-IDF(t_n) \tag{3.6}$$

2. 信息增益方法

在信息增益(Information Gain，IG)中，衡量标准是看特征能够为分类系统带来多少

信息，带来的信息越多，该特征越重要。通常来说，分类系统所能具有的信息量在存在该特征时和不存在该特征时将发生变化，前后信息量的差值为该特征给系统带来的信息量。一般来说，采用信息熵度量信息量的不确定程度。令 X 为随机变量，X 随机变量的变化越多，通过它获取的信息量就越大，X 的信息熵就越大，或者可以理解为求解 X 的值所需要的信息量就越大。X 的信息熵定义为

$$H(X) = -\sum_{i=1}^{q} p(x_i) \lg p(x_i) \tag{3.7}$$

通过观察随机变量 Y 后获得的 X 的不确定程度描述为条件熵，其定义为

$$H(X \mid Y) = -\sum_{j} p(y_i) \sum_{i} p(x_i \mid y_i) \lg p(x_i \mid y_i) \tag{3.8}$$

设文档集存在 m 个分类，如果特征词汇 t_i 给文档分类问题 C 带来的信息增益越大，则认为 t_i 越重要。根据信息熵的定义可知，文档分类问题 C 所需要的信息熵为

$$H(C) = -\sum_{i}^{m} p(c_i) \lg p(c_i) \tag{3.9}$$

式中 m——文档分类的总数；

$p(c_i)$——第 i 类文档在整个文档集中出现的概率。

当特征词汇 t_i 出现时，文档分类问题 C 所需要的信息熵为

$$H(C \mid t_i) = -p(t_i) \sum_{j}^{m} p(C_j \mid t_i) \lg p(C_j \mid t_i) \tag{3.10}$$

式中 $p(t_i)$——包含 t_i 的文档出现概率；

$p(C_j|t_i)$——包含 t_i 的文档属于 C_j 类的条件概率。

当特征词汇 t_i 不出现时，文档分类问题 C 所需要的信息熵为

$$H(C \mid \overline{t_i}) = -p(\overline{t_i}) \sum_{j}^{m} p(C_j \mid \overline{t_i}) \lg p(C_j \mid \overline{t_i}) \tag{3.11}$$

式中 $p(\overline{t_i})$——不包含 t_i 的文档出现概率；

$p(C_j|\overline{t_i})$——不包含 t_i 的文档属于 C_j 类的条件概率。

因此，考虑特征词汇 t_i 时，文档分类问题 C 所需要的信息熵为

$$\begin{aligned} \mathrm{IG}(t_i;C) &= H(C) - H(C \mid t_i) - H(C \mid \overline{t_i}) \\ &= -\sum_{i}^{m} p(C_i) \lg p(C_i) + p(t_i) \sum_{j}^{m} p(C_j \mid t_i) \lg p(C_j \mid t_i) + \\ &\quad p(\overline{t_i}) \sum_{j}^{m} p(C_j \mid \overline{t_i}) \lg p(C_j \mid \overline{t_i}) \end{aligned} \tag{3.12}$$

上式可以理解为文档分类问题 C 所需要的所有信息量减去考虑特征词汇 t_i 时文档分类问题 C 所需要的信息量，以及剩余的文档分类问题 C 所需要的信息量。文档分类问题信息熵图示如图 3.1 所示。

当不考虑特征词汇 t_i 时，文档分类问题 C 所需的信息量越大，说明特征词汇 t_i 越重要；否则，特征词汇 t_i 越不重要。通过式(3.12)选择最重要的 k 个词汇作为一类文档的表达，则第 j 个文档的词频表达为

$$\mathrm{TF} \times \mathrm{IG}(t'_1), \mathrm{TF} \times \mathrm{IG}(t'_2), \cdots, \mathrm{TF} \times \mathrm{IG}(t'_k)$$

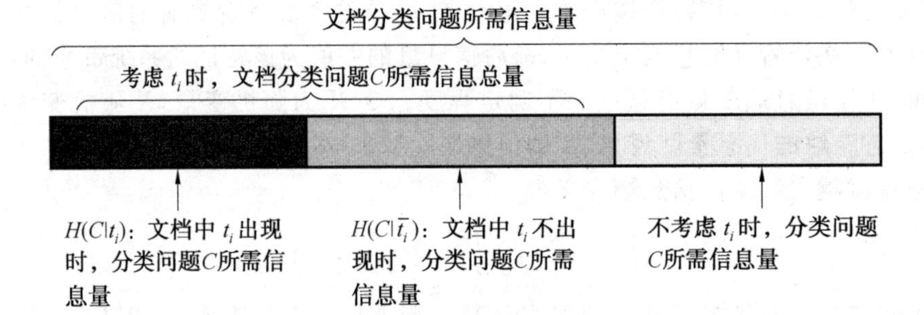

图 3.1 文档分类问题信息熵图示

3. 互信息方法

互信息(Mutual Information,MI)是两个概率分布(Probability Distribution,PD)间差异的非对称性度量,或者说是一个随机变量包含另一个随机变量信息的程度度量。在特征词汇重要度分析中,互信息可以表达文本与特征词汇之间相互包含的信息度量。

互信息定义如下:考虑两个随机变量 X 和 Y,它们的联合概率密度函数为 $p(x,y)$,其边际概率密度函数分别为 $p(x)$和 $p(y)$。互信息 $I(X;Y)$是联合分布 $p(x,y)$与 $p(x)\cdot p(y)$之间的相对熵,即

$$I(X;Y)=\sum_{x\in X}\sum_{y\in Y}p(x,y)\lg\frac{p(x,y)}{p(x)\cdot p(y)} \tag{3.13}$$

$$I(X;Y)=E_{p(x,y)}\lg\frac{p(x,y)}{p(x)\cdot p(y)} \tag{3.14}$$

在文本与特征词汇分析中,可定义互信息为

$$\mathrm{MI}(t;C)=\sum_{i}P(C_i)\lg\frac{P(t,C_i)}{P(t)\cdot P(C_i)} \tag{3.15}$$

式中 $P(t)$——特征项 t 在整个文本训练集合中出现的概率;
$P(C_i)$——整个训练集合中的文本属于文本类别 C_i 的概率;
$P(t,C_i)$——文本类别 C_i 中出现特征项 t 的文本数目与整个训练文本集合中的文本数目之比。

互信息离散型表达方式为

$$\mathrm{MI}(t;C)=\sum_{i=1}^{n}\left(\frac{N_{11}^{i}}{N}\lg\frac{NN_{11}^{i}}{N_{1.}^{i}N_{.1}}+\frac{N_{01}^{i}}{N}\lg\frac{NN_{01}^{i}}{N_{0.}^{i}N_{.1}}+\frac{N_{10}^{i}}{N}\lg\frac{NN_{10}^{i}}{N_{1.}^{i}N_{.0}}+\frac{N_{00}^{i}}{N}\lg\frac{NN_{00}^{i}}{N_{0.}^{i}N_{.0}}\right) \tag{3.16}$$

式中 n——所有文本的分类数;
N_{11}^{i}——文本中属于类别 i 又包含特征词 t 的文本总数;
N——所有文本的总数;
$N_{1.}^{i}$——类别 i 中文本的总数;
$N_{.1}$——包含特征词 t 的文本总数;
N_{01}^{i}——不属于类别 i 但包含特征词 t 的文本数;
$N_{0.}^{i}$——不属于类别 i 的文本总数;
N_{10}^{i}——属于类别 i 但不包含特征词 t 的文本数;

$N_{.0}$——不包含特征词 t 的文本数；

N_{00}^{i}——不属于类别 i 也不包含特征词 t 的文本数。

这种特征词汇的选取方法，也同样可以理解为判定每个词汇存在或不存在时对分类正确性和错误性的影响程度。MI(t;C)越大，表示特征词汇对文本越重要；否则，特征词汇对文本就越不重要。

【例 3.1】 考虑 Reuters-RCV1 语料中的一个类别 poultry 及词项 export。类别 poultry 和词项 export 四种组合的文档数目信息表见表 3.1。

表 3.1 类别 poultry 和词项 export 四种组合的文档数目信息表

	$e_C=e_{\text{poultry}}=1$	$e_C=e_{\text{poultry}}=0$
$e_t=e_{\text{export}}=1$	$N_{11}=49$	$N_{10}=27\ 652$
$e_t=e_{\text{export}}=0$	$N_{01}=141$	$N_{00}=774\ 106$

将表 3.1 中的数值代入式(3.16)中，有

$$
\begin{aligned}
\mathrm{MI}(t;C)=&\frac{49}{801\ 948}\lg 2\times\frac{801\ 948\times 49}{(49+27\ 652)(49+141)}+\frac{141}{801\ 948}\lg 2\times\frac{801\ 948\times 141}{(141+774\ 106)(49+141)}+\\
&\frac{27\ 652}{801\ 948}\lg 2\times\frac{801\ 948\times 27\ 652}{(49+27\ 652)(27\ 652+774\ 106)}+\\
&\frac{774\ 106}{801\ 948}\lg 2\times\frac{801\ 948\times 774\ 106}{(141+774\ 106)(27\ 652+774\ 106)}\\
\approx&0.000\ 110\ 5
\end{aligned}
$$

结果表明，词项 export 相比于其他词汇对分类 poultry 影响较小，该词汇可以不作为特征词汇出现。

因此，选出的词项能对相应类别的判定起作用。例如，在类别 UK 的词项表的末尾，还发现了诸如 peripherals 和 tonight 之类的明显对于分类没有意义的词项。分类时，在保留那些具有信息含量的词项的同时，去掉那些没有信息含量的词项往往能够去除噪声，从而提高分类的精确度。某工程案例文档库中各词汇互信息值见表 3.2。

表 3.2 某工程案例文档库中各词汇互信息值

焊接		热处理		装配	
焊接部	0.421 2	硬化	0.491 0	夹板	0.433 8
焊	0.435 8	渗氮	0.245 3	拆卸	0.411 3
闪光	0.467 9	冷加工	0.511 8	组装	0.489 8
铜焊	0.436 1	工具钢	0.562 5	安装	0.442 1
钎焊	0.399 7	含碳量	0.431 2	简化	0.410 7
焊道	0.400 7	退火	0.440 9	拆开	0.351 2
钢棒	0.383 9	回火	0.405 7	牢固	0.340 7

续表3.2

焊接		热处理		装配	
焊缝	0.289 0	轴承钢	0.424 5	可拆卸	0.292 3
熔焊	0.329 0	氮化	0.397 4	装配工	0.301 7
铆	0.308 5	冷轧	0.355 3	装配线	0.244 7

4. 卡方检验方法

在统计学中，卡方检验(Chi-Squared，χ^2)用于检验两个事件的独立性。在特征选择中，两个事件分别是指词项的出现和类别的出现，其卡方检验公式为

$$\mathrm{CHI}(t;C)=\sum_{i=1}^{n}\left[\frac{(N_{11}^{i}-E_{11}^{i})^2}{E_{11}^{i}}+\frac{(N_{10}^{i}-E_{10}^{i})^2}{E_{10}^{i}}+\frac{(N_{01}^{i}-E_{01}^{i})^2}{E_{01}^{i}}+\frac{(N_{00}^{i}-E_{00}^{i})^2}{E_{00}^{i}}\right] \tag{3.17}$$

式中 N_{11}^{i}——属于类别 i 也包含特征词 t 的文本频率；

N_{10}^{i}——属于类别 i 但不包含特征词 t 的文本频率；

N_{01}^{i}——不属于类别 i 但包含特征词 t 的文本频率；

N_{00}^{i}——不属于类别 i 也不包含特征词 t 的文本频率；

E_{11}^{i}——属于类别 i 也包含特征词 t 的文本频率的期望；

E_{10}^{i}——属于类别 i 但不包含特征词 t 的文本频率的期望；

E_{01}^{i}——不属于类别 i 但包含特征词 t 的文本频率的期望；

E_{00}^{i}——不属于类别 i 也不包含特征词 t 的文本频率的期望。

期望的计算基于假设文本类别与特征词汇是相互独立的。因此，公式计算结果越大，说明实际观测值与期望值的偏移程度越大，它们的相互独立的假设越不成立。

基于χ^2统计的文本分类特征选择方法与互信息方法在本质上是相似的。

【例 3.2】 对于例 3.1 中的数据，首先计算 E_{11}，有

$$E_{11}=N\times P(t)\times P(C)=N\times\frac{N_{11}+N_{10}}{N}\times\frac{N_{11}+N_{01}}{N}\approx 6.6$$

式中 N——所有文档的数目。

同样，可以计算得到其他的 E 值，基于卡方检验方法计算的 E 值见表 3.3。

表 3.3 基于卡方检验方法计算的 E 值

	$e_C=e_{\mathrm{poultry}}=1$	$e_C=e_{\mathrm{poultry}}=0$
$e_t=e_{\mathrm{export}}=1$	$N_{11}=49$，$E_{11}\approx 6.6$	$N_{10}=27\ 652$，$E_{10}\approx 27\ 694.4$
$e_t=e_{\mathrm{export}}=0$	$N_{01}=141$，$E_{01}\approx 183.4$	$N_{00}=774\ 106$，$E_{00}\approx 774\ 063.6$

将表 3.3 中的结果代入式(3.17)中，得到χ^2的值为

$$\chi^2(t,C)=\sum_{e_t\in\{0,1\}}\sum_{e_C\in\{0,1\}}\frac{(N_{e_te_C}-E_{e_te_C})^2}{E_{e_te_C}}\approx 284$$

χ^2度量的是期望值 E 与观察值 N 的偏离程度。χ^2值大则意味着独立性假设不成

立，相关性强。χ^2 值不能直截了当地说明结论，需要转化为 $p-$value。$p-$value 是一种给定原假设为真时样本结果出现的概率，一般统计学家把 $p=0.05$ 定义为显著性水平。可以通过查表进行χ^2-p 转化。自由度为 1 的χ^2 分布临界值 $p-$value 真值表见表 3.1。例如，若两个事件独立，那么 $p(\chi^2>6.63)<0.01$。也就是说，若$\chi^2>6.63$，那么有 99%的置信度来拒绝两个事件的独立性假设。若$\chi^2=2.0548$，小于允许最大值$\chi^2=3.84$，则此时 $p>0.05$。因此，可以认为偏差是偶然机会，接受原假设，即二者是相互独立的。

表 3.4　自由度为 1 的χ^2 分布临界值的 $p-$value 真值表

p	χ^2 临界值
0.1	2.71
0.05	3.84
0.01	6.63
0.005	7.88
0.001	10.83

在例 3.2 中，$\chi^2\approx284>10.83$，根据表 3.4，可以拒绝 poultry 和 export 互相独立的假设，并且此时的错误发生概率仅有 0.001，即在 0.001 这个水平上，$\chi^2\approx284>10.83$ 是统计显著的(Statistically Significant)。若两个事件互相依赖，那么词项的出现也会使某个类别的出现更有可能或更没有可能，因此它适合作为特征备选出来，这就是χ^2 特征选择方法的基本原理。可以看出，卡方检验方法与互信息方法获得的结论是有出入的。卡方是基于显著统计性来选择特征的，因此它能比 MI 选出更多的罕见词项，而这些词项对分类并不一定准确。虽然卡方与互信息的出发点不同，但它们的准确性却相差不多，因为大部分文本分类问题中，只有很少的强特征，大部分都是弱特征。只要所有的强特征和很多弱特征被选出，那么分类的准确率就不会低。

一个算术上更简单的χ^2 计算公式为

$$\chi^2(D,t,C)=\frac{(N_{11}+N_{10}+N_{01}+N_{00})(N_{11}N_{00}-N_{10}N_{01})}{(N_{11}+N_{01})(N_{11}+N_{10})(N_{10}+N_{00})(N_{01}+N_{00})} \tag{3.18}$$

通过上述方法，可以实现将文本用典型词汇的频率(或加权频率)进行表达，获得其数字化的向量表达。

3.1.3　分布式词向量的文本表达方法

为解决 One－Hot 词表示方法无法反映词语之间语义相似性的问题，Harris 于 1954 年提出分布假说(Distributional Representation)："上下文相似的词，其语义也相似。"1957 年，Firth 完善了这一假说，指出"词的语义由其上下文决定"。分布式表达可以解决 One－Hot 的问题，其思路是通过上下文的训练，将每个词都映射到一个较短的词向量上，不仅降低了词向量的维度，而且每个词向量的表达综合考虑了上下文的影响。所有的低维度词向量就构成了词向量空间，进而可以用普通的统计学或机器学习的方法来研究词与词之间的关系。分布式词向量维度的大小可以根据需要指定，当词向量的维度降低到物理世界可解释的程度时，甚至可以采用数学向量之间的关系来形象地描述词汇之间的关系。例如，当可采用二维向量表达词汇时，词语之间的关系可表达为图 3.2 所示的形式。

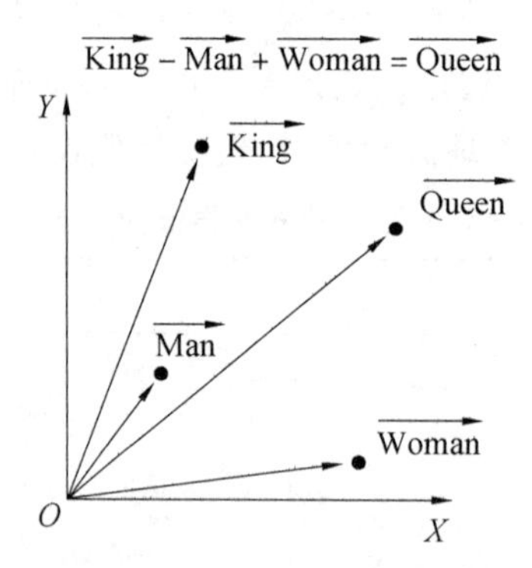

图 3.2 词汇的二维向量表达方式

在分布式词向量学习模型中，最为经典的是两个模型：CBOW 模型和 Skip－Gram 模型。下面分别予以说明。

1. 词向量学习的 CBOW 模型

连续词模型(Continuous Bag-of-Words Model，CBOW)的输入层由 One－Hot 编码的某个词汇的上下文词汇$\{x_1, x_2, \cdots, x_k\}$组成，输出是该词汇的 One－Hot 表达。CBOW 模型结构图如图 3.3 所示。例如，“CBOW 是词向量学习模型”的句子中，如果输出词汇是“词向量”，则{CBOW，是，学习，模型}是输入的上下文词汇集合，输入词汇数量为 $C=4$。

在 CBOW 模型中，所有输入和输出词汇都采用 One－Hot 进行编码。设整个词汇表大小为 V，则采用 One－Hot 进行单个词汇表达时，每个词汇是 V 维的。图 3.3 中隐藏层是 $N\times1$ 维的向量，N 是人为设定的，也是最后想获得的词向量的维度；输出层是要学习词汇(“词向量”)的 One－Hot 编码的输出单词。One－Hot 编码的每一个输入向量左乘一个 $N\times V$ 维的权重矩阵 $\boldsymbol{W}$ 后连接到隐藏层获得一个 $N\times1$ 维的词向量，$\boldsymbol{W}_{N\times V}\times\boldsymbol{x}_{V\times1}=\boldsymbol{x}'_{N\times1}$，在隐含层每个 $N\times1$ 低维度词向量相加求平均，获得 $N\times1$ 的上下文平均向量表达。对 $N\times1$ 的上下文向量左乘 $\boldsymbol{W}'_{V\times N}$ 权矩阵后得到一个 $V\times1$ 维向量。CBOW 认为获得的 $V\times1$ 维向量应该与给定的 One－Hot 编码的输出词向量的含义一致，并基于此对整个模型中的 $\boldsymbol{W}_{N\times V}$ 和 $\boldsymbol{W}'_{V\times N}$ 进行学习。

CBOW 的物理意义是每个词汇的信息可以由其上下文进行表达。由于 CBOW 模型输出 $V\times1$ 维度的词向量与给定的 One－Hot 编码的数量级可能不在一个级别上，因此为方便度量二者之间的误差量，输出 V×1 维度的词向量也需要进行归一化处理。通常采用 softmax 函数解决，即采用下式对输出的 $V\times1$ 维度进行处理，即

$$C'_i=\frac{e^{C_i}}{\sum e^{C_i}} \tag{3.19}$$

式中 C'_i——输出的 $V\times1$ 词向量中第 i 个位置的新值；

C_i——输出的 $V\times1$ 词向量中第 i 个位置的原值。

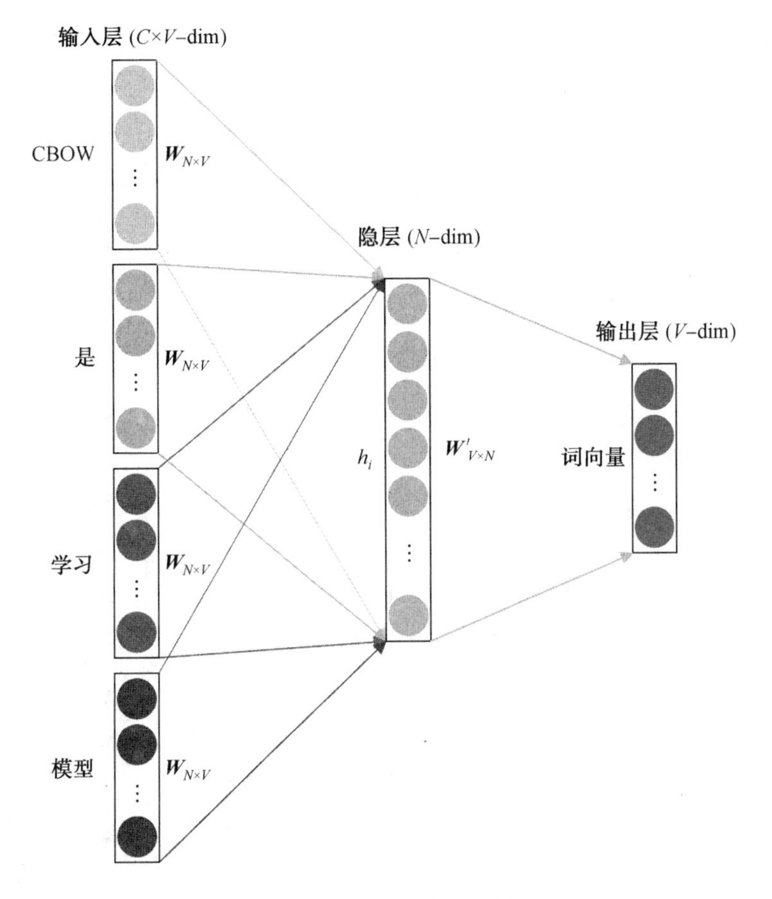

图 3.3 CBOW 模型结构图

则输出词的向量为 $\boldsymbol{x}'_{N\times1}=(C'_1,C'_2,\cdots,C'_v)^{\mathrm{T}}$。通过 BP(反向传播)算法及随机梯度下降基于误差 $e=\|\boldsymbol{x}'_{N\times1}-\boldsymbol{x}_{N\times1}\|$ 来学习权重 $\boldsymbol{W}_{N\times V}$ 和 $\boldsymbol{W}'_{V\times N}$。从整个学习过程来看,$\boldsymbol{W}_{N\times V}$ 对上下文的词向量映射其实是一个编码过程,而 $\boldsymbol{W}'_{V\times N}$ 是一个解码过程,采用充分多的句子(上下文的词个数都是一样,这里是 4)对 CBOW 模型进行训练后获得 $\boldsymbol{W}_{N\times V}$,最终每个 One-Hot 词向量 $\boldsymbol{x}_{V\times1}$ 通过 $\boldsymbol{x}'_{N\times1}=\boldsymbol{x}_{V\times1}\times\boldsymbol{W}_{N\times V}$ 获得 N 维词向量。

2. 词向量学习的 Skip-Gram 模型

Skip-Gram 模型(Continuous Skip-Gram Model,图 3.4)与 CBOW 模型是一对逆模型。Skip-Gram 模型通过一个输入词汇向量学习获得其上下文词汇向量,其中获得的权重矩阵作为词汇的编码矩阵,通过编码降低词向量的维度。Skip-Gram 的学习过程与 CBOW 一致,这里不再介绍。

3. 词向量学习工具——Word2vec

Google 在 2013 年开源了一款用于词向量计算的工具——Word2vec。该工具包中包含了一群用来产生分布式词向量的相关模型,其中基于 Hierarchical Softmax 的 CBOW 模型是主要模型。上面介绍的传统 CBOW 模型中的输出是 $1\times V$ 维向量,采用 Softmax 进行归一化处理时需要进行 V 次,计算量非常大。因此,Word2vec 提出对于 CBOW 输出端的词汇不采用 One-Hot 编码,而是采用二叉哈夫曼树(Huffman)的编码方式,

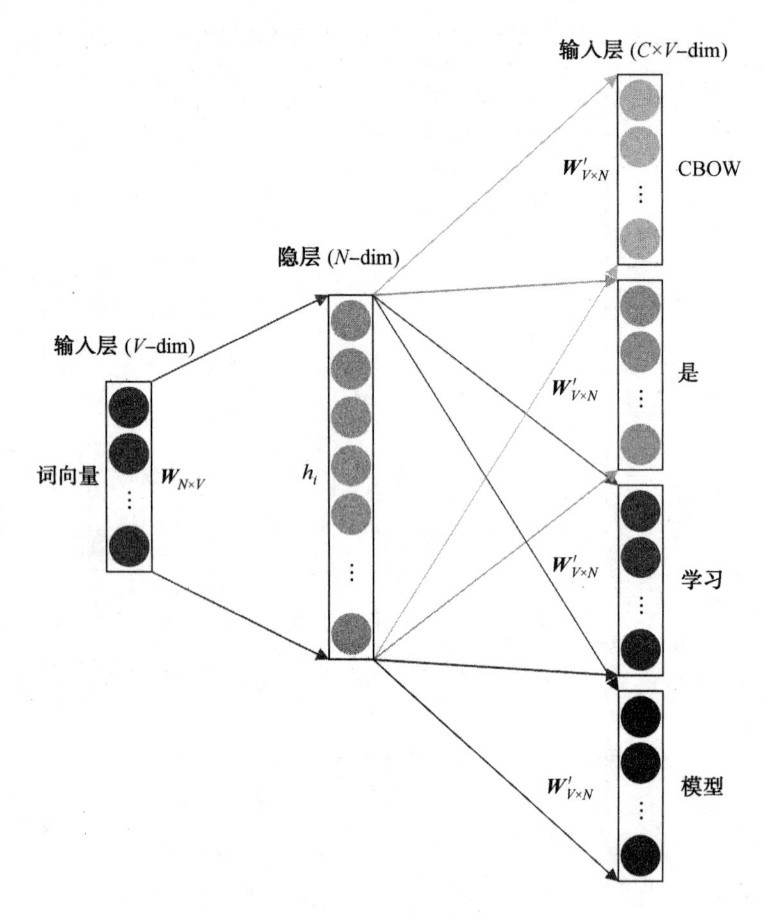

图 3.4 Skip－Gram 模型结构图

Softmax 计算沿着树形结构计算即可，其计算量可以降低至原来的一半。

二叉哈夫曼树的词汇编码方法是：计算方法获得了每个词汇的特征值 ω_i，每个词汇作为哈夫曼树的初始节点。因此，初始化时有多少词汇，就有多少哈夫曼树，词汇的特征值作为节点权。具体方法如下：

①将$\{\omega_1,\omega_2,\cdots,\omega_k\}$作为 n 棵树的森林（每棵树仅有一个节点，也是树的根节点）；

②在森林中选出两个根节点权值最小的树合并，两个节点成为新树的左右两个子节点，新树的根节点权值为其左、右子节点权值之和；

③从森林中删除原来的两个树，加入新建立的树；

④重复②、③两个步骤，直到森林中只剩一个树，该树即为哈夫曼树。

此时，哈夫曼树的叶节点是词表中的所有词汇，每个词汇的编码（方法参考例 3.3）的长度不定，是由其从根节点到这个叶节点（词汇）的路径长度决定的，其维度要小于 One－Hot 编码维度。

【例 3.3】 假设 2014 年世界杯期间，经统计，“我”“喜欢”“观看”“巴西”“足球”“世界杯”这六个词出现的次数分别为 15、8、6、5、3、1。请以这六个词为叶节点，以相应词频为权值，构造一棵哈夫曼树。

构建哈夫曼树过程如图 3.5 所示。在图 3.5 中的步骤 3 中，最小的两个树根权值是

8和6,由8和6新建立一个树,新树根节点的权重为14,然后继续建立树结构。

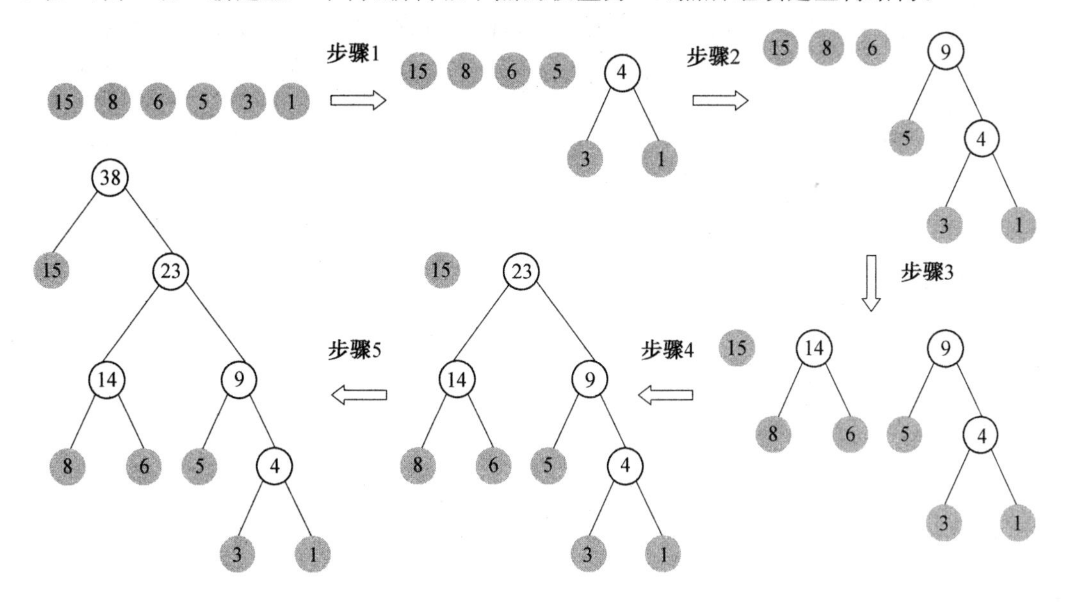

图3.5 构建哈夫曼树过程

图3.5给出了例3.3中六个词的哈夫曼编码,其中约定(词频较大的)左孩子节点编码为1,(词频较小的)右孩子节点编码为0。这样,"我""喜欢""观看""巴西""足球""世界杯"这六个词的哈夫曼编码分别为0、111、110、101、1001和1000。哈夫曼编码示意图如图3.6所示。

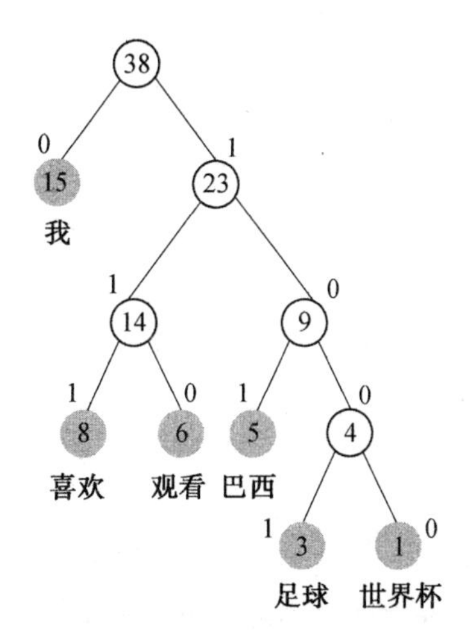

图3.6 哈夫曼编码示意图

需要注意的是,到目前为止,关于哈夫曼树和哈夫曼编码有以下两个约定:

①将权值大的节点作为左孩子节点,权值小的节点作为右孩子节点;

②左孩子节点编码为1,右孩子节点编码为0,在Word2vec源码中将权值较大的孩子节点编码为1,较小的孩子节点编码为0,为与上述约定统一,下文提到的"左孩子节点"都指权值较大的孩子节点。

传统的 CBOW 的输出层是一个 $V\times1$ 的线性结构，基于 Hierarchical Softmax 的 CBOW 模型的输出是一个树形结构，则输出为哈夫曼树的 CBOW 结构如图 3.7 所示。

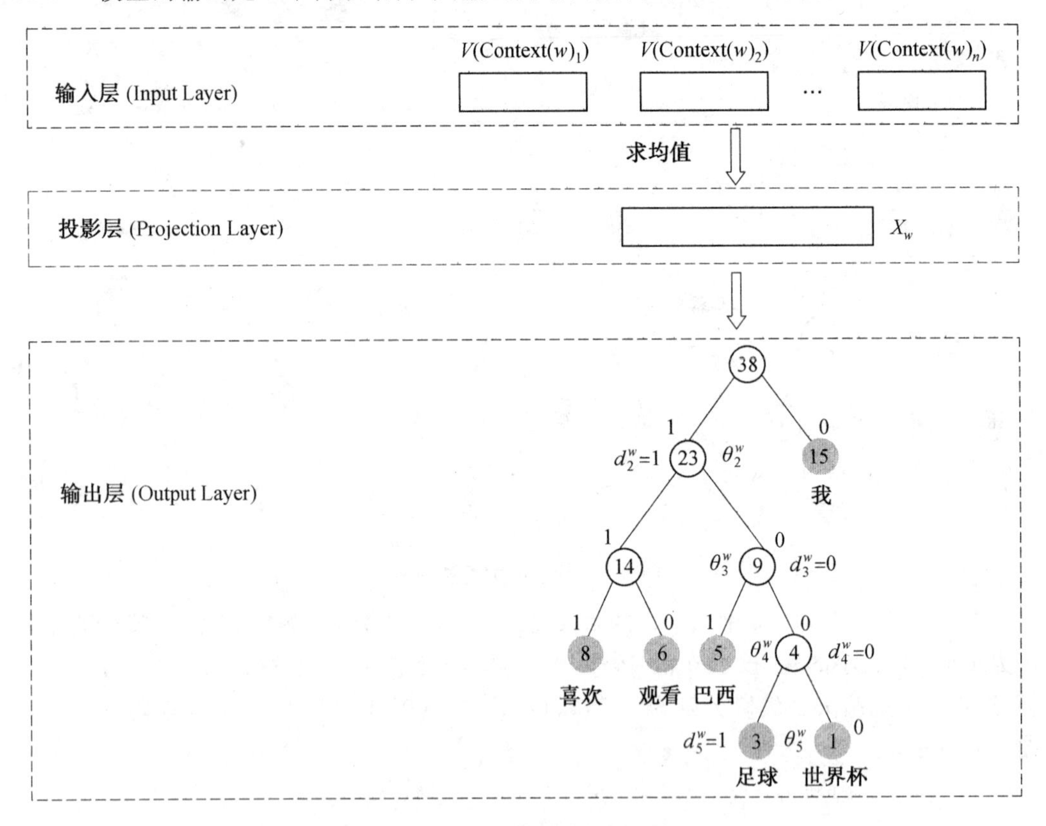

图 3.7 输出为哈夫曼树的 CBOW 结构图

Hierarchical Softmax 的输出层是一个树状结构，要设计专门的梯度计算方法，调整权重，使其输出与实际对应的词之间的误差最小。引入若干相关记号，假设上下文对应词典 D 中的词应该是 w，记：

①p^w 为从根节点出发到达 w 对应叶子节点的路径；

②l^w 为路径 p^w 中包含节点的个数；

③p_1^w，p_2^w，…，p_j^w，…，$p_{l^w}^w$ 为路径 p^w 中的 l^w 个节点，其中 p_1^w 表示根节点，p_j^w 表示路径 p^w 中对应的第 j 个节点；

④d_1^w，d_2^w，…，d_j^w，…，$d_{l^w}^w\in\{0,1\}$表示词 w 的 Huffman 编码，它由 l^w-1 位编码构成，d_j^w 表示路径 p^w 中第 j 个节点对应的编码（根节点不对应编码）；

⑤$\boldsymbol{\theta}_1^w$，$\boldsymbol{\theta}_2^w$，…，$\boldsymbol{\theta}_j^w$，…，$\boldsymbol{\theta}_{l^w-1}^w\in\mathbf{R}^{m\times1}$ 为路径 p^w 中非叶节点对应的向量，$\boldsymbol{\theta}_j^w$ 表示路径 p^w 中第 j 个非叶节点对应的向量，该向量在后面的式(3.21)计算中会用到，是待定的向量参数。

基于 Hierarchical Softmax 的 CBOW 模型中，输入的上下文词向量不是上述提到的 One－Hot 那种词向量，而是要求得的 K($K\ll N$,低维度)维词向量表达。在模型学习开始，需要设置超参数 K 值，并对上下文词向量随机初始化为 K 维实数向量，通过训练将每个词映射成具有语义相关性的 K 维实数向量。隐层输出不采用矩阵运算，而是将所有 C 个上下文的 K 维随机实数向量进行相加求均值获得，即

$$\boldsymbol{x}_w=\frac{1}{C}\left(\sum_{i=1}^{C}\boldsymbol{x}_i\right) \tag{3.20}$$

输出层与传统 CBOW 模型不同，隐层输出的 $\boldsymbol{x}_m$ 是输入的平均值 $\boldsymbol{x}_w$，其含义是某个词汇的上下文的词向量平均值，也就应该是该词汇的 K 维词向量表达。因此，该向量在沿着哈夫曼树结构的路径中应该以最大概率沿正确路径走到输出词汇对应的叶节点，实现二者之间的正确映射。本着这一原则，建立从根节点到输出词汇对应叶节点的路径概率模型，步骤如下。

①$\boldsymbol{x}_w$ 从根节点进入二叉哈夫曼树结构中后，在其下面的两个路径中选择路径编码为1的概率为

$$\sigma(\boldsymbol{x}_w^{\mathrm{T}}\boldsymbol{\theta})=\frac{1}{1+\mathrm{e}^{-\boldsymbol{x}_w^{\mathrm{T}}\boldsymbol{\theta}}} \tag{3.21}$$

则选择路径编码为0的概率为

$$1-\sigma(\boldsymbol{x}_w^{\mathrm{T}}\boldsymbol{\theta})=1-\frac{1}{1+\mathrm{e}^{-\boldsymbol{x}_w^{\mathrm{T}}\boldsymbol{\theta}}}$$

式中 $\boldsymbol{\theta}$——每个中间节点对应的向量，为 $K\times1$ 的待定向量。

哈夫曼树中间节点是有编码的。例如，第二层左节点的编码就是1，但是由于中间节点编码的维度是变化的，难以应用到概率计算中，因此需要将其设置为 $1\times K$ 的待定向量，在学习过程中不断优化，使其与 $\boldsymbol{x}_w$ 最为接近。$\sigma(\boldsymbol{x}_w^{\mathrm{T}}\boldsymbol{\theta})$本身的含义就是度量 $\boldsymbol{\theta}$ 和 $\boldsymbol{x}_w$ 的相近程度，$\boldsymbol{\theta}$ 与 $\boldsymbol{x}_w$ 越接近，函数的值越大。

②建立从根节点到输出词汇的路径概率，以图3.7所示路径为例，其似然函数为

$$p=\left(1-\frac{1}{1+\mathrm{e}^{-\boldsymbol{x}_w\boldsymbol{\theta}_1}}\right)\left(1-\frac{1}{1+\mathrm{e}^{-\boldsymbol{x}_w\boldsymbol{\theta}_2}}\right)\frac{1}{1+\mathrm{e}^{-\boldsymbol{x}_w\boldsymbol{\theta}_3}} \tag{3.22}$$

其通用形式可表示为

$$p(w\mid\mathrm{Context}(w))=\prod_{j=2}^{l^w}p(d_j^w\mid\boldsymbol{x}_w,\boldsymbol{\theta}_{j-1}^w) \tag{3.23}$$

其中

$$p(d_j^w\mid\boldsymbol{x}_w,\boldsymbol{\theta}_{j-1}^w)=\begin{cases}\sigma(\boldsymbol{x}_w^{\mathrm{T}}\boldsymbol{\theta}_{j-1}^w), & d_j^w=0\\ 1-\sigma(\boldsymbol{x}_w^{\mathrm{T}}\boldsymbol{\theta}_{j-1}^w), & d_j^w=1\end{cases}$$

或写成整体表达式，即

$$p(d_j^w\mid\boldsymbol{x}_w,\boldsymbol{\theta}_{j-1}^w)=[\sigma(\boldsymbol{x}_w^{\mathrm{T}}\boldsymbol{\theta}_{j-1}^w)]^{1-d_j^w}\times[1-\sigma(\boldsymbol{x}_w^{\mathrm{T}}\boldsymbol{\theta}_{j-1}^w)]^{d_j^w} \tag{3.24}$$

③采用对数似然函数建立模型的目标模型。

$$L=\sum_{\omega\in C}\lg p(w\mid\mathrm{Context}(w)) \tag{3.25}$$

$$\begin{aligned}L&=\sum_{\omega\in C}\lg\prod_{j=2}^{l^w}\{[\sigma(\boldsymbol{x}_w^{\mathrm{T}}\boldsymbol{\theta}_{j-1}^w)]^{1-d_j^w}\times[1-\sigma(\boldsymbol{x}_w^{\mathrm{T}}\boldsymbol{\theta}_{j-1}^w)]^{d_j^w}\}\\&=\sum_{\omega\in C}\sum_{j=2}^{l^w}\{(1-d_j^w)\times\lg[\sigma(\boldsymbol{x}_w^{\mathrm{T}}\boldsymbol{\theta}_{j-1}^w)]+d_j^w\times\lg[1-\sigma(\boldsymbol{x}_w^{\mathrm{T}}\boldsymbol{\theta}_{j-1}^w)]\}\end{aligned} \tag{3.26}$$

基于 Hierarchical Softmax 的 CBOW 模型采用随机梯度上升法，随机梯度上升法的做法是每取一个样本，就对目标函数中所有的参数做一次刷新，对 L 中包含的各个参数进行求导。

首先，对某一 $\boldsymbol{\theta}$ 进行求导。因为

$$\frac{\partial\sigma(\boldsymbol{x}_w^{\mathrm{T}}\boldsymbol{\theta})}{\partial\boldsymbol{\theta}}=\frac{1}{1+\mathrm{e}^{-\boldsymbol{x}_w^{\mathrm{T}}\boldsymbol{\theta}}}\left(1-\frac{1}{1+\mathrm{e}^{-\boldsymbol{x}_w^{\mathrm{T}}\boldsymbol{\theta}}}\right)$$

所以

$$\begin{aligned}\frac{\partial L}{\partial\boldsymbol{\theta}_{j-1}^w}&=\boldsymbol{x}_w^{\mathrm{T}}(1-d_j^w)\frac{\sigma(\boldsymbol{x}_w^{\mathrm{T}}\boldsymbol{\theta}_{j-1}^w)[1-\sigma(\boldsymbol{x}_w^{\mathrm{T}}\boldsymbol{\theta}_{j-1}^w)]}{\sigma(\boldsymbol{x}_w^{\mathrm{T}}\boldsymbol{\theta}_{j-1}^w)}-\boldsymbol{x}_w d_j^w\frac{\sigma(\boldsymbol{x}_w^{\mathrm{T}}\boldsymbol{\theta}_{j-1}^w)[1-\sigma(\boldsymbol{x}_w^{\mathrm{T}}\boldsymbol{\theta}_{j-1}^w)]}{1-\sigma(\boldsymbol{x}_w^{\mathrm{T}}\boldsymbol{\theta}_{j-1}^w)}\\&=\boldsymbol{x}_w^{\mathrm{T}}(1-d_j^w)[1-\sigma(\boldsymbol{x}_w^{\mathrm{T}}\boldsymbol{\theta}_{j-1}^w)]-x_w d_j^w\sigma(\boldsymbol{x}_w^{\mathrm{T}}\boldsymbol{\theta}_{j-1}^w)\\&=\boldsymbol{x}_w^{\mathrm{T}}[1-d_j^w-\sigma(\boldsymbol{x}_w^{\mathrm{T}}\boldsymbol{\theta}_{j-1}^w)]\end{aligned}$$

然后，对 $\boldsymbol{x}_w$ 进行求导，有

$$\frac{\partial L(w,j)}{\partial\boldsymbol{x}_w}=\sum_{j=2}^{l^w}\theta_{j-1}^w[1-d_j^w-\sigma(\boldsymbol{x}_w^{\mathrm{T}}\boldsymbol{\theta}_{j-1}^w)]$$

Word2vec 的最终目的是要求词典中每个词的词向量，但是 $\boldsymbol{x}_w$ 表示的上下文平均值不对应实际的词汇。那么，如何利用$\frac{\partial L(w,j)}{\partial\boldsymbol{x}_w}$来求解上下文词汇的词向量呢？Word2vec 的做法很简单，迭代过程中，每次直接取每个上下文词向量，即

$$v(\widetilde{w}):=v(\widetilde{w})+\eta\sum_{j=2}^{l^w}\frac{\partial L(w,j)}{\partial\boldsymbol{x}_w},\quad\widetilde{w}\in\mathrm{Context}(w)\tag{3.27}$$

当学习终止时，就获得了上下文词汇的 K 维词向量表达 $v(\widetilde{w})$。

3.1.4 基于实体关系的词向量表达方法

大数据时代，网络上已经存在基于不同需求而建立的大量网络型（图形型）知识库（KBS）、本体模型和知识图谱等。网络型的知识模型一般采用建模语言在后台进行描述，如 XML（Extensible Markup Language）、UML（Unified Modeling Language）、SysML（System Modeling Language）等。直接应用复杂逻辑符号表达的网络型模型很困难，更难以应用机器学习方法对这种类型的知识模型进行学习、挖掘。为发挥知识库的图（Graph）性，需要将知识网络图进行数字化向量表达。获得了数字表达的向量后，就可以运用各种数学工具进行分析。事实上，任何网络型（图形型）知识模型都是通过很多三元组组成的。图 3.8 所示的网络型知识模型示意图中，两个实体（含文字的矩形框）之间通过有向箭头联结在一起形成一个三元组。例如，“槽特征—包含—平底槽”中包括三元：槽特征（实体）、平底槽（实体）和包含关系（关系）。如果能够找到方法对实体和关系进行表达，使得三元之间的向量相加满足如下公式，则认为获得的数字向量可以作为上述三元体的正确表达，即

$$v(\mathrm{headentity})+v(\mathrm{relation})=v(\mathrm{tailentity})\tag{3.28}$$

简化为

$$v(\boldsymbol{h})+v(\boldsymbol{r})=v(\boldsymbol{t}) \tag{3.29}$$

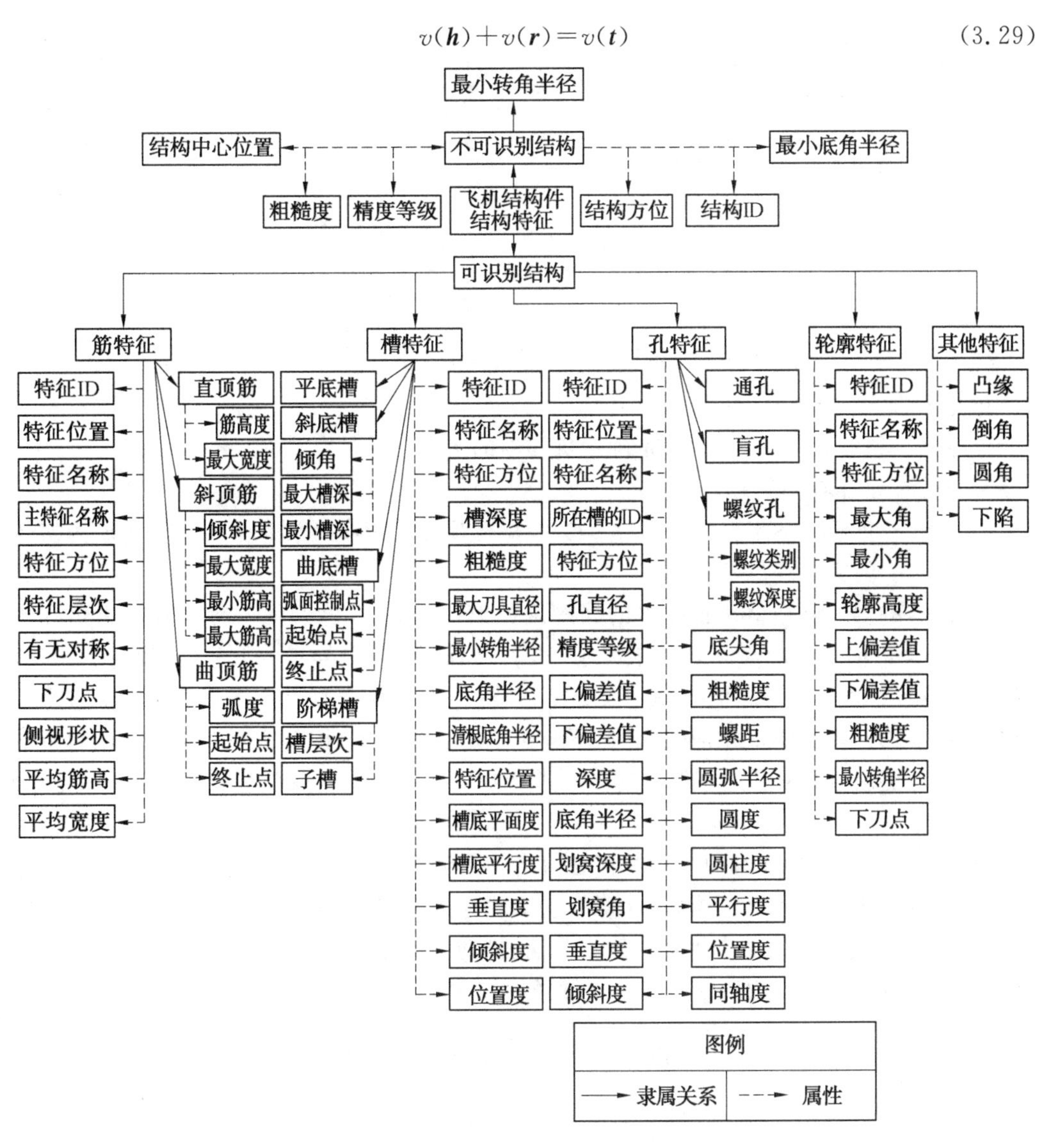

图 3.8 网络型知识模型示意图

TransE是Bordes等于2013年发表在NIPS上的文章中提出的算法。该方法是一种解决多关系数据(Multi-Relational Data)的处理方法。TransE的直观含义是将每个元看成一个向量,将每个三元组实例中的关系实体看成从"头"实体到"尾"实体的翻译,不断调整头实体、关系实体和尾实体的向量,三元组实例优化目标如图3.9所示。

实体、关系实体和尾实体三者的向量满足下式。在模型训练过程中,误差函数一般(以L2范数为例)为

$$f_r(\boldsymbol{h},\boldsymbol{t})=\|v(\boldsymbol{h})+v(\boldsymbol{r})-v(\boldsymbol{t})\|_2 \tag{3.30}$$

但在实际训练过程中,定义损失函数,其形式是一个hinge loss函数,即

$$L=\sum_{(\boldsymbol{h},\boldsymbol{r},\boldsymbol{t})\in S}\sum_{(\boldsymbol{h}',\boldsymbol{r},\boldsymbol{t}')\in S'}[\gamma+f_r(\boldsymbol{h},\boldsymbol{t})-f_r(\boldsymbol{h}',\boldsymbol{t}')]_+ \tag{3.31}$$

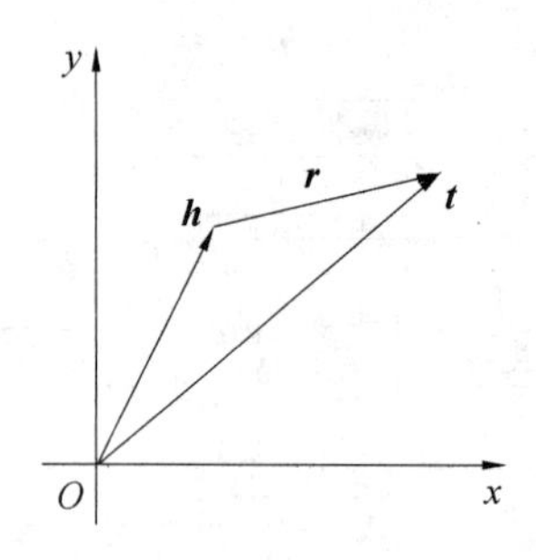

图 3.9 三元组实例优化目标

式中 $[\cdot]_+$——$\max(0,\cdot)$；

γ——超参数，其实际意义是确定负样本的范围；

S——正样本的集合；

S'——负样本的集合，$S'=\{(\boldsymbol{h}',\boldsymbol{r},\boldsymbol{t})\mid \boldsymbol{h}'\in E\}\cup\{(\boldsymbol{h},\boldsymbol{r},\boldsymbol{t}')\mid \boldsymbol{t}'\in E\}$，其中 E 为实体的集合。

负样本的误差函数值比正样本的误差函数值最多高 γ，再大就不考虑其作为负样本了。正样本 $v(\boldsymbol{h})+v(\boldsymbol{r})$ 与 $v(\boldsymbol{t})$ 的距离小，其 $f_r(\boldsymbol{h},\boldsymbol{t})$ 值小；负样本 $v(\boldsymbol{h}')+v(\boldsymbol{r})$ 与 $v(\boldsymbol{t})$（或 $v(\boldsymbol{h})+v(\boldsymbol{r})$ 与 $v(\boldsymbol{t}')$）的距离大，其 $f_r(\boldsymbol{h}',\boldsymbol{t}')$ 值大。在实际算法中，当正样本的误差函数值与负样本的误差函数值差值较大时，不考虑更新该负样本，即每次只对与正样本较近的负样本进行更新，而不是对所有的负样本进行更新，以确保在整个实验过程中能够正确收敛。

在实际计算中，负样本的采样过程是给出一个随机概率，从实体集合中选择一个实体替换正样本的头实体或尾实体后，计算 L 值。由于实体数量庞大，因此为提高收敛速度，对 L 中的参数更新可采用小批量梯度下降法，即每次随机选择数量大小为 b 的样本训练结果进行计算。假设批次数量为 $b=10$，则各个实体的更新公式为

$$\frac{\partial f_r^2(\boldsymbol{h},\boldsymbol{t})}{\partial v(\boldsymbol{h})}=2[v(\boldsymbol{h})+v(\boldsymbol{r})-v(\boldsymbol{t})]$$

$$\frac{\partial f_r^2(\boldsymbol{h},\boldsymbol{t})}{\partial v(\boldsymbol{r})}=2[v(\boldsymbol{h})+v(\boldsymbol{r})-v(\boldsymbol{t})]$$

$$\frac{\partial f_r^2(\boldsymbol{h},\boldsymbol{t})}{\partial v(\boldsymbol{t})}=-2[v(\boldsymbol{h})+v(\boldsymbol{r})-v(\boldsymbol{t})]$$

$$\frac{\partial f_r^2(\boldsymbol{h}',\boldsymbol{t})}{\partial v(\boldsymbol{h}')}=2[v(\boldsymbol{h}')+v(\boldsymbol{r})-v(\boldsymbol{t})]$$

$$\frac{\partial f_r^2(\boldsymbol{h}',\boldsymbol{t})}{\partial v(\boldsymbol{r})}=2[v(\boldsymbol{h}')+v(\boldsymbol{r})-v(\boldsymbol{t})]$$

$$\frac{\partial f_r^2(\boldsymbol{h},\boldsymbol{t}')}{\partial v(\boldsymbol{t}')}=-2[v(\boldsymbol{h})+v(\boldsymbol{r})-v(\boldsymbol{t}')]$$

以 L2 范数为例，梯度计算相对较简单，则有

$$\Delta\boldsymbol{h}_l=2(\boldsymbol{h}+\boldsymbol{l}-\boldsymbol{t})\hat{\boldsymbol{j}}$$

$$\Delta\boldsymbol{l}_l=2(\boldsymbol{h}+\boldsymbol{l}-\boldsymbol{t})\hat{\boldsymbol{j}}$$

$$\Delta \boldsymbol{t}_l = -2(\boldsymbol{h}+\boldsymbol{l}-\boldsymbol{t})\hat{\boldsymbol{j}}$$

$$\Delta \boldsymbol{h}'_l = -2(\boldsymbol{h}'+\boldsymbol{l}-\boldsymbol{t}')\hat{\boldsymbol{j}}$$

$$\Delta \boldsymbol{t}'_l = 2(\boldsymbol{h}'+\boldsymbol{l}-\boldsymbol{t}')\hat{\boldsymbol{j}}$$

式中 $\hat{\boldsymbol{j}}$——单位向量。

正样本中的头实体向量更新为

$$\boldsymbol{h}_{l_{j+1}} = \boldsymbol{h}_{l_j} - \alpha \frac{1}{10}\sum_{i=1}^{b=10}\frac{\partial \boldsymbol{L}}{\partial \boldsymbol{h}_l}$$

正样本中的关系向量更新为

$$\boldsymbol{l}_{l_{j+1}} = \boldsymbol{l}_{l_j} - \alpha \frac{1}{10}\sum_{i=1}^{b=10}\frac{\partial \boldsymbol{L}}{\partial \boldsymbol{l}_l}$$

正样本中的尾实体向量更新为

$$\boldsymbol{t}_{l_{j+1}} = \boldsymbol{t}_{l_j} - \alpha \frac{1}{10}\sum_{i=1}^{b=10}\frac{\partial \boldsymbol{L}}{\partial \boldsymbol{t}_l}$$

批次中的每个有效负样本(满足 $\gamma+f_r(\boldsymbol{h},\boldsymbol{t})-f_r(\boldsymbol{h}',\boldsymbol{t}')>0$)进行更新。

负样本中的头实体向量更新为

$$\boldsymbol{h}'_{j+1} = \boldsymbol{h}_{l_j} - \alpha \frac{1}{10}\sum_{i=1}^{b=10}\frac{\partial \boldsymbol{L}}{\partial \boldsymbol{h}'_l}$$

负样本中的关系向量更新为

$$\boldsymbol{l}'_{l_{j+1}} = \boldsymbol{l}_{l_j} - \alpha \frac{1}{10}\sum_{i=1}^{b=10}\frac{\partial \boldsymbol{L}}{\partial \boldsymbol{l}'_l}$$

负样本中的尾实体向量更新为

$$\boldsymbol{t}'_{l_{j+1}} = \boldsymbol{t}_{l_j} - \alpha \frac{1}{10}\sum_{i=1}^{b=10}\frac{\partial \boldsymbol{L}}{\partial \boldsymbol{t}'_l}$$

在正样本群($f_r(\boldsymbol{h},\boldsymbol{t})<\sigma$)中重新选择下一个正样本重复进行上述过程。设置正确的终止条件后,即可获得知识图谱中实体和关系的数字向量表达。

利用 TransE 是无法处理知识图谱或知识本体模型中存在的多于一种关系的。TransE 只能完成一个三角形向量优化封闭,即一个头实体、一个关系实体和一个尾实体唯一确定一个三角形。当实体之间存在多种关系时,TransE 中会将多种关系都表达成一个向量,实体多种关系的 TransE 表达缺陷如图 3.10 所示。

为解决这一问题,Wang Z、Zhang J、Feng J 等于 2014 年提出了 TransH 模型,其核心思想是将一个头实体和一个尾实体投影到不同空间(实体关系)中获得不同的封闭三角形。对每一个关系定义一个超平面 W_r 和在这个平面上的翻译向量 $\boldsymbol{d}_r$,$\boldsymbol{h}_r$、$\boldsymbol{t}_r$ 是 $\boldsymbol{h}$、$\boldsymbol{t}$ 在 $\boldsymbol{W}_r$ 上的投影,这里要求在这个空间中三元组需要满足 $\boldsymbol{h}_r+\boldsymbol{d}_r=\boldsymbol{t}_r$,使得一个实体在不同关系(超平面)中的意义不同,同时不同实体在同一关系(超平面)中的意义也可以相同,TransH 模型向量图如图 3.11 所示。$\boldsymbol{h}$、$\boldsymbol{h}'$、$\boldsymbol{t}$、$\boldsymbol{t}'$ 是不同的头实体和尾实体,但是它们在一个超平面 $\boldsymbol{W}_r$ 中的向量是相同的。这其实是符合现实情况的,如一个人在不同的环境中的角色是不同的。

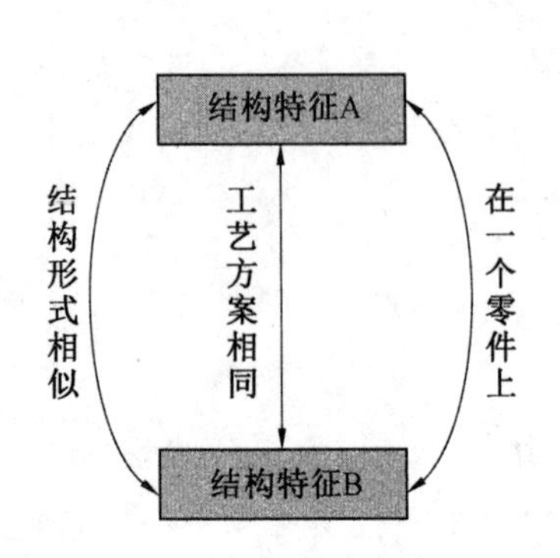

图 3.10 实体多种关系的 TransE 表达缺陷

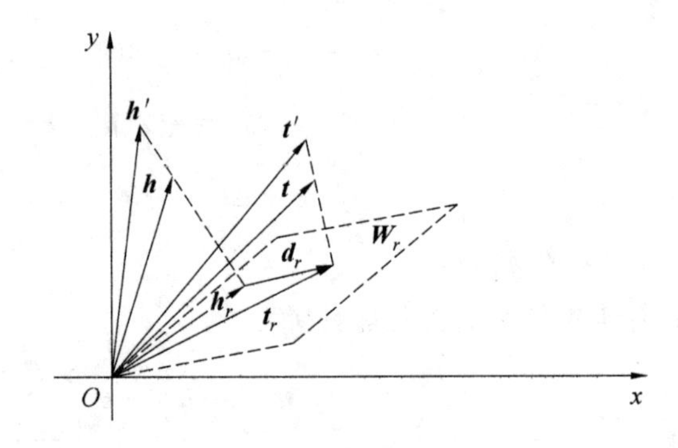

图 3.11 TransH 模型向量图

通过限制 $\| \boldsymbol{w}_r \|_2=1$，$\boldsymbol{w}_r$ 是投影面的法线向量，得到头、尾实体在投影面的投影向量 $\boldsymbol{h}_\perp=\boldsymbol{h}-\boldsymbol{w}_r^{\mathrm{T}}\boldsymbol{h}\boldsymbol{w}_r$，$\boldsymbol{t}_\perp=\boldsymbol{t}-\boldsymbol{w}_r^{\mathrm{T}}\boldsymbol{h}\boldsymbol{w}_r$。

评分函数定义为

$$f_r(\boldsymbol{h},\boldsymbol{t})=\| \boldsymbol{h}-\boldsymbol{w}_r^{\mathrm{T}}\boldsymbol{h}\boldsymbol{w}_r+\boldsymbol{d}_r-\boldsymbol{t}-\boldsymbol{w}_r^{\mathrm{T}}\boldsymbol{t}\boldsymbol{w}_r \|_2^2 \tag{3.32}$$

定义损失函数为

$$L=\sum_{(\boldsymbol{h},\boldsymbol{r},\boldsymbol{t})\in S}\ \sum_{(\boldsymbol{h}',\boldsymbol{r}',\boldsymbol{t}')\in S'}[f_r(\boldsymbol{h},\boldsymbol{t})+\gamma-f_{r'}(\boldsymbol{h}',\boldsymbol{t}')]_+ \tag{3.33}$$

式中 $[\cdot]_+$——$\max(0,\cdot)$；

S—正样本三元组集合；

S'—负样本集合三元组集合。

令

$$\begin{aligned} l&=[\gamma+f_r(\boldsymbol{h},\boldsymbol{t})-f_r(\boldsymbol{h}',\boldsymbol{t}')]_+ \\ &=[\gamma+(\boldsymbol{h}-\boldsymbol{w}_r^{\mathrm{T}}\boldsymbol{h}\boldsymbol{w}_r+\boldsymbol{d}_r-\boldsymbol{t}-\boldsymbol{w}_r^{\mathrm{T}}\boldsymbol{t}\boldsymbol{w}_r)^2-(\boldsymbol{h}'-\boldsymbol{w}_r^{\mathrm{T}}\boldsymbol{h}'\boldsymbol{w}_r+\boldsymbol{d}_r-\boldsymbol{t}'-\boldsymbol{w}_r^{\mathrm{T}}\boldsymbol{t}'\boldsymbol{w}_r)^2]_+ \end{aligned}$$

对 l 求偏导，获得寻优梯度，于是有

$$\frac{\partial l}{\partial \boldsymbol{h}}=\begin{cases} 2\times(\boldsymbol{h}-\boldsymbol{w}_r^{\mathrm{T}}\boldsymbol{h}\boldsymbol{w}_r+\boldsymbol{d}_r-\boldsymbol{t}-\boldsymbol{w}_r^{\mathrm{T}}\boldsymbol{t}\boldsymbol{w}_r)\times[\hat{\boldsymbol{i}}-(\boldsymbol{w}_r\boldsymbol{w}_r^{\mathrm{T}})], & l>0 \\ 0, & l\leqslant 0 \end{cases}$$

$$\frac{\partial l}{\partial \boldsymbol{t}}=\begin{cases} 2\times(\boldsymbol{h}-\boldsymbol{w}_r^{\mathrm{T}}\boldsymbol{h}\boldsymbol{w}_r+\boldsymbol{d}_r-\boldsymbol{t}-\boldsymbol{w}_r^{\mathrm{T}}\boldsymbol{t}\boldsymbol{w}_r)\times[\hat{\boldsymbol{i}}-(\boldsymbol{w}_r\boldsymbol{w}_r^{\mathrm{T}})], & l>0 \\ 0, & l\leqslant 0 \end{cases}$$

$$\frac{\partial l}{\partial \boldsymbol{h}'}=\begin{cases} 2\times(\boldsymbol{h}'-\boldsymbol{w}_r^{\mathrm{T}}\boldsymbol{h}'\boldsymbol{w}_r+\boldsymbol{d}_r-\boldsymbol{t}'-\boldsymbol{w}_r^{\mathrm{T}}\boldsymbol{t}'\boldsymbol{w}_r)\times[\hat{\boldsymbol{i}}-(\boldsymbol{w}_r\boldsymbol{w}_r^{\mathrm{T}})], & l>0 \\ 0, & l\leqslant 0 \end{cases}$$

$$\frac{\partial l}{\partial \boldsymbol{t}'}=\begin{cases} 2\times(\boldsymbol{h}'-\boldsymbol{w}_r^{\mathrm{T}}\boldsymbol{h}'\boldsymbol{w}_r+\boldsymbol{d}_r-\boldsymbol{t}'-\boldsymbol{w}_r^{\mathrm{T}}\boldsymbol{t}'\boldsymbol{w}_r)\times[\hat{\boldsymbol{i}}-(\boldsymbol{w}_r\boldsymbol{w}_r^{\mathrm{T}})], & l>0 \\ 0, & l\leqslant 0 \end{cases}$$

$$\frac{\partial l}{\partial \boldsymbol{w}_r}=\begin{cases} 2\times(\boldsymbol{h}-\boldsymbol{w}_r^{\mathrm{T}}\boldsymbol{h}\boldsymbol{w}_r+\boldsymbol{d}_r-\boldsymbol{t}-\boldsymbol{w}_r^{\mathrm{T}}\boldsymbol{t}\boldsymbol{w}_r)\times(-\boldsymbol{h}^{\mathrm{T}}\boldsymbol{w}_r-\boldsymbol{w}_r\boldsymbol{h}^{\mathrm{T}}-\boldsymbol{t}^{\mathrm{T}}\boldsymbol{w}_r-\boldsymbol{w}_r\boldsymbol{t}^{\mathrm{T}})-2(\boldsymbol{h}'- & \\ \boldsymbol{w}_r^{\mathrm{T}}\boldsymbol{h}'\boldsymbol{w}_r+\boldsymbol{d}_r-\boldsymbol{t}'-\boldsymbol{w}_r^{\mathrm{T}}\boldsymbol{t}'\boldsymbol{w}_r)\times(-\boldsymbol{h}'^{\mathrm{T}}\boldsymbol{w}_r-\boldsymbol{w}_r\boldsymbol{h}'^{\mathrm{T}}-\boldsymbol{t}'^{\mathrm{T}}\boldsymbol{w}_r-\boldsymbol{w}_r\boldsymbol{t}'^{\mathrm{T}}), & l>0 \\ 0, & l\leqslant 0 \end{cases}$$

式中 $\hat{i}$——单位矩阵。

各个向量更新方法同上。

基于转移(Translation)的方法还衍生出很多方法，其解决的重点都是采用不同的映射方法把实体和(多种)关系映射到其他空间中，并在其他空间中建立距离误差，获得误差最小的实体和关系向量。

3.2 基于实体超平面和关系超平面知识图谱嵌入

在知识图谱补全中，翻译模型以优化参数少、模型简单高效而著称。目前的 Trans 系列模型主要面向实体的复杂关系(如一对多、多对一和多对多)展开研究。但是，当考虑到关系本身的复杂性与多样性(如一对实体之间存在多种关系)时，目前的方法难以保证链路预测精度。因此，复杂关系可进一步详细划分，并针对新的复杂关系研究翻译模型。

首先定义本节通用的概念和符号。正体(h, r, t)表示知识图谱中的三元组，h、r、t 分别为三元组的头实体、关系实体和尾实体。对应地，斜体$(\boldsymbol{h},\boldsymbol{r},\boldsymbol{t})$表示三元组(h, r, t)的嵌入向量表示，其中 $\boldsymbol{h}$ 为三元组的头实体嵌入表示，$\boldsymbol{r}$ 为三元组的关系嵌入表示，$\boldsymbol{t}$ 为三元组的尾实体嵌入表示。E 表示知识图谱的实体集合，R 表示知识图谱的关系集合，Δ 表示正三元组集合，Δ'表示错误三元组集合，即$(\boldsymbol{h},\boldsymbol{r},\boldsymbol{t})\in\Delta$ 是知识图谱中正确的三元组，而$(\boldsymbol{h}',\boldsymbol{r},\boldsymbol{t}')\in\Delta'_{(h,r,t)}$是知识图谱中不存在的或错误的三元组。

3.2.1 实体关系双投影模型

针对一个正确的三元组$(\boldsymbol{h}, \boldsymbol{r}, \boldsymbol{t})$，使误差函数$\|\boldsymbol{h}+\boldsymbol{r}-\boldsymbol{t}\|_{L1/L2}$最小化是 TransE 模型的训练目标。Bordes 等的结果表明，相比于传统的非翻译模型，TransE 模型的性能有显著提高。由于 TransE 模型太过简单，对包含复杂关系(如多对一、一对多、多对多关系)的知识库，TransE 模型存在一定的不适应性，往往难以准确地表示出实体之间的复杂关系，因此 Wang 等提出了 TransH 模型，通过将头尾实体投影到关系空间中，缓解了复杂关系带来的问题。然而，Wang 等忽略了关系本身的复杂性和多样性。

在知识库中，多对一、一对多、多对多关系本质上是实体之间的关系。此外，关系本身也具有复杂性和多样性。因此，综合考虑实体的复杂性和关系的复杂性，复杂关系可延拓为 $N-1-1$、$1-1-N$、$N-1-N$、$1-M-1$、$1-M-N$、$N-M-1$、$N-M-N$，分别为一种关系下的多对一关系、一种关系下的一对多关系、一种关系下的多对多关系、一对实体的多种关系、一种头实体对应于多种关系和多种尾实体、多种头实体对应于多种关系和一种尾实体、多种头实体对应于多种关系和多种尾实体。复杂关系实例如图 3.12 所示。

根据 TransE 的知识表示模型，在理想条件下，对正确的三元组$(\boldsymbol{h},\boldsymbol{r},\boldsymbol{t})$，满足 $\boldsymbol{h}+\boldsymbol{r}=\boldsymbol{t}$。考虑到复杂关系中的 $1-M-1$ 关系，可以得到以下结论：$\forall i\in\{1,2,3,\cdots,m\}$，$(\boldsymbol{h},\boldsymbol{r}_i,\boldsymbol{t})\in\Delta$，可以得到关系嵌入向量满足 $\boldsymbol{r}_1=\boldsymbol{r}_2=\boldsymbol{r}_3=\cdots=\boldsymbol{r}_m$。

上式表明经过 TransE 模型一对实体的所有关系的嵌入表示是相同的。在 TransE 模型下，实体的多种关系难以区分开。为解决上述问题，建立了 RTransH 模型，通过为

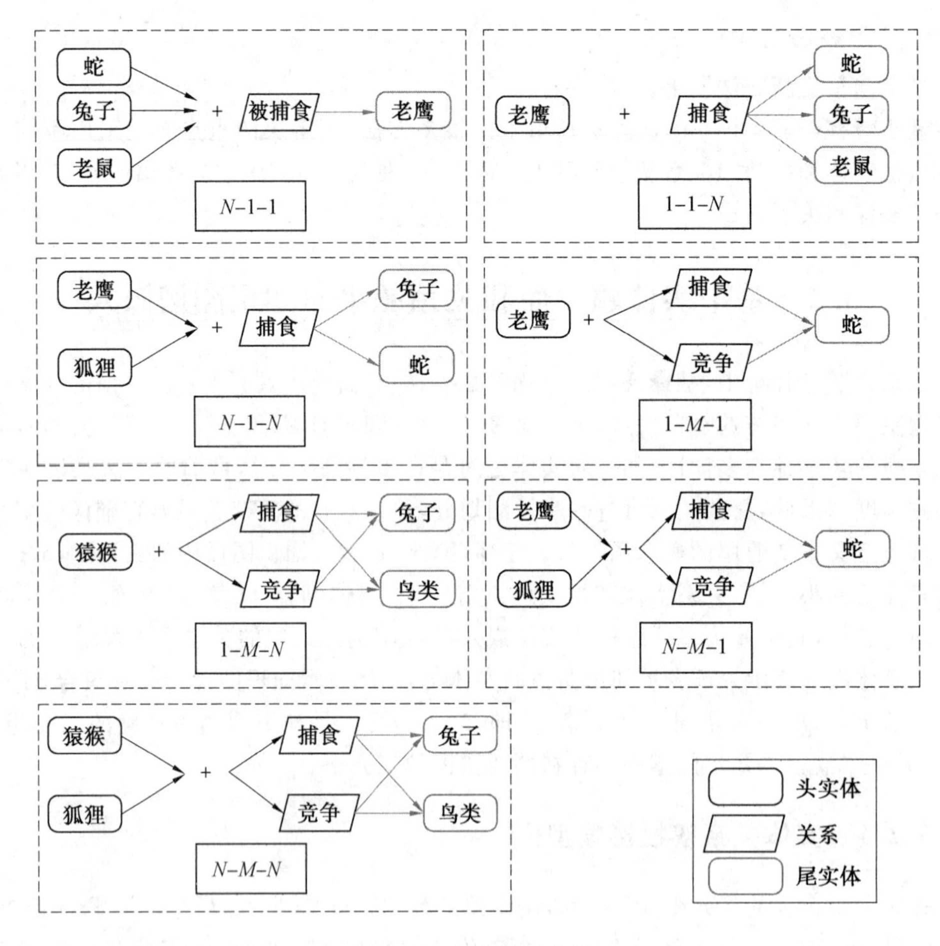

图 3.12　复杂关系实例

每个关系创建一个超平面，将关系映射到该超平面上，从而增大实体间多种关系的区分程度。对一个三元组($\boldsymbol{h}$, $\boldsymbol{r}$, t)，将关系的嵌入表示 $\boldsymbol{r}$ 投影到其所对应的超平面 $\boldsymbol{S}_r$ 中，其中 $\boldsymbol{s}_r$ 为超平面 $\boldsymbol{S}_r$ 的单位法向量。$\boldsymbol{r}_\perp$ 表示 $\boldsymbol{r}$ 的投影向量，希望在超平面 $\boldsymbol{S}_r$ 中三元组($\boldsymbol{h}$, $\boldsymbol{r}$, t)满足 $\boldsymbol{h}+\boldsymbol{r}_\perp \approx \boldsymbol{t}$。理论上，RTransH 模型并不能解决实体的多对一和一对多关系问题。使用 RTransH 模型可以得到以下结论：

①针对 $N-1-1$ 关系，即 $\forall i \in \{1,2,3,\cdots,m\}$，$(\boldsymbol{h}_i,\boldsymbol{r},\boldsymbol{t}) \in \Delta$，RTransH 模型可以得到头实体的嵌入表示满足 $\boldsymbol{h}_1=\boldsymbol{h}_2=\boldsymbol{h}_3=\cdots=\boldsymbol{h}_m$。

②针对 $1-1-N$ 关系，即 $\forall i \in \{1,2,3,\cdots,m\}$，$(\boldsymbol{h},\boldsymbol{r},\boldsymbol{t}_i) \in \Delta$，RTransH 模型可以得到尾实体的嵌入表示满足 $\boldsymbol{t}_1=\boldsymbol{t}_2=\boldsymbol{t}_3=\cdots=\boldsymbol{t}_m$。

因此，建立了实体关系双投影(ERTransH)模型。在 ERTransH 模型中，通过为每个关系分配一个关系子空间以增强三元组实体对的多种关系的区分度并提高三元组中的关系表示能力，可以使关系嵌入向量充分学习到关系的语义特征。受 TransH 的启发，将实体投影到关系投影所在的超平面上以解决实体的复杂关系问题，这样 ERTransH 模型就具备同时解决实体的复杂关系问题和关系自身的复杂性与多样性问题。ERTransH 模型简图如图 3.13 所示。图 3.13 中，$\boldsymbol{r}_1$ 与 $\boldsymbol{r}_2$ 是一对实体的两种不同的关系。ERTransH

模型首先为每个关系建立一个关系子空间并将关系投影到关系子空间中以增强关系的表示能力，增加关系的可区分性，达到解决一对实体的多种关系问题的目的；然后对实体投影在关系投影（关系在其关系子空间的表示）所在的超平面中完成实体的翻译过程，解决实体的一对多、多对一和多对多问题。

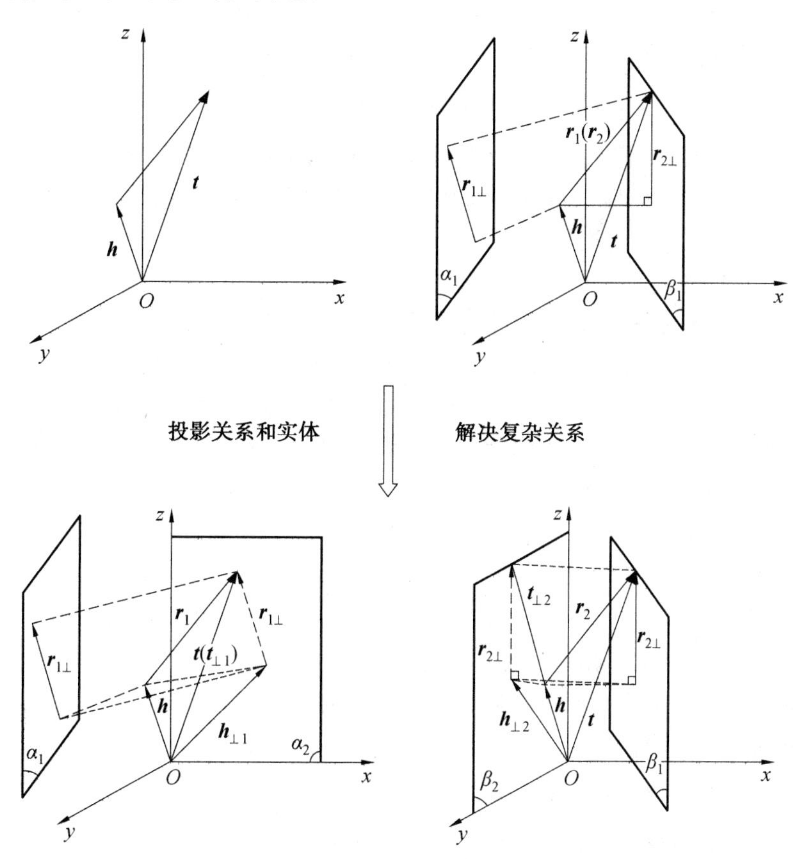

图 3.13 ERTransH 模型简图

在 ERTransH 模型中，对一个三元组($\boldsymbol{h}, \boldsymbol{r}, \boldsymbol{t}$)，首先将关系的嵌入表示 $\boldsymbol{r}$ 投影到其所对应的超平面 $\boldsymbol{S}_r$ 中，随后将头实体的嵌入表示 $\boldsymbol{h}$ 和尾实体的嵌入表示 $\boldsymbol{t}$ 投影到 $\boldsymbol{r}_\perp$ 所在的超平面 $\boldsymbol{W}_r$ 中，容易得到

$$\boldsymbol{h}_\perp = \boldsymbol{h} - \boldsymbol{w}_r^{\mathrm{T}}\boldsymbol{h}\boldsymbol{w}_r, \boldsymbol{t}_\perp = \boldsymbol{t} - \boldsymbol{w}_r^{\mathrm{T}}\boldsymbol{t}\boldsymbol{w}_r, \boldsymbol{r}_\perp = \boldsymbol{r} - \boldsymbol{s}_r^{\mathrm{T}}\boldsymbol{r}\boldsymbol{s}_r$$

式中 $\boldsymbol{w}_r$——该超平面 $\boldsymbol{W}_r$ 的单位法向量；

$\boldsymbol{h}_\perp, \boldsymbol{t}_\perp$——头实体 $\boldsymbol{h}$ 和尾实体 $\boldsymbol{t}$ 在超平面 $\boldsymbol{W}_r$ 中的投影向量；

$\boldsymbol{r}_\perp$——关系 $\boldsymbol{r}$ 在超平面 $\boldsymbol{S}_r$ 中的投影向量。

最后，得分函数被建立，即

$$f_r(\boldsymbol{h},\boldsymbol{t}) = \| (\boldsymbol{h} - \boldsymbol{w}_r^{\mathrm{T}}\boldsymbol{h}\boldsymbol{w}_r) + (\boldsymbol{r} - \boldsymbol{s}_r^{\mathrm{T}}\boldsymbol{r}\boldsymbol{s}_r) - (\boldsymbol{t} - \boldsymbol{w}_r^{\mathrm{T}}\boldsymbol{t}\boldsymbol{w}_r) \|_{\mathrm{L1/L2}}$$

得分函数是一个距离函数。对于正确的三元组，希望得分函数尽可能小，保证翻译的正确进行；对于错误的三元组，希望得分函数大一点，即增大翻译过程的不合理性。

3.2.2 模型训练

为准确地学习实体嵌入表示和关系嵌入表示，在模型训练过程中建立了一个基于边际的目标函数，即

$$L=\sum_{(h,r,t)\in\Delta}\sum_{(h',r,t')\in\Delta'_{(h,r,t)}}\max(f_r(\boldsymbol{h},\boldsymbol{t})+\gamma-f_r(\boldsymbol{h}',\boldsymbol{t}'),0)$$

式中 $\max(\boldsymbol{x},0)$——在 $\boldsymbol{x}$ 与 0 之间取最大值；

$f_r(\boldsymbol{h},\boldsymbol{r},\boldsymbol{t})$——正确三元组在 ERTransH 模型中得分函数的得分值；

$f_r(\boldsymbol{h}',\boldsymbol{r},\boldsymbol{t}')$——错误三元组在 ERTransH 模型中得分函数的得分值；

γ——一个大于 0 的边界超参数；

Δ——正确的三元组集合；

$\Delta'_{(h,r,t)}$——三元组$(\boldsymbol{h},\boldsymbol{r},\boldsymbol{t})$生成的错误三元组，由下式构造，即

$$\Delta'_{(h,r,t)}=\{(\boldsymbol{h}',\boldsymbol{r},\boldsymbol{t})\mid \boldsymbol{h}'\in E\}\cup\{(\boldsymbol{h},\boldsymbol{r},\boldsymbol{t}')\mid \boldsymbol{t}'\in E\}$$

针对一个正确三元组$(\boldsymbol{h},\boldsymbol{r},\boldsymbol{t})$，其错误三元组由两种方式生成：随机抽取实体集合中一个实体替换该正确三元组的头实体；随机抽取实体集合中一个实体替换该正确三元组的尾实体。一方面，一种关系可能对应多个头实体和多个尾实体；另一方面，一种关系对应的头实体和尾实体数量不一定相等。为降低在错误三元组生成中构造出正确三元组的概率，在生成错误三元组的过程中不能以相同的概率替换头实体和尾实体。TransH 模型中指出，如果关系是一对多的，则倾向于给予更多替换头实体的机会；如果关系是多对一的，则倾向于给予更多替换尾实体的机会。

本书选取 TransH 模型中的伯努利分布生成包含关系 $\boldsymbol{r}$ 的错误三元组。给定一个正确的三元组$(\boldsymbol{h},\boldsymbol{r},\boldsymbol{t})$，分三步构造其错误三元组：统计在包含关系 $\boldsymbol{r}$ 的所有三元组中一个头实体平均对应的尾实体数量，记为 tph；统计在包含关系 $\boldsymbol{r}$ 的所有三元组中一个尾实体平均对应的头实体数量，记为 hpt；以$\frac{\text{tph}}{\text{tph}+\text{hpt}}$的概率替换三元组$(\boldsymbol{h},\boldsymbol{r},\boldsymbol{t})$中的头实体，以$\frac{\text{hpt}}{\text{tph}+\text{hpt}}$的概率替换三元组$(\boldsymbol{h},\boldsymbol{r},\boldsymbol{t})$中的尾实体。这大大提升了错误三元组的质量，为提高翻译模型的知识表示能力提供了支持。

此外，在最小化目标函数 L 时，应考虑以下软约束，即

$$\forall \boldsymbol{e}\in E,\ \|\boldsymbol{e}\|_2\leqslant 1;\ \forall \boldsymbol{r}\in R,\ \|\boldsymbol{r}\|_2\leqslant 1$$

$$\forall \boldsymbol{r}\in R,\ |\boldsymbol{w}_r^{\mathrm{T}}(\boldsymbol{r}-\boldsymbol{s}_r^{\mathrm{T}}\boldsymbol{r}\boldsymbol{s}_r)|/\|\boldsymbol{r}-\boldsymbol{s}_r^{\mathrm{T}}\boldsymbol{r}\boldsymbol{s}_r\|_2\leqslant\varepsilon$$

$$\forall \boldsymbol{r}\in R,\ \|\boldsymbol{w}_r\|_2=1,\ \|\boldsymbol{s}_r\|_2=1$$

为简化求解过程，将软约束条件加入目标函数中而非直接利用软约束来直接优化目标函数 L，则目标函数 L 被改写为

$$L=\sum_{(h,r,t)\in\Delta}\sum_{(h',r,t')\in\Delta'_{(h,r,t)}}[f_r(\boldsymbol{h},\boldsymbol{r},\boldsymbol{t})+\gamma-f_r(\boldsymbol{h}',\boldsymbol{r},\boldsymbol{t}')]_+\cdot$$
$$C\left\{\sum_{e\in E}[\|e\|_2-1]_+ +\sum_{r\in R}[\|\boldsymbol{r}\|_2-1]_+ +\sum_{r\in R}\left[\frac{[\boldsymbol{w}_r^{\mathrm{T}}(\boldsymbol{r}-\boldsymbol{s}_r^{\mathrm{T}}\boldsymbol{r}\boldsymbol{s}_r)]^2}{\|(\boldsymbol{r}-\boldsymbol{s}_r^{\mathrm{T}}\boldsymbol{r}\boldsymbol{s}_r)\|_2^2}-\varepsilon^2\right]_+\right\}$$

式中 C——衡量软约束重要程度的一个超参数。

3.2.3 对比实验

本节将 ERTransH 模型和相关的比对方法应用在链路预测上，从实体预测和关系预测的角度评价 ERTransH 模型和其他知识表示学习方法。在实验中，采用 pytorch 框架及 Adam 优化方法。

1. 链路预测与实验数据

通过链路预测来评估模型的准确性，链路预测中包括实体预测和实体之间的关系预测，即对给定的三元组($\boldsymbol{h}$, $\boldsymbol{r}$, ?)，预测尾实体；对给定的三元组(?, $\boldsymbol{r}$, $\boldsymbol{t}$)，预测头实体；对给定的三元组($\boldsymbol{h}$, ?, $\boldsymbol{t}$)，预测关系实体。

在实验中采用翻译模型常用的数据集进行实验，共采用五个数据集：Wordnet 的两个子数据集，WN18 数据集和 WN11 数据集；Freebase 的三个子数据集，具有稠密关系的 FB15K 数据集、FB15K－237 数据集和 FB13 数据集。五种数据集的具体信息见表 3.5，包括关系数量、实体数量、训练集数据量、验证集数据量和测试集数据量。

表 3.5 五种数据集的具体信息

数据集	关系数量/个	实体数量/个	三元组		
			训练集数据量/个	验证集数据量/个	测试集数据量/个
WN18	18	40 943	141 442	5 000	5 000
FB15K	1 345	14 951	483 142	50 000	59 071
WN18RR	11	40 943	86 835	3 034	3 134
FB15K－237	237	14 541	271 115	17 535	20 466
FB13	13	75 043	316 232	5 908	23 733

2. 模型评估

模型评估共分为两个部分：一部分是对实体的预测评估，用来评估实体的预测效果，即对给定的三元组($\boldsymbol{h}$,$\boldsymbol{r}$,?)预测尾实体，对给定的三元组(?,$\boldsymbol{r}$,$\boldsymbol{t}$)预测头实体；另一部分是对实体对的关系预测评估，用来评估关系的预测效果，即对给定的三元组($\boldsymbol{h}$,?,$\boldsymbol{t}$)预测实体对 $\boldsymbol{h}$ 和 $\boldsymbol{t}$ 之间的关系。在实体预测中，采用与 TransE、TransH 相同的模型评估指标，即 Mean Rank 和 Hits@10。在实体对的关系预测中，采用 Mean Rank 和 Hits@N 为效果评估指标。Hits@10 为 Hits@N 中 $N=10$ 的特殊情况。

(1)Mean Rank。

对每个测试三元组($\boldsymbol{h}$,$\boldsymbol{r}$,$\boldsymbol{t}$)，以预测尾实体为例，用知识图谱中的每个实体替换($\boldsymbol{h}$,$\boldsymbol{r}$,$\boldsymbol{t}$)中的 $\boldsymbol{t}$，通过得分函数 $f_r(\boldsymbol{h},\boldsymbol{t})$计算每个替换尾实体以后的三元组得分，随后将这些得分升序排列，最后找到测试三元组中的 $\boldsymbol{t}$ 在该序列中的位置排名。同理，预测头实体的位置排名。将所有测试三元组的头实体和尾实体的排名取平均值就是实体 Mean Rank。采用相同的想法，预测关系得到了关系 Mean Rank，即

$$S_t=\mathrm{sort}\{(\boldsymbol{t}',f_r(\boldsymbol{h},\boldsymbol{t}'))\mid \boldsymbol{t}'\in E\}$$
$$S_h=\mathrm{sort}\{(\boldsymbol{h}',f_r(\boldsymbol{h}',\boldsymbol{t}))\mid \boldsymbol{h}'\in E\}$$
$$S_r=\mathrm{sort}\{(\boldsymbol{r}',f_{r'}(\boldsymbol{h},\boldsymbol{t}))\mid \boldsymbol{r}'\in R\}$$

式中 $\mathrm{sort}\{(x,y)_n\}$——按照 y 对序列升序排列；

$\boldsymbol{S}_t$——测试三元组$(\boldsymbol{h},\boldsymbol{r},\boldsymbol{t})$的尾实体预测得分序列；

$\boldsymbol{S}_h$——测试三元组$(\boldsymbol{h},\boldsymbol{r},\boldsymbol{t})$的头实体预测得分序列；

$\boldsymbol{S}_r$——测试三元组$(\boldsymbol{h},\boldsymbol{r},\boldsymbol{t})$的关系预测得分序列；

E——测试集的实体集合；

R——测试集的关系集合。

$$实体\ \mathrm{Mean\ Rank}=\frac{\sum_{(\boldsymbol{h},\boldsymbol{r},\boldsymbol{t})\in Tt}\mathrm{Rank}((\boldsymbol{t},f_r(\boldsymbol{h},\boldsymbol{t})),S_t)+\sum_{(\boldsymbol{h},\boldsymbol{r},\boldsymbol{t})\in Tt}\mathrm{Rank}((\boldsymbol{h},f_r(\boldsymbol{h},\boldsymbol{t})),S_h)}{2\times|Tt|}$$

$$关系\ \mathrm{Mean\ Rank}=\frac{\sum_{(\boldsymbol{h},\boldsymbol{r},\boldsymbol{t})\in Tt}\mathrm{Rank}((\boldsymbol{r},f_r(\boldsymbol{h},\boldsymbol{t})),S_r)}{|Tt|}$$

式中 $\mathrm{Rank}(x,X)$——元素 x 在集合 X 中的位置；

S_t、S_h、S_r——如上述公式所描述的；

Tt——测试三元组集合；

$|Tt|$——测试三元组的数量。

(2)Hits@N。

对上述的升序序列，如果测试三元组的正确答案排在前 N，则计数加 1，最后对计数求平均值，即

$$s_N(\mathrm{Rank}(x,X))=\begin{cases}1, & \mathrm{Rank}(x,X)\leqslant N\\0, & \mathrm{Rank}(x,X)>N\end{cases}$$

式中 s_N——计数函数；

$\mathrm{Rank}(x,X)$——元素 x 在集合 X 中的位置。

$$实体\ \mathrm{Hits@}N=\frac{\sum_{(\boldsymbol{h},\boldsymbol{r},\boldsymbol{t})\in Tt}s_N(\mathrm{Rank}((\boldsymbol{t},f_r(\boldsymbol{h},\boldsymbol{t})),S_t))+\sum_{(\boldsymbol{h},\boldsymbol{r},\boldsymbol{t})\in Tt}s_N(\mathrm{Rank}((\boldsymbol{h},f_r(\boldsymbol{h},\boldsymbol{t})),S_h))}{2\times|Tt|}$$

$$关系\ \mathrm{Hits@}N=\frac{\sum_{(\boldsymbol{h},\boldsymbol{r},\boldsymbol{t})\in Tt}s_N(\mathrm{Rank}((\boldsymbol{r},f_r(\boldsymbol{h},\boldsymbol{t})),S_r))}{|Tt|}$$

公式中的参数与上式相同。

上述的 Mean Rank 和 Hits@N 称为“Raw”。请注意，在知识图中生成的一个错误的三元组也有可能是正确的，那么将其排在原来的三元组之前并没有错。为消除这个因素，在得到每个测试三元组的排序之前，先去除训练集、有效集或测试集中存在的错误的三元组，这个设置称为“Filt”。得分函数 $f_r(\boldsymbol{h},\boldsymbol{t})$本质是一种距离函数，$f_r(\boldsymbol{h},\boldsymbol{t})$越小表明模型的翻译效果越好，反之则效果越差。因此，Mean Rank 越小，Hits@N 越大，表示预测越准。

3. 实体预测和关系预测实验

在进行实体预测的过程中，选取实体预测的经典数据集 WN18 和 FB15K 两个数据集实验。选取 Unstructured 模型、RESCAL 模型、SE 模型、SME(Linear)模型、SME(Bilinear)模型、LFM 模型、TransE 模型和 TransH 模型作为基线模型。由于实验数据相同，因此直接用基线模型的结果作为对比方法的结果。评价指标包含 Raw Mean

Rank,Filter Mean Rank、实体 Raw Hits@10 和 Filter Hits@10。

在 pytorch 框架下选取 Adam 算法训练 ERTransH 模型。ERTransH 模型在 FB15K 上的参数优化范围设置为:学习率 l_r 为{0.01,0.001,0.000 5},边界 γ 取值范围为{0.5,1,2},嵌入维度 k 取值范围为{50,100},权重 C 取值范围为{0.25,0.5,1},小批量 B 取值为{2 400,4 800,9 600},epoch 为 $e=500$。ERTransH 模型在 WN18 上的参数优化范围设置为:学习率 l_r 为{0.01,0.001,0.000 5},边界 γ 取值范围为{0.5,1,2},嵌入维度 k 取值范围为{50,100},权重 C 取值范围为{0.25,0.5,1},小批量 B 取值为{1 200,2 400,4 800},epoch 为 $e=500$。在伯努利负采样方法下,最终选取的参数如下:在 FB15K 上选取优化参数 $e=500$, $l_r=0.000\ 5$, $\gamma=2$, $k=100$, $C=0.25$, $B=9\ 600$;在 WN18 上选取优化参数 $e=500$, $l_r=0.001$, $\gamma=2$, $k=50$, $C=1$, $B=4\ 800$。ERTransH 和各对比方法在 WN18 上和 FB15K 上的实体预测结果见表 3.6。

表 3.6 实体预测结果

数据集	WN18				FB15K			
评估	Mean Rank		Hits@10		Mean Rank		Hits@10	
	Raw	Filt	Raw	Filt	Raw	Filt	Raw	Filt
Unstructured	315	304	35.3	38.2	1074	979	4.5	6.3
RESCAL	1180	1163	37.2	52.8	828	683	28.4	44.1
SE	1011	985	68.5	80.5	273	162	28.8	39.8
SME(Linear)	545	533	65.1	74.1	274	154	30.7	40.8
SME(Bilinear)	526	509	54.7	61.3	284	158	31.3	41.3
LFM	469	456	71.4	81.6	283	164	26.0	33.1
TransE	263	251	75.4	89.2	243	125	34.9	47.1
TransH	400.8	388	73	82.3	212	87	45.7	64.4
ERTransH	320	307	79.6	91.3	202	106	51.0	68.9

在本节的实体关系预测中,重点对比 TransH 和 ERTransH 的预测精度。选取四个经典的数据集 WN18RR、FB15K、FB15K−237 和 FB13 作为 TransH 和 ERTransH 的对比实验数据。在相同的数据集中,两个模型在相同的参数寻优空间中进行参数寻优。根据数据集规模大小,设置了不同的参数寻优空间,数据集的参数寻优空间见表 3.7。

表 3.7 数据集的参数寻优空间

参数	WN18RR	FB15K	FB15K−237	FB13
e	500	500	500	500
B	{600,1 200,2 400}	{2 400,4 800,9 600}	{1 200,2 400,4 800,9 600}	{1 200,2 400,4 800}
l_r	{0.01,0.001,0.000 5}	{0.01,0.001,0.000 5}	{0.01,0.001,0.000 5}	{0.01,0.001,0.000 5}
γ	{0.5,1,2}	{0.5,1,2}	{0.5,1,2}	{0.5,1,2}
k	{50,100}	{50,100}	{50,100}	{50,100}
C	{0.25,0.5,1}	{0.25,0.5,1}	{0.25,0.5,1}	{0.25,0.5,1}

在 pytorch 框架下选取 Adam 算法训练 TransH 模型和 ERTransH 模型，最终 TransH 模型和 ERTransH 模型在每个数据集上选取的参数见表 3.8。

表 3.8 ERTransH 模型和 TransH 模型在每个数据集上选取的参数

参数	WN18RR		FB15K		FB15K－237		FB13	
	TransH	ERTransH	TransH	ERTransH	TransH	ERTransH	TransH	ERTransH
e	500	500	500	500	500	500	500	500
B	2 400	600	9 600	9 600	9 600	9 600	4 800	4 800
l_r	0.001	0.01	0.000 5	0.000 5	0.000 5	0.000 5	0.000 5	0.000 5
γ	1	2	2	2	2	2	1	0.5
k	50	100	50	100	50	50	50	100
C	0.5	0.5	0.5	0.25	0.25	1	0.25	1

TransH 和 ERTransH 分别使用表 3.8 中选取的参数在 WN18RR、FB15K、FB15K－237 和 FB13 数据集上进行对比实验，以 Filt Mean Rank、Filt Hits@1、Filt Hits@3 和 Filt Hits@10 作为关系预测精度的评价指标，对比实验结果见表 3.9。

表 3.9 对比实验结果

模型	TransH				ERTransH			
评价指标(Filt)	Mean Rank	Hits@1	Hits@3	Hits@10	Mean Rank	Hits@1	Hits@3	Hits@10
WN18RR	5	43.2	54.0	69.8	2	58.3	85.0	99.9
FB15K	43	55.0	70.9	79.9	11	77.2	87.0	92.0
FB15K－237	18	62.1	70.4	77.4	2	88.9	94.0	96.0
FB13	1	96.7	99.4	1	1	98.7	99.8	1

4. 实验结果分析

实体预测结果见表 3.6。相比于 Unstructured、RESCAL、SE、SME、LFM(Linear)、LFM(Bilinear)、TransE，在 WN18 数据集上，本书的 ERTransH 在 Raw Mean Rank、Filter Mean Rank、Raw Hits@10 和 Filter Hits@10 等评价指标下取得了第二好的结果。在 FB15K 数据集上，本书的 ERTransH 在 Raw Mean Rank、Filter Mean Rank、Raw Hits@10 和 Filter Hits@10 等评价指标下取得了最好的结果。实验结果表明，相对于基线模型，本书 ERTransH 模型在处理复杂关系方面具有显著的效果。在 WN18 数据集上，TransH 得到的 Raw Mean Rank、Filt Mean Rank、Raw Hits@10 和 Filter Hits@10 分别为 400.8、388、73%和 82.3%，ERTransH 得到的分别为 320、307、79.6%和 91.3%。在 FB15K 数据集上，TransH 得到的 Raw Mean Rank、Filt Mean Rank、Raw Hits@10 和 Filter Hits@10 分别为 121、87、45.7%和 64.4%，ERTransH 得到的分别为 202、106、51.0%和 68.9%。这表明 ERTransH 方法提高了 TransH 模型实体预测的准确性。实体预测的结果表明了考虑关系本身的复杂性和多样性有助于提高模型在实体预测的预测

精度。

关系预测结果见表3.9。在WN18RR数据集上，相比于TransH，ERTransH的Mean Rank、Hits@1、Hits@3、Hits@10分别提高了3、15.1%、31%和30.1%，ERTransH的Mean Rank、Hits@1、Hits@3和Hits@10分别提升至2、58.3%、85%和99.9%。在FB15K数据集上，相比于TransH，ERTransH的Mean Rank、Hits@1、Hits@3和Hits@10分别提高了32、22.2%、16.9%和12.1%，ERTransH的Mean Rank、Hits@1、Hits@3和Hits@10分别提升至11、77.2%、87.0%和92.0%。在FB15K－237数据集上，相比于TransH，ERTransH的Mean Rank、Hits@1、Hits@3和Hits@10分别提高了16、26.9%、15.4%和11.9%，ERTransH的Mean Rank、Hits@1、Hits@3和Hits@10分别提升至2、88.9%、94.0%和96.0%。在FB13数据集上，TransH和ERTransH的关系预测精度都很准确，ERTransH仍然提升了关系预测效果。这表明相对于TransH，ERTransH模型通过为每个关系分配一个关系子空间的模式来解决复杂关系问题，实现关系的准确预测。

上述分析表明，ERTransH模型能够通过为每个关系分配一个关系子空间增加关系的区分程度。ERTransH模型显著提升了实体关系的预测精度，同时提升了实体的预测精度。另外，相对于TransH，ERTransH模型更适合应用在具有复杂关系和多样关系的数据集中。在现实世界中，实体的关系更为复杂和多样化，因此ERTransH模型更符合现实情境。

3.3 基于卷积神经网络的句子向量表达方法

卷积神经网络（CNN）最开始用于计算机视觉中，现在也被广泛用于自然语言处理中，有着不亚于循环神经网络（RNN）的性能。

传统的词袋模型或连续词袋模型（CBOW）都可以通过构建一个全连接的神经网络对句子进行分类。通过样本对CBOW进行训练之后，获得一个学习好的网络模型，可以使用这个模型获得新句子的向量化表达，其句子的向量为隐藏层的输出。但是，CBOW存在一个问题，就是句子的长度必须是固定的，即句子里面的词汇数量必须是相等的。此外，模型输出向量的表达准确性还与训练样本有较大的关系。如果新句子与原来的句子样子是一类的，则获得的向量比较准确；否则，准确性较差。

3.3.1 自然语言处理中的卷积神经网络

卷积神经网络在进行图像处理时表现出色，可以作为图像识别的首先工具。卷积神经网络的输入是图像处理后的像素数值矩阵，通过卷积核对图像的数值矩阵计算卷积运算获得图形的特征向量，然后通过池化获得简化的特征向量，对于简化的特征向量的识别可以采用全连接的网络进行分类，也可以采用其他的分类方法进行分类。

在自然语言中，可以将一句话中的每个单词的词向量组成数值矩阵（词矩阵）作为输入，矩阵中的每一行代表一个词的词向量，词矩阵的列长是词的个数。由于卷积神经网络中的卷积核的作用是获得特征，因此可以将卷积核的行向量长度（宽）设置为与词向量长度一样。由于句子是由若干词汇连接而成的,词汇之间存在关联,因此卷积核通常覆盖几个词向量,卷积核的列向量长度(长)可以设置为 2 以上的数值。通过这样的方式,就能够捕捉到多个连续词之间的特征,并且能够在同一类特征计算时中共享权重。

自然语言处理中的卷积神经网络图如图 3.14 所示,长度不同但宽度相同的卷积核(不同颜色)与句子的词矩阵进行卷积,每个核与词矩阵卷积后会获得不同长度的特征向量。由于长度不同,对这些特征向量难以直接处理,因此下一步需对这些特征向量进行池化处理,即选出这些维度中最有代表性的特征,从而对特征进行简化和统一。池化处理后的特征一致。例如,上面的深红色的卷积核是 4×5,对于输入值为 7×5 的输入值,卷积之后的输出值就是 4×1,最大池化之后就是 1×1;深绿色的卷积核是 3×5,卷积之后的输出值是 5×1,最大池化之后就是 1×1。最后将所有池化后的特征值组合一维向量,一维向量长度和卷积核的个数是一致的,与原始词矩阵的长度无关。这个一维特征向量就是句子的向量表达。由于向量长度是固定的,因此可以采用多种机器学习算法对句子进行分类处理。在应用过程中,可以采用不同类型的句子进行分类学习训练,获得学习后的卷积核矩阵,并基于这些卷积核进行卷积运算和池化运算完成新句子的向量化。

事实上,每个与词矩阵等宽的卷积核可以看作某些核心词汇的词向量组合,而句子是在这些核心词汇(特征向量)上的表达(特征值),因此在进行学习之前,可以选择若干核心词汇的词向量作为初始值进行学习。

3.3.2 卷积层的最大池化问题

最大池化是自然语言处理中 CNN 模型中最常见的一种下采样操作,其含义是对于某个核函数卷积后抽取到若干特征值,只取其中得分最大的那个值作为池化层保留值,其他特征值全部抛弃,值最大代表只保留这些特征中最强的,而抛弃其他弱的此类特征(图 3.14)。CNN 中采用最大池化操作的好处如下。

(1)这个操作可以保证特征的位置与旋转不变性,因为无论这个强特征在哪个位置出现,都会不考虑其出现位置而能把它提出来。对于图像处理来说,这种位置与旋转不变性是很好的特性。但是对于句子的特征提取来说,这个特性其实并不一定是好事,因为在很多句子的特征提取的应用场合,特征的出现位置信息是很重要的,如主语出现位置一般在句子头,宾语一般出现在句子尾等,这些位置信息其实有时对于分类任务来说还是很重要的,但是最大池化方法基本把这些信息抛掉了。

(2)最大池化方法能减少模型参数数量,有利于减少模型过拟合问题。因为经过池化操作后,往往把 2D(图像中)或 1D(自然语言中)的数组转换为单一数值,这样对于后续的卷积层或者全联接层来说特征的参数或对应隐层神经元个数就减少了。

(3)对于句子的特征提取任务来说,最大特征提取有一个额外的好处。此处可以把变长的输入 x 整理成固定长度的输入。CNN 最后往往会联结全联接层,而其神经元个数是需要事先定好的,如果输入是不定长的,则将难以设计网络结构。

但是,CNN 模型采取最大池化方法有以下两个典型的缺点:

①特征的位置信息在这一步骤完全丢失,在卷积层其实是保留了特征的位置信息的,但是通过取唯一的最大值,卷积层只知道这个最大值是多少,但是其出现位置信息并没有

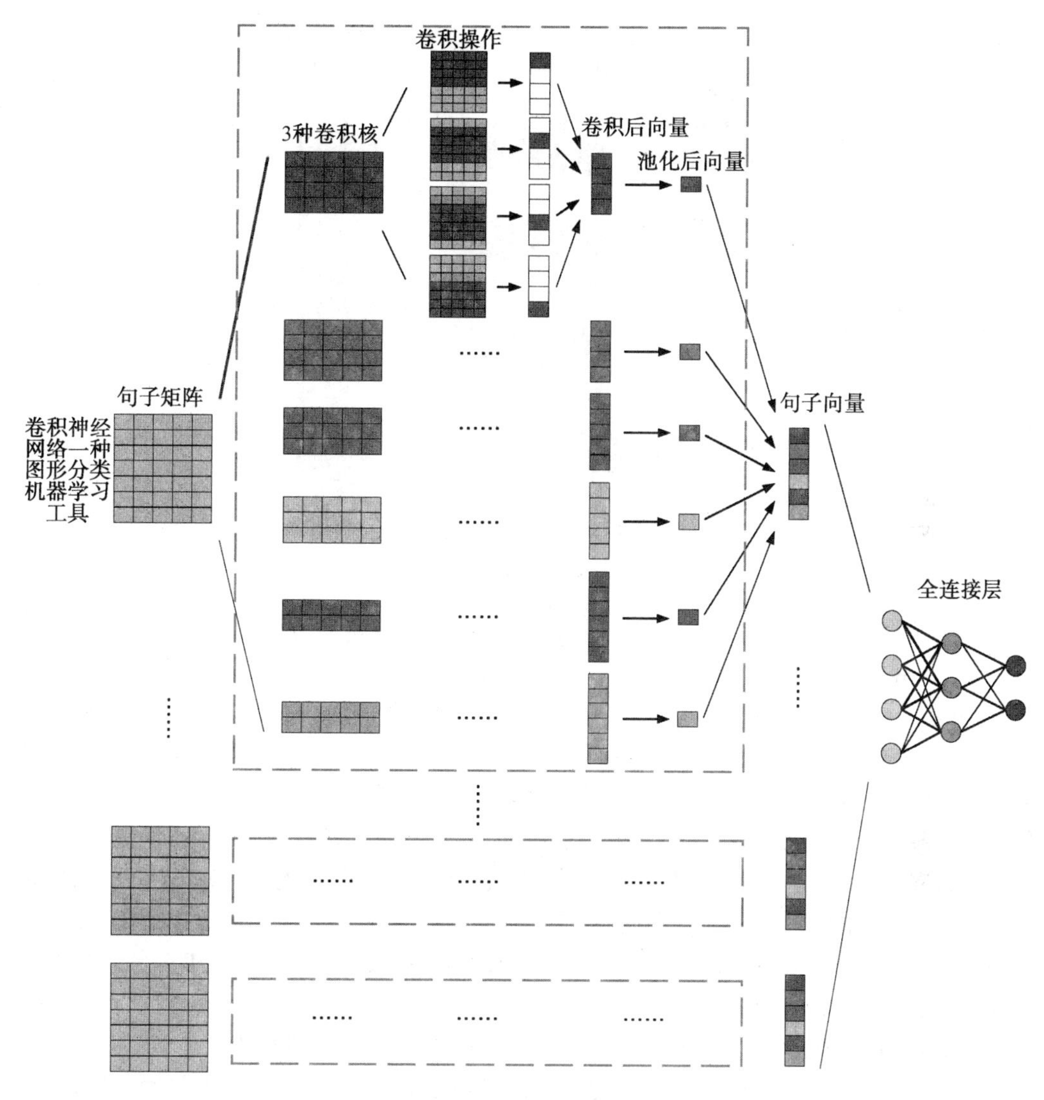

图 3.14 自然语言处理中的卷积神经网络图

保留;

②有时候有些强特征会出现多个,但是因为最大池化只保留一个最大值,所以即使某个特征出现多次,现在也只能看到一次,也就是说同一特征的强度信息丢失了。

针对上述缺点,通常的解决办法是下面两种池化方法。

1. *K*－最大池化

K－最大池化的核心思想是:原先的最大池化从卷积层一系列特征值中只取最强的那个值,*K*－最大池化可以取所有特征值中得分在 Top－*K* 的值,并保留这些特征值原始的先后顺序,也就是通过多保留一些特征信息供后续阶段使用。*K*－最大池化示意图如图 3.15 所示。

很明显,*K*－最大池化可以表达同一类特征出现多次的情形,即可以表达某类特征的强度。另外,因为这些 Top－*K* 特征值的相对顺序得以保留,所以应该说其保留了部分

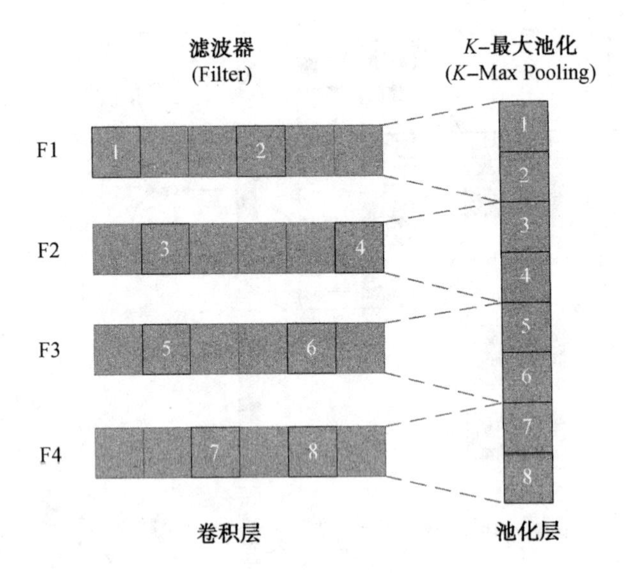

图 3.15 K一最大池化示意图

位置信息,但是这种位置信息只是特征间的相对顺序,而非绝对位置信息。

2. Chunk一最大池化

Chunk一最大池化的核心思想是:把某个卷积核对应的卷积层的所有特征向量进行分段,切割成若干段后,在每个分段里面各自取得一个最大特征值。例如,将某个卷积核获得的特征向量切成三个 Chunk,那么就在每个 Chunk 里面取一个最大值,于是获得三个特征值。Chunk一最大池化示意图如图 3.16 所示,不同颜色深浅代表不同段。

Chunk一最大池化思路类似于 K一最大池化,因为它也是从卷积层取出了 K 个特征值,但是二者的主要区别是:K一最大池化是一种全局取 Top一K 特征的操作方式;而 Chunk一池化则是先分段,在分段内包含特征数据里面取最大值,所以其实是一种局部 Top一K 的特征抽取方式。

Chunk 的划分可以有不同的做法。例如,可以事先设定好段落个数,这是一种静态划分 Chunk 的思路;也可以根据输入的不同动态地划分 Chunk 间的边界位置,可以称为动态 Chunk一Max 方法。事实上,对于 K一最大池化也有动态获取 K 值的方法,其表达式为

$$K=\max\left(k_{\text{top}},\text{round}\left(\frac{S}{l}\right)\right)$$

式中 k_{top}——预先设定的 K 参数;

S——输入句子的长度(这里是 7);

l——核的区域大小(列长);

round——圆整。

本例中,初始设定 $k_{\text{top}}=1$,第 1、2 核的区域大小是 4,则 $K_1=\max\left(1,\text{round}\left(\frac{7}{4}\right)\right)=1$,对于 1、2 核的 K 取 1,即在卷积后取一个最大值作为特征值;第 3、4 核的区域大小是 3,则 $K_1=\max\left(1,\text{round}\left(\frac{7}{3}\right)\right)=2$,即在卷积后取两个最大值作为特征值;第 5、6 核的区域

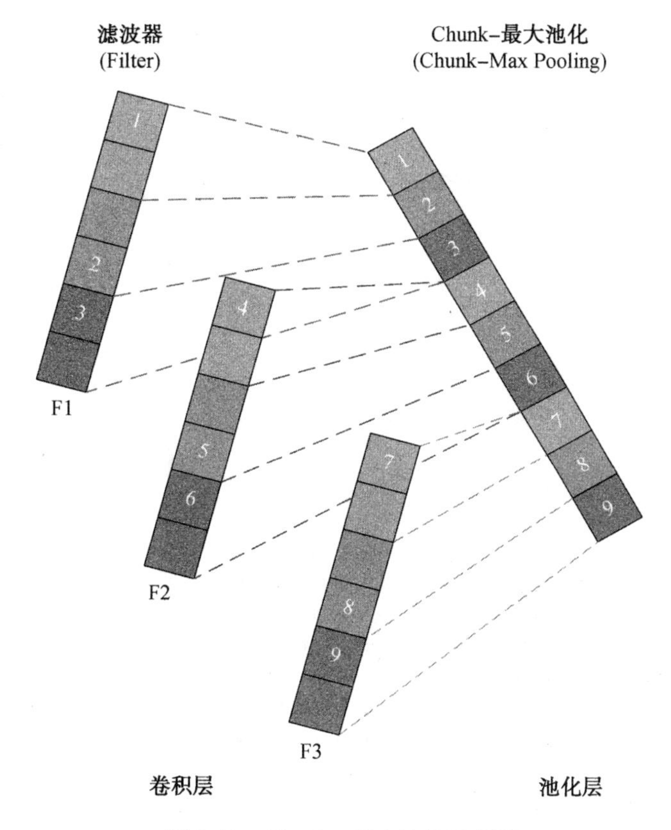

图 3.16 Chunk—最大池化示意图

大小是 2，则 $K_1=\max\left(1,\mathrm{round}\left(\frac{7}{2}\right)\right)=3$，即在卷积后取三个最大值作为特征值。最后组成的一维特征向量长度就是 12。因此，可以看出这里的 K 是随着句子的长度和核区域大小而改变的。

Chunk—最大池化很明显也是保留了多个局部最大特征值的相对顺序信息，尽管并没有保留绝对位置信息，但是因为是先划分 Chunk 再分别取最大值的，所以保留了较粗粒度的模糊的位置信息。当然，如果多次出现强特征，则也可以捕获特征强度。

如果分类所需要的关键特征的位置信息很重要，那么类似 Chunk—最大池化这种能够粗粒度保留位置信息的机制应该能够对分类性能有一定程度的提升作用。但是对于很多分类问题，实验表明最大池化就足够了。

3.4 基于词向量的文本聚类实例

为进一步说明如何基于词向量开展文本聚类，此处选取机械发动机领域的部分专利语料展开实验，利用网页爬虫工具获取实验数据，数据来源为 http://www.zhuanlichaxun.net/c—0000600001—1—18132—0—0—0—0—9—0—2.html。

使用八爪鱼采集器抓取前 17 000 条专利数据，具体包括标题、摘要和关键词，利用八爪鱼采集器采集语料过程如图 3.17 所示。

图 3.17 利用八爪鱼采集器采集语料过程

抓取后，对专利摘要语料进行以下处理。

(1)分词。

使用 jieba 分词工具进行分词，jieba 是目前最好的 Python 中文分词组件，它可以加入自定义词典以解决国内外研究中的歧义分词问题。jieba 主要有以下三种特性：支持三种分词模式，即精确模式、全模式、搜索引擎模式，其中精确模式适合文本分析，是文本进行语料处理的首选模式；支持繁体分词，有些中文包含繁体，jieba 能识别繁简体并进行分词；支持自定义词典，虽然 jieba 有新词识别能力，但自行添加新词可以保证更高的正确率，本书将语料中标题对应的关键词加入自定义词典中，防止一些专业词汇被误分。

(2)去停用词。

去掉语料中一些没有意义的词如“的”“一个”“虽然”“啊”等和标点符号，把这些常见的无意义词语整理为一个词表就是停用词表。当前，国内已经出现为处理中文文本开发的各种版本的标准停用词表。例如，哈尔滨工业大学、四川大学机器学习智能实验室、百度等都制作了标准的停用词词表供开发人员使用。

(3)去掉中文单字和多余空格。

去掉中文单字和多余空格，语料中就只包含两个或多个字的词语，词语中间用单个空格分开。在对语料进行(1)、(2)步骤的处理后，输出 Python 列表，然后操作列表去掉长度为 1 的中文单字元素，从而保留至少含两个字符的中文词语。

经过上述处理，本书最终得到已分好词的 txt 格式的语料，用 Python 的可视化工具包 matplotlib 进行绘图展示，语料处理后的词图如图 3.18 所示。

图 3.18 语料处理后的词图

最后，利用 Word2Vec 对处理好的专利语料进行训练并获取词向量，其步骤如下。

(1)搭建环境。

Python3、gensim 库(包含 Word2vec 包)、spyder3.6 工具。

(2)训练。

对已处理好的专利语料(10 MB 左右)进行训练，输出为可展示的词向量模型文档。发动机专利领域的词向量模型文件内容如图 3.19 所示。其中，第一行表示词表长度和词向量维度，即语料涉及词汇 9 358 个，词向量维度为 50 维；第二行及之后的词向量是键值对形式，每一个词语作为键，对应的值是一个 50 维的词向量。

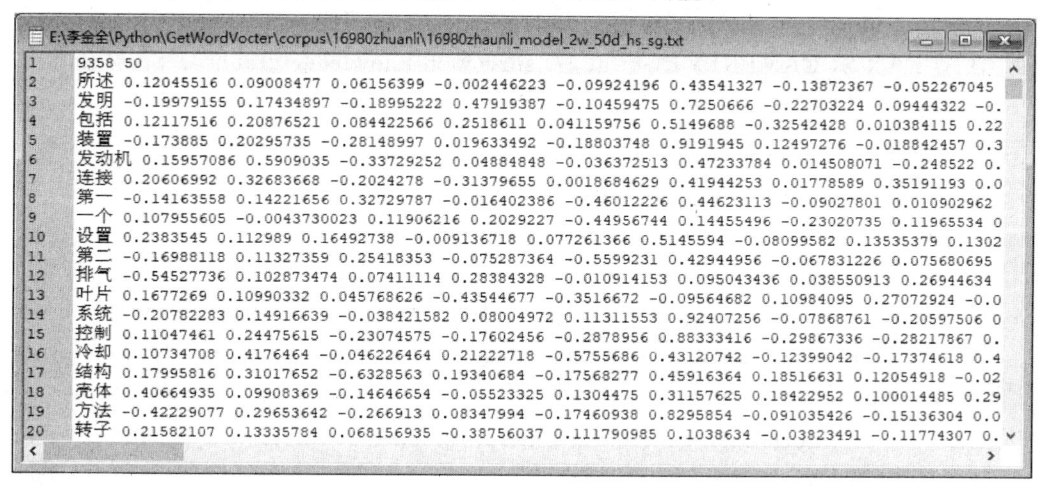

图 3.19 发动机专利领域的词向量模型文件内容

(3)加载模型并测试。

根据词向量模型计算两个词语的相似度，并输出与某一词汇语义相似的前 N 个词语。例如，与“发动机”相似的前 10 个词语输出结果见表 3.10。

表 3.10　与“发动机”相似的前 10 个词语输出结果

序号	与“发动机”相似的词语	相似度大小
1	柴油机	0.808 59
2	引擎	0.794 34
3	汽油机	0.741 37
4	净化系统	0.701 76
5	增压器	0.700 97
6	工程机械	0.694 00
7	燃气	0.690 59
8	汽车	0.680 72
9	摩托车	0.676 66
10	调节器	0.676 23

根据表 3.10 中数据可知，与“发动机”最相似的词语是“柴油机”“引擎”“汽油机”等词语，而其他词语是与发动机十分相关的词语，也与发动机具有一定的相似性，这些都与人们的认知大致相符。可见，利用 Word2vec 训练并输出的词向量模型具有比较正确的语义信息。

本章参考文献

[1] NICKEL M，MURPHY K，TRESP V，et al. A review of relational machine learning for knowledge graphs[J]. Proceedings of the IEEE，2015，104(1)：11-33.

[2] JI S，PAN S，CAMBRIA E，et al. A survey on knowledge graphs：representation，acquisition，and applications[J]. IEEE Transactions on Neural Networks and Learning Systems，2022，33(2)：494-514.

[3] RODRÍGUEZ P，BAUTISTA M A，GONZÀLEZ J，et al. Beyond One－Hot encoding：lower dimensional target embedding[J]. Image and Vision Computing，2018，75：21-31.

[4] AZAM N，Y J T. Comparison of term frequency and documentfrequency based feature selection metrics in text categorization[J]. Expert Systems with Applications，2012，39(5)：4760-4768.

[5] KENT J T. Information gain and a general measure of correlation[J]. Biometrika，1983，70(1)：163-173.

[6] KRASKOV A，STÖGBAUER H，GRASSBERGER P. Estimating mutual information[J]. Physical Review E，2004，69(6)：066138.

[7] GREENWOOD P E，NIKULIN M S. A guide to Chi-squared testing[M]. New York：John Wiley & Sons，1996.

[8] 陈悦，刘则渊. 悄然兴起的科学知识图谱[J]. 科学学研究，2005，23(2)：149-154.
[9] 陈悦，陈超美，刘则渊，等. CiteSpace 知识图谱的方法论功能[J]. 科学学研究，2015，33(2)：242-253.
[10] ERK K. Towards a semantics for distributional representations[C]. Potsdam：Proceedings of the 10th International Conference on Computational Semantics (IWCS 2013)，2013.
[11] ZHAO R，MAO K. Fuzzy bag-of-words model for document representation[J]. IEEE Transactions on Fuzzy Systems，2017，26(2)：794-804.
[12] GUTHRIE D，ALLISON B，L W，et al. A closer look at Skip－Gram modelling[C]. Genoa：Proceedings of the Fifth International Conference on Language Resources and Evaluation (LREC'06)，2006.
[13] CHURCH K W. Word2vec[J]. Natural Language Engineering，2017，23(1)：155-162.
[14] 张剑，屈丹，李真. 基于词向量特征的循环神经网络语言模型[J]. 模式识别与人工智能，2015，28(4)：299-305.
[15] 刘知远，孙茂松，林衍凯，等. 知识表示学习研究进展[J]. 计算机研究与发展，2016，53(2)：247.
[16] 袁国铭，李洪奇，樊波. 关于知识工程的发展综述[J]. 计算技术与自动化，2011，30(1)：138-143.
[17] HAN X，CAO S，LÜ X，et al. Openke：an open toolkit for knowledge embedding[C]. Brussels：Proceedings of the 2018 Conference on Empirical Methods in Natural Language Processing：System Demonstrations，2018.
[18] WANG Z，ZHANG J，FENG J，et al. Knowledge graph embedding by translating on hyperplanes[C]. San Francisco：Proceedings of the AAAI Conference on Artificial Intelligence，2014.
[19] WANG Q，MAO Z，WANG B，et al. Knowledge graph embedding：a survey of approaches and applications[J]. IEEE Transactions on Knowledge and Data Engineering，2017，29(12)：2724-2743.
[20] 李彦冬，郝宗波，雷航. 卷积神经网络研究综述[J]. 计算机应用，2016，36(9)：2508-2515.
[21] 郑文超，徐鹏. 利用 Word2vec 对中文词进行聚类的研究[J]. 软件，2013，34(12)：160-162.

第4章 基于模糊理论的知识挖掘方法

4.1 模糊基本理论

4.1.1 模糊集合

集合论是19世纪末由德国数学家康托尔提出的，是高等数学的重要分支与现代数学的基石。模糊集合是从集合论衍生和发展起来的，是模糊数学的重要组成。本节简要说明模糊集合的相关知识。

一般来说，集合是具有特定性质的事物的全体。集合中的每个对象(事物)称为元素。通常用大写英文字母表示集合，用小写英文字母表示元素，如自然数集合用N表示，特定自然数用n表示。在本章中，用A、B、X、Y表示不同的集合，用a、b、x、y表示对应集合的元素。集合本身可以随待处理问题的范围而变化。为方便从大量的对象(事物)中准确地定义集合，往往事先划定一个对象总体的范围，即集合的论域U。元素与集合的关系可以表示为：若a属于A，则$a \in A$；若a不属于A，则$a \notin A$。不含有任何元素的集合称为空集，用$\varnothing$表示。

根据集合中元素数量是否有限，可将集合分为有限集合和无限集合。含有有限数量元素的集合称为有限集，含有无限数量元素的集合称为无限集。有限集所含元素的个数称为集合的基数，以集合作为元素的集合称为集合族。

如果从是否模糊的角度对集合进行分类，则可将集合分为非模糊集合和模糊集合，分别用非F集合和F集合表示。为了方便，论域U上F集合的全体用$F(U)$来表述，又称模糊幂集。

非F集合的表示法主要有以下两种。

(1)枚举法。

如由15以内的质数组成的非F集合可表示为$A=\{2,3,5,7,11,13\}$；自然数集可表示为$N=\{1,2,3,\cdots\}$。

(2)描述法。

使$p(x)$成立的一切x组成的非F集合可表示为$\{x|p(x)\}$。例如，$\{x|-\infty<x<+\infty\}$是实数集合，简记为$\mathbf{R}$；$B=\{x|x^2-1=0,x\in\mathbf{R}\}$实际上是由元素$-1$和1组成的非$F$集合。

F集合强调的模糊性是指客观事物的差异在中间过渡过程中的不分明性。例如，某一外在条件对某公司的盈利与发展可以评价为“有利、比较有利、不那么有利、不利”等状态；人从胖瘦的角度可以分为“很胖、胖、中等、瘦、很瘦”等。为借助计算机模拟人类处理分析类似上述具有模糊性的概念与数据，便产生了对F集合的研究与应用。

【定义 4.1】 已知论域 U,在其上做映射 A,有

$$A:U\to[0,1],u\in U$$
$$u\to A(u),A(u)\to[0,1]$$

则称映射 A 是 U 上的一个模糊集,记作 A,$A(u)$称为 F 集合 A 的隶属函数(又称 u 对 A 的隶属度)。

非 F 集合与 F 集合的区别主要体现在隶属函数的值域取值范围上。非 F 集合的隶属函数值域是离散集合$\{0,1\}$,F 集合的隶属函数值域是连续闭区间$[0,1]$,因此 F 集合是非 F 集合的推广,非 F 集合是 F 集合的特殊情况。本书重点研究 F 集合。

根据论域 U 中元素数量的不同,可以将论域 U 分为有限论域和无限论域,有限论域 U 上的一个 F 集合 A 在本书中用序偶表示法进行表示,即

$$A=\{(u,A(u))\mid u\in U,0\leqslant A(u)\leqslant 1\}$$

如果 U 是无限论域,则 F 集合 A 可表示为

$$A=\int A(u)/u$$

注意:式中的“/”不是通常的分数线,只是一种记号,它表示论域 U 上的元素 u 与隶属函数 $A(u)$值(即隶属度 $A(u)$)之间的对应关系。符号“$\int$”也不是通常意义下的积分符号,仅表示 U 上的元素 u 与其隶属度 $A(u)$的对应关系的一种体现。

两个 F 集的各种运算实际上是逐点对两个 F 集的隶属函数做运算。设 A、$B\in F(U)$,若 $\forall u\in U$,$B(u)\leqslant A(u)$,则称 A 包含 B,或称 B 包含于 A,记为 $B\subseteq A$。如果 $A\subseteq B$ 且 $B\subseteq A$,则称 A 与 B 相等,记为 $A=B$。

【定义 4.2】 设 A、$B\in F(U)$,分别称运算 $A\cup B$ 和 $A\cap B$ 为 A 与 B 的并集和交集,称 A'为 A 的补集,它们的隶属函数分别为

$$(A\cup B)(u)=\max(A(u),B(u));$$
$$(A\cap B)(u)=\min(A(u),B(u));$$
$$A'(u)=1-A(u)。$$

为了方便,将两个 F 集合的取大运算记为 $\max(A(u),B(u))=A(u)\vee B(u)$,取小运算记为 $\min(A(u),B(u))=A(u)\wedge B(u)$。

因为 $\forall a,b\in[0,1]$,都有 $0\leqslant a\vee b\leqslant 1$,$0\leqslant a\wedge b\leqslant 1$,$0\leqslant 1-a\leqslant 1$,故对任意 $A,B\in F(U)$,有 $A\cup B,A\cap B,A'\in F(U)$。$F$ 集的交、并、补运算结果如图 4.1 所示。

一般来说,F 集 A 与 B 的交、并、补的计算按照论域的有限和无限可以分为以下两种情况进行表示。

(1)设论域 U 为有限集,A、B 为 F 集合。其中,$U=\{u_1,u_2,\cdots,u_n\}$,$A=\sum_{i=1}^{n}\frac{A(u_i)}{u_i}\in F(U)$,$B=\sum_{i=1}^{n}\frac{B(u_i)}{u_i}\in F(U)$,则有

$$A\cup B=\sum_{i=1}^{n}\frac{A(u_i)\vee B(u_i)}{u_i}$$

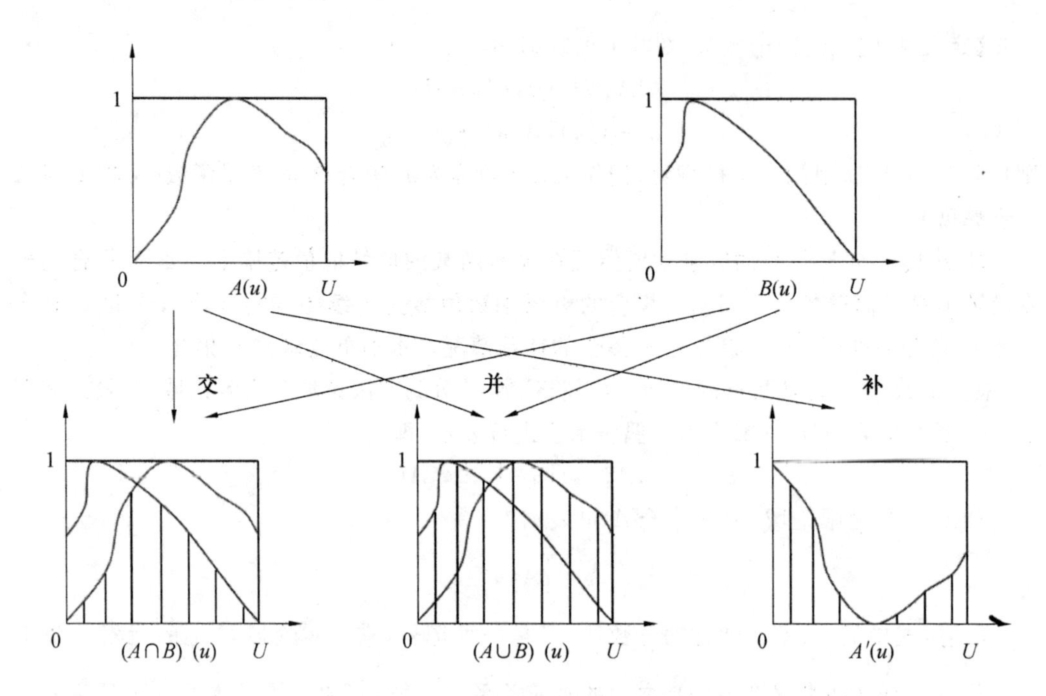

图 4.1　F 集的交、并、补运算结果

$$A \cap B = \sum_{i=1}^{n} \frac{A(u_i) \wedge B(u_i)}{u_i}$$

$$A' = \sum_{i=1}^{n} \frac{1 - A(u_i)}{u_i}$$

（2）设论域 U 为无限集，A、B 为 F 集合，其中

$$A = \int_{u \in U} \frac{A(u)}{u} \in F(U),\ B = \int_{u \in U} \frac{B(u)}{u} \in F(U)$$

则有

$$A \cup B = \int_{u \in U} \frac{A(u) \vee B(u)}{u}$$

$$A \cap B = \int_{u \in U} \frac{A(u) \wedge B(u)}{u}$$

$$A' = \int_{u \in U} \frac{1 - A(u)}{u}$$

当然，两个 F 集合的各种运算可以推广到任意多个 F 集合的运算，本章不再赘述，读者可自行推广。

前面已对隶属函数与隶属度进行了简单说明。实际上，隶属函数是对模糊概念的定量描述，其合理与否直接影响 F 集合的客观正确性。但隶属函数的设计过程受主观影响程度较大，往往难以给出与 F 集合对应且绝对正确的隶属函数。如果能够科学地总结主观经验，并借助成熟的数学方法，则完全可以设计出能够合理反映客观事实的隶属函数。

隶属函数的确定方法有很多，主要有模糊统计法和模糊分布法。模糊统计法的思想是重复对模糊集合进行定义，当定义的次数趋向于无穷大时，任意事物属于该集合的次数趋于某一稳定值，该值与定义次数之比就是事物的隶属度。本书重点说明模糊分布法。

人们对客观事物的描述分析一般可以分为偏大型、中间型和偏小型。例如，书的厚度可以用“厚”“适度”和“薄”表示，描述体积可以用“大”“正好”和“小”表示等，这些都是以实数 **R** 作为论域的情形。通常人们把实数 **R** 上的 F 集的隶属函数称为模糊分布。当所讨论的客观模糊现象的隶属函数与某种已知的 F 分布相类似时，即可选择这个模糊分布作为所求的隶属函数，然后再通过先验知识或数据实验确定符合实际的模糊分布中的各未知参数，从而得到具体的 F 集的隶属函数。几种常见的模糊分布及其图形如下。

(1)矩形或半矩形分布(图 4.2)。

①偏小型(图 4.2(a))。

$$A(u)=\begin{cases}1, & u\leqslant a\\0, & u>a\end{cases}$$

②偏大型(图 4.2(b))。

$$A(u)=\begin{cases}1, & u<a\\0, & u\geqslant a\end{cases}$$

③中间型(图 4.2(c))。

$$A(u)=\begin{cases}0, & u<a\\1, & a\leqslant u<b\\0, & u\geqslant b\end{cases}$$

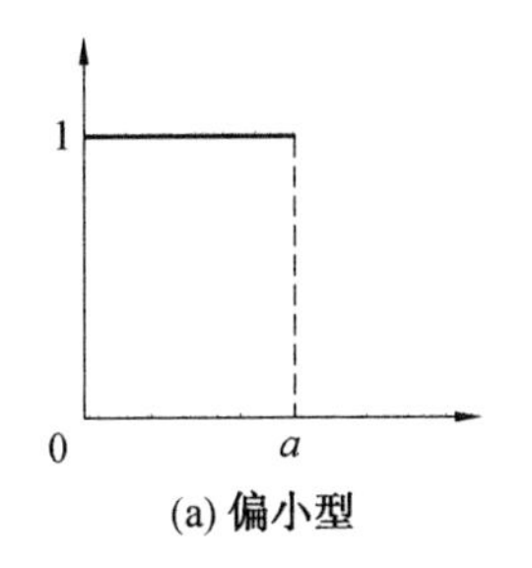

(a) 偏小型

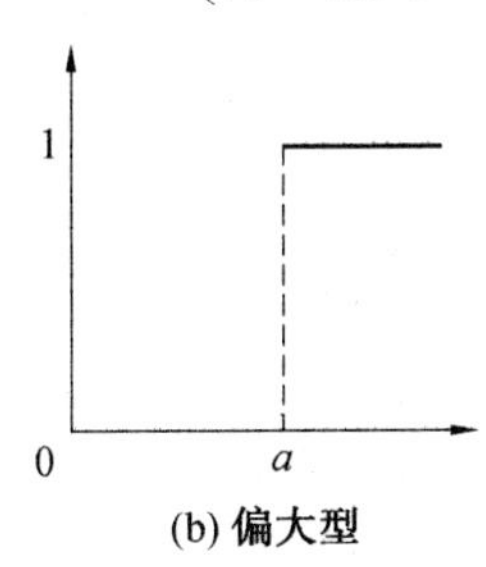

(b) 偏大型

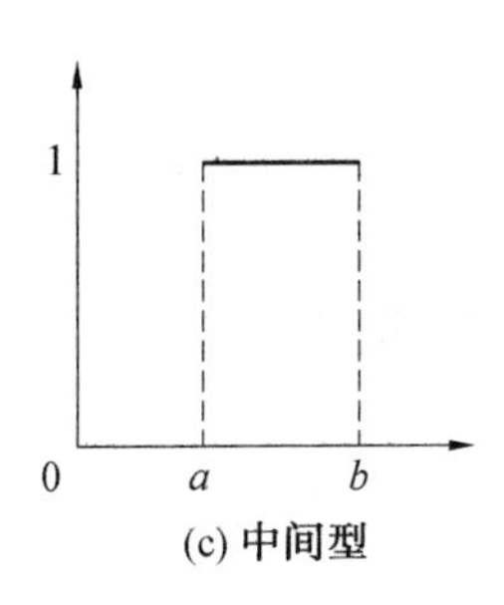

(c) 中间型

图 4.2 矩形或半矩形分布

(2)梯形或半梯形分布(图 4.3)。

①偏小型(图 4.3(a))。

$$A(u)=\begin{cases}1, & u<a\\\dfrac{b-u}{b-a}, & a\leqslant u\leqslant b\\0, & u\geqslant b\end{cases}$$

②偏大型(图 4.3(b))。

$$A(u)=\begin{cases}0, & u<a\\\dfrac{u-a}{b-a}, & a\leqslant u\leqslant b\\1, & u\geqslant b\end{cases}$$

③中间型(图 4.3(c))。

$$A(u)=\begin{cases}0, & u<a\\ \dfrac{u-a}{b-a}, & a\leqslant u<b\\ 1, & b\leqslant u<c\\ \dfrac{d-u}{d-c}, & c\leqslant u<d\\ 0, & u\geqslant d\end{cases}$$

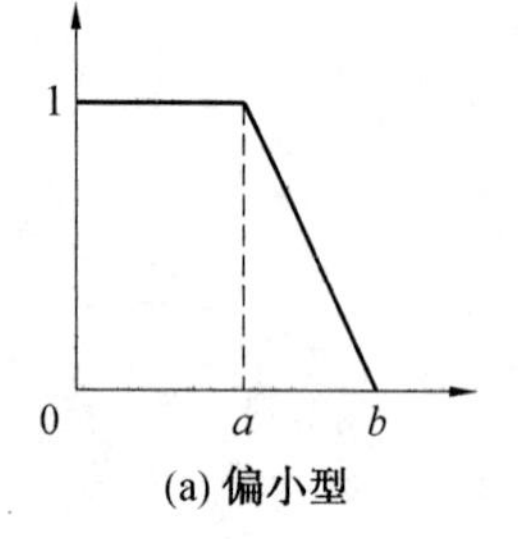

(a) 偏小型

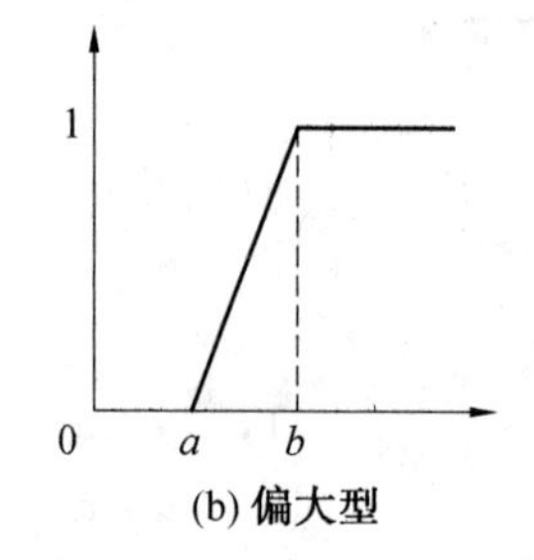

(b) 偏大型

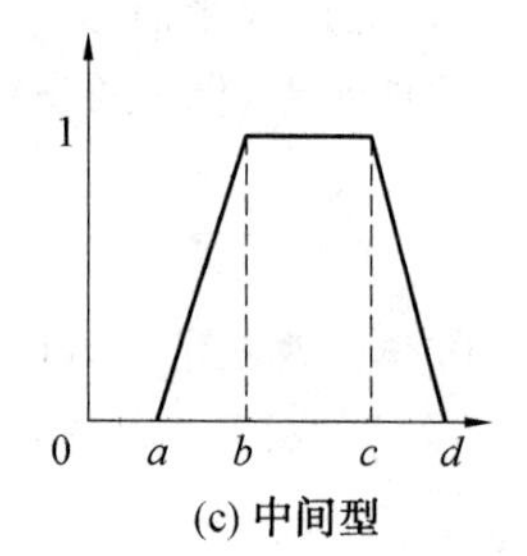

(c) 中间型

图 4.3 梯形或半梯形分布

(3)k 次抛物型或半抛物型分布(图 4.4)。

①偏小型(图 4.4(a))。

$$A(u)=\begin{cases}1, & u<a\\ \left(\dfrac{b-u}{b-a}\right)^k, & a\leqslant u<b\\ 0, & u\geqslant b\end{cases}$$

②偏大型(图 4.4(b))。

$$A(u)=\begin{cases}0, & u<a\\ \left(\dfrac{u-a}{b-a}\right)^k, & a\leqslant u<b\\ 1, & u\geqslant b\end{cases}$$

③中间型(图 4.4(c))。

$$A(u)=\begin{cases}0, & u<a\\ \left(\dfrac{u-a}{b-a}\right)^k, & a\leqslant u<b\\ 1, & b\leqslant u<c\\ \left(\dfrac{d-u}{d-c}\right)^k, & c\leqslant u<d\\ 0, & u\geqslant d\end{cases}$$

(4)高斯或半高斯分布(图 4.5)。

①偏小型(图 4.5(a))。

$$A(u)=\begin{cases}1, & u\leqslant a\\ \mathrm{e}^{-\left(\frac{u-a}{\sigma}\right)^2}, & u>a\end{cases}$$

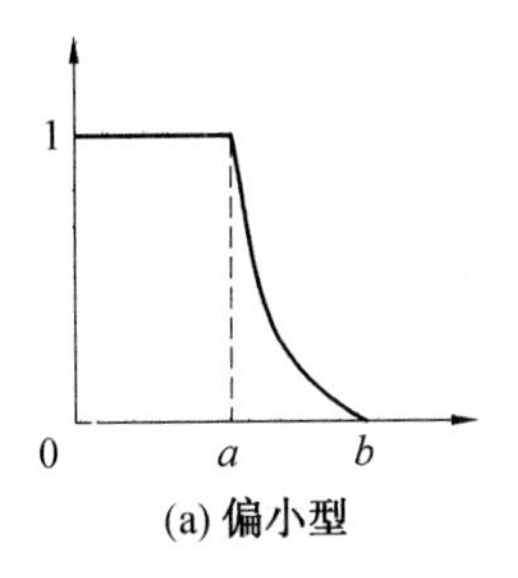

(a) 偏小型

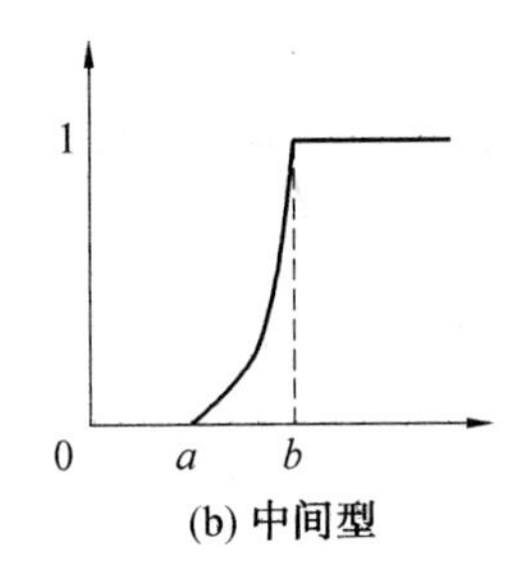

(b) 中间型

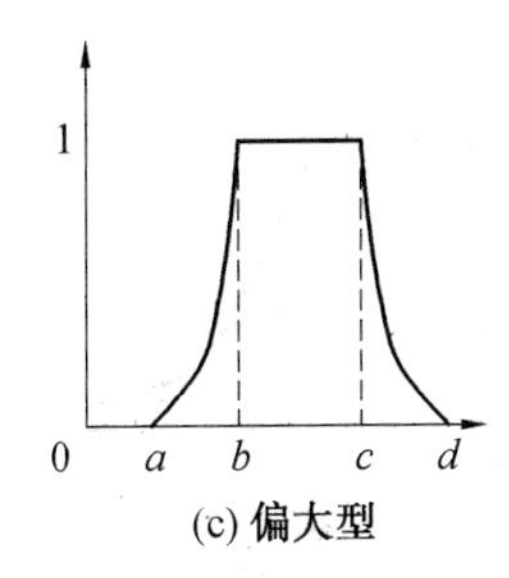

(c) 偏大型

图 4.4　k 次抛物型或半抛物型分布

②偏大型(图 4.5(b))。

$$A(u)=\begin{cases}0, & u\leqslant a\\ 1-\mathrm{e}^{-\left(\frac{u-a}{\sigma}\right)^2}, & u>a\end{cases}$$

③中间型(图 4.5(c))。

$$A(u)=\mathrm{e}^{-\left(\frac{u-a}{\sigma}\right)^2},-\infty<u<+\infty$$

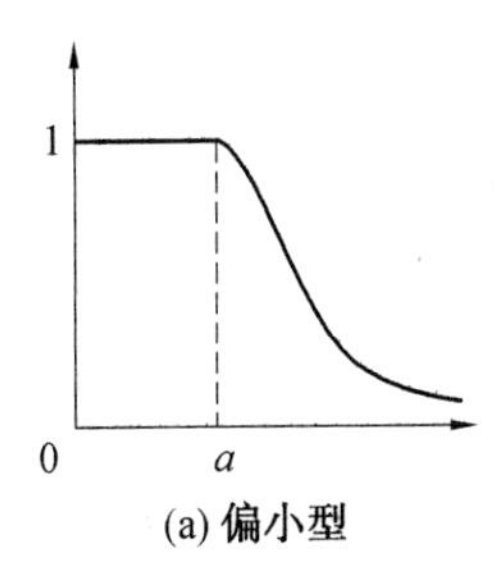

(a) 偏小型

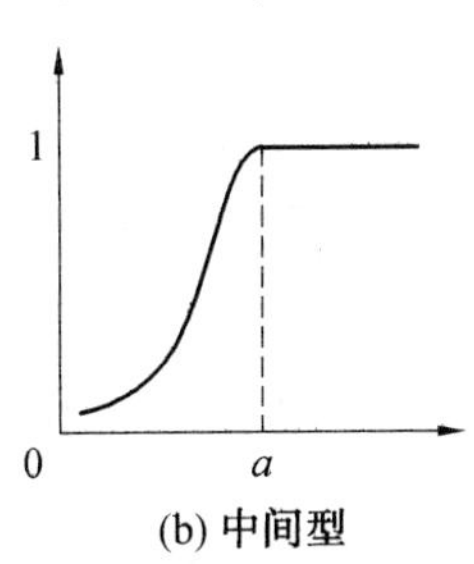

(b) 中间型

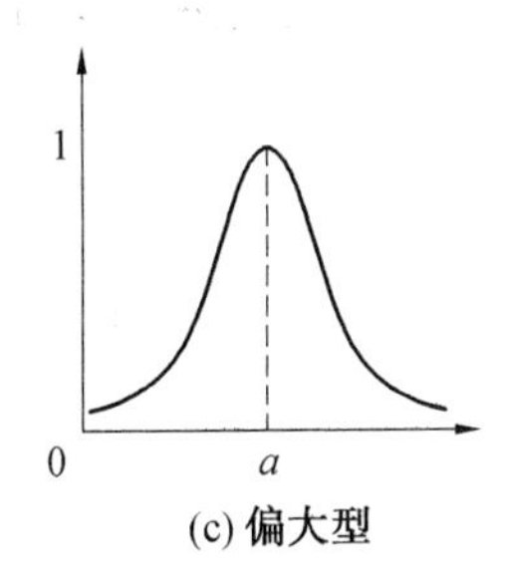

(c) 偏大型

图 4.5　高斯或半高斯分布

(5)柯西或半柯西分布(图 4.6)。

①偏小型(图 4.6(a))。

$$A(u)=\begin{cases}1, & u\leqslant a\\ \dfrac{1}{1+\alpha(u-a)^{\beta}}u>a, & \alpha>0,\beta>0\end{cases}$$

②偏大型(图 4.6(b))。

$$A(u)=\begin{cases}0, & u\leqslant a\\ \dfrac{1}{1+\alpha(u-a)^{-\beta}}u>a, & \alpha>0,\beta>0\end{cases}$$

③中间型(图 4.6(c))。

$$A(u)=\frac{1}{1+\alpha\,(u-a)^{\beta}},\quad \alpha>0,\beta\text{ 为正偶数}$$

(6)岭型或半岭型分布(图 4.7)。

①偏小型(图 4.7(a))。

$$A(u)=\begin{cases}1, & u\leqslant a\\ \dfrac{1}{2}-\dfrac{1}{2}\sin\dfrac{\pi}{b-a}\left(u-\dfrac{a+b}{2}\right), & u>b\\ 0, & a<u\leqslant b\end{cases}$$

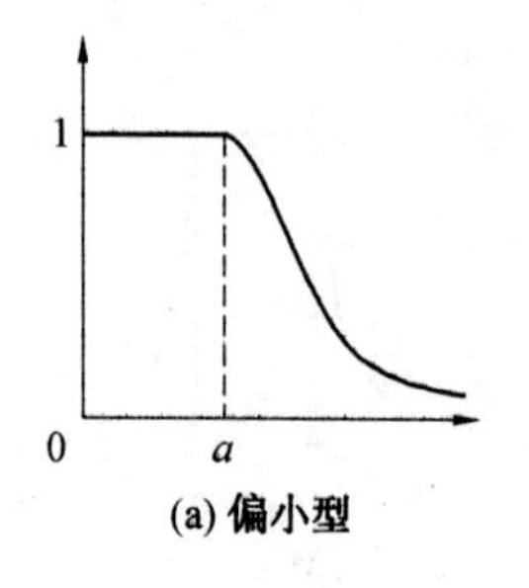

(a) 偏小型

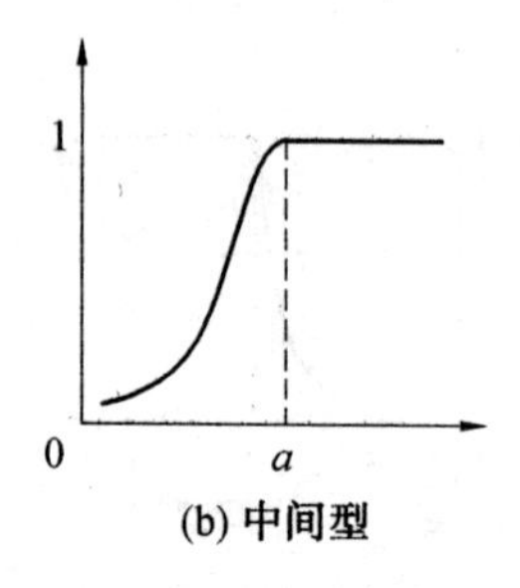

(b) 中间型

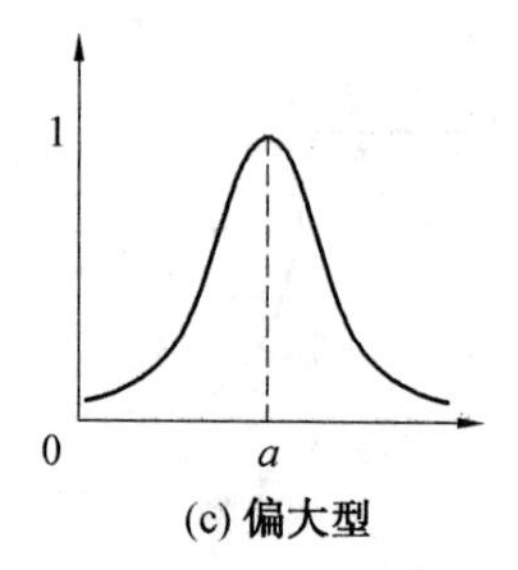

(c) 偏大型

图 4.6 柯西或半柯西分布

②偏大型(图 4.7(b))。

$$A(u)=\begin{cases}0, & u\leqslant a\\ \dfrac{1}{2}+\dfrac{1}{2}\sin\dfrac{\pi}{b-a}\left(u-\dfrac{a+b}{2}\right), u>b & \\ 1, & a<u\leqslant b\end{cases}$$

③中间型(图 4.7(c))。

$$A(u)=\begin{cases}0, & u\leqslant -a\\ \dfrac{1}{2}+\dfrac{1}{2}\sin\dfrac{\pi}{b-a}\left(u-\dfrac{a+b}{2}\right), & -a<u\leqslant -b\\ 1, & -b<u\leqslant b\\ \dfrac{1}{2}-\dfrac{1}{2}\sin\dfrac{\pi}{b-a}\left(u-\dfrac{a+b}{2}\right), & b<u\leqslant a\\ 0, & u>a\end{cases}$$

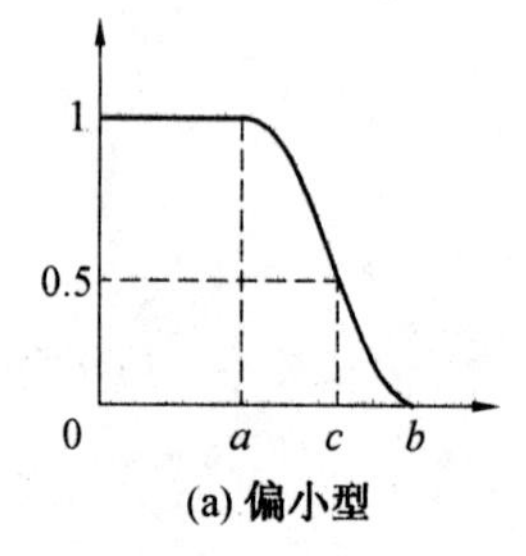

(a) 偏小型

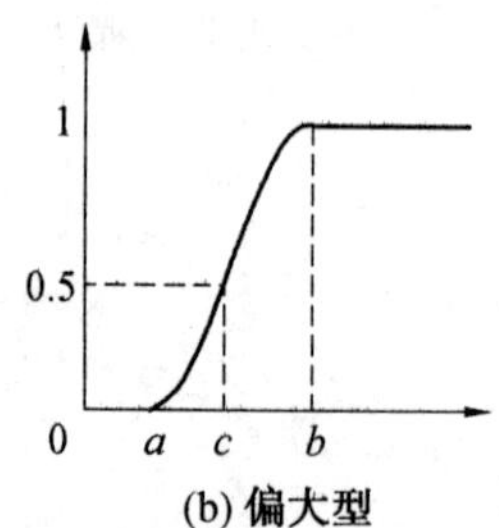

(b) 偏大型

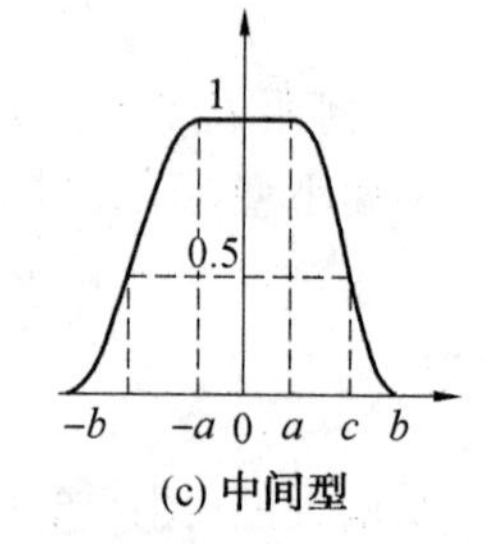

(c) 中间型

图 4.7 岭型或半岭型分布

在 F 集合中,元素与集合的关系主要通过元素属于集合的程度来表示,因此采用隶属度作为描述元素与集合关系的指标。但在一些特殊情况下,需要根据元素隶属集合的程度对集合中的元素进行分类,这样有利于从整体把握模糊集合的性质,这种分类的结果称为 λ 水平截集。λ 水平截集的定义如下。

【定义 4.3】 设 A 为论域 U 上的 F 集合,则 A 的 λ 水平截集为 $A_\lambda=\{x\mid A(x)\geqslant\lambda\}$,其中 $0\leqslant\lambda\leqslant 1$。

由定义可知,λ 水平截集其实就是从 F 集合中抽取所有隶属程度高于 λ 值的元素,并由这些元素组成一个非 F 集合。

λ 水平截集的性质如下:

①$(A\cup B)_\lambda=A_\lambda\cup B_\lambda$;

②$(A\cap B)_\lambda=A_\lambda\cap B_\lambda$；

③$A_{\lambda_1}\supseteq A_{\lambda_2}$，其中 $0\leqslant\lambda_1\leqslant\lambda_2\leqslant 1$。

由性质③可知，对于同一个集合而言，λ 越小，则 A_λ 包含的元素越多。

4.1.2 模糊推理

在模糊推理中涉及命题的概念，命题概念已在第 1 章进行了系统说明。但在客观世界中存在一些没有明确概念的命题，称为模糊命题。这类命题无法只用“真”或“假”来表示，而只能讨论真假的程度。可以把模糊命题的取值映射到[0,1]闭区间上，并用符号“$\underline{P}$”表示模糊命题，其模糊程度的数值表达式为

$$S(\underline{P})=x,\quad 0\leqslant x\leqslant 1$$

x 值越接近 1，表明 $\underline{P}$ 越真；反之，则表明 $\underline{P}$ 越假。当 $x=0$ 或 $x=1$ 时，$\underline{P}$ 就退化为普通命题 P。

在构造复合模糊命题时，常用的连接符号及其计算公式如下。

(1)连接词“与”用符号“$\wedge$”表示，其值的计算公式为

$$S(\underline{P}\wedge\underline{Q})=\min(S(\underline{P}),S(\underline{Q}))$$

(2)连接词“或”用符号“$\vee$”表示，其值的计算公式为

$$S(\underline{P}\vee\underline{Q})=\max(S(\underline{P}),S(\underline{Q}))$$

(3)连接词“非”用符号“～”表示，其值的计算公式为

$$S(\underline{P})=1-S(\underline{P})$$

(4)连接词“如果…那么…”用符号“$\rightarrow$”表示，其值的计算公式为

$$S(\underline{P}\rightarrow\underline{Q})=(S(\underline{P})\wedge S(\underline{Q}))\vee(1-S(\underline{P}))$$

模糊命题的连接运算满足以下性质。

(1)幂等律。

$$S(\underline{P}\vee\underline{P})=S(\underline{P})$$

$$S(\underline{P}\wedge\underline{P})=S(\underline{P})$$

(2)交换律。

$$S(\underline{P}\vee\underline{Q})=S(\underline{Q}\vee\underline{P}),S(\underline{P}\wedge\underline{Q})=S(\underline{Q}\wedge\underline{P})$$

(3)结合律。

$$S((\underline{P}\vee\underline{Q})\vee\underline{R})=S(\underline{P}\vee(\underline{Q}\vee\underline{R}))$$

$$S((\underline{P}\wedge\underline{Q})\wedge\underline{R})=S(\underline{P}\wedge(\underline{Q}\wedge\underline{R}))$$

(4)分配律。

$$S(\underline{P}\vee(\underline{Q}\wedge\underline{R}))=S(\underline{P}\vee\underline{Q})\wedge S(\underline{P}\vee\underline{R})$$

$$S(\underline{P}\wedge(\underline{Q}\vee\underline{R}))=S(\underline{P}\wedge\underline{Q})\vee S(\underline{P}\wedge\underline{R})$$

(5)吸收律。

$$S(\underline{P}\vee(\underline{P}\wedge\underline{Q}))=S(\underline{P})$$

$$S(\underline{P}\wedge(\underline{P}\vee\underline{Q}))=S(\underline{P})$$

(6)复原律。

$$S(\underline{P})=1-S(\underline{P})$$

1. 判断和模糊判断句

推理的判断是分辨是非的逻辑运算，实现这种逻辑的陈述句称为判断句，其句型为“a 是 A”，其中 a 代表一个事物，A 代表一个“概念”，也就是一个集合。如果 $a\in A$，则“a 是 A”为真；反之，则为假。例如：

①汽车是机动车；

②猫是哺乳动物；

③火星是恒星。

因此，判断句①为真，判断句②为真，判断句③为假。

此处把判断句记作(A)，其值为 $S(A)$。对于判断句①，其值 $S(A)=1$；对于判断句③，其值 $S(A)=0$。

在模糊推理中，当“a 是 A”的判断没有绝对的真假时，则称该判断句为模糊判断句。其中，a 代表一个事物，A 则表示一个模糊概念的集合，可以用 $\underline{A}$ 表示。例如：

①黄山是一座高山；

②小明是一个聪明的学生；

③太阳离地球很遥远。

对于模糊判断句，只能给出真假的程度。此处模糊判断句记作$(\underline{A})$，其值记作 $S(\underline{A})$。通过分析可知，模糊判断句$(\underline{A})$中“a 是 A”为真的程度与 a 属于集合 $\underline{A}$ 的程度内涵相同。因此等式 $S(\underline{A})=R(a)$成立，例如：

①对于模糊判断句①，可以设 $S(\underline{A})=R(a)=0.6$；

②对于模糊判断句②，可以设 $S(\underline{A})=R(a)=0.8$；

③对于模糊判断句③，可以设 $S(\underline{A})=R(a)=0.4$。

2. 推理与模糊推理句

推理是判断的逻辑组合，因此判断句的联合就构成了推理句，其句型为“若 a 是 A，则 a 是 B”，其中 a 代表一个事物，A 和 B 各位代表一个概念的集合。如果 $a\in A$ 的条件下 $a\in B$，则“若 a 是 A，则 a 是 B”为真；反之，则为假。例如：

①若南京是省会，则南京有省政府；

②若小李是大学生，则小李受过高等教育；

③若计算机运算速度比人快，则计算机比人聪明。

可见，推理句①为真，推理句②为真，推理句③为假。

其实，推理句也是一个判断句。此处把推理句记为$(A)\rightarrow(B)$，其值记为 $S((A)\rightarrow(B))$。例如，对于推理句①，其 $S((A)\rightarrow(B))=1$；对于推理句③，其 $S((A)\rightarrow(B))=0$。

如果推理句在任何情况下都为真，则称为定理。

当“若 a 是 A，则 a 是 B”这样的推理没有真假值时，则称该推理句为模糊推理句。其中，a 代表一个事物，A 和 B 表示一个模糊概念的集合，对应用 $\underset{\sim}{A}$ 和 $\underset{\sim}{B}$ 表示。例如：

①若小王的学习很用功，则小王的学习成绩很高；

②若这个品牌的商品质量很高，则买的人很多；

③若工人对这个技术掌握很好，则工作效率会大大提高。

对于模糊推理句，只能给出真假的程度。此处把模糊推理句记为$(\underset{\sim}{A})\rightarrow(\underset{\sim}{B})$，其值记为 $S((\underset{\sim}{A})\rightarrow(\underset{\sim}{B}))$。由于模糊推理句是在模糊判断句上的模糊运算，因此值不能仅凭经验得到。此处给出的 $S((\underset{\sim}{A})\rightarrow(\underset{\sim}{B}))$一般计算公式为

$$S((\underset{\sim}{A})\rightarrow(\underset{\sim}{B}))=[S(\underset{\sim}{A})\wedge S(\underset{\sim}{B})]\vee[1-S(\underset{\sim}{A})]$$

例如：

①对于模糊判断句①，设 $S(\underset{\sim}{A})=0.6$，$S(\underset{\sim}{B})=0.8$，则 $S((\underset{\sim}{A})\rightarrow(\underset{\sim}{B}))=(0.6\wedge 0.8)\vee(1-0.6)=0.6$；

②对于模糊判断句②，设 $S(\underset{\sim}{A})=0.4$，$S(\underset{\sim}{B})=0.7$，则 $S((\underset{\sim}{A})\rightarrow(\underset{\sim}{B}))=(0.4\wedge 0.7)\vee(1-0.4)=0.4$；

③对于模糊判断句③，设 $S(\underset{\sim}{A})=0.9$，$S(\underset{\sim}{B})=0.3$，则 $S((\underset{\sim}{A})\rightarrow(\underset{\sim}{B}))=(0.9\wedge 0.3)\vee(1-0.9)=0.7$。

模糊推理句是模糊推理的基本组成单位，或者说模糊推理是在一系列模糊推理句上的逻辑运算。

在实际应用中，存在需要在多个 F 集合上对多个对象及其关系进行判断和推理的情况。为尽可能地模拟和实现该过程，可利用模糊理论进行分析和研究。模糊推理在形式上是多样的，在逻辑上也是较复杂的。下面对模糊条件推理进行简单说明。

模糊条件推理是在模糊条件的约束下进行的推理过程，其模糊条件的一般表达式为“若 $\underset{\sim}{A}$ 则 $\underset{\sim}{B}$，否则 $\underset{\sim}{C}$”。模糊条件推理可以在复杂的模糊条件下进行推理，具有很好的条件扩展性。

设模糊命题 $\underset{\sim}{A}$ 是论域 X 上的模糊集合，隶属函数为 $\underset{\sim}{A}(x)$；模糊命题 $\underset{\sim}{B}$ 和 $\underset{\sim}{C}$ 是论域 Y 上的模糊集合，隶属函数分别为 $\underset{\sim}{B}(y)$和 $\underset{\sim}{C}(y)$。模糊条件$(\underset{\sim}{A}\rightarrow\underset{\sim}{B})\vee(\sim\underset{\sim}{A}\rightarrow\underset{\sim}{C})$也可以由一个 X 到 Y 的模糊关系来表示，其隶属函数为

$$[(\underset{\sim}{A}\rightarrow\underset{\sim}{B})\vee(\sim\underset{\sim}{A}\rightarrow\underset{\sim}{C})](x,y)=[\underset{\sim}{A}(x)\wedge\underset{\sim}{B}(y)]\vee[(1-\underset{\sim}{A}(x))\wedge\underset{\sim}{C}(y)]$$

模糊条件推理的规则如下。

大前提：$(\underset{\sim}{A}\rightarrow\underset{\sim}{B})\vee(\sim\underset{\sim}{A}\rightarrow\underset{\sim}{C})$。

小前提：$\underset{\sim}{A_1}$。

结论：$\underset{\sim}{B_1}=\underset{\sim}{A_1}\circ(\underset{\sim}{A}\rightarrow\underset{\sim}{B})\vee(\sim\underset{\sim}{A}\rightarrow\underset{\sim}{C})$。

【例 4.1】 经验推理。

大前提：x 轻→y 重；否则，y 不是很重。

小前提：x 很轻。

结论：y 较重。

数学推理如下。

设论域 $X=\{1,2,3,4,5\}$，$Y=\{\text{one},\text{two},\text{three},\text{four},\text{five}\}$，四个模糊集合为“轻”“重”“不很重”“很轻”，则有

$$\text{“轻”}=\frac{1}{\text{one}}+\frac{0.8}{\text{two}}+\frac{0.6}{\text{three}}+\frac{0.4}{\text{four}}+\frac{0.2}{\text{five}}$$

$$\text{“重”}=\frac{0.2}{\text{one}}+\frac{0.4}{\text{two}}+\frac{0.6}{\text{three}}+\frac{0.8}{\text{four}}+\frac{1}{\text{five}}$$

$$\text{“不很重”}=\frac{0.96}{\text{one}}+\frac{0.84}{\text{two}}+\frac{0.64}{\text{three}}+\frac{0.36}{\text{four}}+\frac{0.16}{\text{five}}$$

$$\text{“很轻”}=\frac{1}{\text{one}}+\frac{0.64}{\text{two}}+\frac{0.36}{\text{three}}+\frac{0.16}{\text{four}}+\frac{0.04}{\text{five}}$$

若 x 轻，则 y 重；否则，y 不是很重。现在有 x 很轻，则 y 如何($x\in X, y\in Y$)？

首先，计算“若 x 轻；则 y 重；否则，y 不是很重”的模糊推理规则。将 x 和 y 分别代入 $(A\to B)\vee(\sim A\to C)$ 得到模糊关系矩阵

$$(\underset{\sim}{A}\to \underset{\sim}{B})\vee(\sim \underset{\sim}{A}\to \underset{\sim}{C})=\begin{bmatrix}0.2 & 0.4 & 0.6 & 0.8 & 1\\ 0.2 & 0.4 & 0.6 & 0.8 & 0.8\\ 0.4 & 0.4 & 0.6 & 0.6 & 0.6\\ 0.6 & 0.6 & 0.6 & 0.4 & 0.4\\ 0.8 & 0.8 & 0.64 & 0.36 & 0.2\end{bmatrix}$$

将“5”和“four”代入得

$$\begin{aligned}S_{(\text{轻}\to\text{重})\vee(\text{不轻}\to\text{不很重})}(5,\text{four})&=[S_{\text{轻}}(x)\wedge S_{\text{重}}(y)]\vee[(1-S_{\text{轻}}(x))\wedge S_{\text{不很重}}(y)]\\&=[0.2\wedge 0.8]\vee[(1-0.2)\wedge 0.36]=0.36\end{aligned}$$

然后进行合成运算，即

$$\begin{aligned}B'&=A'\circ(A\to B)\vee(A\to C)\\&=[1\quad 0.64\quad 0.36\quad 0.16\quad 0.4]\circ\begin{bmatrix}0.2 & 0.4 & 0.6 & 0.8 & 1\\ 0.2 & 0.4 & 0.6 & 0.8 & 0.8\\ 0.4 & 0.4 & 0.6 & 0.6 & 0.6\\ 0.6 & 0.6 & 0.6 & 0.4 & 0.4\\ 0.8 & 0.8 & 0.64 & 0.36 & 0.2\end{bmatrix}\\&=[0.36\quad 0.4\quad 0.6\quad 0.8\quad 1]\end{aligned}$$

即 $B'=\frac{0.36}{\text{one}}+\frac{0.4}{\text{two}}+\frac{0.6}{\text{three}}+\frac{0.8}{\text{four}}+\frac{1}{\text{five}}$。

以上分析的简单模糊条件推理在现实中往往存在多个模糊条件下的推理，称为多重模糊条件推理。设模糊命题 $\underset{\sim}{A}_1,\underset{\sim}{A}_2,\cdots,\underset{\sim}{A}_n$ 是论域 X 上的模糊集合，模糊命题 $\underset{\sim}{B}_1,\underset{\sim}{B}_2,\cdots,\underset{\sim}{B}_n$ 是论域 Y 上的模糊集合，则多重模糊条件“若 $\underset{\sim}{A}_1$ 则 $\underset{\sim}{B}_1$，否则(若 $\underset{\sim}{A}_2$ 则 $\underset{\sim}{B}_2$，否则(…，否则(若 $\underset{\sim}{A}_n$ 则 $\underset{\sim}{B}_n$)))”或“若 $\underset{\sim}{A}_1$ 则 $\underset{\sim}{B}_1$，若 $\underset{\sim}{A}_2$ 则 $\underset{\sim}{B}_2$，…，若 $\underset{\sim}{A}_n$ 则 $\underset{\sim}{B}_n$”可以由一个 X 到 Y 的模糊关系 R 来表示，即

$$R=(\underset{\sim}{A}_1\to \underset{\sim}{B}_1)+(\underset{\sim}{A}_2\to \underset{\sim}{B}_2)+\cdots+(\underset{\sim}{A}_n\to \underset{\sim}{B}_n)$$

多重模糊条件规则如下。

大前提：$(\underset{\sim}{A}_1 \rightarrow \underset{\sim}{B}_1)+(\underset{\sim}{A}_2 \rightarrow \underset{\sim}{B}_2)+\cdots+(\underset{\sim}{A}_n \rightarrow \underset{\sim}{B}_n)$。

小前提：$\underset{\sim}{A}'$。

结论：$\underset{\sim}{B}'=\underset{\sim}{A}' \circ [(\underset{\sim}{A}_1 \rightarrow \underset{\sim}{B}_1)+(\underset{\sim}{A}_2 \rightarrow \underset{\sim}{B}_2)+\cdots+(\underset{\sim}{A}_n \rightarrow \underset{\sim}{B}_n)]$。

模糊推理是模糊数学很重要的组成，在模糊控制等许多领域有重要的应用，本章不再赘述。

4.1.3 模糊规则

模糊规则的一般形式为 if x is A then y is B，其中 A 和 B 为由论域 X 和 Y 上的模糊集合定义的语言值。“x is A”称为前提，“y is B”称为结论。

基于模糊规则推理的系统主要包括三大类：Mamdani 模糊推理、Tsukamoto 模糊推理和 TS 模糊推理。其中，Mamdani 模糊推理主要依靠语言控制规则来建立推理模型；Tsukamoto 模糊推理主要依靠规则后件的隶属函数建立推理模型；TS 模糊推理主要依靠输入一输出数据集建立推理模型。本书重点针对 TS 模糊推理及其规则形式进行说明。

经典 TS 模糊模型为

$$\begin{aligned} R_n: &\text{if } x_1 \text{ is } A_1^n \text{ and } x_2 \text{ is } A_2^n \text{ and } \cdots \text{ and } x_i \text{ is } A_i^n \\ &\text{then } y_n = a_1^n x_1 + \cdots + a_i^n x_i + b^n \end{aligned} \tag{4.1}$$

式中 R_n——第 n 条模糊规则；

A_i^n——x_i 在 R_n 中的规则集；

y_n——R_n 的输出；

a_i^n——x_i 对应的系数；

b^n——补偿值。

因此，经典 TS 模糊规则模型结构如图 4.8 所示。

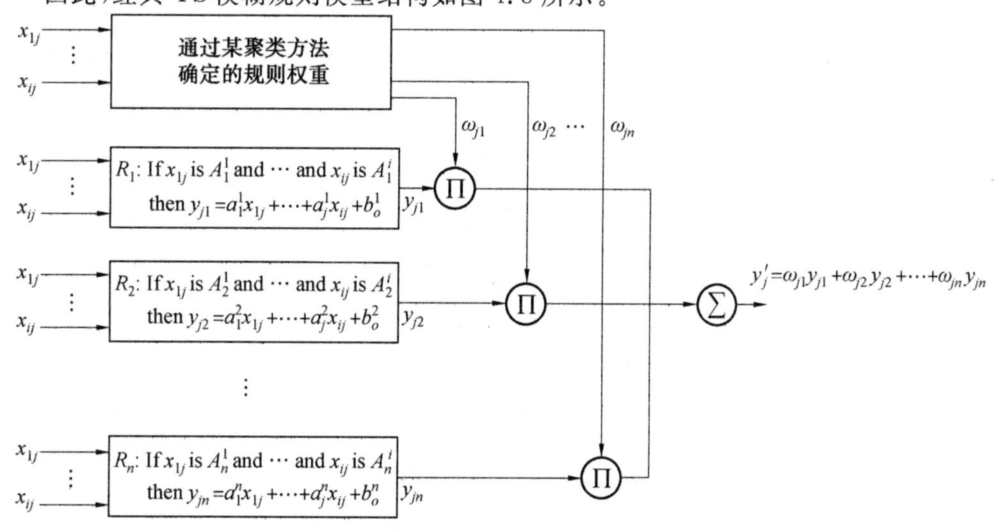

图 4.8 经典 TS 模糊规则模型结构

图 4.8 中，对于第 j 个样本，$\omega_{j1},\omega_{j2},\cdots,\omega_{jn}$ 是对应规则 $R_1,R_2,\cdots,R_n$ 的权重，其值根据某种聚类方法获取。$y_j'=\omega_{j1}y_{j1}+\omega_{j2}y_{j2}+\cdots+\omega_{jn}y_{jn}$ 表示模型的输出是每条规则输出的线性加权和。

由此可见，对于基于输入输出数据对构建的 TS 模糊模型，建模时需考虑两个方面，即结构辨识和参数辨识。结构辨识的方法主要包括启发式方法、基于聚类分析的方法、神经网络方法等，其目的是确定模糊规则的前件和后件；参数辨识主要用于确定规则前件中的隶属度函数参数及后件中的线性组合关系，相关的方法主要包括最小二乘法、梯度下降法和 GA 算法等。在实际应用过程中，典型模糊模型的性能在很大程度上依赖于专家知识，这些专家知识往往是根据求解问题的具体输入参数决定的。

4.2 高斯混合模型

高斯混合模型(Gaussian Mixed Model)是指多个高斯分布函数的线性组合，通常用于解决同一集合下的数据包含多个不同的分布的情况，分类前数据分布图如图 4.9 所示。

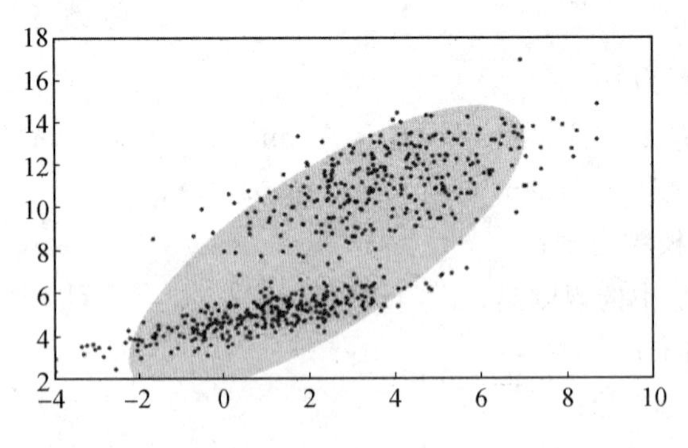

图 4.9 分类前数据分布图

如果分成两类，则分类情况示意图如图 4.10 所示。这两个聚类中的点分别通过两个不同的正态分布随机生成而来。如果只用一个的二维高斯分布来描述图中的数据，则显然不太合理，毕竟肉眼一看就应该分成两类。

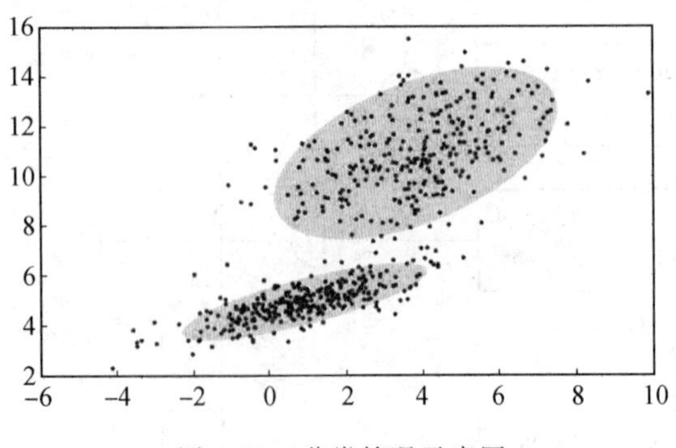

图 4.10 分类情况示意图

高斯混合模型是一个强有力的概率建模工具，它能应用到模式识别、机器学习、计算机视觉等众多领域。高斯混合模型的研究最早应追溯到 1894 年 Pearson 研究的两个成分的高斯混合模型参数估计问题。1969年，Day研究了高斯混合模型的矩估计、最小χ^2估计、贝叶斯估计及最大似然估计，发现最大似然估计要优于其他几类估计。1977年，Dempster发明了最大期望(EM)算法，随后经Redner和Walker等的研究，EM算法成为高斯混合模型最大似然估计的主要算法。

设$S=\{s_1,s_2,\cdots s_n\}$是d维随机分布的样本集合，$s_i=[s_i^1,s_i^2,\cdots s_i^d]$表示$S$的一个样本，假设样本空间的概率分布服从$f(s)$分布，则$f(s)$总可以表达为

$$f(S)=\sum_{m}^{1}\alpha_m p(s\mid\theta_m) \tag{4.2}$$

式中 $\alpha_1,\alpha_2,\cdots,\alpha_m$——各个成分分布混合的概率；

θ_m——第m个成分分布的参数；

θ_m——所有参数的集合，$\theta_m=\{\theta_1,\cdots,\theta_k,\sigma_1,\cdots,\sigma_k\}$。

如果$\alpha_m\geqslant 0(m=1,\cdots,k)$且$\sum_{m=1}^{k}\alpha_m=1$，$p(s|\theta_m)$服从高斯分布，则$f(S)$表达为高斯混合模型，其分布形式由$\alpha_m$和$\theta_m$决定。

目前所有对任意混合分布的分类决策算法一般采用EM算法。EM算法是一种迭代式的算法，用于含有隐变量的概率参数模型的最大似然估计或极大后验概率估计。EM算法解决这个的思路是使用启发式的迭代方法，既然无法直接求出概率模型分布参数，那么是否可以先猜想隐含数据(EM算法的E步)呢？基于这个思路，对已知数据和猜测的隐含数据一起来极大化对数似然，最后求解概率模型的参数(EM算法的M步)。由于之前的隐含数据是猜测的，因此此时得到的模型参数一般还不是准确的结果。不过没有关系，基于当前得到的模型参数，继续猜测隐含数据，然后继续极大化对数似然，求解概率模型参数。依此类推，不断地迭代下去，直到概率模型的分布参数基本无变化，算法收敛，即找到了合适的模型参数。本假设输入空间是$X\in\mathbf{R}^n$，含有m个样本数据$(x^{(1)},x^{(2)},\cdots,x^{(m)})$，且这$m$个样本数据服从概率密度函数为$p(x;\theta)$的分布，其中$x^{(i)}\in X$，$\theta$为未知参数。通过极大似然估计求解概率模型的未知参数θ的过程是

$$\arg\max_{\theta} L(\theta)=\prod_{i}^{m}p(x^{(i)};\theta)$$

$$\Leftrightarrow \arg\max_{\theta} L(\theta)=\sum_{i=1}^{m}\lg p(x^{(i)};\theta)$$

故$\hat{\theta}=\arg\max_{\theta}\sum_{i=1}^{m}\lg p(x^{(i)};\theta)$。当已知每一个样本数据$x^{(i)}$都对应一个类别变量$z^{(i)}$，即$z=(z^{(1)},z^{(2)},\cdots,z^{(m)})$时，极大化模型的对数似然函数可以通过全概率公式展开为

$$\begin{aligned}\hat{\theta}&=\arg\max_{\theta}\sum_{i=1}^{m}\lg p(x^{(i)};\theta)\\&=\arg\max_{\theta}\sum_{i=1}^{m}\lg\sum_{z^{(i)}}p(x^{(i)},z^{(i)};\theta)\end{aligned}$$

因为含有隐变量z，故极大似然估计并不能够求解上述模型。$z=(z^{(1)},z^{(2)},\cdots,z^{(m)})$，$x^{(i)}$对应一个类别(一个高斯分布)时，求解含有隐变量$z$的概率模型$\hat{\theta}=$

$\arg\max\limits_{\theta} \sum\limits_{i=1}^{m} \lg \sum\limits_{z^{(i)}} p(x^{(i)}, z^{(i)}; \theta)$ 需要一些特殊的技巧，引入隐变量 $z^{(i)}$ 的概率分布为 $Q_i(z^{(i)})$，因为 $\lg(x)$ 是凹函数，故结合凹函数形式下的詹森不等式进行放缩处理，即

$$\begin{aligned}\sum_{i=1}^{m} \lg \sum_{z^{(i)}} p(x^{(i)}, z^{(i)}; \theta) &= \sum_{i=1}^{m} \lg \sum_{z^{(i)}} Q_i(z^{(i)}) \frac{p(x^{(i)}, z^{(i)}; \theta)}{Q_i(z^{(i)})} \\ &= \sum_{i=1}^{m} \lg E\left(\frac{p(x^{(i)}, z^{(i)}; \theta)}{Q_i(z^{(i)})}\right) \\ &\geqslant \sum_{i=1}^{m} E\left(\lg \frac{p(x^{(i)}, z^{(i)}; \theta)}{Q_i(z^{(i)})}\right) \\ &= \sum_{i=1}^{m} \sum_{z^{(i)}} Q_i(z^{(i)}) \lg \frac{p(x^{(i)}, z^{(i)}; \theta)}{Q_i(z^{(i)})}\end{aligned}$$

其中，由概率分布的充要条件 $\sum\limits_{z^{(i)}} Q_i(z^{(i)}) = 1$ 和 $Q_i(z^{(i)}) \geqslant 0$ 可看成下述关于 z 函数分布。

上述公式中，如果 $\frac{p(x^{(i)}, z^{(i)}; \theta)}{Q_i(z^{(i)})} = C$，则上述的不等式变成等式形式。

当不等式变成等式时，说明调整后的概率能够等价于 $L(\theta)$，所以必须找到使等式成立的条件，即寻找

$$E\left(\lg \frac{p(x^{(i)}, z^{(i)}; \theta)}{Q_i(z^{(i)})}\right) = \lg E\left(\frac{p(x^{(i)}, z^{(i)}; \theta)}{Q_i(z^{(i)})}\right)$$

由期望的性质可知当

$$\frac{p(x^{(i)}, z^{(i)}; \theta)}{Q_i(z^{(i)})} = C, \quad C \in \mathbf{R} \tag{4.3}$$

时，等式成立，对上述等式进行变形处理可得

$$\begin{aligned} & p(x^{(i)}, z^{(i)}; \theta) = CQ_i(z^{(i)}) \\ \Leftrightarrow\ & p(x^{(i)}, z^{(i)}; \theta) = C \sum_{z^{(i)}} Q_i(z^{(i)}) = C \\ \Leftrightarrow\ & \sum_{z^{(i)}} p(x^{(i)}, z^{(i)}; \theta) = C \end{aligned} \tag{4.4}$$

把式(4.4)代入式(4.3)中化简可知

$$\begin{aligned} Q_i(z^{(i)}) &= \frac{p(x^{(i)}, z^{(i)}; \theta)}{\sum\limits_{z^{(i)}} p(x^{(i)}, z^{(i)}; \theta)} \\ &= \frac{p(x^{(i)}, z^{(i)}; \theta)}{p(x^{(i)}; \theta)} \\ &= p(z^{(i)} \mid x^{(i)}; \theta) \end{aligned}$$

至此，可以推出在固定参数 θ 后，$Q_i(z^{(i)})$ 的计算公式就是后验概率，解决了 $Q_i(z^{(i)})$ 如何选择的问题。这一步称为 E 步，建立 $L(\theta)$ 的下界。接下来的 M 步就是在给定 $Q_i(z^{(i)})$ 后，调整 θ 去极大化 $L(\theta)$ 的下界，即

$$\begin{aligned}&\arg\max\sum_{i=1}^{m}\lg p(x^{(i)};\theta)\\ \Leftrightarrow &\arg\max\sum_{i=1}^{m}\sum_{z(i)}Q_i(z^{(i)})\lg\frac{p(x^{(i)},z^{(i)};\theta)}{Q_i(z^{(i)})}\\ \Leftrightarrow &\arg\max\sum_{i=1}^{m}\sum_{z(i)}Q_i(z^{(i)})(\lg p(x^{(i)},z^{(i)};\theta)-\lg Q_i(z^{(i)}))\\ \Leftrightarrow &\arg\max\sum_{i=1}^{m}\sum_{z^{(i)}}Q_i(z^{(i)})\lg p(x^{(i)},z^{(i)};\theta)\end{aligned}$$

设 $z^{(i)}=k$ 时，$p(x^{(i)},z^{(i)};\theta)=\frac{1}{\sqrt{2\pi}\delta_k}\mathrm{e}^{-\frac{(x^{(i)}-\mu_k)^2}{\delta_k}}$，即每个分类的分布都服从一个高斯分布，则

$$L(\theta)=\sum_{z^{(i)}}Q(z^{(i)})\lg\left(\frac{1}{\sqrt{2\pi}\sigma_k}\right)^m\mathrm{e}^{-\frac{1}{2\sigma_k^2}\sum_{i=1}^{m}(x^{(i)}-\mu_k)^2}$$

综上所述，EM 算法中 E 步固定 θ 优化 Q，M 步固定 Q 优化 θ，即

$$\phi(y\mid\theta_k)=\frac{1}{\sqrt{2\pi}\ \sigma_k}-\mathrm{e}^{-\frac{(y-\mu_k)^2}{2\sigma_k^2}}$$

4.3 基于云模型的多分类方法

4.3.1 基于云模型的多分类模型

云模型(Cloud Model)是在 Fuzzy 理论和统计理论基础上，由李德毅院士提出用语言值表示的某个定性概念与其定量表示之间的不确定性转换模型。设 U 是一个论域，$U=\{x\}$，T 是 U 的语言值，论域 U 中的元素 x 对于 T 所表达的定性概念的隶属度 μ 是一个具有稳定倾向的随机数，隶属度在论域 U 上的分布称为隶属云，简称为云(图 4.11)，云是从论域 U 到隶属度区间[0,1]的映射，$\mu:U\to[0,1]$，$x\in U$。自然科学中的定性知识云的期望特性曲线一般服从正态分布，如图 4.11 中以云期望和云熵确定的正态分布形式的曲线，则有

$$\bar{\mu}=\mathrm{e}^{-\frac{1}{2}\frac{x-\mathrm{Ex}}{\mathrm{En}^2}} \tag{4.5}$$

正态云模型用三个数据表征，分别如下。

(1)期望。

期望(Expected Value，Ex)在数域空间中最能够代表这个定性概念的点，反映了这个概念的云滴群的重心位置。

(2)熵。

熵(Entropy，En)是定性概念模糊度的度量，反映了在论域中可被这个概念所接受的数值范围，体现了定性概念亦此亦彼性的裕度。熵越大，概念所接受的数值范围越大，概

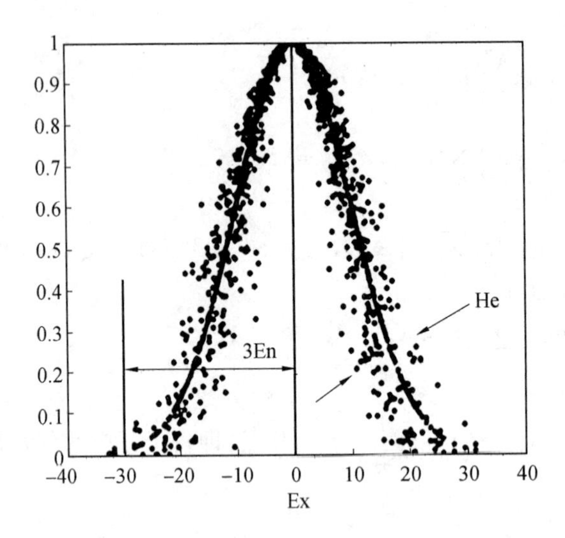

图 4.11 分类情况示意图

念越模糊。

(3)超熵 He。

超熵(Hyper Entropy,He)是熵的熵,反映了数域空间中代表该概念所有云滴不确定的凝聚性,即云滴聚集的紧密度。

通过这三个数值特征,云模型把定性概念的模糊和隶属度的随机性联系到一起,构成定性和定量相互间的映射,将定性概念转换为定量模型。

1. 云模型中云滴隶属度计算

正态云模型是由若干云滴(x,μ)组成,对于单维特征空间的论域 U 的云模型,元素 x 的隶属度 μ 算法步骤如下。

(1)计算 $x'=\mathrm{normrnd}(\mathrm{Ex},\mathrm{En})$,产生期望为 Ex,标准差为 En 的正态分布随机数 x'。

(2)计算 $\mathrm{En}'=\mathrm{normrnd}(\mathrm{En},\mathrm{He})$,产生期望为 En,标准差为 He 的正态分布随机数En'。

(3)计算 $\mu=\mathrm{e}^{-0.5\left(x'-\frac{\mathrm{Ex}^2}{\mathrm{En}'^2}\right)}$,则 $p=(x,\mu)$为一个云滴。

重复以上三个步骤可生成任意规模的云模型。

当论域由多维特征空间描述,即 $U=\{x\}$,$x\in\mathbf{R}^N$ 时,元素 x 的隶属度算法设计步骤如下。

(1)计算 $x^j=\mathrm{normrnd}(\mathrm{Ex}_j,\mathrm{En}_j)(j=1,\cdots,N)$。$\mathrm{Ex}_j$ 为论域中第 j 个特征空间的期望,En_j 为论域中第 j 个特征空间的标准差。则对论域中元素 x 的 N 个特征分量分别产生正态分布随机数 x^j。

(2)计算 $\mathrm{En}'_j=\mathrm{normrnd}(\mathrm{En}_j,\mathrm{He}_j)(j=1,\cdots,N)$。$\mathrm{En}_j$ 为论域中第 j 个特征空间的标准差,He_j 为论域中第 j 个特征空间的超熵。则产生 N 个正态分布随机数 En'_j。

(3)计算

$$\mu=\mathrm{e}^{-\frac{1}{2N}\sum_{j=1}^{N}(x^j-\mathrm{Ex}_j)^2/\mathrm{En}'^2_j} \tag{4.6}$$

则 $p=(x,\mu)$ 为一个云滴。

重复以上三个步骤可生成任意规模的多维正态云模型。

2. 多分类数据分布的云变换

数学上已经证明，任意一种概率分布均可以分解为若干个正态分布之和，借鉴上述思想，考虑到正态云的普适性，可以将一种数据分布看作若干个正态云的叠加，这个过程称为云变换过程。这个过程与将任意分布变换为高斯混合分布过程是类似的。

【定理4.1】 云变换是指对于任意一个不规则的数据分布 $g(x)$，根据某种原则进行数学变换，能够使之成为若干个不同云的叠加，即满足 $\left| g(x) - \sum_{i}^{m} c_i \mu_i(x) \right| < e$。其中，$g(x)$ 为数据分布函数；c_i 为权重系数；m 为叠加云的个数；$\mu_i(x)$ 为云模型的期望曲线；e 为误差上限。m 与 e 有关，即 e 越小，m 越大；e 越大，m 就越小。

证明 令 $p_{(\mathrm{Ex}_j,\mathrm{En}'_j)}(x) = \mathrm{e}^{-\frac{1}{2N}\sum_{j=1}^{N}(x-\mathrm{Ex}_j)^2/\mathrm{En}'^2_j}$。

(1) $p_{(\mathrm{Ex}_j,\mathrm{En}'_j)}(x)$ 的有限混合模型严格逼近函数 $p_{(\mathrm{Ex}_j,\mathrm{En}'_j)}(x) * \chi_X(x)$，其中

$$\chi_X(x) = \begin{cases} \dfrac{1}{2\varepsilon}, & x \in X = [-\varepsilon, \varepsilon] \\ 0, & \text{其他} \end{cases}$$

由卷积定义可知

$$p_{(\mathrm{Ex}_j,\mathrm{En}'_j)}(x) * \chi_X(x) = \int_R p_{(\mathrm{Ex}_j,\mathrm{En}'_j)}(x-y)\chi_X(y)\mathrm{d}y = \frac{1}{2\varepsilon}\int_X p_{(\mathrm{Ex}_j,\mathrm{En}'_j)}(x-y)\mathrm{d}y$$

根据 $p_{(\mathrm{Ex}_j,\mathrm{En}'_j)}(x-y)$ 黎曼可积得

$$\frac{1}{2\varepsilon}\int_X p_{(\mathrm{Ex}_j,\mathrm{En}'_j)}(x-y)\mathrm{d}y = \lim_{N\to\infty}\sum_{i=1}^{N}\frac{\Delta y_i}{2\varepsilon}p_{(\mathrm{Ex}_j,\mathrm{En}'_j)}(x-y_i)$$

令 $\pi_i = \dfrac{\Delta y_i}{2\varepsilon} > 0$，则 $\sum_{i=1}^{N}\pi_i = 1$，得证。

(2) $p_{(\mathrm{Ex}_j,\mathrm{En}'_j)}(x) * \chi_X(x)$ 任意逼近 $\chi_X(x)$。

令 $\eta = \int_R \left| \chi_X(x) - p_{(\mathrm{Ex}_j,\mathrm{En}'_j)}(x) * \chi_X(x) \right| \mathrm{d}x$，则

$$\begin{aligned}\eta &= \int_X \left| \chi_X(x) - p_{(\mathrm{Ex}_j,\mathrm{En}'_j)}(x) * \chi_X(x) \right| \mathrm{d}x + \int_{R-X} \left| \chi_X(x) - p_{(\mathrm{Ex}_j,\mathrm{En}'_j)}(x) * \chi_X(x) \right| \mathrm{d}x \\ &= \int_X \left| \frac{1}{2\varepsilon} - \frac{1}{2\varepsilon}\int_X p_{(\mathrm{Ex}_j,\mathrm{En}'_j)}(x-y)\mathrm{d}y \right| \mathrm{d}x + \int_{R-X} \left| \frac{1}{2\varepsilon}\int_X p_{(\mathrm{Ex}_j,\mathrm{En}'_j)}(x-y)\mathrm{d}y \right| \mathrm{d}x\end{aligned}$$

其中

$$\begin{aligned}\int_{R-X} \left| \frac{1}{2\varepsilon}\int_X p_{(\mathrm{Ex}_j,\mathrm{En}'_j)}(x-y)\mathrm{d}y \right| \mathrm{d}x &= \int_X \left| \frac{1}{2\varepsilon}\int_{R-X} p_{(\mathrm{Ex}_j,\mathrm{En}'_j)}(x-y)\mathrm{d}x \right| \mathrm{d}y \\ &= \int_X \frac{1}{2\varepsilon} \left| \int_R p_{(\mathrm{Ex}_j,\mathrm{En}'_j)}(x-y)\mathrm{d}x - \right. \\ &\qquad \left. \int_X p_{(\mathrm{Ex}_j,\mathrm{En}'_j)}(x-y)\mathrm{d}x \right| \mathrm{d}y \\ &= \int_X \frac{1}{2\varepsilon} \left| 1 - \int_X p_{(\mathrm{Ex}_j,\mathrm{En}'_j)}(x-y)\mathrm{d}x \right| \mathrm{d}y\end{aligned}$$

$$\eta = 2 \times \frac{1}{2\varepsilon}\int_X \left| 1 - \int_X p_{(\mathrm{Ex}_j,\mathrm{En}'_j)}(x-y)\mathrm{d}y \right| \mathrm{d}x$$

$$=2\times\left|1-\frac{1}{2\varepsilon}\int_X\int_{x-\varepsilon}^{x+\varepsilon}p_{(\mathrm{Ex}_j,\mathrm{En}'_j)}(t)\mathrm{d}t\mathrm{d}x\right|$$

$$=2\times\left|1-\int_{-\varepsilon}^{\varepsilon}p_{(\mathrm{Ex}_j,\mathrm{En}'_j)}(t)\mathrm{d}t\right|$$

取 $\mathrm{Ex}_j=0,\mathrm{En}'_j=\varepsilon^2,p_{(\mathrm{Ex}_j,\mathrm{En}'_j)}(x)=\mathrm{e}^{-\frac{1}{2N}\sum_{j=1}^{N}\frac{x^2}{\varepsilon^4}}$,则 $\varepsilon\to0$ 时,$2\times\left|1-\int_{-\varepsilon}^{\varepsilon}p_{(\mathrm{Ex}_j,\mathrm{En}'_j)}(t)\mathrm{d}t\right|\to0$,从而有 $\eta=\int_R|\chi_X(x)-p_{(\mathrm{Ex}_j,\mathrm{En}'_j)}(x)*\chi_X(x)|\mathrm{d}x\to0$,得证。

(3) $\chi_X(x)$ 的有限混合模型严格正逼近任意非负 R 可积函数 $f(x)$。

设 $\lim\limits_{\varepsilon\to0}\chi_X(x)=\delta(x)$,则

$$f(x;\theta)=f(x;\theta)*\delta(x)=\int_R f(y;\theta)\delta(x-y)\mathrm{d}y=\int_R f(y;\theta)\lim_{\varepsilon\to0}\chi(x-y)\mathrm{d}y$$

$$=\lim_{\varepsilon\to0}\int_R f(y;\theta)\chi(x-y)\mathrm{d}y$$

由黎曼可积知

$$\int_R f(y;\theta)\chi(x-y)\mathrm{d}y=\sum_{i=1}^{N}f(y_i;\theta)\chi(x-y_i)\Delta y_i$$

$$\pi_i=f(y_i;\theta)\Delta y_i>0$$

则 $f(x;\theta)=\lim\limits_{\varepsilon\to0}\sum\limits_{i=1}^{N}\pi_i\chi(x-y_i)$,得证。

从而由证明过程得知 $p(x,\mathrm{Ex}_j,\mathrm{En}'_j)\underset{逼近}{\to}p_{(\mathrm{Ex}_j,\mathrm{En}'_j)}(x-y)\times\chi(x)\underset{逼近}{\to}\chi(x)\underset{逼近}{\to}f(x,\theta)$,因此有限正态分布混合模型严格正逼近任意非负可积函数,即

$$f(x)=\sum_{i=1}^{n}\pi_i p_{(\mathrm{Ex}_j,\mathrm{En}'_j)}(x)$$

基于这一思想,考虑将分类模型进行云变换,找到与其分布最为接近的多个叠加正态云分布,将测试样本视为云模型中的云滴,计算云滴在各云模型中的隶属度,最终判断其分类。

假设存在一组带有类别标记的训练样本 $\{x_1,y_1\},\cdots,\{x_n,y_n\}$,其中 $x_i\in\mathbf{R}^N,y_i\in\{1,2,\cdots,K\}(i=1,2,3,\cdots,N)$,则分类情况示意图如图 4.12 所示。

考虑将数据分布中的各类数据分布分别进行云变换。对于一维特征空间的分类问题,理想方法是找到类中的关键点(图 4.13),则数据分布可由关键点间的云模型叠加而成。

但多维特征的分类问题中,由于数据的无序性,因此找到类中的序列关键点将是一个困难的事情。为使误差 e 最小化,将一类中每个元素都建立一个数值标识为(x_i,En_i,He_i)的云模型,叠加起来作为类的云变换将是一个解决方法。则基于式(4.6)单个类的基于云模型表示的数据分布为

$$f_l(x)=\sum_{i=1}^{m}C_i\mu(x),\mu(x)=\mathrm{e}^{-\frac{\|x-x_i\|}{2N\mathrm{En}'^2_i}}\tag{4.7}$$

式中 m—— 类中元素个数;

N—— 特征数量。

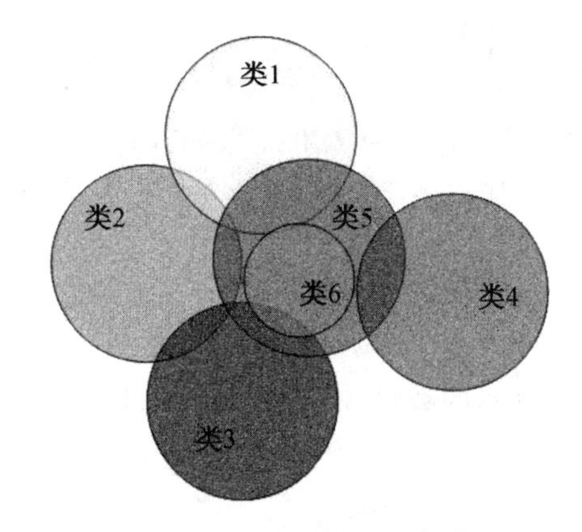

图 4.12　分类情况示意图

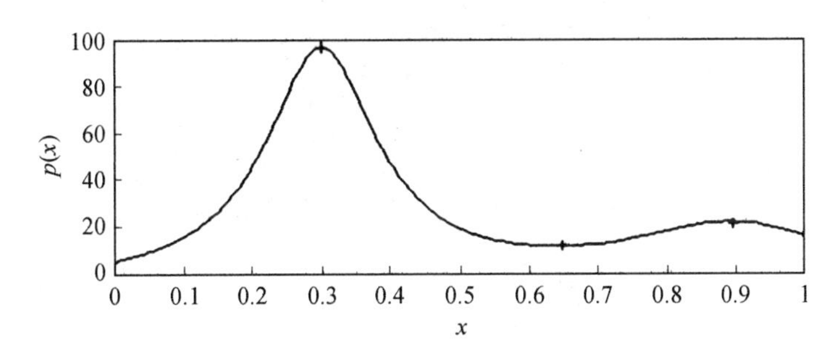

图 4.13　一维特征数据分布中的关键点

当赋予不同权重 c_i 时,具有二维特征空间的多分类问题在进行云变换后就会呈现出图 4.14 所示的不规则云模型。

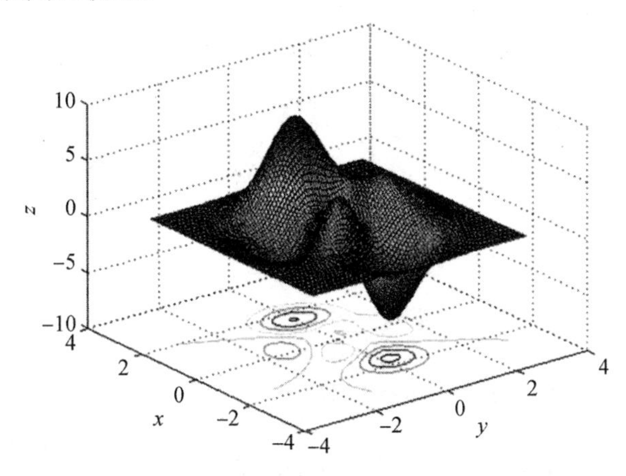

图 4.14　云变换后的多分类云模型(彩图见附录)

3. 样本隶属度描述变换

在多分类问题中,作为云滴的测试样本隶属于不同分布的云团,类云模型的隶属度可通过式(4.5)获得。但是不同云中云滴的分布模型不同,一个云滴为 x_0,$\text{class}(x_0)=m$ 对各个云的离隶属度模型为

$$f_1(x_0)=\sum_{i=1}^{m}c_i^1\mathrm{e}^{-\frac{\|x_0-x_i^1\|}{2\mathrm{NEn}'^2_i}},\cdots,f_k(x_0)=\sum_{i=1}^{m}c_i^k\mathrm{e}^{-\frac{\|x_0-x_i^k\|}{2\mathrm{NEn}'^2_i}}$$

则云滴对所属云的隶属度应是关系应为 $f_m(x_0)>f_i(x_0)(i=1,\cdots,k;i\neq m)$。在分类问题中，云滴的分类可通过比较其在各类云模型的隶属度大小来确定其分类，因此对于 K 分类问题的分类公式为

$$\mathrm{class}(x)=\left\{l\mid f(x)=\max\sum_{i=1}^{m}c_i^l\mathrm{e}^{-\frac{\|x-x_i^l\|}{2\mathrm{NEn}'^2_i}},l=1,\cdots,K\right\} \tag{4.8}$$

分析式(4.8)发现训练样本的数量 m 对测试样本的隶属度影响很大，可能产生错分的样本分布如图 4.15 所示。

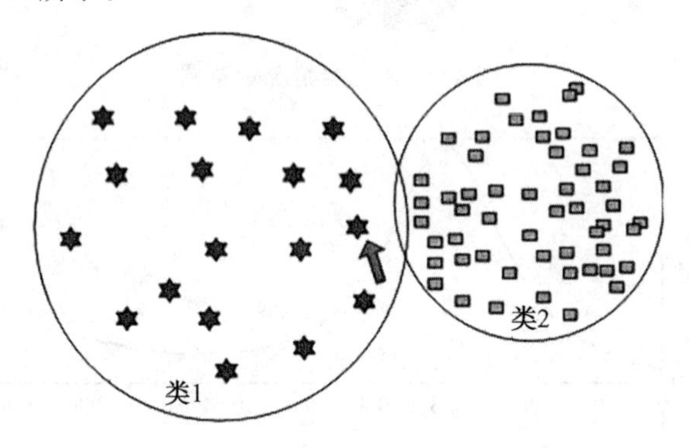

图 4.15　可能产生错分的样本分布

图 4.15 中对于类 1 中箭头所指的边界元素，计算其云模型隶属度时，由于类 1 中的元素数量小于类 2 中元素数量，因此错分可能很大。考虑样本数量的影响，有如下定义。

【定义 4.4】 存在某一个样本 $x\in\mathbf{R}^N$ 和类的云模型数据分布函数集合 $F(x)=\{f_1(x),f_2(x),\cdots,f_K(x)\}$，样本 x 对于分布函数集合 F 的隶属度组成的向量 $\eta(x)$ 为样本 x_i 的隶属度描述转换，有

$$\eta(x)=\left\{c_1f_1(x)-\sum_{j\neq 1}^{K}f_j(x),\cdots,c_lf_l(x)-\sum_{j\neq l}^{K}f_j(x),\cdots,c_Kf_K(x)-\sum_{j\neq K}^{K}f(x)\right\} \tag{4.9}$$

其中

$$c_l=\frac{\mathrm{count}_{\mathrm{sum}}}{\mathrm{count}_l}-1$$

式中　$\mathrm{count}_{\mathrm{sum}}$—— 多分类问题中样本总数；

count_l— 第 l 类样本数量。

这样定义的含义是：计算 x 的第 l 个分类隶属度时，以 count_l 为基本数量单位划分多分类问题中的分类数量(T)，即认为所有分类中的样本数量相同，为 count_l，则 x 对第 l 个分类隶属度是当前类隶属度与所有其他 $T-1$ 个具有 count_l 样本数的类隶属度差值的和。

对于样本的隶属度描述方式，合乎逻辑的解释是样本对所属类的隶属度应该大于零，对非所属类的隶属度应小于零。但在实验中发现，存在非所属类的隶属度也大于零的情况，因此定义最大隶属度为样本的分类，则样本的分类函数可定义为

$$\begin{cases} \text{class}(x) = \max(c_l \sum \mathrm{e}^{\frac{\| x-x_i \|}{2\mathrm{NEn}'^2_l}} - \sum\limits_{j=1, j\neq l}^{K} \sum \mathrm{e}^{\frac{\| x-x_i \|}{2\mathrm{NEn}'^2_j}}) \\ \text{s.t.} \quad c_l \sum \mathrm{e}^{\frac{\| x-x_i \|}{2\mathrm{NEn}'^2_l}} - \sum\limits_{j=1, j\neq l}^{K} \sum \mathrm{e}^{\frac{\| x-x_i \|}{2\mathrm{NEn}'^2_j}} > 0 \end{cases} \tag{4.10}$$

分析分类方法中较为常用的支持向量机方法采用高斯径向基核函数时，支持向量机的两分类问题分类函数为

$$f(x) = \mathrm{sgn}(\sum a_i \mathrm{e}^{\frac{\| x-x_i \|}{2\sigma^2}} - \sum a_j \mathrm{e}^{\frac{\| x-x_j \|}{2\sigma^2}} + b), \quad a_i, a_j > 0 \tag{4.11}$$

式中　$\{x_i, x_j\}$—— 支持样本。

对比发现，基于云模型的分类函数与式(4.11)结构是一致的。支持向量机采用二次规划找到两类样本中的距离最接近支持向量集合$\{x_i\}$。在 x 的分类计算中，判断 x 与哪类中的支持向量更为接近来确定它的分类。对于噪声样本，支持向量机通过引入松弛系数 C，令 $0 \leqslant a_i, a_j \leqslant C$，对错分样本进行惩罚，实现错分样本比例与算法复杂度之间的折中。本书提出的基于云模型的多分类算法中，通过云模型中的超熵 He 调整样本的标准差 En_j 同样也起到了惩罚噪声样本作用，因此基于云模型的多分类方法与基于结构风险最小化的支持向量机方法是一致的，这也在理论上证明了方法的可行性。

4.3.2　基于云模型的多分类算法

设存在 n 个属性 K 个模式类的分类问题，基于云模型的多分类算法的流程如下。

(1) 给定标定的训练样本集$\{x_1, y_1\}, \{x_2, y_2\}, \cdots, \{x_n, y_n\}$，其中 $x_i \in X = \mathbf{R}^N$，$y_i \in Y = \{1, 2, \cdots, K\}$，归一化各样本特征属性，使各特征具有相同论域[0,1]，归一化公式为

$$\widetilde{x} = \frac{x - \min\limits_{i=1}^{\text{count}_{\text{sum}}}(x)}{\max\limits_{i=1}^{\text{count}_{\text{sum}}}(x) - \min\limits_{i=1}^{\text{count}_{\text{sum}}}(x)} \tag{4.12}$$

(2) 设置各类熵 En_j 和超熵 He_j，计算 $\mathrm{En}'_j = \mathrm{normrnd}(\mathrm{En}_j, \mathrm{He}_j)$，获得各类样本的正态分布随机数 En'_j。

(3) 根据式(4.7)计算各类云模型，获得 K 类的云模型数据分布函数集合 F。

(4) 进行样本的隶属度描述变换，得到隶属度矩阵 $\eta = [\eta(x)]$，即

$$\eta(x) = \{c_1 f_1(x) - \sum_{j\neq 1}^{K} f(x), \cdots, c_l f_l(x) - \sum_{j\neq l}^{K} f(x), \cdots, c_K f_K(x) - \sum_{j\neq K}^{K} f(x)\}$$

(5)根据分类函数判断样本的分类。

利用程序编程将基于云模型的多分类算法与多种数据分类方法进行比较。分类实验时，为避免样本类别数、样本点数和数据点的分布情况，以及训练采用不同测试样本和训练样本提取方法对比较结果的影响，保证实验的代表性和说服力，采用与其他分类方法相同的数据集和实验方法。所采用的数据集是 UCI 公共数据库的 Iris、Wine、Glass、Vowel 和 Letter 数据集。由于 Glass、Iris 和 Wine 样本数量较少，因此实验方法采用 LV1 法(Leave-One-Out)进行试验，实验步骤如下。

选择样本空间中的一个样本作为测试数据，其他样本为训练数据，做一次分类实验，遍历样本空间中的每一个样本，统计分类正确的实验次数在实验总数中的比例可得最终实验结果。Letter 样本较多，采用间隔法提取训练样本和测试样本，即奇数位置的样本为训练样本，偶数位置为测试样本，最后统计所有测试样本中的正确样本数在测试样本数中比例作为实验结果。

各数据集的具体描述与样本分布见表 4.1。

表 4.1　各数据集的具体描述与样本分布

数据集	属性数	类别数	样本总数	训练样本数	测试样本数
Iris	4	3	150	149	150
Wine	13	3	178	177	178
Glass	10	7	214	213	214
Vowel	10	11	528	527	528
Letter	16	26	20 000	10 000	10 000

对比的分类方法包括文献[6]中的五种多分类支持向量机法（一类对余类法、一对一分类法、二叉树法、纠错输出编码法、DAGSVM 方法）、文献[7,8]中的模糊规则提取方法和文献[9]的决策树分类方法。由于文献[6]中的方法都属于 SVM 方法范畴，因此在比较时选择其中实验效果最理想的方法值作为比较对象。在实验过程中，设置超熵 $He_j = 10^{-4} \sim 10^{-5}$，$En_j$ 的设置根据数据类型不同而不同，其值对分类结果的正确率影响较大，需进行逐步调试。本书算法与其他算法的比较结果见表 4.2。

表 4.2　本书算法与其他算法的比较结果

数据集	本书算法（正确率 $/En_i'$）	文献[6]中支持向量机方法	文献[7]中模糊规则集方法	文献[8]中模糊规则集方法	文献[9]中决策树方法
Iris	0.960/0.03	0.960	0.953 3	0.960	0.966 7
Wine	0.955/0.06	0.978	0.951 0	0.951	0.983 3
glass	0.931/0.008	—	—	—	0.726 9
Vowel	0.990/0.008	0.975	—	—	0.996 2
Letter	0.951/0.05	0.958	—	—	0.975 0

注：—表示文献没有进行该数据集的实验。

为测试本节提出的方法对不完整数据和含有噪声的数据分类能力，将 Wine 数据库中的 1 类去掉 10 组数据，缺失数据占总数据量的 18.87%，并在第一列上加载由 Matlab 中“wgn”产生的高斯白噪声，则第一列部分数据见表 4.2。实验方法仍采用 LV1 法进行分类，分类结果正确率为 90.75%>90%，因此本节的方法对不完整数据类数据的分类能力也具有一定的稳定性。

基于云模型有效地表达了论域的随机性和模糊性，本节讨论了基于云模型的多分类方法，提供了一种简单易行的多分类算法。从得到的分类函数上看，与采用高斯径向基核函数的支持向量机分类函数结构相同，证明了算法的合理性和有效性。但由于本书算法不需进行大规模的二次规划问题的求解，因此算法结构较支持向量机方法简单，且从实验结果上看，其准确性高，尤其对高维多分类问题的分类效果令人满意。由于算法考虑了各分类样本的数量对分类的影响，因此其具备了处理局部样本分布的优势，在分类样本数量相差较大时，算法仍能获得较高的分类准确性。

4.4 基于高斯混合模型的知识挖掘方法

本节以大型水轮发电机的选型设计为例，说明高斯混合模型进行造型曲线特征提取上的应用。

4.4.1 水轮机综合特性曲线特征抽取方法

在大型水轮机设计中，选型设计是整体设计的关键，但由于水轮机中流体运动的复杂性及其设计理论的不完善性，因此至今还必须用理论与实验相结合的方法进行其过流部分的设计。实验方法是基于水轮机设计的相似理论，在保证几何相似、流体运动相似和动力相似的条件下，将结构尺寸较大的原型水轮机按照一定的规则缩小成尺寸较小的模型水轮机，先对模型水轮机进行实验获得实验数据与结果，然后将实验数据与结果转至原型水轮机。水轮机实验数据是通过实验获得的模型水轮机在各工作状况下的参数，应用相似定律对实验数据进行分析计算可获得综合参数，最终绘成模型水轮机的综合特性曲线。一种型号的转轮对应一张综合特性曲线图，水轮机选型设计根据当前设计任务的电站特征参数，按设计水头从模型转轮库找出与当前设计电站相似的转轮型号，通过对这种型号的综合特性曲线进行分析即可确定该型号是否可用来完成设计过程。

对综合特性曲线的分析主要有两方面：一是应在曲线图上找出水轮机运行区域的正确位置；二是是判断运行区域是否合理。根据电站参数从综合特性曲线图中找到运行区域这一过程主要基于搜索算法检索到各个工况极限位置围成的区域。对于区域判断合理性这一过程，由于无法建立综合特性曲线与工况参数的关联模型，因此需要专家根据经验结合计算判断所选转轮的工况运行区域是否满足要求。这一过程不仅耗时，而且由于依赖专家自身经验的限制，因此判断过程可能引入人为错误。

1. 综合特性曲线图分析

水轮机模型转轮基于试验数据可绘制一幅综合特性曲线图，图4.16所示为水轮机模型转轮综合特性曲线，包括等效率线、等开度线、出力限制线和等空蚀系数线，这些曲线蕴含了模型转轮在一定工况区域内的综合运行性能。

综合特性曲线中每种类型曲线表达了其与转速和流量间的函数关系。例如，等效率曲线表达了效率与单位转速和单位流量间的函数关系，即

$$\eta_m = f(Q, n) \tag{4.13}$$

式中 η_m——模型转轮的效率；
Q——单位流量；
n——单位转速。

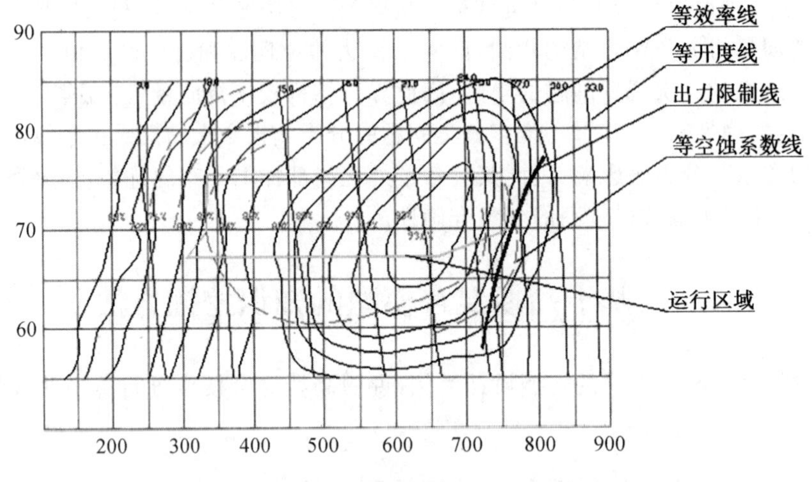

图 4.16 水轮机模型转轮综合特性曲线

综合特性曲线用等高线的方式表达了转轮的特性在水轮机流量与转速构成的区域上的分布状况，它们是三维体的迹。例如，转轮等效率曲线其实是一组曲线族，由 n 条等高线组成，即

$$\eta_m=\{\eta_i \mid n=y_i(Q)\}, \quad i=1,\cdots,n \tag{4.14}$$

模型转轮的综合特性曲线是企业进行选型设计的主要依据。企业目前的做法是将已经成功应用到电站中的模型转轮所对应的电站参数存储起来，如设计水头、水头范围与装机容量等。进行新设计时，根据新电站参数到转轮库查找与相似历史电站参数所对应的转轮型号，基于该转轮所对应的综合特性曲线进行新电站工况运行区域校核，以验证该模型转轮上的运行工况效率、空蚀性能、稳定性、飞逸转速是否合理。这种方法局限性较大，有些转轮由于没有较多的应用案例，即使在当前设计中具有很好的性能，也不会被选用，因此如果能够根据转轮综合特性曲线所蕴含的特征进行检索，将能够最大范围地选取高性能的转轮进行选型设计。

2. 综合特性曲线特征抽取

进行综合特性曲线特征抽取时，需要将每种类型综合特性曲线分别进行特征提取。由于综合特性曲线是一组等高线，因此如果每条等高线都进行特征抽取，势必造成较多的特征参数量。由等高线表达的三维曲面的连续性可以推出，两条等高线高程值的差异较小时，它们之间的差异（形状和大小）也较小。等高线的形状与两条相邻等高线的形状具有一定的相似性，可通过两条等高线加权获得。由于进行转轮检索时，设计人员通常只关心高性能区的区域性特征，因此在进行特征抽取时本书只选择部分特性曲线。

曲线特征抽取通过算法将表达曲线形状的特征参数抽取出来，可通过这些参数重建曲线形状特征。本书采用 Figueiredo 高斯混合模型的无监督分类方法进行单个曲线的区间划分。这里以图 4.17 所示水轮机模型中的效率曲线为例，进行 64%～93%效率曲线特征的提取。效率曲线的高斯模型特征如图 4.18 所示。

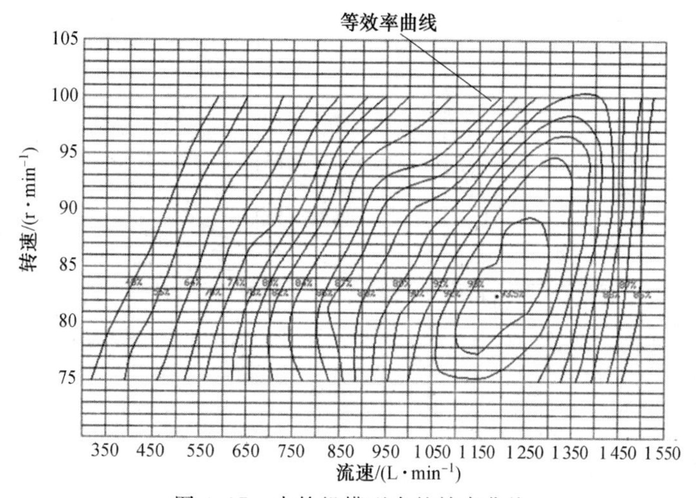

图 4.17 水轮机模型中的效率曲线

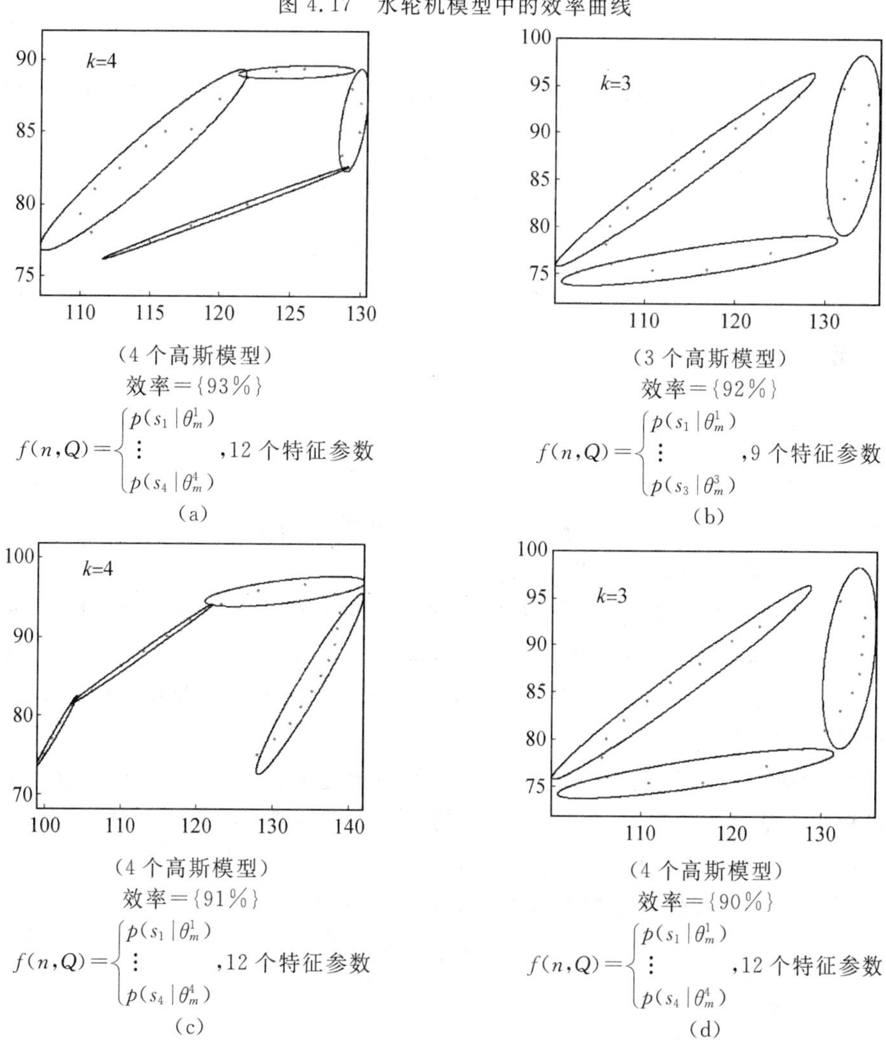

图 4.18 效率曲线的高斯模型特征

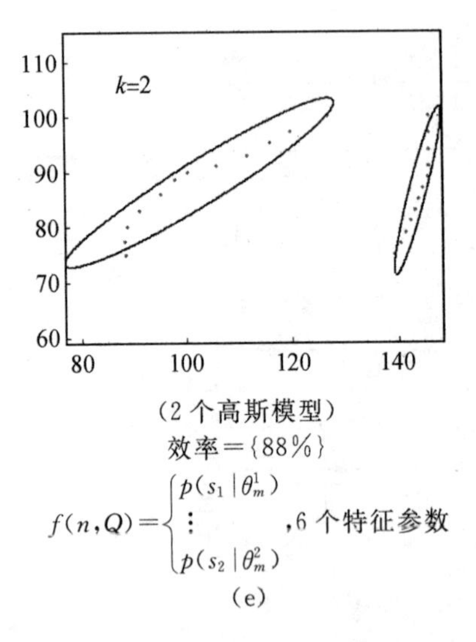

（2 个高斯模型）

效率＝{88%}

$$f(n,Q)=\begin{cases}p(s_1\mid\theta_m^1)\\ \vdots\\ p(s_2\mid\theta_m^2)\end{cases}\text{，6 个特征参数}$$

(e)

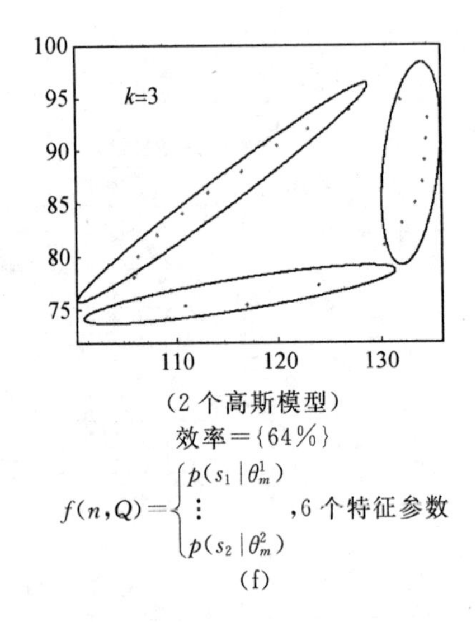

（2 个高斯模型）

效率＝{64%}

$$f(n,Q)=\begin{cases}p(s_1\mid\theta_m^1)\\ \vdots\\ p(s_2\mid\theta_m^2)\end{cases}\text{，6 个特征参数}$$

(f)

续图 4.18

所有特征参数都存储到数据库中后，本书支持用户关于特征参数的效率曲线检索和对比过程。每条效率曲线可采用下式进行重建，即

$$f(n,Q)=\begin{cases}\dfrac{1}{2\pi\sigma_1^1\sigma_2^1}\mathrm{e}^{-\frac{1}{2}\left[\left(\frac{n-\mu_1^1}{\sigma_1^1}\right)^2+\left(\frac{n-\mu_2^1}{\sigma_2^1}\right)^2\right]}\\ \dfrac{1}{2\pi\sigma_1^2\sigma_2^2}\mathrm{e}^{-\frac{1}{2}\left[\left(\frac{n-\mu_1^2}{\sigma_1^2}\right)^2+\left(\frac{n-\mu_2^2}{\sigma_2^1}\right)^2\right]}\\ \vdots\\ \dfrac{1}{2\pi\sigma_1^3\sigma_2^3}\mathrm{e}^{-\frac{1}{2}\left[\left(\frac{n-\mu_1^3}{\sigma_1^3}\right)^2+\left(\frac{n-\mu_2^3}{\sigma_2^3}\right)^2\right]}\end{cases}\tag{4.15}$$

【定义 4.5】 给定曲线函数 $f_1(x)$、$f_2(x)$，称 $d(f_1,f_2)=\int_{c_0}^{c_1}|f_1(x)-f_2(x)|\,\mathrm{d}x$ 为两个函数之间的距离，$[c_0,c_1]$为函数的定义域。如果对于给定的值 ε，$d(f_1,f_2)\leqslant\varepsilon$，则称 $f_1(x)$与 $f_2(x)$相似；否则，称它们不相似。

进行水轮机综合特性曲线相似检索时，基于式(4.12)建立的曲线模型，设计人员通常只对两个曲线模型的几个流量点和几个转速范围内检查效率曲线，即在$[c_0,c_1]$中选取若干点进行相似度比较，应用上述公式可获得不同转轮在相同效率处曲线的相似性。

3. 运行区域的确定

模型综合特性曲线图中运行工况区域根据等效率曲线进行确定，具体依据图中效率与流量的积等于给定值的点确定为当前模型转轮工况点的真实位置。具体过程如下。

给定最大水头$H_{\max}$、设计水头H_r 与最小水头$H_{\min}$工况下对应的参数：出力P_i、水头H_i 与转轮直径D_1，则在任一工况点i，则水轮机出力为

$$P_i=9.81\eta_iH_iQ'_{1i}D_1^2\sqrt{H_i}\tag{4.16}$$

式中 η_i——工况点效率；

Q'_{1i}——工况点单位流量。

工况点单位转速 n_i' 为

$$n_i' = nD_1/\sqrt{H_i} \tag{4.17}$$

式中 n——给定的额定转速。

由式(4.16)与式(4.17)可知，在给定工况参数 P_i、H_i 与 D_1 的情况下，得到 $\eta_{i0}\times Q_{i0}'$ 与工况点单位转速 n_{i0}'。以 $n_i'=n_{i0}'$ 为纵坐标作水平线，称为单位转速线；以 Q_i' 为横坐标作垂直线，称为单位流量线。两条线交单位转速线于 η_i。

当满足条件

$$\eta_i \times Q_i' = \eta_{i0}\times Q_{i0}' \tag{4.18}$$

时，综合特性曲线图上的当前点（$\eta_i\times Q_i'$，n_i'）即水轮机正确的运行工况点（$\eta_{i0}\times Q_{i0}'$，n_{i0}'），从而确定出工况点各性能参数进行运行区域判定。由于 $\eta_{i0}\times Q_{i0}'$ 为基于给定电站参数工况参数 P_i、H_i 与 D_1 的情况下得到的固定值，效率值 η_i 在效率最高点的左侧和右侧分别是递增和递减，因此本书按照左右两侧分别进行边缘工况点的搜索。在左侧搜索时，由于 Q 和 η 都递增，因此可通过比较多组效率曲线快速找到交点 η_i 可能位于两等效率圈 η_{i-1} 与 η_{i+1} 之间，且 $\eta_{i-1}<\eta_i<\eta_{i+1}$。运行区域工况点如图 4.19 所示。

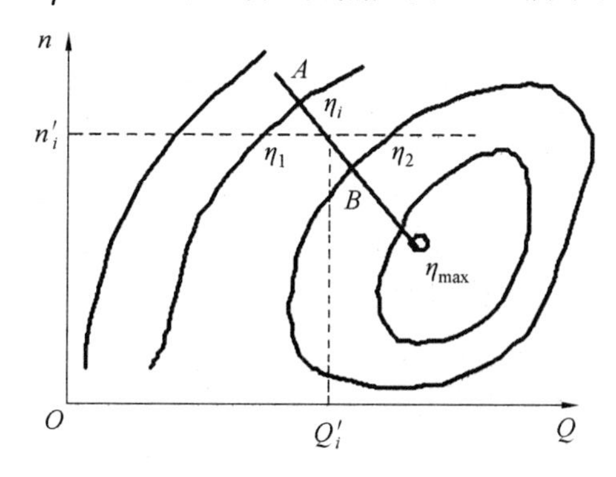

图 4.19 运行区域工况点

根据相邻等高线的形状相似性变化规律可知，设两相邻等高线为 $\eta_{i-1}(n,Q)$ 和 $\eta_{i+1}(n,Q)$，位于等高线 η_{i-1}、η_{i+1} 高程之内的任一中间等高线为 $\eta_i(n,Q)$，可表达为

$$\eta_i(n,Q) = W\eta_{i-1} + W'\eta_{i+1} \tag{4.19}$$

式中 W、W'——权函数。

将式(4.18)代入可得

$$(W\eta_{i-1} + W'\eta_{i+1})\times Q = \eta_{i0}\times Q_{i0}' \tag{4.20}$$

为获得最左边的工况点，应使 $\frac{\partial Q}{\partial W}=0$ 和 $\frac{\partial Q}{\partial W'}=0$，获得满足约束条件的最左点，即

$$(\eta_{i-1}(n,Q) + W'\eta_{i+1}(n,Q))\times Q = 0 \tag{4.21}$$

$$(W\eta_{i-1}(n,Q) + \eta_{i+1}(n,Q))\times Q = 0 \tag{4.22}$$

由于上式中 $\eta_i=\eta_{i0}$，因此通过式(4.19)、式(4.20)和式(4.21)联立获得 W、W' 和 Q 值。水轮机模型转轮运行工况如图 4.20 所示，图中的线框内部为模型转轮在该工况下的运行区域。

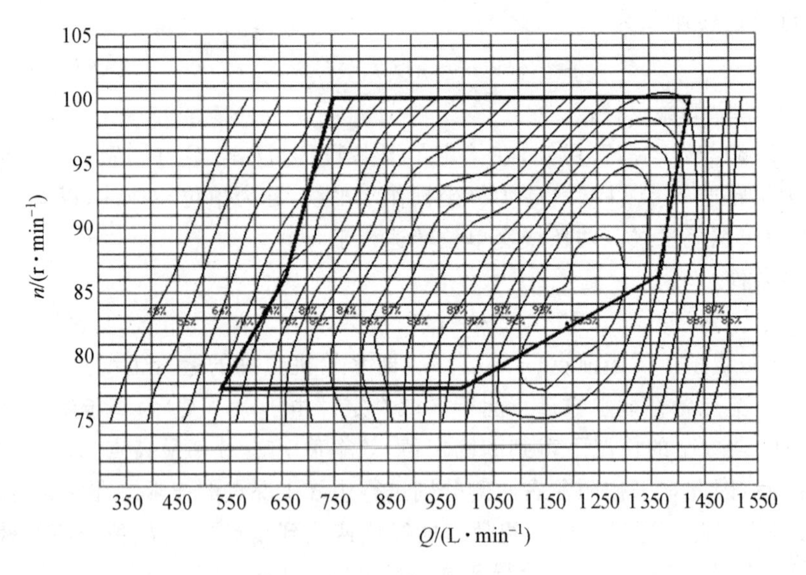

图 4.20 水轮机模型转轮运行工况

4.4.2 基于特性曲线特征的选型综合评价方法

获得了转轮基于新电站运行区域后，需要专家根据经验结合计算判断所选转轮的工况运行区域是否满足要求，从符合要求的转轮中选择出最优的转轮。但是由于水轮机水流运动过程的复杂性，因此水轮机的转速 n、流量 Q 与水头 H、出力 P 和效率 η 之间只能建立广义数学模型，无法建立优化目标函数。通常水轮机设计专家的经验是希望工况区域内的平均效率($\bar{\eta}$)越高，平均等开度值($\bar{o}$)越低，平均空蚀系数($\bar{\sigma}$)转轮在运行区域内的性能越好。此外，区域内的各个参数应当不超过阈值(阈值根据水轮机的型号有确定的参数范围)。因此，当各个参数都超过阈值时，通过如下表达式判断转轮的优越性，即

$$\lambda(\bar{\eta},\bar{o},\bar{\sigma})=w_1\frac{1}{\bar{\eta}}+w_2\frac{1}{\bar{o}}+w_3\frac{1}{\bar{\sigma}} \tag{4.23}$$

式中 $\bar{\eta}$——平均效率；

$\bar{o}$——平均开度；

$\bar{\sigma}$——平均空蚀系数。

由于综合特性曲线是一组等高线，因此运行区域内的平均效率是工况运行区域所覆盖特性曲线组成的三维表面覆盖的区域体积与水轮机模型转轮运行工况围成区域面积的比值，即

$$\bar{\eta}=\frac{\bar{V}_\eta}{S_\eta},\bar{o}=\frac{\bar{V}_o}{S_o},\bar{\sigma}=\frac{\bar{V}_\sigma}{S_\sigma} \tag{4.24}$$

采用蒙特卡洛法求解运行工况中特性等高线所围成的曲面覆盖区域体积。在计算过程中，为保证较高精度，需要加密等高线。上节已经建立了若干特性曲线的方程，根据式(4.23)不断在两条等高线之间新增等高线，此时式(4.19)中的 $W=W'=0.5$。由于工况区域特性曲线的投影面积较容易计算，因此此处不再详述。

当给定某电站参数最大水头 $H=43.90\ \mathrm{m}$，转轮直径 $D_1=6.85\ \mathrm{m}$，出力 $N=122\ \mathrm{MW}$ 时，在图 4.21 中选型界面总中输入电站参数，通过在图 4.22 中设定特性曲线的显示分辨率，显示从库中检索到的综合特性曲线和工况运行区域。系统根据给定电站参数在库中查询适合当前电站参数的模型转轮，当查询到一组模型转轮后，系统根据设定的阈值在库中基于曲线几何特征查询三组曲线相似的模型转轮，效率曲线对应的工况区域和平均效率见表 4.3。按照评价公式即式(4.23)进行计算，第 1 组综合特性曲线中平均效率较高，因此其效率特性更好，这与水轮机设计专家选型设计结果是相符合的。

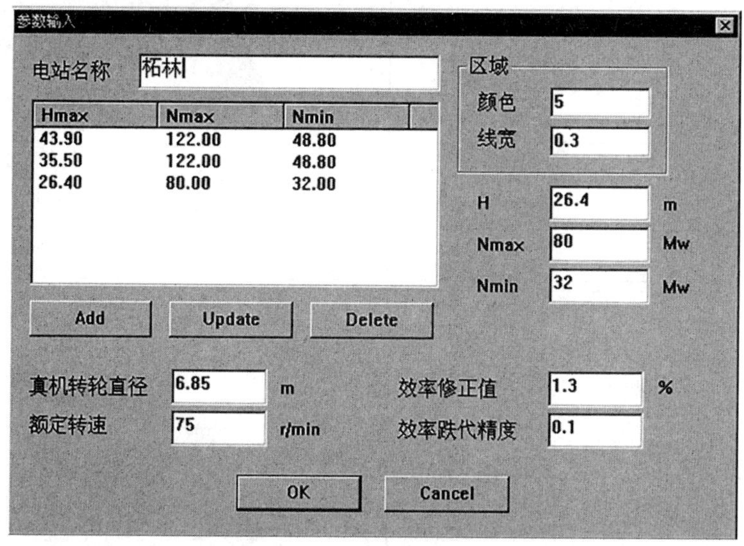

图 4.21 转轮检索界面

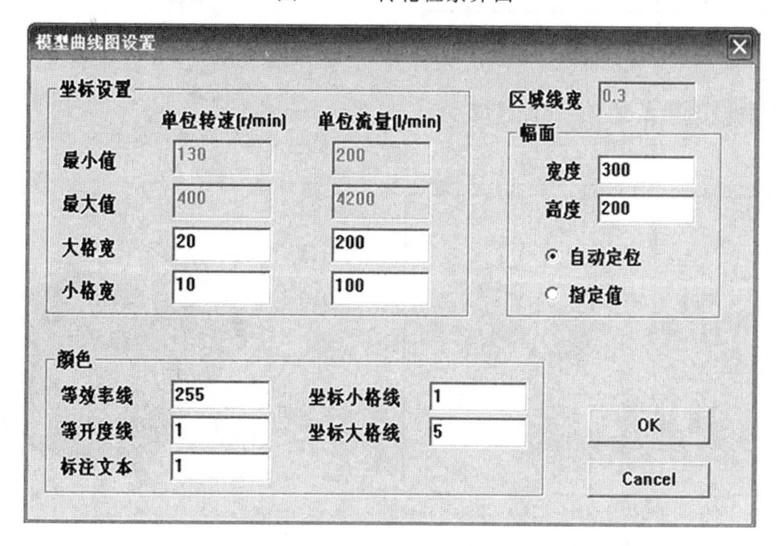

图 4.22 模型曲线显示设置

表 4.3　效率曲线对应的工况区域和平均效率

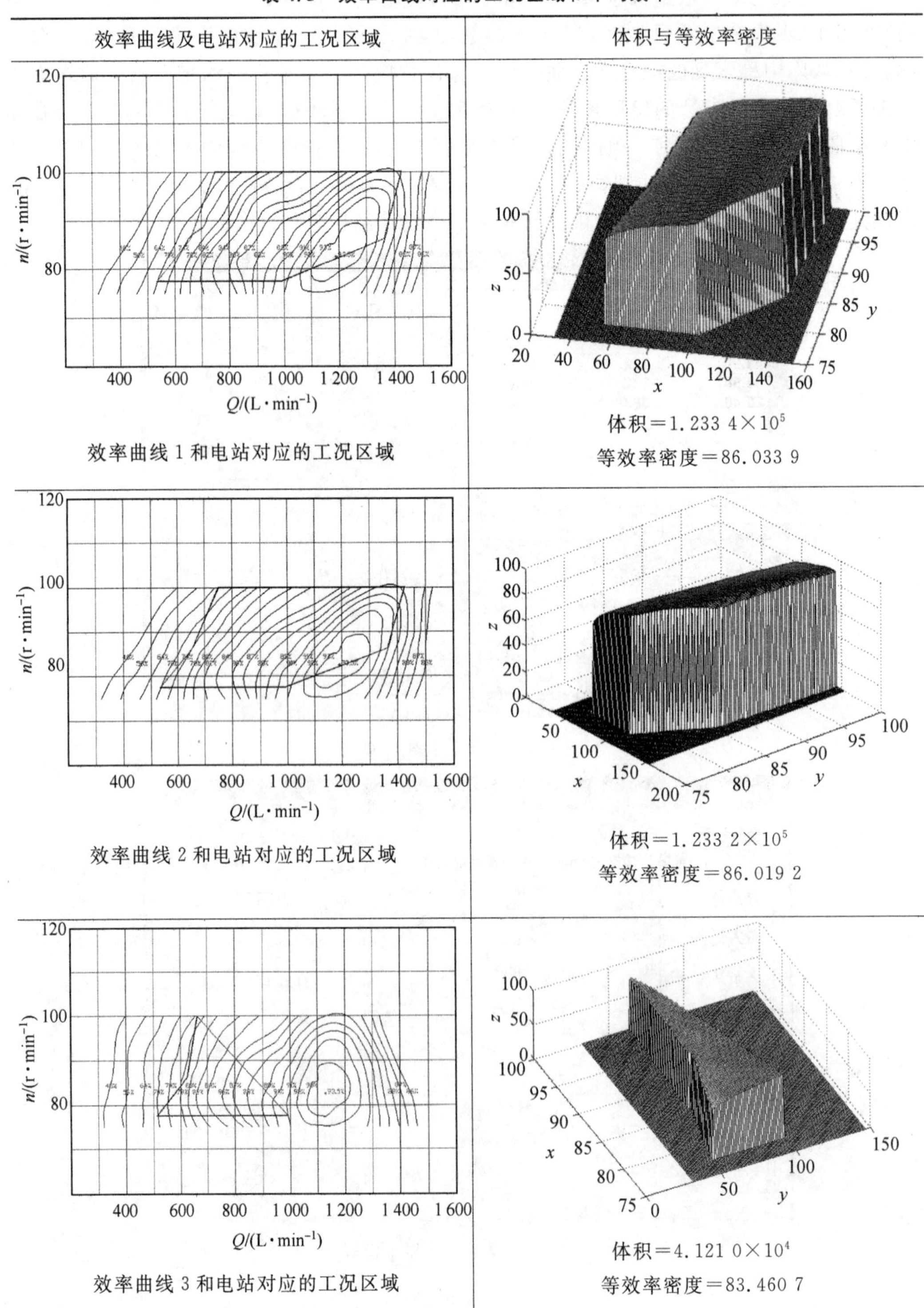

效率曲线及电站对应的工况区域	体积与等效率密度
效率曲线 1 和电站对应的工况区域	体积＝1.233 4×10^5 等效率密度＝86.033 9
效率曲线 2 和电站对应的工况区域	体积＝1.233 2×10^5 等效率密度＝86.019 2
效率曲线 3 和电站对应的工况区域	体积＝4.121 0×10^4 等效率密度＝83.460 7

综上，本节提出的方法能够进行正确的选型设计。采用本书方法在库内搜索和评价模型转轮曲线用时不到 1 min，而专家在库内调出一张模型转轮曲线并进行判断的时间要约 2 min，其效率优势随库内转轮曲线的增加而不断增大。

水轮机选型设计是水轮机设计中最重要的一部分。水轮机设计的基础理论是相似理论，但是由于水轮机中水流运动过程的复杂性，因此目前水轮机的基本理论还不够完善，不能准确地反映水轮机的全部工作过程，故主要用试验的方法鉴定水轮机特性。但是这种方法主要靠专家根据电站参数从库中找到与当前电站参数相似的应用案例对应的模型转轮，这种方法设计效率低并且严重制约了模型转轮的应用范围。本节基于图形特征理论，获得模型转轮的综合特性曲线的几何相似性，支持基于曲线几何特征的模型转轮的检索，大大扩大了模型转轮的检索范围，充分利用了企业的历史知识。

4.5 基于过程模糊规则的隐含知识挖掘方法

对于考虑时间累积效应的知识挖掘问题，由于传统模型(如人工神经网络)的输入与输出均为离散点，未考虑时间累积效应，因此难以准确描述装备的性能衰退规律。过程神经网络(Process Neural Network，PNN)由一系列过程神经元组成，具有时间累积算子，考虑了时间累积效应。过程神经元与传统人工神经元结构类似，但有两方面的区别：一是过程神经元的输入为连续函数，而传统人工神经网络的输入为离散点；二是过程神经元同时具有空间聚合算子和时间累积算子，而传统的神经元只有空间聚合算子。时间累积算子和空间聚合算子一般为积分和加法运算。PNN 模型使用时间连续函数模拟生物神经元的持续输入，所以使用 PNN 模型预测发动机性能衰退状态时考虑了性能衰退过程的时间累积效应。PNN 模型对于航空发动机的性能参数预测问题有较好的适应性。

PNN 由一系列过程神经元组成，每个过程神经元包括积分、加法及激活函数等运算。因此，当 PNN 模型结构复杂时，其训练过程的复杂度变高，尤其是当 PNN 模型有多个输入函数时，其复杂度更高。同时，PNN 模型往往使用连续函数作为输入，离散点作为输出，当 PNN 的输入与输出均为连续函数时，其训练过程会更加复杂。相对于神经网络模型，Takagi－Sugeno(TS)模型直观且结构简单，因此本节在 TS 模型的基础上进行改进，提出过程模糊规则(Process Fuzzy Rule，PFR)模型。其中，“过程”表示模型的输入和输出均为连续函数；“模糊规则”是指该模型是基于 TS 模糊规则模型进行改进的。

4.5.1 过程模糊规则模型

PFR 模型是对传统 TS 模型的改进，因此在给出 PFR 模型的定义前，首先介绍传统 TS 模型，其由一系列如下形式的模糊规则组成，即

$$R_h: \text{If } x_1 \text{ is } A_h^1 \text{ and } \cdots \text{ and } x_p \text{ is } A_h^p$$
$$\text{Then } y_h = a_0^h + a_1^h x_1 + \cdots + a_p^h x_p, \quad h = 1, 2, \cdots, c$$

式中 R_h——第 h 条模糊规则；

$x_1, x_2, \cdots, x_p$——p 个输入变量；

y_h——第 h 条模糊规则的输出，为输入变量的线性组合；

c——模糊规则的数目。

对于每条模糊规则，If 部分为规则前件，Then 部分为规则后件。若使用 TS 模型进行航空发动机的性能衰退状态预测，则模型输入 $x_1,x_2,\cdots,x_p$ 表示该发动机前 p 个飞行循环的性能衰退状态，y_h 表示第 h 个模糊规则对第 $p+1$ 个飞行循环性能衰退状态的预测，$A_h^1,\cdots,A_h^p$ 表示 p 个输入性能衰退状态的模糊集合，如"大"或"小"等，各个模糊集合有其隶属度函数。单个模糊规则还可以描述为如下的向量形式，即

$$R_h:\text{If}[x_1,x_2,\cdots,x_p]\text{is }A_h$$

$$\text{Then }y_h=\sum_{k=0}^{p}a_k^h x_k,\quad h=1,2,\cdots,c;x_0=1$$

式中 $[x_1,x_2,\cdots,x_p]$——p 维性能衰退状态向量；

A_h——具有多维隶属度函数的模糊集合，因为其自变量是多维向量。

TS 模糊规则模型的输出是将所有模糊规则的后件输出进行综合后得到的，即

$$o=(\sum_{h=1}^{c}\omega_h y_h)/\sum_{h=1}^{c}\omega_h$$

式中，$\omega_h=\prod_{k=1}^{p}A_h^k(x_k)$ 或 $\omega_h=\min\limits_{k=1,\cdots,p}(A_h^k(x_k))$ 表示第 h 条模糊规则的激活度；$A_h^k(x_k)$ 是第 k 个输入对第 h 条模糊规则的隶属度。通常，定义 $u_h=\omega_h/\sum_{j=1}^{c}\omega_j$ 为向量 $[x_1,x_2,\cdots,x_p]$ 输入模型时第 h 条模糊规则的规范化激活度。因此，TS 模型的输出为 $o=\sum_{h=1}^{c}u_h y_h$，为 TS 模型对发动机未来飞行循环性能衰退状态指标值的估计。对于 TS 模型，每条模糊规则描述复杂非线性映射关系的局部线性特征，TS 模型则将多条模糊规则的结果综合后，描述发动机性能衰退规律的非线性映射。

传统 TS 模型的输入与输出均为离散点，而 PFR 模型的输入与输出均为连续函数。PFR 模型同样由一系列形式相似的模糊规则组成，具体为

$$R_h:\text{If }x_1(t)\text{ is }A_h^1\text{ and }x_2(t)\text{ is }A_h^2\text{ and }\cdots\text{ and }x_p(t)\text{is }A_h^p$$

$$\text{Then }y_h(t)=f_h(\overrightarrow{x(t)})=a_0^h+a_1^h x_1(t)+a_2^h x_2(t)+\cdots+a_p^h x_p(t),\quad h=1,2,\cdots,c$$

或

$$R_h:\text{If}[x_1(t),x_2(t),\cdots,x_p(t)]\text{is }A_h$$

$$\text{Then }y_h(t)=\sum_{k=0}^{p}a_k^h x_k(t),\quad h=1,2,\cdots,c;x_0(t)=1$$

式中，各个符号的意义与传统 TS 模型相似，只是输入与输出均为连续函数，即 $x_k(t)$，$y_h(t)\in C[a,b](k=1,\cdots,p)$。其中，$C[a,b]$ 表示定义在 $[a,b]$ 上的连续函数空间。若将 PFR 模型应用于航空发动机的性能衰退状态预测，则模型输入 $\boldsymbol{X}(t)=[x_1(t),x_2(t),\cdots,x_p(t)]$ 表示 p 个历史性能衰退状态的连续函数，其中每个连续函数由若干连续时刻的性能衰退状态指标值拟合得到，模型输出 $y_h(t)$ 是第 h 个模糊规则估计得到的未来性能衰退状态的连续函数。对于 PFR 模型的输出，其计算方法与 TS 模型相同，即

$$o(t)=\sum_{h=1}^{c}u_h y_h(t)$$

式中 u_h—— 第 h 条规则的规范化激活度；

$o(t)$——PFR 模型的输出，是未来性能衰退状态预测值拟合得到的连续函数。

生成 TS 模型需要两步，即结构辨识与参数辨识。PFR 模型与之相同，结构辨识用于确定模糊规则的数目和输入；参数辨识包括前件与后件参数辨识，用于确定 PFR 模型的参数。其中，前件参数辨识用于获得各模糊规则对输入的激活度 $u_h(h=1,2,\cdots,c)$；后件参数辨识用于确定各模糊规则后件的线性函数，即确定参数 $a_k^h(k=0,1,\cdots,p)$ 的值。

4.5.2 过程模糊规则模型的前后件参数辨识

1. 过程模糊规则模型的前件参数辨识

模糊聚类算法是前件参数辨识的有效方法。其原理是，如果存在一条将输入映射到输出的模糊规则，那么就存在一个对应的模糊聚类，因此模糊规则的数目等于模糊聚类的数目。前件参数辨识的目的是获得各模糊规则对各输入向量的激活度，由于模糊规则等价于模糊聚类，因此模糊规则 R_h 对输入向量 $X(t)$ 的激活度可由该输入向量对该模糊规则对应模糊聚类的隶属度 $u_h(X(t))$ 表示。

本节采用一种关系聚类算法 ——ARCA(Any Relation Clustering Algorithm) 代替传统的模糊 C 均值(FCM) 聚类算法，以降低计算的复杂度。在进行模糊聚类之前，还需解决一些问题，如距离的定义、连续函数的表示等。具体细节将在以下四个部分描述。

(1) 函数向量的距离。

模糊聚类算法中的关键之一是距离的计算。对于 PFR 模型，其第 i 个输入向量 $\boldsymbol{X}^i(t)=[x_1^i(t),x_2^i(t),\cdots,x_p^i(t)](t\in[a,b])$ 为 p 维函数向量，在航空发动机性能衰退状态预测中，$x_1^i(t),x_2^i(t),\cdots,x_p^i(t)$ 为该发动机历史性能衰退状态指标值拟合得到的 p 个连续函数。因为向量 $\boldsymbol{X}^i(t)$ 的元素均为连续函数，所以输入空间是一个由所有 p 维函数向量组成的函数向量空间，模糊聚类算法便是在该空间中执行，其中 p 维函数向量空间中的距离计算公式为

$$\rho(X^1(t),X^2(t))=\sum_{k=1}^{p}\|x_k^1(t)-x_k^2(t)\|_2=\sum_{k=1}^{p}\left(\int_a^b|x_k^1(t)-x_k^2(t)|^2\mathrm{d}t\right)^{1/2} \tag{4.25}$$

聚类算法中的距离需是一个度量，因此要满足非负性、对称性和三角不等式。该距离显然满足非负性和对称性，对于三角不等式，可使用 Minkowski 不等式证明。设 $f,g\in L^p(E)$，$p\geqslant 1$，则 $\|f+g\|_p\leqslant\|f\|_p+\|g\|_p$。其中，$L^p(E)$ 表示由所有 p 幂可积函数组成的空间，即 $\|f\|_p=\left(\int_E|f|^p\mathrm{d}\mu\right)^{1/p}<\infty$，$\|\cdot\|_p$ 表示 p 范数。当 $p=2$ 时，其转换为式(4.25) 中的 2－范数。需要注意的是，$L^p(E)$ 中的 p 表示范数，而式(4.25) 中的 p 表示输入函数的个数。$C[a,b]$ 是 $L^p[a,b]$ 的子空间，因此

$$\rho(X^1(t),X^2(t))=\sum_{k=1}^{p}\|x_k^1(t)-x_k^2(t)\|_2=\sum_{k=1}^{p}\|[x_k^1(t)-x_k^3(t)]+[x_k^3(t)-x_k^2(t)]\|_2$$

$$
\begin{aligned}
&\leqslant \sum_{k=1}^{p}(\| x_k^1(t)-x_k^3(t)\|_2+\| x_k^3(t)-x_k^2(t)\|_2)\\
&=\sum_{k=1}^{p}\| x_k^1(t)-x_k^3(t)\|_2+\sum_{k=1}^{p}\| x_k^3(t)-x_k^2(t)\|_2\\
&=\rho(X^1(t),X^3(t))+\rho(X^3(t),X^2(t))
\end{aligned}
\tag{4.26}
$$

即该距离满足三角不等式，因此其是一种度量，可用于模糊聚类。

(2) 连续函数的表示。

PFR 模型的输入与输出均为连续函数，但通常无法获得其解析形式，连续函数一般由其最佳逼近元表示，最常用的方法是最小二乘逼近法。在最小二乘逼近法中，首先需要根据连续函数的特征选择数学模型，其中最常用的是多项式模型。根据 Weierstrass 逼近定理，定义在$[a,b]$上的连续函数 $f(t)$ 可以由一个 n 阶多项式函数 $p(t)$ 来逼近，即对 $\forall\varepsilon>0$，必存在多项式 $p(t)$，使得对 $t\in[a,b]$，有 $|f(t)-p(t)|<\varepsilon$。该定理说明，多项式能够以任意精度逼近任一连续函数，因此本章使用多项式模型表示连续函数。

本节以航空发动机性能衰退状态预测作为工程案例对 PFR 模型应用进行说明。在航空发动机性能衰退状态预测中，每个输入函数向量 $\boldsymbol{X}^i(t)$ 中的某一元素是一个连续函数 $x_k(t)(k=1,\cdots,p)$，其由若干连续时刻的性能衰退状态指标值，按照 n 阶多项式拟合得到。PFR 模型的输出 $o(t)$ 也是 n 阶多项式，若要预测某个飞行循环的发动机性能衰退状态指标值，则只需确定其飞行循环数 t，代入模型输出的多项式 $o(t)$ 即可计算得到。

(3) 关系聚类算法。

模糊聚类算法有多种，其中 FCM 算法是最常用的。FCM 算法通过迭代方式生成模糊聚类。因此，如果在函数向量空间中直接执行 FCM 算法，则需要大量函数向量之间距离的计算。根据式(4.25)可知，函数向量之间距离计算的复杂度高于数值向量之间距离计算的复杂度。ARCA 算法首先将函数向量转换为数值向量，然后进行模糊聚类，属于数值向量计算，降低了计算复杂度。因此，使用 ARCA 算法代替 FCM 算法进行模糊聚类。

ARCA 算法可用于任一关系矩阵，且能保证所有的收敛条件。算法的第 1 步是基于函数向量之间的距离生成新的数值向量，第 2 步是利用 FCM 算法对这些数值向量进行聚类。这样，在聚类过程中计算距离时，只需要计算数值向量之间的距离。ARCA 已经在一些公共数据集上测试，并且其结果可与最稳定的关系聚类算法相当。

在航空发动机性能衰退状态预测中，在执行 ARCA 算法时，参与模糊聚类的数据是所有发动机历史性能衰退状态的函数向量 $\boldsymbol{X}^i(t)(i=1,\cdots,m)$ 的集合，共有 m 个样本，第 i 个样本是一个函数向量 $\boldsymbol{X}^i(t)=[x_1^i(t),x_2^i(t),\cdots,x_p^i(t)],t\in[a,b]$，其中 $x_1^i(t),x_2^i(t),\cdots,x_p^i(t)$ 为某发动机历史性能衰退状态指标值拟合得到的 p 个连续函数，本章称为发动机性能衰退状态函数向量，简称状态函数向量 $\boldsymbol{X}^i(t)(i=1,\cdots,m)$。通过调用式(4.25)计算所有状态函数向量两两之间的距离，然后将第 i 个状态函数向量表示为 $\mathbf{R}^m$ 空间中的数值向量 $\boldsymbol{X}_i=[s_{i1},s_{i2},\cdots,s_{im}]$，称为发动机性能衰退状态数值向量，简称状态数值向量 $\boldsymbol{X}_i(i=1,\cdots,m)$，其中 s_{ij} 表示当前状态函数向量 $\boldsymbol{X}^i(t)$ 与第 j 个状态函数向量 $\boldsymbol{X}^j(t)$ 的距离，即 $s_{ij}=\rho(\boldsymbol{X}^i(t),\boldsymbol{X}^j(t))$。因此，函数向量空间中的发动机状态函数向量便转换为数值向量空间

$\mathbf{R}^m$ 中的状态数值向量，然后通过在 $\mathbf{R}^m$ 空间中执行 FCM 算法，便可获得模糊聚类结果。发动机性能衰退状态函数向量的 ARCA 聚类步骤如图 4.23 所示。

如图 4.23 所示，m 个发动机状态函数向量参与聚类，首先根据式(4.25) 计算两两之间的距离，然后将其转换为 $\mathbf{R}^m$ 空间中的发动机状态数值向量。转换得到的数值向量可代表原始的发动机状态函数向量，最后在 $\mathbf{R}^m$ 空间执行 FCM 算法对发动机的状态数值向量聚类。ARCA 的过程如下，设有 c 个模糊聚类，ARCA 最小化的目标函数是

$$J_n(\boldsymbol{U},\boldsymbol{v})=\sum_{i=1}^{m}\sum_{h=1}^{c}(u_h^i)^n(d_h^i)^2,\quad n>1 \tag{4.27}$$

约束条件为

$$\sum_{h=1}^{c}u_h^i=1,\quad i=1,\cdots,m;u_h^i\in[0,1]$$

式中 $\boldsymbol{U}$—— 划分矩阵，$\boldsymbol{U}=[u_h^i]_{m\times c}$；

$\boldsymbol{v}$—— 模糊聚类中心矩阵，$\boldsymbol{v}_h$ 表示第 h 个模糊聚类中心的向量，$\boldsymbol{v}=[\boldsymbol{v}_1,\boldsymbol{v}_2,\cdots,\boldsymbol{v}_c]$；

c—— 聚类数目；

m—— 样本数目，即发动机状态数值向量的数目；

n—— 模糊系数，一般等于 2；

u_h^i—— 第 i 个样本对第 h 个模糊聚类的隶属度；

d_h^i—— $\mathbf{R}^m$ 空间中第 i 个发动机的状态数值向量 $\boldsymbol{x}_i$ 与第 h 个模糊聚类中心 $\boldsymbol{v}_h$ 之间的欧氏距离。

模糊聚类中心计算为

$$\boldsymbol{v}_h=\sum_{i=1}^{m}(u_h^i)^n\boldsymbol{x}_i/\sum_{i=1}^{m}(u_h^i)^n,\quad h=1,\cdots,c \tag{4.28}$$

隶属度函数计算为

$$u_h^i=1/\sum_{j=1}^{c}\left(\frac{d_h^i}{d_j^i}\right)^{2/(n-1)} \tag{4.29}$$

对航空发动机的状态函数向量聚类，使用 ARCA 比直接使用 FCM 的计算复杂度低，两个方法计算复杂度的对比如下。如图 4.23 所示，ARCA 算法只需在步骤 2 中计算一次发动机状态函数向量两两之间的距离，而如果将 FCM 直接用于发动机的状态函数向量，则聚类过程中每一次迭代都需要多次计算状态函数向量之间距离，ARCA 与 FCM 的对比如图 4.24 所示。

两种方法在模糊聚类过程中有相似的迭代步骤，其区别在于迭代步骤中距离的计算。图 4.24 左侧的方框展示了模糊聚类中的一步迭代，只有在计算隶属度 u_h^i 时需计算距离。因此，模糊聚类方法的计算复杂度主要取决于 u_h^i 的计算复杂度，其通过计算 d_j^i 得到。在 ARCA 中，d_j^i 是计算一个数值向量的模，其基本运算是 $(s_{ik}-v_{jk})^2(k=1,\cdots,m)$，只包括一个减法和一个乘法运算。在 FCM 算法中，d_j^i 是在函数向量空间中直接计算，其基本运算是连续函数的 2－范数(如图 4.24 中下面的虚线方框所示)，其包括积分运算。为简化计算，在计算复杂度的比较中只考虑乘法运算。对于 ARCA，在 d_j^i 中有 m 个乘法运算。对于 FCM 算法，需要计算 p 次 2－范数。根据前面所述，连续函数表示为 n 次多项

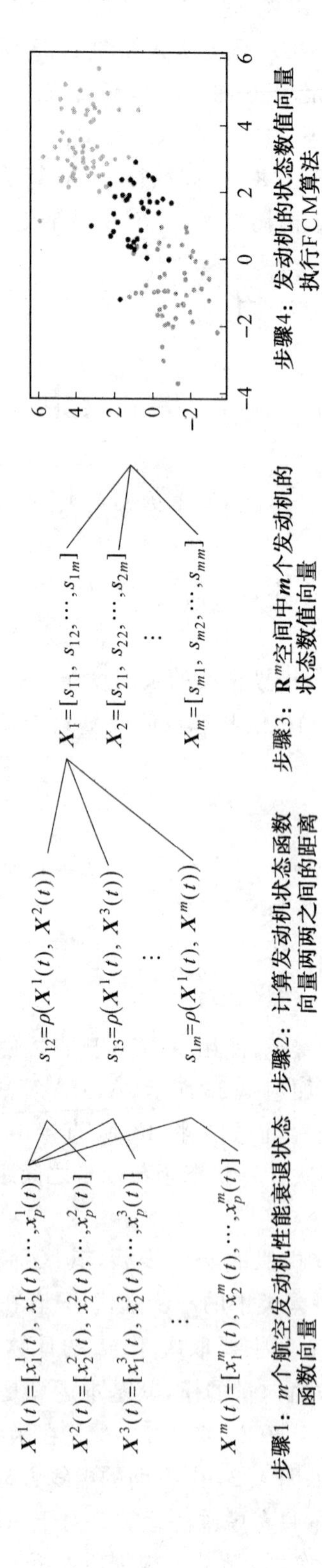

图4.23 发动机性能衰退状态函数向量的 ARCA 聚类步骤

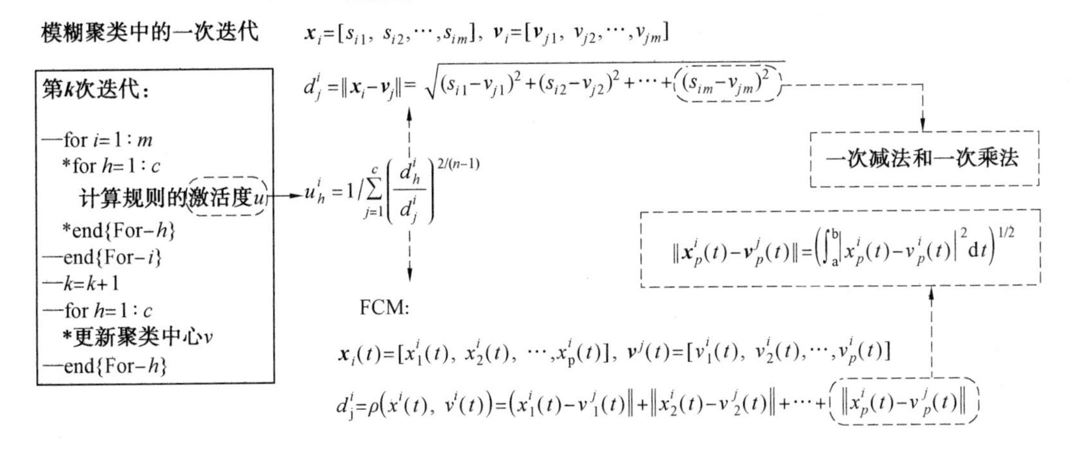

图 4.24　ARCA 与 FCM 的对比

式，因此 2－范数可按下式计算，即

$$\begin{aligned}\int_a^b |x_k^i(t)-v_k^i(t)|^2\mathrm{d}t &= \int_a^b f(t)f(t)\mathrm{d}t = \int_a^b (f_nt^n+\cdots+f_0)(f_nt^n+\cdots+f_0)\mathrm{d}t\\ &= \int_a^b (g_{2n}t^{2n}+g_{2n-1}t^{2n-1}+\cdots+g_0)\mathrm{d}t\\ &= \left[\frac{g_{2n}}{2n+1}t^{2n+1}+\frac{g_{2n-1}}{2n}t^{2n}+\cdots+g_0t\right]_a^b\\ &= \frac{g_{2n}}{2n+1}(b^{2n+1}-a^{2n+1})+\frac{g_{2n-1}}{2n}(b^{2n}-a^{2n})+\cdots+\\ &\quad \frac{g_1}{2}(b^2-a^2)+g_0(b-a)\end{aligned}\tag{4.30}$$

式(4.30)中有两步需要乘法运算：一是将两个 n 阶多项式相乘得到 $g_{2n}, g_{2n-1}, \cdots, g_0$ 的步骤，其需要 $(n+1)(n+1)=n^2+2n+1$ 次乘法运算；二是最后一步，其共有 $2n+1$ 项。对于第 1 项 $\frac{g_{2n}}{2n+1}(b^{2n+1}-a^{2n+1})$，共有 $2n+2n+2=4n+2$ 次乘法运算。前 $2n$ 项中乘法运算的次数组成了首项为 4，公差为 2 的等差数列，因此其和为 $S_{2n}=2n(4n+2+4)/2=4n^2+6n$。对于最后一项 $g_0(b-a)$，只有一个乘法运算，因此式(4.30)最后一步的乘法运算次数为 $S_{2n}+1=4n^2+6n+1$，从而得到式(4.30)的 2－范数计算中乘法运算次数总共为 $5n^2+8n+2$，而 d_j^i 中共有 p 次 2－范数计算(参见式(4.25))，因此 d_j^i 中共需 $(5n^2+8n+2)p$ 次乘法运算。

由此可得，当 $m<(5n^2+8n+2)p$ 时，ARCA 比 FCM 更高效。其中，m 表示参与聚类的状态函数向量的数目；n 是多项式的阶数；p 是状态函数向量的维度，即 PFR 模型输入的个数。以上对比仅是一个估算，其中的开方运算并没有考虑。但值得注意的是，在 FCM 算法的 d_j^i 计算中需 p 次开方运算，而在 ARCA 的 d_j^i 计算中仅需 1 次开方运算，所以使用 ARCA 的计算量更小。

(4) 前件参数辨识算法。

前件参数辨识的目的是基于训练样本中的状态函数向量，计算划分矩阵 $\boldsymbol{U}$(式

(4.29))与模糊聚类中心矩阵 $\boldsymbol{v}$(式(4.30)),然后当预测样本中的状态函数向量输入到PFR模型时,可计算得到其对各个模糊聚类的隶属度,即各模糊规则的激活度。结构辨识确定了输入函数及模糊规则的数目 c,基于此前件的参数辨识算法步骤如下。

① 将训练样本分组后拟合成 n 阶多项式,并组成状态函数向量。

② 利用式(4.25)将发动机的状态函数向量转换为 $\mathbf{R}^m$ 空间中发动机的状态数值向量。

③ 随机选择 $\mathbf{R}^m$ 空间中 c 个发动机状态数值向量作为初始聚类中心,得到初始模糊聚类中心矩阵 $\boldsymbol{v}^0$,令 $k=0$。

④ 根据式(4.29)得到初始划分矩阵 $\boldsymbol{U}^{(k=0)}$。

⑤ 令 $k=k+1$,根据式(4.28)计算新的模糊聚类中心矩阵 $\boldsymbol{v}^k$。

⑥ 根据式(4.29)计算新的划分矩阵 $\boldsymbol{U}^{(k)}$。

⑦ 若 $\| \boldsymbol{U}^{(k)}-\boldsymbol{U}^{(k-1)} \| < \varepsilon$ 或 $\boldsymbol{U}^{(k)}=\boldsymbol{U}^{(k-1)}$,则算法终止;否则,重复⑤和⑥。

通过上述算法得到划分矩阵 $\boldsymbol{U}$ 与 $\mathbf{R}^m$ 空间的聚类中心矩阵 $\boldsymbol{v}$。划分矩阵用于下一步的后件参数辨识。聚类中心矩阵用于计算预测样本中状态函数向量对所有模糊聚类的隶属度。当预测样本中的状态函数向量输入PFR模型时,首先将其转换为 $\mathbf{R}^m$ 空间中的状态数值向量,然后根据式(4.29)计算该状态数值向量对所有模糊聚类的隶属度,作为各模糊规则的规范化激活度。

2. 过程模糊规则模型的后件参数辨识

PFR模型的规则后件是状态函数向量 $\boldsymbol{X}(t)$ 中各函数元素 $x_k(t)(k=1,\cdots,p)$ 的线性组合,$y_h(t)=f_h(\boldsymbol{X}(t))=a_0^h+a_1^h x_1(t)+\cdots+a_p^h x_p(t)=\sum_{k=0}^{p} a_k^h x_k(t)(h=1,2,\cdots,c)$。其中,$x_0(t)=1$,后件参数辨识的目标是确定参数 $a_0^h,a_1^h,\cdots,a_p^h$ 的值。可使用最小二乘方法,但需将其扩展到函数向量空间。方法包括四步,具体步骤如下。

(1) 定义目标函数。

对于PFR模型,其第 i 个输入样本为第 i 个发动机状态函数向量 $\boldsymbol{X}^i(t)=[x_1^i(t),\cdots,x_p^i(t)]$,PFR模型的输出为

$$o^i(t)=\sum_{h=1}^{c} u_h^i y_h^i(t)=\sum_{h=1}^{c} u_h^i \sum_{k=0}^{p} a_k^h x_k^i(t)$$

式中 u_h^i——当第 i 个发动机状态函数向量输入PFR模型时,第 h 条模糊规则的规范化激活度。

目标函数可定义为

$$E=\frac{1}{2}\sum_{i=1}^{m} E_i=\frac{1}{2}\sum_{i=1}^{m} \| y^i(t)-o^i(t) \|^2=\frac{1}{2}\sum_{i=1}^{m}\int_a^b [y^i(t)-\sum_{h=1}^{c} u_h^i \sum_{k=0}^{p} a_k^h x_k^i(t)]^2 \mathrm{d}t \tag{4.31}$$

式中 m——训练样本的数目;

c——模糊规则(聚类)数目;

p——PFR模型输入函数的个数;

$y^i(t)$——第 i 个训练样本的标准输出函数;

$o^i(t)$——PFR 的模型输出函数。

这样，后件参数辨识便转换成最小化目标函数 E 的无约束优化问题。

(2) 使用矩阵和向量表示目标函数。

为简化推导过程，将上述目标函数用矩阵与向量表示，令

$$\boldsymbol{X}(t)=\begin{bmatrix} u_1^1 & u_1^1x_1^1(t) & \cdots & u_1^1x_p^1(t) & \cdots & u_c^1 & u_c^1x_1^1(t) & \cdots & u_c^1x_p^1(t) \\ u_1^2 & u_1^2x_1^2(t) & \cdots & u_1^2x_p^2(t) & \cdots & u_c^2 & u_c^2x_1^2(t) & \cdots & u_c^2x_p^2(t) \\ \vdots & \vdots & & \vdots & & \vdots & \vdots & & \vdots \\ u_1^m & u_1^mx_1^m(t) & \cdots & u_1^mx_p^m(t) & \cdots & u_c^m & u_c^mx_1^m(t) & \cdots & u_c^mx_p^m(t) \end{bmatrix}$$

$$\boldsymbol{Y}^{\mathrm{T}}(t)=[y^1(t),y^2(t),\cdots,y^m(t)]$$

$$\boldsymbol{\theta}^{\mathrm{T}}=[a_0^1,a_1^1,\cdots,a_p^1,\cdots,a_0^c,a_1^c,\cdots,a_p^c]$$

式中　$\boldsymbol{X}(t)$——$m\times(p+1)c$ 维函数矩阵；

$\boldsymbol{Y}(t)$——m 维列函数向量；

$\boldsymbol{\theta}$——后件参数组成的 $(p+1)c$ 维列向量。

根据矩阵的乘法运算法则，PFR 模型对各个样本的输出函数可表示为

$$\boldsymbol{X}(t)\boldsymbol{\theta}=\left[\sum_{h=1}^{c}u_h^1\sum_{k=0}^{p}a_k^hx_k^1(t),\sum_{h=1}^{c}u_h^2\sum_{k=0}^{p}a_k^hx_k^2(t),\cdots,\sum_{h=1}^{c}u_h^m\sum_{k=0}^{p}a_k^hx_k^m(t)\right]^{\mathrm{T}}$$

因此，目标函数可表示为

$$\begin{aligned} E(\boldsymbol{\theta}) &= \frac{1}{2}\int_a^b[\boldsymbol{Y}(t)-\boldsymbol{X}(t)\boldsymbol{\theta}]^{\mathrm{T}}[\boldsymbol{Y}(t)-\boldsymbol{X}(t)\boldsymbol{\theta}]\mathrm{d}t \\ &= \frac{1}{2}\int_a^b[\boldsymbol{Y}^{\mathrm{T}}(t)\boldsymbol{Y}(t)-\boldsymbol{Y}^{\mathrm{T}}(t)\boldsymbol{X}(t)\boldsymbol{\theta}-\boldsymbol{\theta}^{\mathrm{T}}\boldsymbol{X}^{\mathrm{T}}(t)\boldsymbol{Y}(t)+\boldsymbol{\theta}^{\mathrm{T}}\boldsymbol{X}^{\mathrm{T}}(t)\boldsymbol{X}(t)\boldsymbol{\theta}]\mathrm{d}t \end{aligned} \tag{4.32}$$

(3) 计算目标函数 E 对后件参数 $\boldsymbol{\theta}$ 的导数。

目标函数 E 是 $\boldsymbol{\theta}$ 的函数，因此可将 E 对 $\boldsymbol{\theta}$ 的导数置零以使目标函数值最小，即 $\dfrac{\mathrm{d}E}{\mathrm{d}\boldsymbol{\theta}}=0$，然后求得待定参数向量 $\boldsymbol{\theta}$，即

$$\begin{aligned} \frac{\mathrm{d}E}{\mathrm{d}\boldsymbol{\theta}} &= \mathrm{d}\left(\frac{1}{2}\int_a^b[\boldsymbol{Y}^{\mathrm{T}}(t)\boldsymbol{Y}(t)-\boldsymbol{Y}^{\mathrm{T}}(t)\boldsymbol{X}(t)\boldsymbol{\theta}-\boldsymbol{\theta}^{\mathrm{T}}\boldsymbol{X}^{\mathrm{T}}(t)\boldsymbol{Y}(t)+\boldsymbol{\theta}^{\mathrm{T}}\boldsymbol{X}^{\mathrm{T}}(t)\boldsymbol{X}(t)\boldsymbol{\theta}]\mathrm{d}t\right)/\mathrm{d}\boldsymbol{\theta} \\ &= \frac{1}{2}\int_a^b\left[\frac{\mathrm{d}\boldsymbol{Y}^{\mathrm{T}}(t)\boldsymbol{Y}(t)}{\mathrm{d}\boldsymbol{\theta}}-\frac{\mathrm{d}\boldsymbol{Y}^{\mathrm{T}}(t)\boldsymbol{X}(t)\boldsymbol{\theta}}{\mathrm{d}\boldsymbol{\theta}}-\frac{\mathrm{d}\boldsymbol{\theta}^{\mathrm{T}}\boldsymbol{X}^{\mathrm{T}}(t)\boldsymbol{Y}(t)}{\mathrm{d}\boldsymbol{\theta}}+\frac{\mathrm{d}\boldsymbol{\theta}^{\mathrm{T}}\boldsymbol{X}^{\mathrm{T}}(t)\boldsymbol{X}(t)\boldsymbol{\theta}}{\mathrm{d}\boldsymbol{\theta}}\right]\mathrm{d}t \end{aligned} \tag{4.33}$$

式(4.33)中有四个加数项，根据矩阵乘法法则，所有加数的分子均为元素。因此，四个加数项均为元素对向量的导数。设 y 是一个元素，$\boldsymbol{x}=[x_1,\cdots,x_q]^{\mathrm{T}}$ 是 q 维列向量，则 y 对 $\boldsymbol{x}$ 的导数也是 q 维列向量，$\dfrac{\mathrm{d}y}{\mathrm{d}\boldsymbol{x}}=\left[\dfrac{\partial y}{\partial x_1},\cdots,\dfrac{\partial y}{\partial x_q}\right]^{\mathrm{T}}$。对于式(4.33)，四个加数的计算过程分别如下。

① 在 $\boldsymbol{Y}^{\mathrm{T}}(t)\boldsymbol{Y}(t)$ 中没有 $\boldsymbol{\theta}$，因此其导数为零向量 $\boldsymbol{0}$。

② $\dfrac{\mathrm{d}\boldsymbol{Y}^{\mathrm{T}}(t)\boldsymbol{X}(t)\boldsymbol{\theta}}{\mathrm{d}\boldsymbol{\theta}}=\left[\dfrac{\partial\boldsymbol{Y}^{\mathrm{T}}(t)\boldsymbol{X}(t)\boldsymbol{\theta}}{\partial a_0^1},\cdots,\dfrac{\partial\boldsymbol{Y}^{\mathrm{T}}(t)\boldsymbol{X}(t)\boldsymbol{\theta}}{\partial a_p^c}\right]^{\mathrm{T}}$ 是 $(p+1)c$ 维列向量，其中 $\boldsymbol{Y}^{\mathrm{T}}(t)\boldsymbol{X}(t)$ 是 $(p+1)c$ 维行向量。设 $\boldsymbol{Y}^{\mathrm{T}}(t)\boldsymbol{X}(t)=[b_1,\cdots,b_n]$，其中 $n=(p+1)c$，由此可得

$\boldsymbol{Y}^{\mathrm{T}}(t)\boldsymbol{X}(t)\boldsymbol{\theta}=b_1a_0^1+\cdots+b_na_p^c$。根据上述元素对向量求导的规则可得

$$\frac{d\boldsymbol{Y}^{\mathrm{T}}(t)\boldsymbol{X}(t)\boldsymbol{\theta}}{\mathrm{d}\boldsymbol{\theta}}=[b_1,\cdots,b_n]^{\mathrm{T}}=(\boldsymbol{Y}^{\mathrm{T}}(t)\boldsymbol{X}(t))^{\mathrm{T}}=\boldsymbol{X}^{\mathrm{T}}(t)\boldsymbol{Y}(t)$$

③ $\dfrac{\mathrm{d}\boldsymbol{\theta}^{\mathrm{T}}\boldsymbol{X}^{\mathrm{T}}(t)\boldsymbol{Y}(t)}{\mathrm{d}\boldsymbol{\theta}}=\left[\dfrac{\partial\boldsymbol{\theta}^{\mathrm{T}}\boldsymbol{X}^{\mathrm{T}}(t)\boldsymbol{Y}(t)}{\partial a_0^1},\cdots,\dfrac{\partial\boldsymbol{\theta}^{\mathrm{T}}\boldsymbol{X}^{\mathrm{T}}(t)\boldsymbol{Y}(t)}{\partial a_p^c}\right]^{\mathrm{T}}$ 是一个$(p+1)c$维列向量，其中 $\boldsymbol{X}^{\mathrm{T}}(t)\boldsymbol{Y}(t)=(\boldsymbol{Y}^{\mathrm{T}}(t)\boldsymbol{X}(t))^{\mathrm{T}}$ 是$(p+1)c$ 维列向量。根据转置运算的性质与 ② 可得

$$\boldsymbol{X}^{\mathrm{T}}(t)\boldsymbol{Y}(t)=(\boldsymbol{Y}^{\mathrm{T}}(t)\boldsymbol{X}(t))^{\mathrm{T}}=[b_1,\cdots,b_n]^{\mathrm{T}}$$

且 $\boldsymbol{\theta}^{\mathrm{T}}\boldsymbol{X}^{\mathrm{T}}(t)\boldsymbol{Y}(t)=b_1a_0^1+\cdots+b_na_p^c$。因此,可得

$$\frac{\mathrm{d}\boldsymbol{\theta}^{\mathrm{T}}\boldsymbol{X}^{\mathrm{T}}(t)\boldsymbol{Y}(t)}{\mathrm{d}\boldsymbol{\theta}}=[b_1,\cdots,b_n]^{\mathrm{T}}=\boldsymbol{X}^{\mathrm{T}}(t)\boldsymbol{Y}(t)$$

④ $\dfrac{\mathrm{d}\boldsymbol{\theta}^{\mathrm{T}}\boldsymbol{X}^{\mathrm{T}}(t)\boldsymbol{X}(t)\boldsymbol{\theta}}{\mathrm{d}\boldsymbol{\theta}}=\left[\dfrac{\partial\boldsymbol{\theta}^{\mathrm{T}}\boldsymbol{X}^{\mathrm{T}}(t)\boldsymbol{X}(t)\boldsymbol{\theta}}{\partial a_0^1},\cdots,\dfrac{\partial\boldsymbol{\theta}^{\mathrm{T}}\boldsymbol{X}^{\mathrm{T}}(t)\boldsymbol{X}(t)\boldsymbol{\theta}}{\partial a_p^c}\right]^{\mathrm{T}}$ 是一个$(p+1)c$ 维列向量。设 $\boldsymbol{Q}(t)=\boldsymbol{X}^{\mathrm{T}}(t)\boldsymbol{X}(t)$ 且 $\boldsymbol{Q}^{\mathrm{T}}(t)=(\boldsymbol{X}^{\mathrm{T}}(t)\boldsymbol{X}(t))^{\mathrm{T}}=\boldsymbol{X}^{\mathrm{T}}(t)\boldsymbol{X}(t)=\boldsymbol{Q}(t)$。因此,$\boldsymbol{Q}(t)$ 是一个$(p+1)c\times(p+1)c$ 维对称矩阵,且 $\boldsymbol{\theta}^{\mathrm{T}}\boldsymbol{X}^{\mathrm{T}}(t)\boldsymbol{X}(t)\boldsymbol{\theta}=\boldsymbol{\theta}^{\mathrm{T}}\boldsymbol{Q}(t)\boldsymbol{\theta}$ 是一个二次型。为简化推导,设 $\boldsymbol{Q}(t)=[q_{ij}]_{n\times n}$,$\boldsymbol{\theta}=[\theta_1,\cdots,\theta_n]^{\mathrm{T}}$,其中 $n=(p+1)c$,根据矩阵的乘法法则可得

$$\boldsymbol{\theta}^{\mathrm{T}}\boldsymbol{Q}(t)\boldsymbol{\theta}=\sum_{j=1}^{n}\sum_{i=1}^{n}q_{ij}\theta_i\theta_j=q_{11}\theta_1^2+\cdots+q_{nn}\theta_n^2+2q_{12}\theta_1\theta_2+\cdots+2q_{n-1,n}\theta_{n-1}\theta_n$$

由此可进一步求得

$$\frac{\partial\boldsymbol{\theta}^{\mathrm{T}}\boldsymbol{X}^{\mathrm{T}}(t)\boldsymbol{X}(t)\boldsymbol{\theta}}{\partial\theta_s}=2\sum_{l=1}^{n}q_{sl}\theta_l$$

进而有

$$\begin{aligned}\frac{\mathrm{d}\boldsymbol{\theta}^{\mathrm{T}}\boldsymbol{X}^{\mathrm{T}}(t)\boldsymbol{X}(t)\boldsymbol{\theta}}{\mathrm{d}\boldsymbol{\theta}}&=\left[\frac{\partial\boldsymbol{\theta}^{\mathrm{T}}\boldsymbol{X}^{\mathrm{T}}(t)\boldsymbol{X}(t)\boldsymbol{\theta}}{\partial a_0^1},\cdots,\frac{\partial\boldsymbol{\theta}^{\mathrm{T}}\boldsymbol{X}^{\mathrm{T}}(t)\boldsymbol{X}(t)\boldsymbol{\theta}}{\partial a_p^c}\right]^{\mathrm{T}}\\&=\left[\frac{\partial\boldsymbol{\theta}^{\mathrm{T}}\boldsymbol{X}^{\mathrm{T}}(t)\boldsymbol{X}(t)\boldsymbol{\theta}}{\partial\theta_1},\cdots,\frac{\partial\boldsymbol{\theta}^{\mathrm{T}}\boldsymbol{X}^{\mathrm{T}}(t)\boldsymbol{X}(t)\boldsymbol{\theta}}{\partial\theta_n}\right]^{\mathrm{T}}\\&=\left[2\sum_{l=1}^{n}q_{1l}\theta_l,\cdots,2\sum_{l=1}^{n}q_{nl}\theta_l\right]^{\mathrm{T}}=(2\boldsymbol{\theta}^{\mathrm{T}}\boldsymbol{Q}^{\mathrm{T}})^{\mathrm{T}}\\&=2\boldsymbol{Q}\boldsymbol{\theta}=2\boldsymbol{X}^{\mathrm{T}}(t)\boldsymbol{X}(t)\boldsymbol{\theta}\end{aligned}\tag{4.34}$$

分别计算得到四个加数的结果后,将以上四个结果求和,便可得到目标函数对后件参数导数的结果,即

$$\begin{aligned}\frac{\mathrm{d}E}{\mathrm{d}\boldsymbol{\theta}}&=\frac{1}{2}\int_a^b\left[\frac{\mathrm{d}\boldsymbol{Y}^{\mathrm{T}}(t)\boldsymbol{Y}(t)}{\mathrm{d}\boldsymbol{\theta}}-\frac{\mathrm{d}\boldsymbol{Y}^{\mathrm{T}}(t)\boldsymbol{X}(t)\boldsymbol{\theta}}{\mathrm{d}\boldsymbol{\theta}}-\frac{\mathrm{d}\boldsymbol{\theta}^{\mathrm{T}}\boldsymbol{X}^{\mathrm{T}}(t)\boldsymbol{Y}(t)}{\mathrm{d}\theta}+\frac{\mathrm{d}\boldsymbol{\theta}^{\mathrm{T}}\boldsymbol{X}^{\mathrm{T}}(t)\boldsymbol{X}(t)\boldsymbol{\theta}}{\mathrm{d}\boldsymbol{\theta}}\right]\mathrm{d}t\\&=\frac{1}{2}\int_a^b[-2\boldsymbol{X}^{\mathrm{T}}(t)\boldsymbol{Y}(t)+2\boldsymbol{X}^{\mathrm{T}}(t)\boldsymbol{X}(t)\boldsymbol{\theta}]\mathrm{d}t\\&=\int_a^b[\boldsymbol{X}^{\mathrm{T}}(t)\boldsymbol{X}(t)\boldsymbol{\theta}-\boldsymbol{X}^{\mathrm{T}}(t)\boldsymbol{Y}(t)]\mathrm{d}t\end{aligned}\tag{4.35}$$

(4) 求解后件参数向量 $\boldsymbol{\theta}$ 的解析形式。

将式(4.35) 中的导数置零,即

$$\int_a^b[\boldsymbol{X}^{\mathrm{T}}(t)\boldsymbol{X}(t)\boldsymbol{\theta}-\boldsymbol{X}^{\mathrm{T}}(t)\boldsymbol{Y}(t)]\mathrm{d}t=0$$

由此可得

$$\left(\int_a^b \boldsymbol{X}^{\mathrm{T}}(t)\boldsymbol{X}(t)\mathrm{d}t\right)\boldsymbol{\theta}=\int_a^b \boldsymbol{X}^{\mathrm{T}}(t)\boldsymbol{Y}(t)\mathrm{d}t$$

其中，$\int_a^b \boldsymbol{X}^{\mathrm{T}}(t)\boldsymbol{X}(t)\mathrm{d}t$ 是 $(p+1)c\times(p+1)c$ 维矩阵。若该矩阵可逆，则待定参数向量 $\boldsymbol{\theta}$ 的解析形式为

$$\boldsymbol{\theta}=\left(\int_a^b \boldsymbol{X}^{\mathrm{T}}(t)\boldsymbol{X}(t)\mathrm{d}t\right)^{-1}\cdot\int_a^b \boldsymbol{X}^{\mathrm{T}}(t)\boldsymbol{Y}(t)\mathrm{d}t \tag{4.36}$$

4.5.3　过程模糊规则模型的参数辨识算法

4.5.2 节给出了 PFR 模型的后件参数向量 $\boldsymbol{\theta}$ 求解的解析形式。观察式(4.36)可知，其中包括积分运算及函数矩阵的乘法运算，计算复杂度高，因此需要研究计算 $\boldsymbol{\theta}$ 解析形式的方法。

待定参数 $\boldsymbol{\theta}$ 的解析形式 $\boldsymbol{\theta}=\left(\int_a^b \boldsymbol{X}^{\mathrm{T}}(t)\boldsymbol{X}(t)\mathrm{d}t\right)^{-1}\cdot\int_a^b \boldsymbol{X}^{\mathrm{T}}(t)\boldsymbol{Y}(t)\mathrm{d}t$ 为两个矩阵的乘积。设 $A_{kj}^i=\int_a^b x_k^i(t)x_j^i(t)\mathrm{d}t\ (k,j=0,1,\cdots,p)$，$x_0^i(t)=1$，$U_{hl}^i=u_h^i u_l^i\ (h,l=1,2,\cdots,c)$。对于后件参数 $\boldsymbol{\theta}$ 解析形式中的第一个矩阵，其可表示为

$$\int_a^b \boldsymbol{X}^{\mathrm{T}}(t)\boldsymbol{X}(t)\mathrm{d}t=\begin{bmatrix}
\sum\limits_{i=1}^m U_{11}^i A_{00}^i & \cdots & \sum\limits_{i=1}^m U_{11}^i A_{0p}^i & \cdots & \sum\limits_{i=1}^m U_{1c}^i A_{00}^i & \cdots & \sum\limits_{i=1}^m U_{1c}^i A_{0p}^i \\
\sum\limits_{i=1}^m U_{11}^i A_{10}^i & \cdots & \sum\limits_{i=1}^m U_{11}^i A_{1p}^i & \cdots & \sum\limits_{i=1}^m U_{cc}^i A_{00}^i & \cdots & \sum\limits_{i=1}^m U_{cc}^i A_{0p}^i \\
\vdots & & \vdots & & \vdots & & \vdots \\
\sum\limits_{i=1}^m U_{11}^i A_{p0}^i & \cdots & \sum\limits_{i=1}^m U_{11}^i A_{pp}^i & \cdots & \sum\limits_{i=1}^m U_{1c}^i A_{10}^i & \cdots & \sum\limits_{i=1}^m U_{1c}^i A_{1p}^i \\
\sum\limits_{i=1}^m U_{c1}^i A_{00}^i & \cdots & \sum\limits_{i=1}^m U_{c1}^i A_{0p}^i & \cdots & \sum\limits_{i=1}^m U_{1c}^i A_{p0}^i & \cdots & \sum\limits_{i=1}^m U_{1c}^i A_{pp}^i \\
\sum\limits_{i=1}^m U_{c1}^i A_{10}^i & \cdots & \sum\limits_{i=1}^m U_{c1}^i A_{1p}^i & \cdots & \sum\limits_{i=1}^m U_{cc}^i A_{10}^i & \cdots & \sum\limits_{i=1}^m U_{cc}^i A_{1p}^i \\
\vdots & & \vdots & & \vdots & & \vdots \\
\sum\limits_{i=1}^m U_{c1}^i A_{p0}^i & \cdots & \sum\limits_{i=1}^m U_{c1}^i A_{pp}^i & \cdots & \sum\limits_{i=1}^m U_{cc}^i A_{p0}^i & \cdots & \sum\limits_{i=1}^m U_{cc}^i A_{pp}^i
\end{bmatrix} \tag{4.37}$$

式中　A_{kj}^i——第 i 个样本的状态函数向量 $\boldsymbol{x}^i(t)\ (i=1,\cdots,m)$ 中，第 k 个与第 j 个输入函数 $x_k^i(t)$ 与 $x_j^i(t)$ 乘积的积分；

U_{hl}^i——当第 i 个样本的状态函数向量 $\boldsymbol{x}^i(t)\ (i=1,\cdots,m)$ 输入 PFR 模型时，第 h 条与第 l 条模糊规则的激活度 u_h^i 与 u_l^i 的乘积。

由式(4.37)可知，$\int_a^b \boldsymbol{X}^{\mathrm{T}}(t)\boldsymbol{X}(t)\mathrm{d}t$ 是一个分块矩阵，其由两个基本元素 A_{kj}^i 和 U_{hl}^i 按照一定的规律组合而成。

对于式(4.36)解析形式中的另一个矩阵$\int_a^b \boldsymbol{X}^{\mathrm{T}}(t)\boldsymbol{Y}(t)\mathrm{d}t$，根据矩阵的乘法法则计算后可得

$$\boldsymbol{X}^{\mathrm{T}}(t)\boldsymbol{Y}(t)=\begin{bmatrix} u_1^1 & u_1^1x_1^1(t) & \cdots & u_1^1x_p^1(t) & \cdots & u_c^1 & u_c^1x_1^1(t) & \cdots & u_c^1x_p^1(t) \\ u_1^2 & u_1^2x_1^2(t) & \cdots & u_1^2x_p^2(t) & \cdots & u_c^2 & u_c^2x_1^2(t) & \cdots & u_c^2x_p^2(t) \\ \vdots & \vdots & & \vdots & & \vdots & \vdots & & \vdots \\ u_1^m & u_1^mx_1^m(t) & \cdots & u_1^mx_p^m(t) & \cdots & u_c^m & u_c^mx_1^m(t) & \cdots & u_c^mx_p^m(t) \end{bmatrix}^{\mathrm{T}}\begin{bmatrix} y^1(t) \\ y^2(t) \\ \vdots \\ y^m(t) \end{bmatrix}$$

$$=\left[\sum_{i=1}^m u_1^iy^i(t) \quad \cdots \quad \sum_{i=1}^m u_1^ix_p^i(t)y^i(t) \quad \cdots \quad \sum_{i=1}^m u_c^iy^i(t) \quad \cdots \quad \sum_{i=1}^m u_c^ix_p^i(t)y^i(t)\right]^{\mathrm{T}} \tag{4.38}$$

令$B_k^i=\int_a^b x_k^i(t)y^i(t)\mathrm{d}t(k=0,1,\cdots,p)$，其为第$i$个样本的标准输出$y^i(t)$与第$i$个发动机状态函数向量的第$k$个输入函数$x_k^i(t)$乘积的积分，可得

$$\int_a^b \boldsymbol{X}^{\mathrm{T}}(t)\boldsymbol{Y}(t)\mathrm{d}t=\left[\sum_{i=1}^m u_1^iB_0^i,\sum_{i=1}^m u_1^iB_1^i,\cdots,\sum_{i=1}^m u_1^iB_p^i,\cdots,\sum_{i=1}^m u_c^iB_0^i,\sum_{i=1}^m u_c^iB_1^i,\cdots,\sum_{i=1}^m u_c^iB_p^i\right]^{\mathrm{T}} \tag{4.39}$$

根据式(4.37)和式(4.39)，可按以下步骤计算$\boldsymbol{\theta}$。

① 利用前件参数辨识得到的划分矩阵$\boldsymbol{U}_{m\times c}$及发动机的状态函数向量$\boldsymbol{X}^i(t)(i=1,\cdots,m)$分别计算基本元素$A_{kj}^i$、$U_{hl}^i$和$B_k^i$。

② 根据式(4.37)和式(4.39)的形式，按照相应的规律，组合得到矩阵$\int_a^b \boldsymbol{X}^{\mathrm{T}}(t)\boldsymbol{X}(t)\mathrm{d}t$和$\int_a^b \boldsymbol{X}^{\mathrm{T}}(t)\boldsymbol{Y}(t)\mathrm{d}t$。

③ 若$\int_a^b \boldsymbol{X}^{\mathrm{T}}(t)\boldsymbol{X}(t)\mathrm{d}t$可逆，则根据式(4.36)计算$\boldsymbol{\theta}$；若不可逆，则使用其伪逆进行计算。

由此可知，后件参数辨识过程只需简单的计算、组合，并求解一个线性方程组，这使得PFR模型的后件参数辨识过程简单高效，不需要使用优化算法等寻找使得目标函数最小的后件参数。同时，直接计算相对于优化算法的优势如下：一是由于优化算法具有一定的随机性，因此其结果往往不稳定，而采用直接计算的方式一般可得到相对稳定的结果；二是优化算法一般需要一定的运行时间，而直接计算的方式一般可缩短运行时间。

4.5.2节给出了后件参数向量$\boldsymbol{\theta}$的解析形式，本节给出了$\boldsymbol{\theta}$解析形式的计算方法。根据上述内容，训练PFR模型进行航空发动机性能衰退状态预测的流程如图4.25所示。

① 收集航空发动机的历史性能衰退状态序列，将序列分为若干组，每组包含若干连续时刻的性能衰退状态指标值，每组拟合成一个n阶多项式，假设共得到N个n阶多项式$x_j(t)(j=1,\cdots,N)$。以图4.25为例，每两个飞行循环的性能衰退状态拟合为一个连续函数。

② 确定PFR模型的输入个数为p，将N个多项式中的连续p个作为训练样本的输入，第$(p+1)$个作为训练样本的输出，共得到$(N-p)$个训练样本，每个训练样本的输入

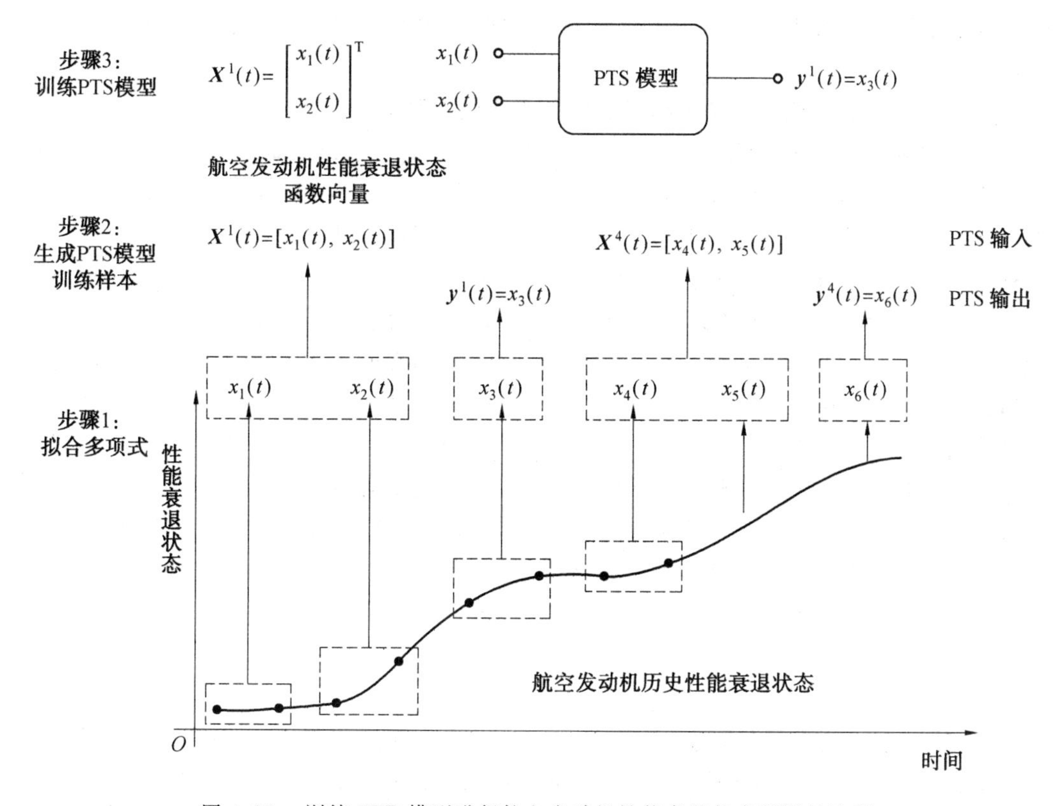

图 4.25 训练 PFR 模型进行航空发动机性能衰退状态预测的流程

即为上述的航空发动机性能衰退状态函数向量 $\boldsymbol{x}^i(t)=[x_1^i(t),x_2^i(t),\cdots,x_p^i(t)](i=1,\cdots,(N-p))$。以图 4.25 为例，PFR 模型的输入个数 p 为 2，p 也是发动机状态函数向量的维度，因此第 1 个与第 2 个连续函数 $x_1(t)$ 与 $x_2(t)$ 组成第 1 个训练样本的输入，即发动机状态函数向量 $\boldsymbol{x}^1(t)=[x_1(t),x_2(t)]$，第 3 个连续函数 $x_3(t)$ 作为第 1 个训练样本的输出，即 $y^1(t)=x_3(t)$，依此类推，得到所有的训练样本。设定模糊规则（聚类）数目为 c。

③ 使用 ARCA 算法获得每个发动机状态函数向量 $\boldsymbol{x}^i(t)=[x_1^i(t),x_2^i(t),\cdots,x_p^i(t)](i=1,\cdots,(N-p))$ 输入 PFR 模型时各模糊规则的激活度 $u_h^i(h=1,\cdots,c;i=1,\cdots,(N-p))$ 及聚类中心。

④ 计算 $U_{hl}^i(h,l=1,2,\cdots,c)$、$A_{kj}^i(k,j=0,1,\cdots,p)$ 和 $B_k^i(k=0,1,\cdots,p)$。

⑤ 根据式(4.36) ～ (4.39) 计算后件参数 $\boldsymbol{\theta}$。

⑥ 使用验证样本对训练过的 PFR 模型进行验证。若误差在允许范围内，则结束算法；否则，重新选择 c 值，重复 ⑤。

上述 ③ ～ ⑤ 即图 4.24 中的步骤 3，使用生成的训练样本训练 PFR 模型，图中 PFR 模型的输入为两个连续函数，输出为一个连续函数。

4.5.4 航空发动机性能衰退状态预测实例

本节对 PFR 模型进行应用举例，其中使用 PFR 模型，基于涡扇发动机公用测试数据进行性能衰退状态预测，并将其用于预测航空公司中发动机的 EGTM 与气路参数偏差值。

1. 基于涡扇发动机公用测试数据的性能衰退状态预测

基于涡扇发动机公用测试数据的性能参数测量值进行性能衰退状态，其仿真模型由 NASA Ames Research Laboratory 使用 C－MAPSS(Commercial Modular Aero-Propulsion System Simulation) 软件构建(公用测试数据地址为 http://ti.arc.nasa.gov/tech/dash/pcoe/prognostic－data－repository/)。共包括四组数据，每组数据包含两个子集合，分别为训练集合与测试集合。训练集合包含若干涡扇发动机完整的监控数据，即每个涡扇发动机都记录了从性能正常运行到性能失效期间所有飞行循环的监控数据，每个飞行循环的监控数据包括 24 个监控参数，其中 3 个为工况参数。测试集合中包含若干涡扇发动机不完整的数据，每个发动机只记录了其从某一性能正常状态到另一状态之间的监控数据，即测试集合中各发动机的终止状态并非性能失效状态。公用测试数据集合中的四组数据各有其特点：第一组(称为 FD001) 与第三组(称为 FD003) 只有一个工况，第二组(称为 FD002) 与第四组(称为 FD004) 有六个工况，第一组与第二组只有一种故障模式，第三组与第四组有两种故障模式。

(1) 预测过程。

涡扇发动机性能衰退状态预测过程如下。

① 在 FD002 训练集合中选择第一台涡扇发动机作为测试发动机，使用模糊聚类方法获得其性能衰退状态时间序列，该时间序列包括 149 个飞行循环。后续的步骤与图 4.24 中的流程类似。

② 将涡扇发动机性能衰退状态时间序列中的每四个连续样本点拟合为一个多项式 $x_j(t)(j=1,\cdots,N)$，作为 PFR 模型的输入函数，各多项式的样本点互不重合，因此样本的数量需要能够被 4 整除，性能衰退状态时间序列包括 149 个样本点，将最后 5 个去除，得到 144 个样本点作为应用数据。

③ 将 144 个样本点划分为 36 组，每组四个点，每组拟合一个三次多项式函数。前 30 个函数用作训练样本的函数，后 6 个用作测试样本的函数。

④ 在 PFR 模型中，使用前四个函数预测后一个函数，即发动机状态函数向量为 $\boldsymbol{X}^i(t)=[x_1^i(t),x_2^i(t),x_3^i(t),x_4^i(t)]$，因此 30 个训练函数得到 26 个训练样本，6 个测试函数得到 2 个测试样本。使用 26 个训练样本训练 PFR 模型，然后预测 2 个测试样本的输出，每个输出为一个三次多项式。对于离散时刻的值，将其对应的时刻带入输出的多项式中求解即可，2 个输出函数得到 8 个离散时刻的预测值。对于训练样本，$p=4$，$n=3$，$m=26$，满足 $m<(5n^2+8n+2)p$。因此，在 PFR 模型的训练过程中，使用 ARCA 比 FCM 效率更高。

采用均方根误差 RMSE 与平均相对误差 ARE 作为精度指标，其计算方法为

$$\mathrm{RMSE}=\sqrt{\frac{1}{m}\cdot\sum_{i=1}^{m}(y_i-o_i)^2}$$

$$\mathrm{ARE}=\frac{1}{m}\cdot\sum_{i=1}^{m}\frac{|y_i-o_i|}{y_i}$$

式中 y_i,o_i—— 标准输出与模型输出。

为验证 PFR 模型的有效性，分别使用反向传播神经网络(Backpropagation Neural Network，BPNN) 模型与过程神经网络(PNN) 模型预测相同的时间序列，并进行对比。

PFR 模型需要确定聚类数目 c，通过设置不同的值，发现 $c=2$ 是最佳选择，因此下面的性能衰退状态预测过程中将模型 PFR($c=2$) 与 BPNN 及 PNN 模型进行对比。为与 PFR 模型对应，BPNN 与 PNN 模型的参数设置如下：BPNN 模型的输入为 16 个离散点，输出为 4 个离散点，即使用前 16 个离散点预测后 4 个离散点，这样 BPNN 模型的样本与 PFR 模型一致；PNN 模型的输入为一个连续函数，因此将 16 个离散点拟合为多项式作为 PNN 的输入函数，PNN 的输出为 4 个离散点，这样 PNN 的样本与 PFR、BPNN 模型完全一致。为选择效果最佳的 BPNN 与 PNN 模型，设置 BPNN、PNN 的隐含层神经元数目分别为 5、10、15、20、25、30，并选择精度最佳的模型结构。由于 BPNN、PNN 等模型的初始值为随机设置，因此其模型输出具有不确定性。为准确评价各模型的精度与稳定性，同一模型运行 10 次，分别计算 RMSE 与 ARE 的均值与方差，均值代表其平均精度，方差代表模型的稳定性。同时，为衡量模型的效率，分别计算各模型的平均运行时间。

(2)预测结果。

各模型在第一台涡扇发动机性能衰退状态预测上结果见表 4.4 和表 4.5。

表 4.4 基于涡扇发动机公用测试数据的性能衰退状态预测中 BPNN 模型的误差与耗时

	RMSE 均值	ARE 均值	RMSE 方差	ARE 方差	时间/s
BPNN($h=5$)	0.166 4	0.195 4	0.001 9	0.002 4	**0.624 7**
BPNN($h=10$)	0.187 9	0.208 7	0.001 3	0.001 6	0.765 7
BPNN($h=15$)	0.198 4	0.225 0	0.003 9	0.003 6	0.636 8
BPNN($h=20$)	**0.155 2**	**0.184 2**	**$7.415\ 0\times10^{-4}$**	**0.001 2**	**0.750 0**
BPNN($h=25$)	0.158 0	0.184 8	0.001 4	0.002 0	0.703 1
BPNN($h=30$)	0.170 8	0.193 5	0.001 2	0.001 5	0.982 1
PFR($c=2$)	*0.040 1*	*0.049 0*	*$1.502\ 1\times10^{-12}$*	*$2.557\ 5\times10^{-12}$*	*0.051 6*

表 4.5 基于涡扇发动机公用测试数据的性能衰退状态预测中 PNN 模型的误差与耗时

	RMSE 均值	ARE 均值	RMSE 方差	ARE 方差	时间/s
PNN($h=5$)	0.143 4	0.168 6	0.001 7	0.002 3	0.660 4
PNN($h=10$)	0.149 0	0.181 7	0.002 1	0.003 7	**0.513 5**
PNN($h=15$)	0.129 4	0.150 8	0.003 5	0.005 1	0.640 6
PNN($h=20$)	**0.123 4**	**0.147 7**	**$4.670\ 9\times10^{-4}$**	**$5.629\ 4\times10^{-4}$**	0.694 6
PNN($h=25$)	0.131 5	0.151 9	0.002 4	0.003 7	0.774 3
PNN($h=30$)	0.189 2	0.221 9	0.002 9	0.004 4	1.571 2
PFR($c=2$)	*0.040 1*	*0.049 0*	*$1.502\ 1\times10^{-12}$*	*$2.557\ 5\times10^{-12}$*	*0.051 6*

表 4.4 展示了具有不同隐含层神经元数目的 BPNN 模型在涡扇发动机性能衰退状

态预测上的精度、稳定性和运行时间；表 4.5 展示了不同设置的 PNN 模型在同一时间序列上的表现。其中，每个表格的最后一行为本节提出的 PFR 模型的结果。每个表格中，前两列是 RMSE 和 ARE 的均值，第三列和第四列为 RMSE 和 ARE 的方差，最后一列为该行模型的平均运行时间。每个表格中，每一列所有模型中表现最佳的结果显示为粗斜体，表现最佳的 BPNN 或 PNN 模型的值显示为粗体。因此，对于每个表格，比较每一列的粗体与粗斜体即可观察不同模型表现的差异。

(3)预测结果分析。

性能衰退状态预测的结果分析包括三个方面，分别为各模型的预测精度、模型稳定性和模型运行效率。

①模型预测精度与稳定性对比。本节的 PFR($c=2$)模型优于所有 BPNN 模型及 PNN 模型，其精度和稳定性更好。观察 RMSE 和 ARE 的均值和方差可以发现，PFR 模型均小于其他模型。PFR 模型的稳定性优于其他模型的原因如下。首先，在 PFR 模型的训练过程中，因为给出了模型参数求解的解析形式，所以除 ARCA 聚类算法外，没有迭代步骤和随机设置的参数，而 BPNN 与 PNN 的所有初始权重均随机设置，且整个训练过程是迭代寻优的过程。其次，PFR 模型中的聚类数目 c 较小，所以 ARCA 中的随机初值对结果影响很小，若 c 值很大，则结果的稳定性会变差。此外，对比 BPNN 模型与 PNN 模型的精度可以观察到，在该数据上 PNN 的精度优于 BPNN 模型。这说明由于考虑了时间累积效应，因此 PNN 模型可提高预测精度。

②模型运行效率对比。PFR 模型的平均运行时间小于其他模型，是因为在该发动机的性能衰退状态预测中，PFR 模型结构简单，而且训练过程无须迭代。使用简单模型即可得到相对较好结果的原因如下：PFR 模型将离散样本点转换为连续函数，不仅包含了离散点的信息，还隐含了其趋势信息，即 PFR 模型使用了更多隐含的信息进行训练。因此，PFR 模型可有效处理小样本问题，因为其可从样本中获取更多的信息来训练模型。为更清晰地对比三个模型，其单次的预测结果如图 4.26 所示。

图 4.26 中各模型的参数均采用其最佳的参数设置，即 BPNN 模型与 PNN 模型中的隐含层神经元数目均为 20，PFR 模型中的聚类数目为 2。图 4.26 中各模型的统计量为：BPNN 模型的 RMSE 为 0.140 2，ARE 为 0.165 7；PNN 模型的 RMSE 为 0.121 4，ARE 为 0.153 1；PFR 模型的 RMSE 为 0.040 1，ARE 为 0.049 0。从图 4.26 中可以看出，相对于其他两个模型，PFR 模型的预测结果更接近标准输出，而且其预测结果没有较大波动；相对 BPNN 模型的结果中有波动，PNN 模型的结果波动较小，但与标准输出有一定偏差。同时，较大的波动导致 BPNN 模型预测结果的趋势与标准输出的趋势相差较多，PNN 模型结果的趋势正确，但其偏差相对较大，PFR 模型预测结果的趋势与标准输出的趋势类似。该小节的预测结果证明，本节提出的 PFR 模型可有效预测航空发动机的性能衰退状态，其预测精度、稳定性及模型的效率均优于 BPNN 与 PNN 模型。

2. 航空公司发动机的性能衰退状态预测

本节使用 PFR 模型对某航空公司的发动机数据进行预测。航空公司可获得气路参数偏差值等 OEM 参数，实际中可通过预测气路参数偏差值等判断发动机性能衰退的趋势。PFR 模型也可直接预测发动机的 OEM 参数，因为其已经消除了工况的影响，所以可

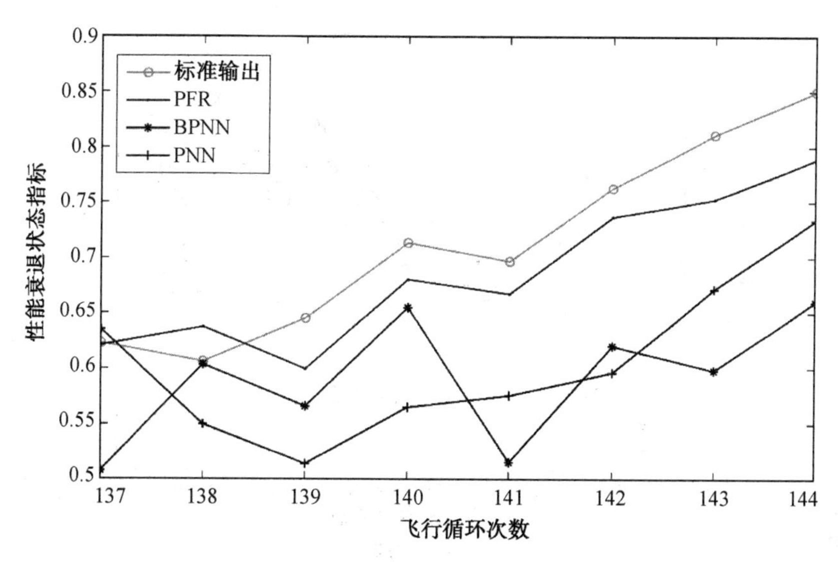

图 4.26 基于涡扇发动机公用测试数据的性能衰退状态预测中各模型的结果对比

直接使用时间序列预测模型对其进行预测。为验证 PFR 模型更广泛的用途,下面使用某航空公司发动机的气路参数偏差值等对其进行应用验证。

本节采用 PFR 模型分别预测某航空公司发动机的排气温度裕度(EGTM)及排气温度偏差(DEGT)。EGTM 一般被航空公司采用作为衡量整个发动机性能的重要指标之一。数据表明,EGTM 的大小会影响发动机的使用及航空公司的运行成本,CFM56－3 系列发动机的 EGTM 下降 10 ℃,其燃油消耗增加 1%。同时,EGTM 通常作为发动机拆发的重要依据。发动机巡航阶段得到的 DEGT 也是衡量发动机性能衰退程度的重要参数之一。本节使用的 EGTM 和 DEGT 时间序列如图 4.27 所示。

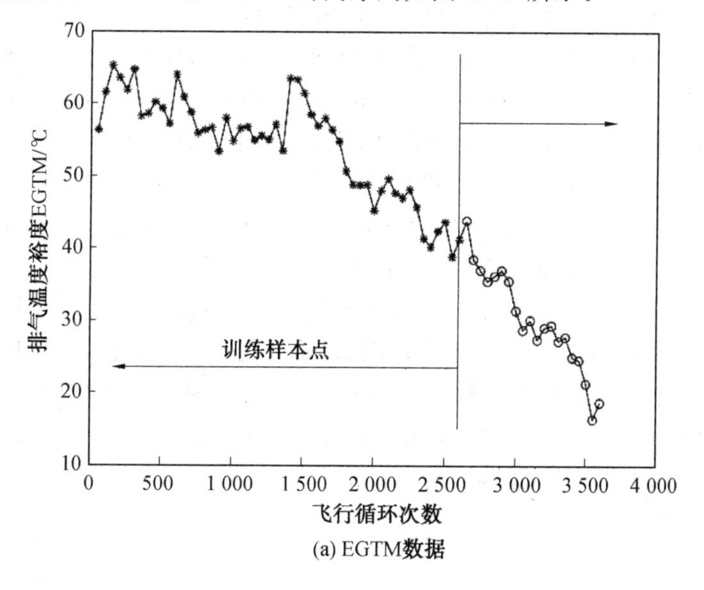

(a) EGTM数据

图 4.27 EGTM 和 DEGT 时间序列

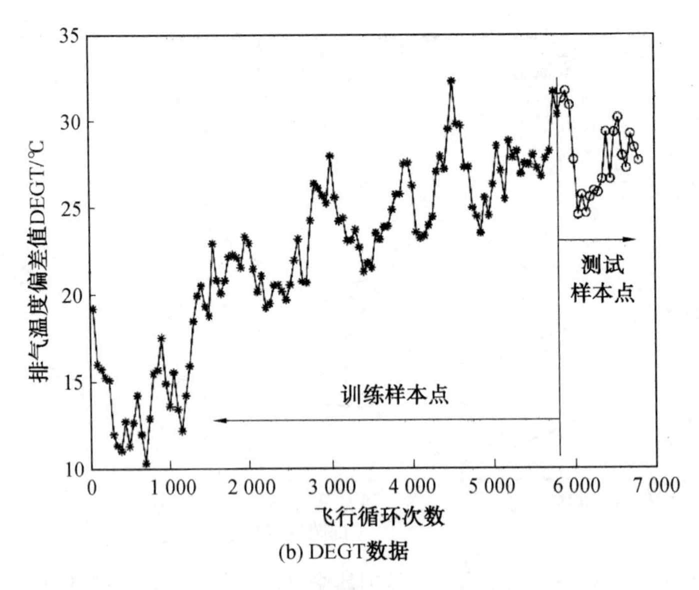

(b) DEGT数据

续图 4.27

图 4.27 中,EGTM 和 DEGT 时间序列的采样间隔为 50 个飞行循环,其中 EGTM 序列有 72 个样本点,DEGT 序列有 136 个样本点。预测过程中使用时间序列前期的样本点训练模型,然后使用后期的测试样本点对模型的预测效果进行评价。分别使用 PFR 模型、BPNN 模型及 PNN 模型对航空发动机的 EGTM 和 DEGT 时间序列进行短期预测。

首先对发动机的 EGTM 数据进行预测,其中前 52 个样本点用于训练模型,后 20 个用于测试模型。使用 PFR 模型预测 EGTM 的步骤如下。

①将 72 个样本点划分为 18 组,每组的 4 个点拟合一个三次多项式函数作为 PFR 模型的输入函数。前 13 个函数用于训练,后 5 个用于测试。

②使用前 3 个函数预测后 1 个函数,共得到 10 个训练样本和 2 个测试样本。测试样本的输出为 2 个三次多项式。将预测时刻带入输出多项式中便可求得未来离散时刻的预测值,2 个输出函数得到 8 个离散时刻的预测值。对于训练样本,$p=3$,$n=3$,$m=10$,满足 $m<(5n^2+8n+2)p$,所以在 PFR 模型的训练过程中使用 ARCA 比 FCM 效率更高。

设置 PFR 模型中的 c 值,经对比确定 PFR($c=2$)为最佳模型。为使 3 个模型的样本完全一致,BPNN 与 PNN 模型的参数设置如下:BPNN 模型的输入为 12 个离散点,输出为 4 个离散点;PNN 模型中,将 12 个离散点拟合为多项式作为 PNN 的输入函数,输出为 4 个离散点。同样,设置 BPNN 与 PNN 不同的隐含层神经元数目,并选择最佳的模型与 PFR 模型进行对比。每个模型运行 10 次,分别计算 RMSE 与 ARE 的均值与方差,以及各模型的平均运行时间。各模型的结果见表 4.6 和表 4.7。类似地,各模型对航空公司发动机 EGTM 预测结果的对比如图 4.28 所示。

表 4.6　BPNN 模型对航空公司发动机 EGTM 预测的误差与耗时

	RMSE 均值	ARE 均值	RMSE 方差	ARE 方差	时间/s
BPNN(h=5)	11.464 2	0.481 2	12.879 7	0.026 5	0.520 1
BPNN(h=10)	10.597 8	0.427 3	15.649 3	0.024 2	0.542 6
BPNN(h=15)	11.201 8	0.454 4	10.646 4	0.016 7	0.483 4
BPNN(h=20)	11.236 2	0.454 2	15.459 2	0.022 4	0.572 6
BPNN(h=25)	9.358 5	0.387 7	12.501 3	0.019 2	0.763 3
BPNN(h=30)	8.945 5	0.371 0	8.854 1	0.013 1	0.591 8
PFR(c=2)	2.916 8	0.111 3	$1.248\ 2\times10^{-9}$	$1.370\ 7\times10^{-12}$	0.018 9

表 4.7　PNN 模型对航空公司发动机 EGTM 预测的误差与耗时

	RMSE 均值	ARE 均值	RMSE 方差	ARE 方差	时间/s
PNN(h=5)	11.611 5	0.486 8	27.938 9	0.058 3	0.6208
PNN(h=10)	9.947 1	0.394 7	13.126 3	0.029 8	0.454 3
PNN(h=15)	8.725 1	0.321 7	15.445 7	0.018 1	0.464 4
PNN(h=20)	11.877 5	0.473 1	17.771 6	0.034 1	0.532 8
PNN(h=25)	9.179 3	0.337 1	21.902 0	0.029 6	0.645 8
PNN(h=30)	11.636 8	0.416 7	28.517 2	0.024 5	0.477 4
PFR(c=2)	2.916 8	0.111 3	$1.248\ 2\times10^{-9}$	$1.370\ 7\times10^{-12}$	0.018 9

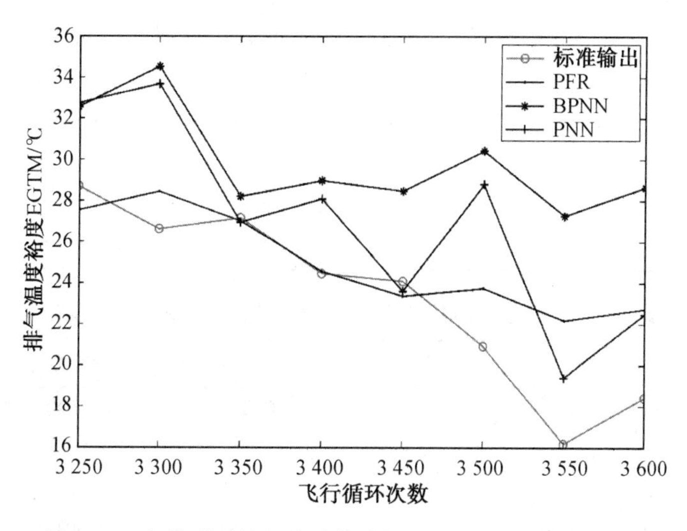

图 4.28　各模型对航空公司发动机 EGTM 预测结果的对比

图 4.28 中三个模型均采用最佳参数设置，即 BPNN 模型的隐含层神经元数目为 30，PNN 模型的隐含层神经元数目为 15，PFR 模型包含两个模糊规则。图中三个模型的统计量为：BPNN 模型的 RMSE 为 7.386 0，ARE 为 0.316 6；PNN 模型的 RMSE 为 4.590 4，

ARE 为 0.172 3;PFR 模型的 RMSE 为 2.961 8,ARE 为 0.111 3。由结果可以看出,PFR 模型比 BPNN 模型和 PNN 模型有更高的预测精度、更稳定的预测及更少的耗时。由图 4.28 可观察出,PFR 的预测结果比 BPNN 模型和 PNN 模型的预测结果更接近标准输出。从趋势上看,三个模型均表现出下降趋势,但 PFR 模型预测结果的波动最小,BPNN 和 PNN 模型预测结果的波动相对较大。PFR 模型结果的趋势是可接受的,最后 3 个点的偏差较大,但之前的 5 个点精度较高。总之,结果证明,本节提出的 PFR 模型在航空发动机的 EGTM 预测中是有效的。

接下来对发动机巡航阶段的 DEGT 进行预测,其数据如图 4.27 所示,如前所述,共包含 136 个样本点,其中前 116 个点作为训练样本点,后面的 20 个点用于测试模型的效果。使用 PFR 模型的步骤如下。

①将 136 个样本点划分为 34 组,每组的 4 个点拟合一个三次多项式函数作为 PFR 模型的输入函数。

②前 29 个函数用于训练,后 5 个用于测试。

③使用前 3 个函数预测后 1 个函数,共得到 26 个训练样本与 2 个测试样本。测试样本的输出为 2 个三次多项式。离散时刻的预测值通过将其时刻带入多项式计算即可,2 个输出函数得到8 个离散时刻的预测值。后面的流程完全相同,分别使用 PFR 模型、BPNN 模型和 PNN 模型预测航空发动机的 DEGT 时间序列。

各模型预测结果的误差见表 4.8 和表 4.9,各模型对航空公司发动机 DEGT 预测结果的对比如图 4.29 所示。

表 4.8 BPNN 模型对航空公司发动机 DEGT 预测的误差与耗时

	RMSE 均值	ARE 均值	RMSE 方差	ARE 方差	时间/s
BPNN($h=5$)	2.113 7	0.064 0	1.041 5	0.001 1	0.842 6
BPNN($h=10$)	2.136 4	0.062 1	0.520 6	$5.487\ 4\times10^{-4}$	0.806 4
BPNN($h=15$)	1.885 0	0.054 8	0.806 6	$4.101\ 0\times10^{-4}$	0.862 6
BPNN($h=20$)	1.940 7	0.056 5	0.541 3	$3.355\ 2\times10^{-4}$	0.821 3
BPNN($h=25$)	2.104 1	0.059 1	0.861 4	$6.399\ 7\times10^{-4}$	0.935 4
BPNN($h=30$)	1.993 2	0.057 6	0.137 9	$9.614\ 2\times10^{-5}$	1.000 9
PFR($c=2$)	1.342 9	0.042 7	$1.589\ 6\times10^{-12}$	$7.330\ 3\times10^{-16}$	0.035 3

表 4.9 PNN 模型对航空公司发动机 DEGT 预测的误差与耗时

	RMSE 均值	ARE 均值	RMSE 方差	ARE 方差	时间/s
PNN($h=5$)	2.349 7	0.071 2	0.501 9	$4.952\ 8\times10^{-4}$	0.633 9
PNN($h=10$)	2.699 7	0.080 2	0.951 7	0.001 2	0.868 9
PNN($h=15$)	2.298 6	0.069 0	0.792 9	$9.249\ 5\times10^{-4}$	0.571 0
PNN($h=20$)	3.134 5	0.097 0	1.384 9	0.001 4	0.577 6
PNN($h=25$)	3.143 5	0.092 1	0.831 8	$9.288\ 5\times10^{-4}$	0.598 6
PNN($h=30$)	2.859 9	0.082 6	1.566 3	0.001 4	0.702 5
PFR($c=2$)	1.342 9	0.042 7	$1.589\ 6\times10^{-12}$	$7.330\ 3\times10^{-16}$	0.035 3

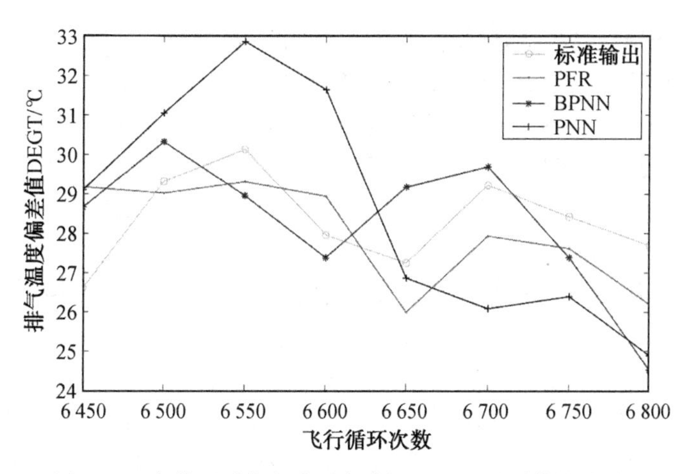

图 4.29 各模型对航空公司发动机 DEGT 预测结果的对比

图 4.29 中，BPNN 模型与 PNN 模型的隐含层神经元数目均为 15，PFR 模型的模糊规则数目为 2。图中三个模型的统计量为：BPNN 模型的 RMSE 为 1.656 9，ARE 为 0.051 1；PNN 模型的 RMSE 为 2.552 1，ARE 为 0.083 6；PFR 模型的 RMSE 为 1.342 9，ARE 为 0.042 7。由上述结果可得到相同的结论，即 PFR 模型比 BPNN 模型与 PNN 模型有更高的预测精度、更稳定的预测及更少的耗时。从图 4.29 中可观察出，PFR 的预测结果比 BPNN 模型和 PNN 模型的预测结果更接近标准输出，在该数据上，BPNN 模型比 PNN 模型预测更准确，说明 PNN 模型对数据有一定的要求，在不同数据上有不同的表现。对于趋势，PFR 模型最接近标准输出，且无较大波动，BPNN 模型的结果呈现相似的趋势，PNN 模型预测结果的波动较大。

总结本节中的所有数据的预测结果，可得到以下结论。

①PFR 模型在航空发动机性能衰退状态预测中的精度、稳定性、运行效率等方面均优于 BPNN 模型与 PNN 模型。

②航空发动机的监控数据存在噪声，使得航空发动机性能衰退状态时间序列中存在较大波动，训练样本中的波动使 BPNN 模型和 PNN 模型的预测结果均产生较大波动，进而使其预测值出现相对较大的偏差，而 PFR 模型对训练样本中的波动有一定的适应性，其预测结果不会产生较大波动，因此其预测精度相对较高。PFR 模型适应性高，是因为 PFR 模型训练的目标函数与传统模型（BPNN 模型、PNN 模型）不同。传统模型的目标函数要求所有离散点的误差平方和最小，而 PFR 模型的目标函数是要求函数趋势的误差最小。因此，面对航空发动机性能衰退状态时间序列中的波动时，传统模型会尽可能使各离散点的误差最小。但由于波动的存在，其预测结果也产生了较大波动，因此导致某些预测结果偏差较大。而 PFR 模型则不会盲目追求所有离散点误差的最小化，而是使其变化趋势的误差最小，因此对于有较大波动的性能衰退状态序列，PFR 模型的预测精度优于传统模型。

③关于稳定性，由于 PFR 模型只在模糊聚类阶段具有随机性，后面的训练过程使用解析形式，没有迭代过程，因此当聚类数目较少时，聚类阶段的随机性小，则 PFR 模型的随机性小，稳定性高。BPNN 与 PNN 模型的初始权重均为随机设置，而且训练过程需不

断迭代寻优，因此模型参数的随机性相对较大，稳定性相对较差。

④关于运行时间，由于本章推导了 PFR 模型训练的解析解，PFR 模型的训练过程中无须迭代，而 BPNN 与 PNN 模型均需使用学习算法迭代求解最优权重，因此耗时大于 PFR 模型。总之，基于上述原因，面对含有噪声、具有较大波动的航空发动机性能衰退状态时间序列，PFR 模型可有效适应其特点，得到相对更优的预测结果。

4.6 基于动态混合规则网络的隐含知识挖掘方法

4.1 节的模糊基本理论中已经对 TS 模糊规则模型进行了说明，但是这些规则都是预先定义的，可能无法体现规则选择的完备性，很难保证每个样本都是根据其最优规则计算并得到输出的，所以经典 TS 模糊规则模型可能会因无法使用样本最优规则而出现难以获得满意解的问题。因此，本节在 TS 模糊规则的基础上提出了动态混合规则网络模型，从而实现基于动态混合规则网络的隐含知识挖掘方法。

4.6.1 动态混合规则网络模型

混合规则网络（Hybrid Rule Network，HRN）近似模型结构如图 4.30 所示。

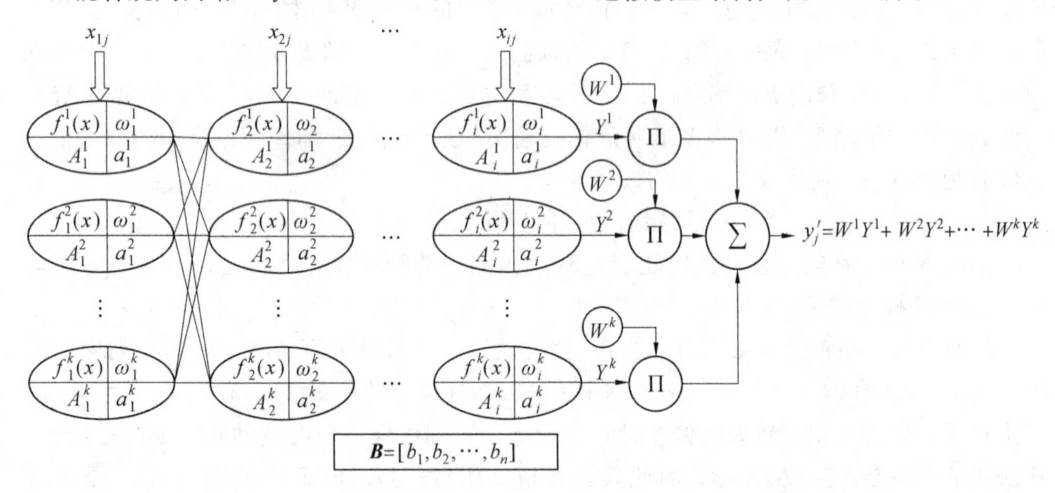

图 4.30 HRN 近似模型结构

图 4.30 中，A_i^k 代表区间，它是当前样本第 i 维的第 k 个模糊集；$f_i^k(x)$ 代表区间 A_i^k 的隶属函数，函数参数是 x_{ij}；ω_i^k 代表影响最终隶属度值的权重因子；a_i^k 代表区间 A_i^k 的实系数，类似于规则公式即式(4.1)中的系数 a_i^n；Y^k 代表输出，它根据节点中的规则生成；W^k 代表规则输出的权重；$\boldsymbol{B}$ 代表补偿矩阵，其中每个元素对应不同规则公式中的一个补偿值。由此可见，HRN 是一个包含了 $k\times n$ 个节点的矩阵和一个补偿矩阵的复杂网络，每个节点对应一组 A、$f(x)$、ω 和一个实系数 a。

1. 节点中的区间

需要明确在 HRN 中存在两类区间，即实际区间（Real Interval，RI）和计算时间（Computing Interval，CI），其性质对样本的每个维度相同。在网络初始化时，需要确定

RI的数量,CI的数量在RI数量的基础上增加1。因此,如果在样本某一维度上存在两个RI,那么将存在三个CI,RI与CI关系如图4.31所示。其中,a是样本某维度的最小值;b是其最大值;c是a与b之间的中间值;e是a和c的中间值;f是c和b的中间值。对于CI,可在RI的两端进一步延伸,所以a变成了d和e的中间值,b变成了f和g的中间值。另外,图中较长的垂直线代表独立区间。

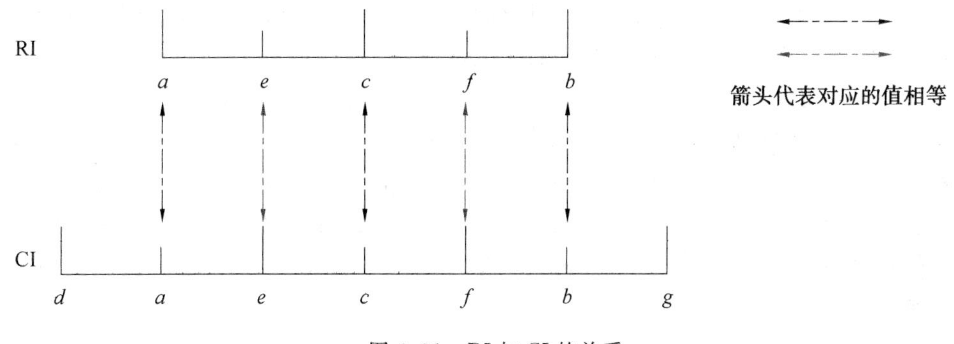

图4.31 RI与CI的关系

因此,图4.31对应样本的RI为$[ac]$和$[cb]$,CI为$[de]$、$[ef]$和$[fg]$。同理,对于实际区间数量大于2的情况也可以根据图4.31进行推断。实际上,为保证规则的多样性,RI数量一般不少于2个。

2. 节点中的隶属函数

根据中心极限定理可知,客观世界中存在许多随机变量,它们是彼此独立的大量随机因素的综合结果,每一个独立随机因素的作用都是微小的,因此其概率分布形式都可以利用正态分布进行近似。同时,数学领域也证明,任何分布都可以使用有限个正态分布的加权和来近似。因此,使用正态分布来近似未知分布样本是可行的,故节点中的隶属函数$f_i^k(x)$采用正态分布模型,即

$$f(x)=\frac{1}{\sigma\sqrt{2\pi}}\mathrm{e}^{\frac{-(x-\mu)^2}{2\sigma^2}} \tag{4.40}$$

式中 μ——变量均值;

σ——变量标准差。

因此,样本某维度上的隶属度曲线如图4.32所示。

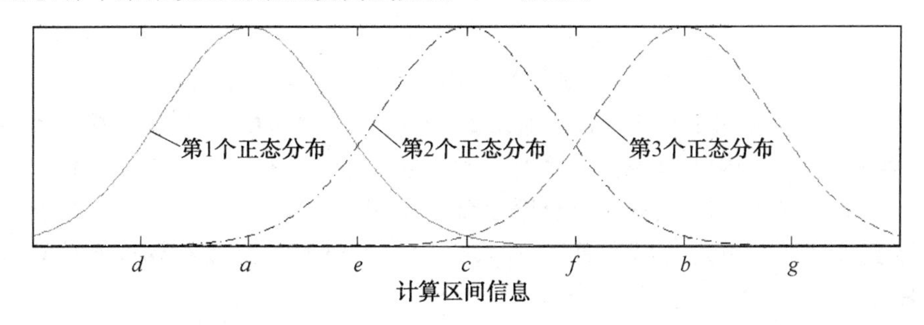

图4.32 样本某维度上的隶属度曲线

正如图4.32所示,在该样本的CI上,三个正态分布通过线性加权来模拟最终的隶属

度值。因此，该样本在该 CI 上的概率分布为

$$f'(x)=\omega_1 f_1(x)+\omega_2 f_2(x)+\omega_3 f_3(x) \tag{4.41}$$

式中 $f'(x)$——最终的概率分布。

$f_1(x)$、$f_2(x)$、$f_3(x)$代表三个正态分布，而 ω_1、ω_2、ω_3 代表三个对应的权重。经验表明，在 CI 上使用三个或三个以上的正态分布来近似一个非正态分布是可以获得满意解的。同时，由于基于隶属函数形成的区间划分具有完备性，并且这些隶属函数没有边界，因此不存在因超出隶属函数边界而产生的无解情况。

3. 节点中的权重

实际上，一些通过修改区间来获得最优模糊分类的方法在学习后可能会产生区间不再连续的问题，原始区间与学习后区间的对比如图 4.33 所示。为在不丢失区间的前提下优化 CI，HRN 使用了节点中的权重 ω。权重 ω 用于重新计算原始隶属度，并将结果作为可用隶属度（Available Membership Degree，AMD）来构建规则。对于 x_{ij}，其 AMD 由下式获取，即

$$S_{ij}^k=\omega_i^k f_i^k(x_{ij}),\quad \omega\in(0,1] \tag{4.42}$$

$$S_{ij}^k=f_i^k(\omega_i^k x_{ij}),\quad \omega\in(0,1] \tag{4.43}$$

式中 $f_i^k(x)$——计算区间 A_i^k 的隶属函数；

S_{ij}^k——经由 $f_i^k(x)$计算的 x_{ij} 的可用隶属度。

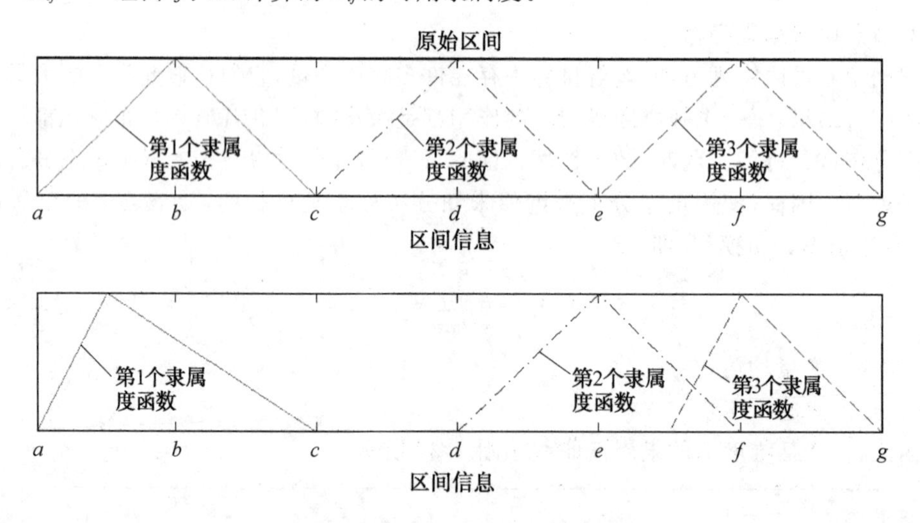

图 4.33 原始区间与学习后区间的对比

在式(4.42)中，ω 用于直接调整原始隶属度；在式(4.43)中，ω 用于间接调整原始隶属度，即通过与样本相乘调整原始隶属度。由于在上述公式中仅需要调整一个变量 ω，因此模型的性能会有所提高，公式效果分别如图 4.34 中(a)和(b)所示。其中，实线为使用隶属函数直接计算的原始隶属度曲线；而虚线为根据隶属度函数和权重值计算得到的 AMD 曲线。

本质上，ω 的介入也相当于对原有区间进行相应的改变：若 $S_{ij}^k>f_i^k(x_{ij})$，则相当于 x_{ij} 将区间 k 的范围扩大，即 x_{ij} 点落在区间 k 内的可能性增加；若 $S_{ij}^k=f_i^k(x_{ij})$，则相当于 x_{ij} 保持区间 k 的范围，即 x_{ij} 点落在区间 k 内的可能性不变；若 $S_{ij}^k<f_i^k(x_{ij})$，则相当于 x_{ij}

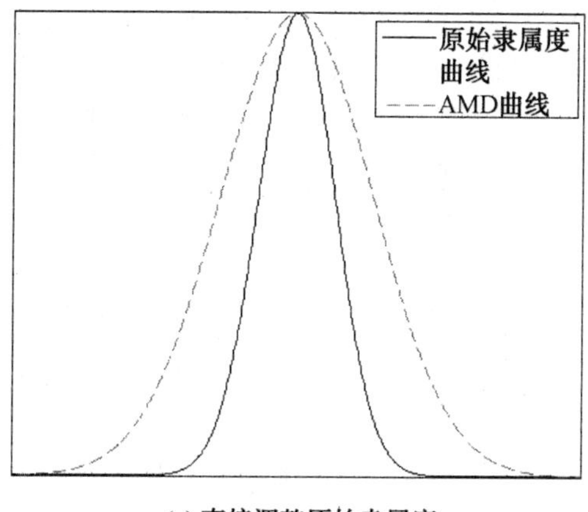

(a) 直接调整原始隶属度

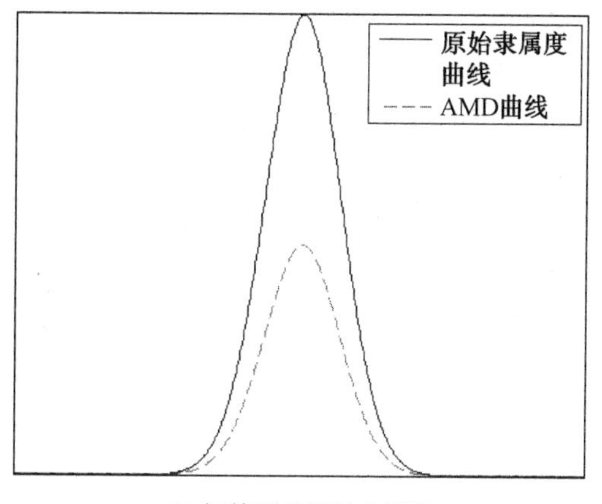

(b) 间接调整原始隶属度

图 4.34 调整原始隶属度

将区间 k 的范围缩小，即 x_{ij} 点落在区间 k 内的可能性减少。在保证 $S_{ij}^k \leqslant 1$ 的前提下，若已确定 $f(x) \in (0,1]$，即 $\sigma = 0.4$，则令 $\omega \in (0,1]$；反之，则可令 ω 上限大于 1。由于设定 $\omega \neq 0$，因此规避了 CI 不连续的情况，保证了 HRN 利用多个 $f(x)$ 逼近样本输出的可能性。

除隶属函数 $f(x)$ 和权重 ω 外，每个节点还存在一个实系数 a，整个网络存在一个标量矩阵 $\boldsymbol{B}$。HRN 中的规则借鉴了经典 TS 模糊网络中的规则形式，仍然以局部线性化为基础，通过模糊推理方法实现全局的非线性。HRN 中的规则与经典 TS 模糊网络规则的相似之处是其前件仍采用模糊变量，且结论部分是输入输出的线性函数。HRN 中的规则形式为

$$
\begin{aligned}
R_t: & \text{If } x_{1j} \text{ is } S_{1j}^t \text{ and } x_{2j} \text{ is } S_{2j}^t \text{ and } \cdots \text{ and } x_{nj} \text{ is } S_{nj}^t \\
& \text{Then } y_t = \boldsymbol{a}_t^{\mathrm{T}} X + b_t, \quad t = 1,2,\cdots,K \\
& X = [x_{1j}, x_{2j}, \cdots, x_{nj}]
\end{aligned}
\tag{4.44}
$$

式中 S_{nj}^t——x_{nj} 在第 t 条规则中对应区间的隶属度；

$\boldsymbol{a}_t^{\mathrm{T}}$——第 t 条规则中 X 各元素取对应区间的系数同，$\boldsymbol{a}_t = [a_{t_1}, a_{t_2}, \cdots, a_{t_j}]$；

b_t——第 t 条规则对应的标量补偿，取标量矩阵 $\boldsymbol{B}$ 中第 t 个元素的值。

由式(4.44)可知，系数 $\boldsymbol{a}$ 和矩阵 $\boldsymbol{B}$ 用于构建 HRN 的规则。为与经典 TS 模糊模型的规则相适应并体现网络模型的扩展性，应用标量补偿能够提高结果的逼近程度，标量矩阵 $\boldsymbol{B}$ 的维度一般不小于 CI 的数量。

经典 TS 模糊模型一般不具备规则完备性，即在不同的隶属区间中人为确定备选规则且所选规则对所有样本保持一致。虽然部分算法在备选规则内具有一定的规则选择能力，但无法确保备选规则的全局最优性，因此也无法保证让每个样本都能应用到全局最优规则。

4.6.2 网络模型动态选择机制

为保证让每个样本都能应用到全局最优规则，本书基于 HRN 提出了动态规则选择

机制(Dynamic Rule Selection Mechanism,DRSM)。DRSM 是指样本能够在完整的网络规则空间中根据自身特点动态选择最适合规则集的机制。若设样本输入维度为 n,每个维度 CI 数量为 k,则规则空间中规则的总数为 k^n。由此可知,HRN 的备选规则能够涵盖所有可能的规则且最大限度地保证了网络中规则的多样性,因此 HRN 具有规则完备性的特点。只要 HRN 的每条规则能够唯一确定 S_{nj}^t、$\boldsymbol{a}_t^{\mathrm{T}}$ 和 b_t,即可确定当前规则。

为构建规则集合,提出了隶属度排序向量(Membership Degree Ordered Vector, MDOV)的概念。样本输入的每个维度都有自身对应的 MDOV。MDOV 抽取对应维度在所有区间上的隶属度并进行降序排列而成。一旦样本输入中每个维度的 MDOV 确定了,该样本的规则集也就相应确定了。假设某样本对应的节点矩阵及补偿矩阵如图 4.35 所示,即样本输入向量维度 $n=4$,CI 数量 $k=3$、所用规则数量(Rule Number,RN)设定为 2。那么,第 j 个样本使用 DRSM 确定规则的步骤如下。

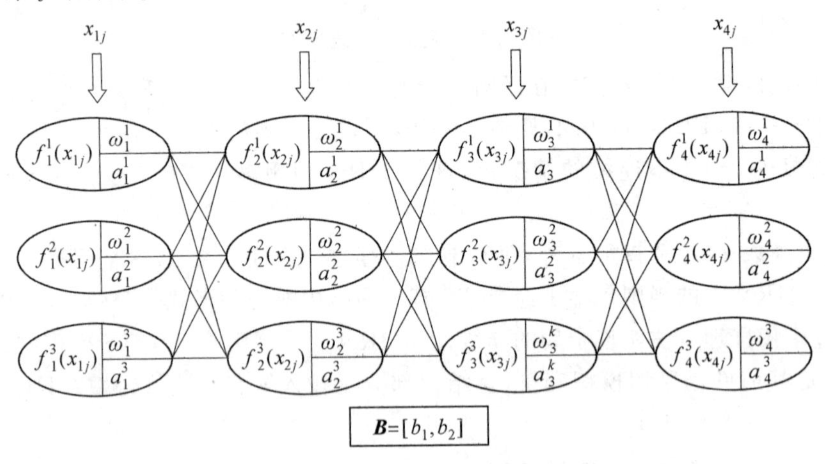

图 4.35 假设某样本对应的节点矩阵及补偿矩阵

(1)为样本输入中每个维度(后用变量一词)计算在不同 CI 上的隶属度值,并根据隶属度值确定 MDOV。在该假设中,假设存在的关系见表 4.10。

表 4.10 假设存在的关系

	变量值	MDOV	对应的 CI
1	x_{1j}	$[\omega_1^1 f_1^1(x_{1j}),\omega_1^2 f_1^2(x_{1j}),\omega_1^3 f_1^3(x_{1j})]$	A_1^1、A_1^2 和 A_1^3
2	x_{2j}	$[\omega_2^3 f_2^3(x_{2j}),\omega_2^2 f_2^2(x_{2j}),\omega_2^1 f_2^1(x_{2j})]$	A_2^3、A_2^2 和 A_2^1
3	x_{3j}	$[\omega_3^3 f_3^3(x_{3j}),\omega_3^1 f_3^1(x_{3j}),\omega_3^2 f_3^2(x_{3j})]$	A_3^3、A_3^1 和 A_3^2
4	x_{4j}	$[\omega_4^2 f_4^2(x_{4j}),\omega_4^1 f_4^1(x_{4j}),\omega_4^3 f_4^3(x_{4j})]$	A_4^2、A_4^1 和 A_4^3

(2)根据该样本中的每个变量值所对应的 MDOV,令每个变量在其 MDOV 中选出排在第一位的节点,并提取节内中的 CI 和 a 来构建第一条规则。根据表 4.10 可知,所提取的节点如图 4.36 所示。其中,用红线连接的节点就是第一条规则中使用的节点。因此,第一条规则如下式,其含义是在构建第一条规则时,使用了最有效用的节点信息,即

R_1:If x_{1j} is A_1^1 and x_{2j} is A_2^3 and x_{3j} is A_3^3 and x_{4j} is A_4^2

Then $y_1=a_1^1\omega_1^1f_1^1(x_{1j})+a_2^3\omega_2^3f_2^3(x_{2j})+a_3^3\omega_3^3f_3^3(x_{3j})+a_4^2\omega_4^2f_4^2(x_{4j})+b_1$ (4.45)

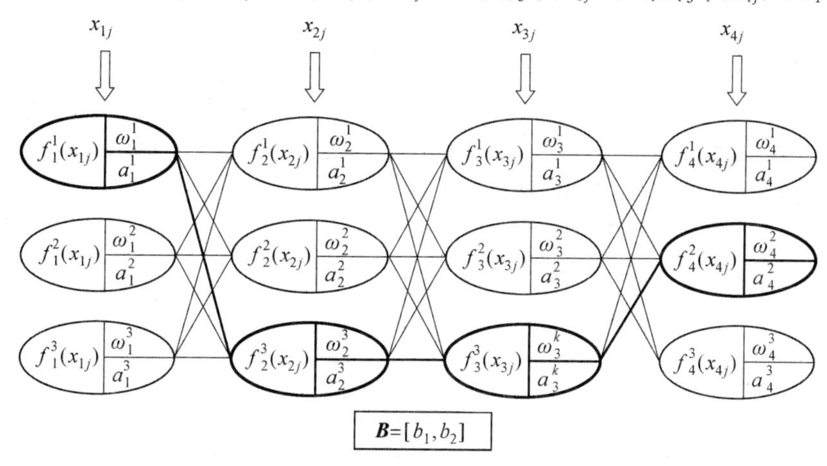

图 4.36 提取的节点

(3)根据前一条规则构建下一条最优规则。若假设当前需要构建第 $t(t>1)$ 条规则，其构建步骤如下。

提取所有 MDOV 中排序位置处于第 t 位的隶属度值及与该值所对应节点的 a 值，以及标量矩阵第 t 个元素构建规则。其涵义是取第 t 重要的节点构建第 t 条规则。因此，若 $t=2$，则第二条规则参考图 4.37 建立，其中绿色连接的节点为第一阶段所用节点，所构建的下一条最优规则为

R_2：If x_{1j} is A_1^2 and x_{2j} is A_2^2 and x_{3j} is A_3^1 and x_{4j} is A_4^1

Then $y_2=a_1^2\omega_1^2f_1^2(x_{1j})+a_2^2\omega_2^2f_2^2(x_{2j})+a_3^1\omega_3^1f_3^1(x_{3j})+a_4^1\omega_4^1f_4^1(x_{4j})+b_2$ (4.46)

为更好地构建下一条最优规则，需判断该变量的有效节点是第 t 个节点还是第 $(t-1)$ 个节点，采用规则相似度(Rule Similarity，RS)判断，即

$$A_i^m \vee A_i^n=\begin{cases}A_i^m, & (S_{ij}^m-S_{ij}^n)/S_{ij}^m>\text{RS}\\ A_i^n, & (S_{ij}^m-S_{ij}^n)/S_{ij}^m\leqslant\text{RS}\end{cases} \tag{4.47}$$

式中 A_i^m——第 j 个样本输入中第 i 个变量的第 m 个区间；

A_i^m——第 j 个样本输入中第 i 个变量的第 n 个区间；

$\vee$——选择操作符；

S_{ij}^m——对应的隶属度值。

式(4.47)使 RS 用于寻找网络中适应度较好的新节点作为实际节点替换适应度较差的旧节点，它是在更新旧规则的基础上构建新规则的模式。若存在假设关系为

$$\begin{cases}(S_{1j}^1-S_{1j}^2)/S_{1j}^1\leqslant\text{RS}\\ (S_{2j}^3-S_{2j}^2)/S_{2j}^3>\text{RS}\\ (S_{3j}^3-S_{3j}^1)/S_{3j}^3\leqslant\text{RS}\\ (S_{4j}^2-S_{4j}^1)/S_{4j}^2>\text{RS}\end{cases} \tag{4.48}$$

则第二条规则按图 4.38 建立，规则形式为

R_2：If x_{1j} is A_1^2 and x_{2j} is A_2^3 and x_{3j} is A_3^1 and x_{4j} is A_4^2

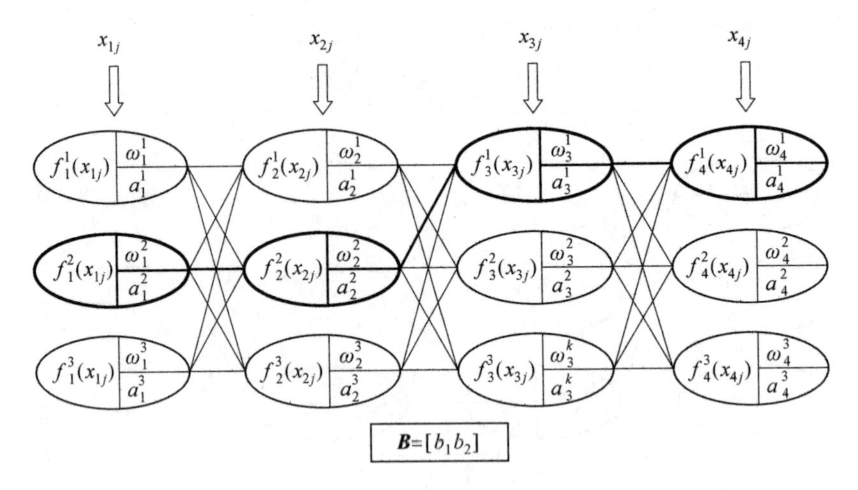

图 4.37 下一条最优规则

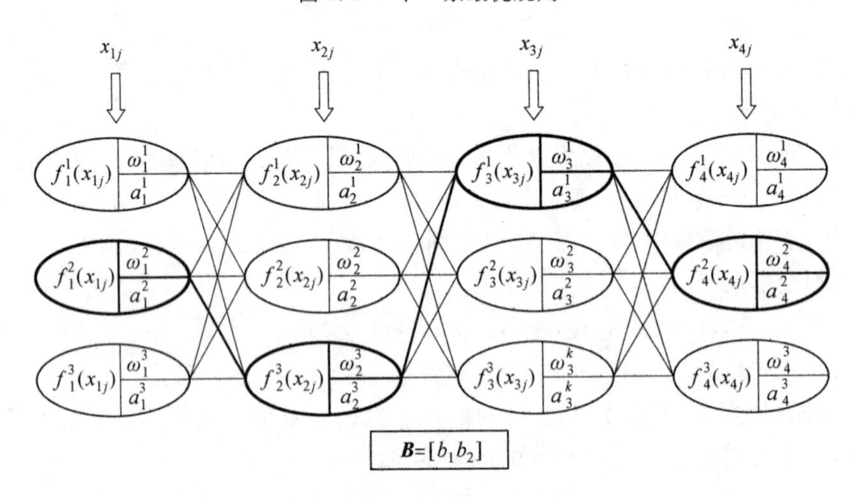

图 4.38 使用 RS 的下一条最优规则

$$\text{Then } y_1=a_1^2\omega_1^2 f_1^2(x_{1j})+a_2^3\omega_2^3 f_2^3(x_{2j})+a_3^1\omega_3^1 f_3^1(x_{3j})+a_4^2\omega_4^2 f_4^2(x_{4j})+b_2 \tag{4.49}$$

通过重复(3),可以建立更多规则。因此,构建规则的方法可以综合为

$$\begin{cases} R_1: y_1=\sum\limits_{i=1}^{n} \mid a_i^t\omega_i^t f_i^t(x_{ij}) \mid_{t=1}+b_1 \\ R_t: y_t=\sum\limits_{i=1}^{n} \mid a_i^t\omega_i^t f_i^t(x_{ij}) \mid_t \otimes \mid a_i^{t-1}\omega_i^{t-1} f_i^{t-1}(x_{ij}) \mid_{t-1}+b_t, \quad t>1 \end{cases} \tag{4.50}$$

式中 t——在 x_{ij} 的 MDOV 中的位置索引;

$|a_i^t\omega_i^t f_i^t(x_{ij})|_t$——根据 t 确定的节点相关值的乘积。

由此可见,HRN 能够根据需要确定最适合当前样本的规则集,避免了因规则同质化而难以获得该样本输出向量最优解的问题,并为最大限度逼近最优解建立了最适合的规则集。

为便于模型学习,推荐进化算法中的遗传算法(GA)。GA 算法通过不断优化种群中染色体(Chromosome)的方式寻找问题的全局最优解,染色体是构成 GA 算法种群的基本单位,一个染色体由多个数值组成,这些数值集合可代表问题的一个解。将 GA 算法应用于 HRN 模型后,算法的不断执行将使染色体逐渐趋近于问题的全局最优解。

由 HRN 模型结构可知,所需的染色体由三类矩阵构成:权变量矩阵 $\boldsymbol{W}$、参数变量矩阵 $\boldsymbol{A}$ 和标量矩阵 $\boldsymbol{B}$。有效的编码方式有利于提高问题求解效率,GA 算法中常用的编码主要有二进制码、浮点码、符号码、实数码和格雷码等。由于相邻格雷码之间的海明距离相差为 1,其有助于在全局内对最优解进行搜索,因此本书采用格雷码编码方式对染色体进行编码。若设 i 代表当前染色体序号,l 代表数据精度,则共有一条染色体,共有 $(2n+1)kl$ 个基因且形如

$$\boldsymbol{W}=\begin{bmatrix}0 & 0 & 0 & \cdots & 0 & 1\\ \vdots & \vdots & \vdots & & \vdots & \vdots\\ 1 & 0 & 0 & \cdots & 1 & 0\end{bmatrix}_{(n\times k,l)}$$

$$\boldsymbol{A}=\begin{bmatrix}1 & 0 & 1 & \cdots & 1 & 0\\ \vdots & \vdots & \vdots & & \vdots & \vdots\\ 0 & 1 & 0 & \cdots & 1 & 0\end{bmatrix}_{(n\times k,l)}$$

$$\boldsymbol{B}=\begin{bmatrix}0 & 0 & 1 & \cdots & 1 & 0 & \\ \vdots & \vdots & \vdots & & \vdots & \vdots & \\ 1 & 0 & 1 & \cdots & 1 & 0 & 0\end{bmatrix}_{(t,l)}$$

$$\text{Chromosome}_i=[\boldsymbol{W},\boldsymbol{A},\boldsymbol{B}]^{\mathrm{T}} \tag{4.51}$$

适应度函数需要借助规则输出的权重来确定。经典 TS 模糊模型的每条规则都对应一个规则权重,HRN 中规则权重设定方法与之相同,即每条规则的权重为该规则中隶属度连乘之积。因此,规则的隶属度为

$$\omega'_i=\prod S_{nj}^t,\quad S_{nj}^t\subset R_i \tag{4.52}$$

式中 ω_i'——第 i 条规则的隶属度值;

S_{nj}^t——各节点对应的隶属度值。

样本最终输出值仍然采用经典 TS 模糊规则模型中规则的计算方式,即由

$$y'_j=\frac{\sum_{t=1}^{t\subset R}\omega'_i y_t}{\sum_{t=1}^{t\subset R}\omega'_t} \tag{4.53}$$

决定。

因此,HRN 的适应度函数基于式(4.53)确定,可采用误差均方差最小或平均相对误差最小方式。算法过程描述如下:

①确认参数,包括 CI、RN、RS、CC(收敛条件,此处采用 RMSE)、最大迭代次数(MI)及 GA 算法专用参数等;

②归一化样本,设置当前迭代数为 0;

③根据式(4.51)初始化染色体;

④增加一次迭代次数;

⑤对于每条染色体；

⑥设置当前染色体为操作染色体；

⑦对于每个样本进行如下操作；

⑧设置当前样本为训练样本；

⑨根据式(4.42)或式(4.43)获取当前样本的 AMD；

⑩建立当前样本每个变量的 MDOV；

⑪根据式(4.50)建立当前样本的最优规则集；

⑫根据式(4.53)获得当前样本输出；

⑬根据样本输出的计算值和真实值计算误差；

⑭获得当前染色体的 RMSE；

⑮根据其 RMSE 选择当前最优染色体，如果其 RMSE 满足最大 RMSE，则算法停止，并且将当前最优染色体定义为全局最优解，否则算法继续；

⑯判断 MI 是否到达，如果达到，则算法停止，并返回当前最优染色体，否则算法继续；

⑰完成 GA 算法中选择、交叉和变异操作，从而生成新的种群，然后返回到④。

为验证 HRN 近似模型有效性，使验证实验可重复，实验采用公共数据鸢尾花(Iris)数据，实验样本容量为 150。

数据预处理操作包括：将四个特征向量作为样本输入；将山鸢尾类、变色鸢尾类和维吉尼亚鸢尾类作为样本输出且分别表示为 1、2 和 3；对样本进行归一化处理。在归一化处理过程中，需进一步确定样本分类中心以使将样本输出映射到之间的均匀区间中。由于 Iris 样本共分三类，因此其判定中心可定义在 0.166 7、0.5、0.833 3 处，对应区间为(0，0.333 4]、(0.333 4，0.666 8]和(0.666 8，1]，当样本输出落在对应区间中时，即可判别样本所属类别。HRN 近似模型有效性分析如下。

1. 参数设定对实验结果的影响

随机取 120 个样本为训练样本，30 个样本为测试样本。实验共分为四组，每组包括四个基本实验，每个基本实验重复 10 次，所有实验使用相同训练样本和测试样本。

第一组实验用于验证 RI 数量对数据结果的影响，实验内容如下。

实验中 HRN 近似模型部分参数设置：RN 为 3、RS 为 0.5、CC 为 0.06。则算法执行结果见表 4.11。

表 4.11 改变 RI 数量对实验的影响

RI 数量	收敛次数	平均收敛迭代数	训练样本平均准确率/%	测试样本平均均方差	测试样本平均准确率/%
2	6	386	97.083 3	0.051 683	99.0
3	3	367.333 3	96.333 3	0.049 736	99.0
4	6	440	97.083 3	0.051 890	99.0
5	6	383.833 3	97.166 7	0.052 563	98.0

根据表 4.11 可知，RI 数量能够影响测试训练样本的收敛速度，RI 数量过多会降低

类别判断的准确率。本章所做其他实验也表明，当 RI 数量设定为 2 或 3 时，HRN 可以实现较好的性能。

第二组实验用于验证 RN 对数据结果的影响，实验内容如下。

实验中 HRN 近似模型部分参数设置：RI 数量为 3、RS 为 0.5、CC 为 0.06。则算法执行结果见表 4.12。

表 4.12　改变 RN 对实验的影响

RN	收敛次数	平均收敛迭代数	训练样本平均准确率/%	测试样本平均均方差	测试样本平均准确率/%
1	3	494	95.583 3	0.045 282	99.666 7
2	4	282.25	96.666 7	0.043 836	99
3	3	367.333 3	96.333 3	0.049 736	99
4	8	339	97.083 3	0.050 039	99

根据表 4.12 可知，RN 过多易使测试样本偏离分类中心，且 RN 的增加未必有利于提高类别判断能力。本章所做其他实验也表明，当 RN 为 2 左右时，测试样本对判定中心的距离都会变得较近。

第三组实验用于验证 RS 对数据结果的影响，实验内容如下。

实验中 HRN 近似模型部分参数设置：RI 数量为 3、RN 为 3、CC 为 0.06。则算法执行结果见表 4.13。

表 4.13　改变 RS 对实验的影响

RS	收敛次数	平均收敛迭代数	训练样本平均准确率/%	测试样本平均均方差	测试样本平均准确率/%
0.2	6	347.166 7	96.666 7	0.046 214	99.333 3
0.4	6	388.333 3	96.666 7	0.048 271	99.666 7
0.6	6	319	96.25	0.049 569	98.666 7
0.8	4	377.75	96.5	0.052 658	97.333 3

根据表 4.13 可知，RS 设置较小，HRN 会在一定程度上减少测试样本与判定中心的距离；RS 设置较大，HRN 会在一定程度上降低测试样本的准确率。从数学涵义上可知，规则差异越大，规则的多样性越能得到充分体现。实验结果也说明，即使测试样本与判定中心的距离近，也无法证明其平均准确率高。

第四组实验用于验证 CC 对数据结果的影响，实验内容如下。

实验中 HRN 近似模型部分参数设置：RI 数量为 3、RN 为 3、RS 为 0.5，则算法执行见表 4.14。

根据表 4.14 可知，CC 指标越低、收敛速度越快；样本均方差与准确率都会随收敛条件阈值的增加而减小；虽然过小的收敛阈值可能使算法无法在规定的迭代数内收敛，但仍可能得到较好的分类结果。

表 4.14 改变 CC 对实验的影响

CC	收敛次数	平均收敛迭代数	训练样本平均准确率/%	测试样本平均均方差	测试样本平均准确率/%
0.03	0	无	96.666 7	0.052 753	99
0.05	0	无	96.75	0.053 418	98.666 7
0.07	10	310.2	96.166 7	0.061 322	97.666 7
0.09	10	63.5	92.5	0.082 17	95.333 3

通过上面的实验还能得到其他结论：HRN 表现为受到 GA 算法初值影响较大；各参数对数据的影响不会随着参数的线性变化对数据结果产生单调影响。因此，在实际选择 HRN 参数时，只能趋近于最优参数组合，而难以直接精确到位，这也是 HRN 未来研究的一个重要方向。

2. 交叉验证留一法实验

为使 HRN 模型避免因测试样本选择较好而对数据结果产生影响，本次实验采用交叉验证留一法的方式进行验证。设置实验过程中参数为：RI 数量为 2、RN 为 2、RS 为 0.2、CC 为 0.056。经过多次实验后，较好的结果如图 4.39 所示，算法比较见表 4.15。

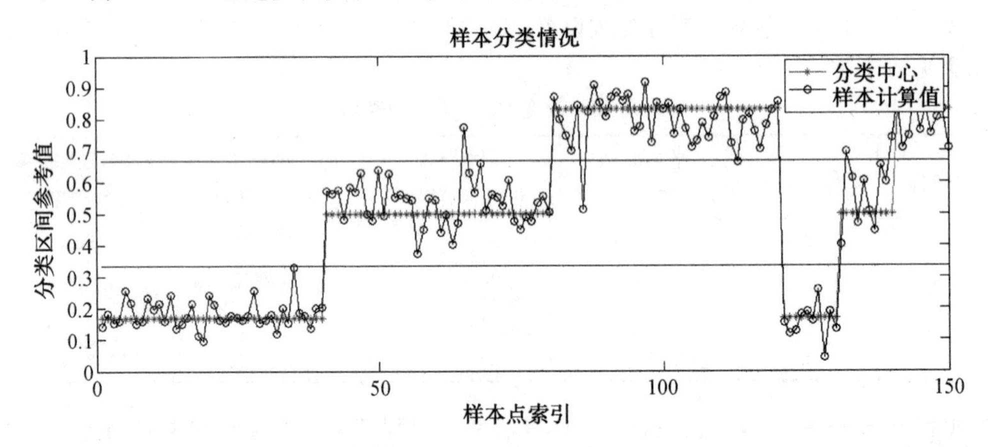

图 4.39 交叉验证留一法实验结果

表 4.15 算法比较

算法	HRN	文献[5]	文献[6]	文献[7]	文献[8]
准确度	96.67%	96.00%	96.00%	95.33%	96.67%

由此可见，与其他模型相比，HRN 在处理区间型参数案例时能够体现较好的性能。因此，HRN 模型比较适合样本维度不高的产品方案设计。其他实验表明，当区间型参数区间变为 0（即体现为实数）时，HRN 仍然能够表现出较好的性能。

4.6.3 动态混合规则网络近似模型学习

为进一步提高 HRN 近似模型的处理区间型参数的能力，使 HRN 能够根据输入样本的特征自动调整网络结构，本书将自适应方法融入 HRN，提出了自适应混合规则网络(Adaptive Hybrid Rule Network，AHRN)模型。AHRN 模型可以通过算法不断寻找有利节点重构模型，因此模型训练过程中自身结构将根据样本特征进行动态修改。为此，本书提出一种基于意见领袖的 QPSO 学习算法(Opinion Leader-Based QPSO，OLB－QPSO)。从整体上看，AHRN 对 HRN 的改进主要体现为两个方面：一是原来的 GA 算法改成了更为高效的 OLB－QPSO 学习算法；二是针对 OLB－QPSO 提出了复合粒子的概念，正是复合粒子使 AHRN 能够动态修改网络模型。

将传播学中意见领袖的概念应用到粒子群学习中，则可提出 OLB－QPSO 学习算法。在传播学中，意见领袖通常是向其他人传播信息、观点和建议的人，并且很容易影响别人对问题的看法。因此，在信息流向大众前，信息首先流向意见领袖，再经由意见领袖将信息传播下去，所以意见领域对于信息传播体现出了重要性。在 QPSO 中，体现主流思想(即接近平均最好位置)的粒子可以被赋予较高的权重(其作用类似于意见领袖)，而其他的粒子则赋予相对较小的权重。因此，平均最好位置为

$$\mathrm{mbest}_i=\alpha\cdot \mathrm{pbest}_i^{\mathrm{ol}}(t)+(1-\alpha)/(n-1)\cdot\left(\sum_{c=1}^{n}\mathrm{pbest}_i^{c}(t)-\mathrm{pbest}_i^{\mathrm{ol}}(t)\right)\tag{4.54}$$

式中 α——意见领袖的权重；

n——粒子群的容量；

$\mathrm{pbest}_i^{c}(t)$——第 c 个粒子的个体最好位置；

$\mathrm{pbest}_i^{\mathrm{ol}}(t)$——粒子中的意见领袖。

经验表明，当 α 的值在[0.3，0.5]时，能产生较好的结果。

假设粒子群中共有三个粒子，那么在引入意见领袖后，当前平均最好位置的获取转变过程可由图 4.40 体现出来。

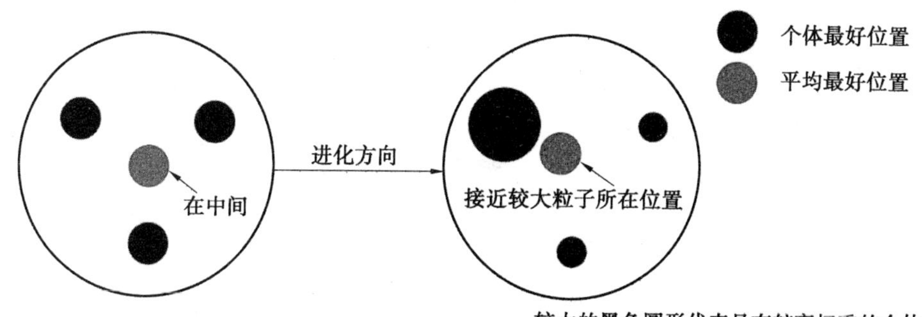

图 4.40 平均最好位置的进化

经典 QPSO 算法的粒子结构相对简单，一个粒子中的所有数据都以一个类似数组的结构存储起来，粒子中的每个数据根据位置更新算法自我更新。经典粒子结构如图 4.41 所示。

AHRN 提出了复合粒子的概念。复合粒子由三部分组成：第一部分用于决定 AHRN 模型结构的结构子粒子(SSP)；第二部分用于决定规则信息的信息子粒子(RSP)，第三部分是包含适应度等信息的辅助子粒子(AISP)。前两部分相互影响，共同决定粒子

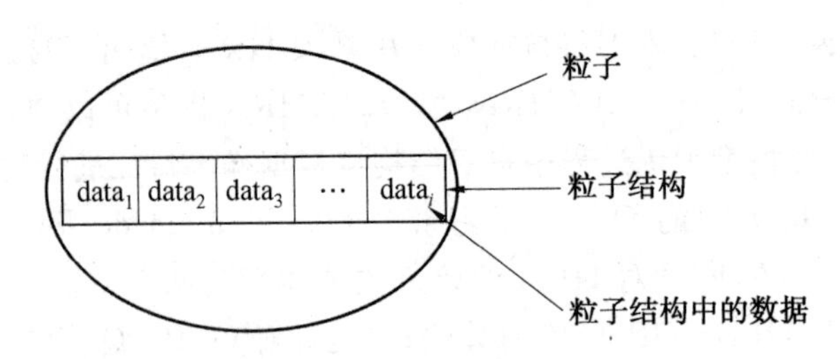

图 4.41 经典粒子结构

的运动过程。粒子群及其中的一个复合粒子如图 4.42 所示。

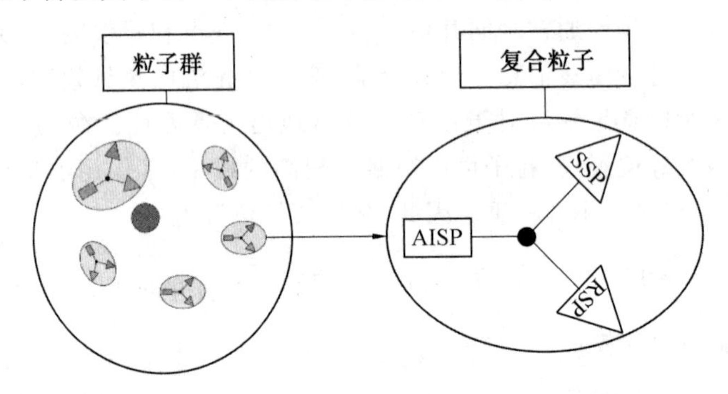

图 4.42 粒子群及其中的一个复合粒子

实际上，SSP 和 RSP 是独立进化的。因此，需要两个吸引子影响粒子的运动：一个是根据 SSP 生成的结构吸引子(SA)；另一个是根据 RSP 生成的规则吸引子(RA)。SA 用于优化网络的结构，RA 用于优化基于网络生成的模糊规则集。因此，复合粒子的运动方向如图 4.43 所示。

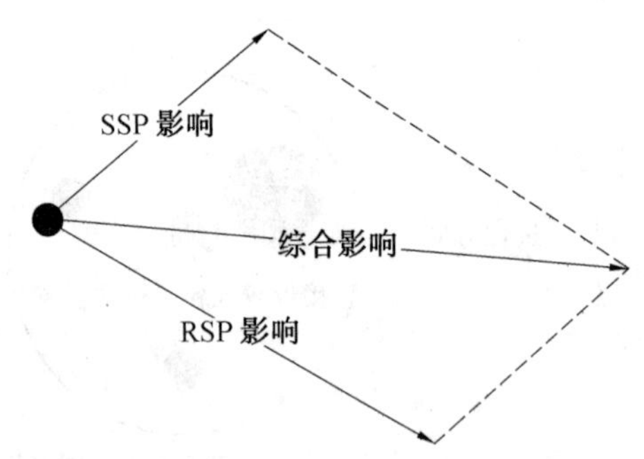

图 4.43 复合粒子的运动方向

对比经典粒子结构，SSP 结构如图 4.44 所示。其中，c_i 代表样本中第 i 维生成的节点的数量；$\omega_{i,j}$ 是第 i 维中第 j 个节点的权重。在学习过程中，AHRN 将选择第 i 维前 c_i 个节点及其权重创建规则集。

RSP 主要携带建立规则的三部分相关信息，RSP 结构如图 4.45 所示。其中，第一部分是 RN 和 RS，它们构成了规则集合的说明段；第二部分是每个节点对应的实系数；第三部分是对应的标量补偿值。

AHRN 近似模型具体实现的算法步骤描述如下：

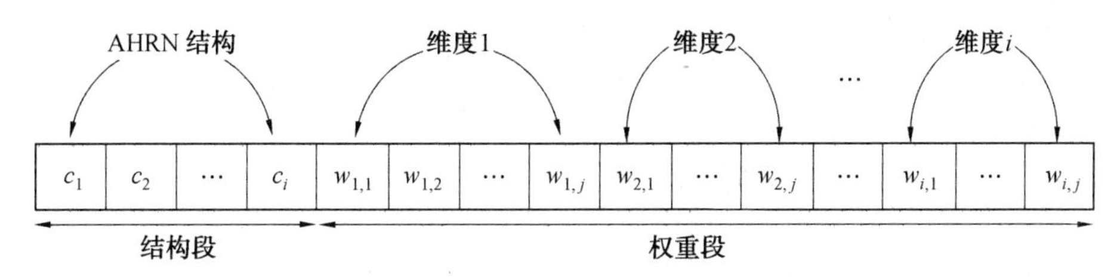

图 4.44 SSP 结构

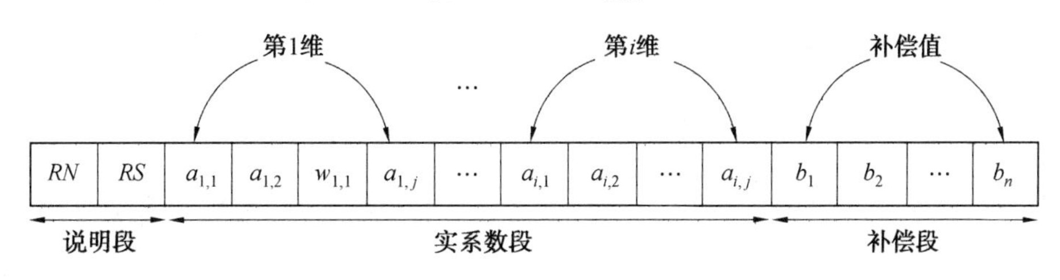

图 4.45 RSP 结构

①确定相关参数，包括 RI 数量、CC、MI、粒子数量(PN)和规则系数取值范围(CR)，同时归一化所有样本，并设置当前迭代数为 0；

②初始化所有复合粒子(对于每个复合粒子，初始化 SSP、RSP，并且更新网络结构获取相应的 AISP)，同时初始化所有 pbests 和 gbest；

③如果 gbest 适应度满足收敛条件要求，则最优解确定为 gbest 且算法停止，否则算法继续；

④进入迭代，令当前迭代数增加 1，但若当前迭代到达 MI，则最优解更新为 gbest，且算法停止；

⑤根据式(4.54)更新 mbest；

⑥对于粒子群中的每个复合粒子，进行如下操作；

⑦根据式规则生成机制更新 SSP 和 RSP；

⑧如果需要更新网络结构，则更新 AHRN；

⑨若 AHRN 发生更新，则根据 DRSM 更新规则集；

⑩获取当前复合粒子适应度，并更新 AISP；

⑪若当前复合粒子适应度优于之前，则将 pbest 更新为当前复合粒子；

⑫当 gbest 适应度优于之前时，则将 gbest 更新为当前复合粒子；

⑬当 gbest 适应度满足收敛条件时，则将当前最优解更新为 gbest 且算法停止，否则算法继续至④。

为体现实验数据的无序性并保证实验数据的开放性，AHRN 采用混沌时间序列 Box—Jenkins 煤气炉数据进行验证。由于 Box—Jenkins 煤气炉数据中的温度是在一定区间范围内波动的，训练样本和测试样本都具有区间型参数的特征，因此采用 Box—Jenkins 煤气炉数据进行实验是可行的。

Box—Jenkins 煤气炉数据每间隔 9 s 采集一个样本，一共有 296 个输入输出对 $[u(t), y(t)]$。样本输入 $u(t)$ 表示煤气炉煤气进入的速率，样本输出 $y(t)$ 代表煤气炉 CO_2 气体的排出浓度，而实验目标是通过使用这些已监测到的数据预测未来的 $y(t)$。对于数据样本的预处理如下：

①$u(t)$、$t(t-1)$、$u(t-2)$、$y(t-1)$、$y(t-2)$和 $y(t-3)$用来构建新样本的输入向量；

②$y(t)$用来构建新样本的输出向量；

③输入向量和输出向量共同组成一个样本；

④样本容量共计 290 个，其中前 70％用作训练样本，后 30％用作测试样本。

经过大量实验验证后，将 RI 数量设置为 5、PN 设置为 30 可以得到较好的实验结果。Box－Jenkins 煤气炉实验结果如图 4.46 所示，其中每次迭代执行时间平均为 1.373 s。经过实验可知，实验结果对比见表 4.16。

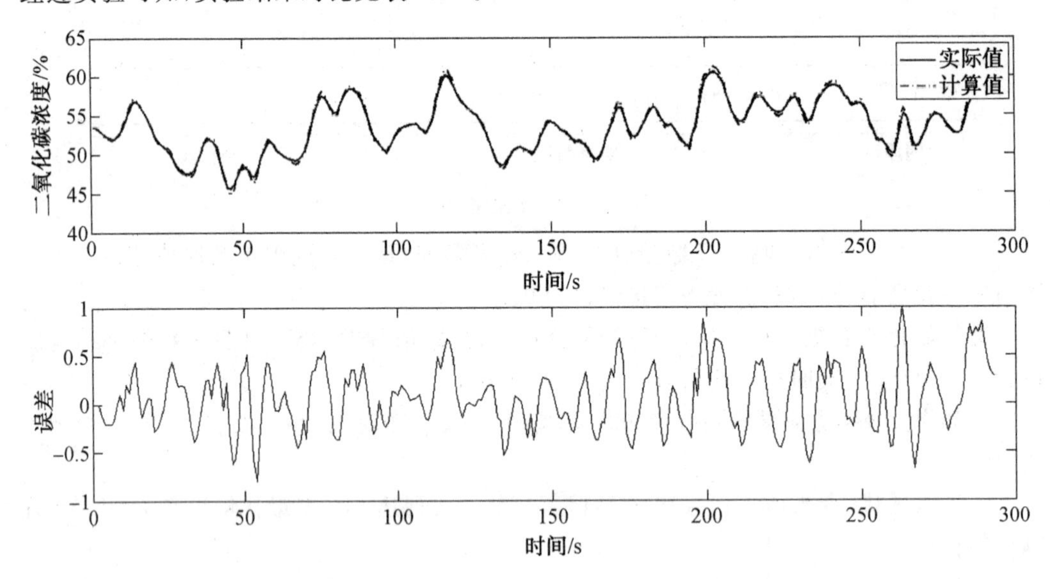

图 4.46　Box－Jenkins 煤气炉实验结果

表 4.16　实验结果对比

所用模型	MSE	平均相对误差
文献[9]中由 Kang et al. 提出	0.161	—
文献[9]中由 Kukolj and Levi et al. 提出	0.129	—
文献[9]中由 Pomares et al. 提出	0.363	—
DE/QDE[4－9]	0.112	—
AHRN	0.111	0.094 28％

注："—"表示相关文献未提供该指标。

由此可见，Box－Jenkins 煤气炉区间型参数的实验体现出 AHRN 近似模型有效性。如果 AHRN 模型的参数设置为最优值，则理论上能够进一步得到更好的实验结果。

为验证 AHRN 近似模型的稳定性，应对采样过程中因采样设备、采样条件和采样方法而产生采样误差的问题，本次实验通过人为设定误差百分比的方式模拟真实区间。验证采用崔智全博士在其论文《民航发动机气路参数偏差值挖掘方法及其应用研究》中提供的依据进行判断，即当训练样本的变动幅度在 3％以内，而测试样本的变动幅度在 5％以内时，证明该模型具有一定的稳定性。为便于证明，本节利用 Mackey－Glass 混沌时间序列的原始数据验证模型有效性，然后通过变动样本对模型的稳定性进行分析。

Mackey－Glass 混沌时间序列是通过延迟微分方程生成的，即

$$x(t+1)=0.9x(t)+\frac{0.2x(t-17)}{1+x^{10}(t-17)} \tag{4.55}$$

在生成的数据中，$x(t-18)$、$x(t-12)$、$x(t-6)$和 $x(t)$用于构建样本的输入向量，$x(t+6)$用于构建对应样本的输出向量，样本容量总计 1 000。其中，前 500 个样本用作训练样本，后 500 个样本用作测试样本。经过多次实验得出，当 RI 数量设置为 5 且 PN 设置为 30 时，能够得到较好的实验效果，Mackey－Glass 实验结果如图 4.47 所示。

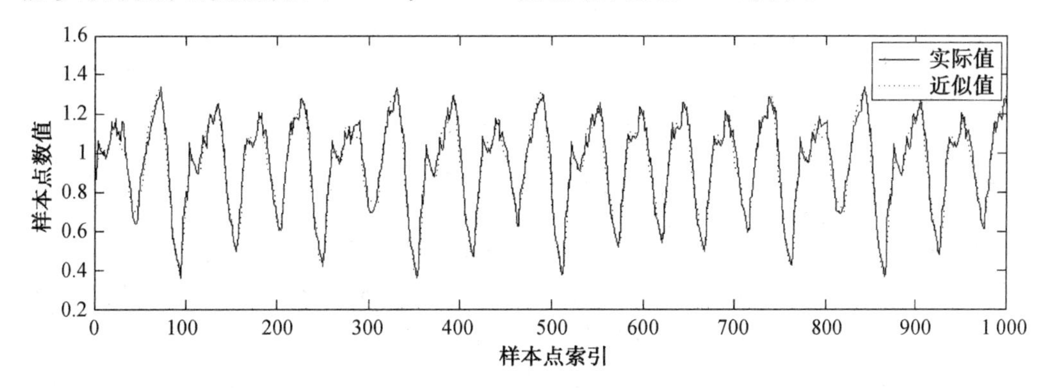

图 4.47 Mackey－Glass 实验结果

对于 Mackey－Glass 混沌时间序列的原始数据，AHRN 近似模型的实验与其他模型实验结果对比见表 4.17，由此可见 AHRN 模型的有效性。

表 4.17 AHRN 近似模型的实验与其他模型实验结果对比

所用模型	训练样本 RSME	测试样本 RSME
Indentification of fuzzy models	0.000 430	0.000 410
Fuzzy neural network	0.014 000	0.009 000
Multilevel fuzzy relational systems	0.024 000	0.025 300
AHRN	0.019138	0.020 895

为检验 AHRN 模型的稳定性，对数据样本进行加噪处理，数据加噪见表 4.18(即增加区间扰动，强化样本输入的区间特征)。

由表 4.18 可知，样本中的数据进行了加噪处理，表中的变动幅度在－2.50%～＋2.90%，符合 3%变动幅度的要求。为保证验证过程的一致性，设置模型 RI 数量为 5 且 PN 为 30。实验结果表明，训练样本的 RMSE 为 0.019 630，相比原始训练样本，RMSE 变动幅度约为 2.57%；测试样本的 RMSE 为 0.021 730，RMSE 变动幅度约为 4.00%。实验结论是 AHRN 近似模型满足稳定性条件。

表 4.18　数据加噪

原始数据值	修改数据值	变动幅度	原始数据值	修改数据值	变动幅度
1.081 111	1.108 000	+2.49%	0.520 449	0.530 000	+1.84%
0.982 946	0.963 287	−2.00%	0.628 194	0.620 000	−1.30%
1.001 452	1.010 000	+0.85%	0.522 397	0.512 000	−1.99%
0.762 473	0.750 000	−1.64%	1.224 462	1.193 850	−2.50%
0.869 055	0.884 257	+1.75%	0.856 656	0.878 072	+2.50%
0.376 558	0.387 478	+2.90%	…	…	…
0.752 387	0.760 000	+1.01%			

注："…"表示省略其他样本变动说明。

4.6.4　水轮发电机电磁绕组方案设计案例

水轮发电机电磁绕组是发电机进行机电能量转换的重要部件，通过它可以感应电势并对外输送电功率。大型水轮发电机电磁方案设计的基本输入参数有 27 个，而输出参数有 278 个。由于设计过程的复杂性，因此输入与输出之间的关联关系目前不能直接建立数学模型。设计人员根据设计手册和积累的经验总结出能够决定整体方案性能的输出参数为 18 个，绝对影响 18 个输出参数的输入参数有 12 个。在特别情况下，输出的 18 个参数必须满足一定区间设计才合理。因此，设计者一般通过在一定区间内调整 12 个输入参数来让设计结果中的 18 个参数满足特定区间来完成电磁设计。电磁设计参数的决策关系图如图 4.48 所示。

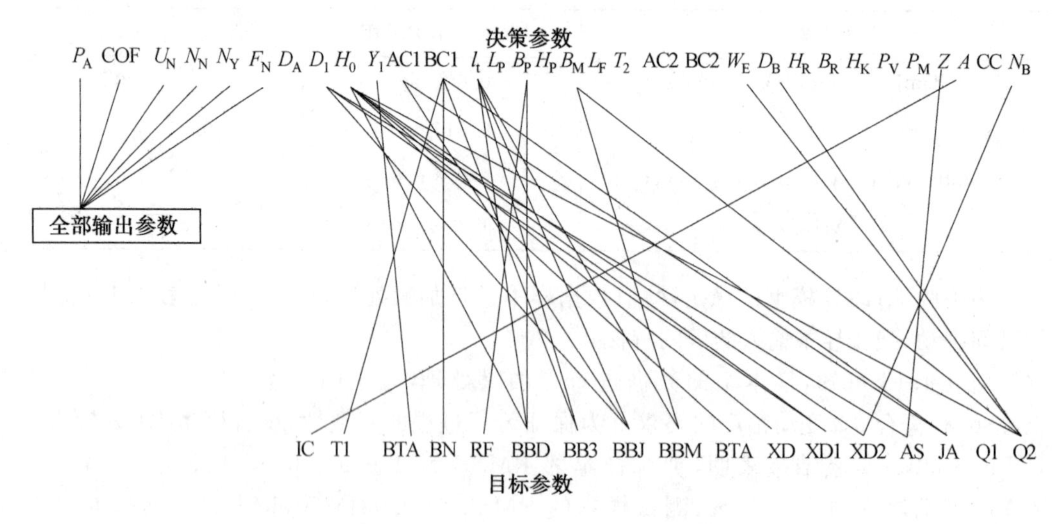

图 4.48　电磁设计参数的决策关系图

图 4.48 中的连线说明决策参数与目标参数的关联是多对多的关联关系，这也表明电磁设计的众多参数间是复杂的非线性关系。因此，一般发电设备制造企业只能根据设计

手册和多年积累形成自己的一套电磁设计方法。但如何提高设计效率，使其在初步方案设计中通过近似技术产生合理的设计初始域，并且根据设计初始域调整设计参数使所获得设计结果合理仍是一个亟待解决的问题。因此，利用 AHRN 近似建模方法是获取初步方案设计初始域的一条有效途径。

以波绕组设计为例，设计过程中的输入参数和输出参数较多。典型的输入参数包括额定功率、额定电压、额定转速及定子相关尺寸等。设计人员利用这些设计参数进行产品方案设计时，通常会先让其在一定区间内变化，然后通过微调找到最优设计方案。由于波绕组设计案例中的样本维度较高，因此采用 AHRN 近似模型对本案例进行应用是合理有效的。

波绕组设计案例输入参数和输出参数说明分别见表 4.19 和表 4.20。

表 4.19 输入参数说明

参数名称	参数单位	参数说明
P_A	kW	额定功率
COF	无	额定功率因数
U_N	V	额定电压
N_N	r/min	额定转速
N_Y	r/min	飞逸转速
F_N	Hz	频率
D_A	cm	定子铁芯外径
D_I	cm	定子铁芯内径
H_0	cm	第一气隙
l_t	cm	定子铁芯长
P_M	kW	推力轴承损耗
…	…	…

注："…"代表省略其他参数说明。

表 4.20 输出参数说明

参数名称	参数单位	参数说明
L_{FE}	cm	定子铁芯有效导磁长
T_H	mm	换位节距
X_D	无	纵轴同步电抗
X_{FE}	无	励磁绕组总漏抗
A_{WD}	AT	气隙磁场
A_{WK}	AT	短路电流为额定时磁势
…	…	…

注："…"代表省略其他参数说明。

本案例可以直接根据表中参数构建AHRN近似模型，利用历史数据和OLB-QPSO学习方法学习模型中的参数获得实际的AHRN近似模型。在本案例中，相关数值见表4.21和表4.22。

表4.21 案例输入参数值

参数名称	原始参数	对照1组		对照2组	
		对照参数	变动幅度/%	对照参数	变动幅度/%
P_A	125 000.00	124 000.00	−0.80%	126 000.00	0.80%
COF	0.875	0.870	−0.57	0.88	0.57
U_N	13 800.0	13 700	−0.72	13 900	0.72
N_N	66.7	66.5	−0.30	66.9	0.30
N_Y	190.0	185.0	−2.63	195.0	2.63
F_N	50.0	50.1	0.2	49.9	−0.2
D_A	1 530.00	1 500.00	−1.96	1 560.00	1.96
D_I	1 472.0	1 470.0	−0.14	1 474.0	0.14
H_0	2.0	2.05	2.5	1.95	−2.5
l_t	150.0	149	−0.67	151	0.67
P_M	135.0	133	−1.48	137	1.48
…	…	…	…	…	…

注："…"代表省略其他参数值。

表4.22 案例输出参数值

参数名称	原始参数	对照1组		对照2组	
		对照参数	变动幅度/%	对照参数	变动幅度/%
L_{FE}	117.876	116.936	−0.80	118.816	+0.80
T_H	4.412	4.382	−0.68	4.441	+0.66
X_D	0.998	0.987	−1.10	1.01	+1.20
X_{FE}	0.259	0.263	+1.54	0.256	−1.16
A_{WD}	29 263.242	29 845.386	+1.99	28 668.804	−2.03
A_{WK}	29 217.267	29 448.503	+0.79	28 987.360	−0.78
…	…	…	…	…	…

注："…"代表省略其他参数值。

在该案例中，当输入参数变动幅度均在3%以内时，输出参数变动区间仍在5%以内。由此可见，当输入参数在一定区间内(在对照组1和对照组2构成的区间内)变化时，输出参数的变动幅度基本符合稳定性要求，其近似获得的离散值可以作为详细方案设计的重要参考值。因此，AHRN 近似建模方法能够支持相应的类似复杂产品方案设计问题。

4.7 基于概念格的知识挖掘方法

在逻辑上，概念被认为是由内涵和外延组成的思维单元。它们有序地结合起来形成表达思想的语言。德国数学家威尔提出了概念格理论，用于查找、排序和显示概念。多年来，概念格理论逐渐发展成为数据分析、信息检索和知识发现的强大理论。概念格在微阵列基因表达数据解释、可视化并生成用于服务推荐的用户简介规则、总结原始文档中概念等方面取得了不错的应用。此外，在形成算法和概念格的表示方法方面也取得了许多成果。近年来，处理不确定、不精确的数据或不完整的信息已成为概念格理论的一个重要研究方向。其中一种方法是由 Burusco 和 Fuentes González 提出的，该方法中首次提出了模糊概念格，后被推广用于数据分类、粒度计算和社交网络构建。本节基于模糊概念格方法，提出了一种获取水轮机方案设计相关概念的方法，对于指导水轮机方案设计具有一定的参考价值。首先，提出形式概念分析的概念如下。

【定义 4.6】 形式概念是四元组

$$C=(G,M,I,R)$$

式中 G——对象的集合；

M——属性的集合；

I——关系的集合，$o\xrightarrow[m]{I_i}r$ 表示对象 o 的属性 m 具有关系 $I_i\in I$ 下的值 r；

R——属性值集合。

本书中，形式概念上下文见表 4.23。

表 4.23 形式概念上下文

G	M		
	A	B	C
1	1	2	4
2	1	2	4
3	2	1	5
4	3	3	6
5	2	1	5
6	1	2	4
7	1	2	4

【定义 4.7】 在对象集合 $A\in P(G)$ 和属性集合 $B\in P(M)$ 中定义两个函数 f 和 g，有

$$f(A,B)=\{r\in R \mid \forall o\in A, o\xrightarrow[m]{I_m}r, m\in B\}$$

$$g(B,R)=\{o\in A \mid \forall m\in B, o\xrightarrow[m]{I_m}r, r\in R\}$$

如果 $A=g(B,R)$，$R=f(A,B)$，则 $C=(A,B,R)$ 称为一个概念。二元组 (B,R) 是概念 C 的内涵，A 是概念 C 的外延，$P(X)$ 是 X 的幂集合。

【定义 4.8】 $C=(A,B,R)$，如果属性集合数量 $n=|B|=1$，则这个概念称为一元概念；如果 $n=2$，则称为二元概念；如果 $n=3$，则称为三元概念，依此类推。

【定义 4.9】 设 $C_1=(A_1,B_1,R_1)$ 和 $C_2=(A_2,B_2,R_2)$ 是一个形式概念上的两个概念，如果 $A_2\subseteq A_1$ 或 $B_1\subseteq B_2$ 成立，则 $C_2=(A_2,B_2,R_2)$ 是 $C_1=(A_1,B_1,R_1)$ 的子概念，表达为 $C_1(A_1,B_1,R_1)\geqslant C_2(A_2,B_2,R_2)$，形式概念 K 上所有的概念按照偏序排列就构成了形式概念 K 上的概念格 $R(K)$。

【定理 4.2】 给定形式概念 $C=(G,M,I,R)$，$R(K)$ 是 K 上的概念格，则 $R(K)$ 的下确界和上确界为 $\bigwedge\limits_{j\in J}(A_j,B_j,R_j)=(\bigcap\limits_{j\in J}A_j\cdot(\bigcup\limits_{j\in J}B_j)\cdot(\bigcup\limits_{j\in J}R_j))$，$\bigvee\limits_{j\in J}(A_j,B_j,R_j)=(\bigcup\limits_{j\in J}A_j\cdot(\bigcap\limits_{j\in J}B_j)\cdot(\bigcap\limits_{j\in J}R_j))$。

【定义 4.10】 给定形式概念 $C=(G,M,I,R)$ 和其上的两个概念 $C_1=(A_1,B_1,R_1)$ 和 $C_2=(A_2,B_2,R_2)$，如果 $B_1=B_2$ 且 $R_1=R_2$，则 C_1 与 C_2 概念是一致的，表达为 $C_1=C_2$。

【定义 4.11】 设形式概念上的两个概念是 C_1 和 C_2，$C_3(A_1\cup A_2,B_1,R_1)$（或 $C_3(A_1\cup A_2,B_2,R_2)$）$=C_1\oplus C_2$，称为 C_1 和 C_2 的和。

【定义 4.12】 设形式概念上的两个概念 $C_1=(A_1,B_1,R_1)$ 和 $C_2=(A_2,B_2,R_2)$，则 $C_3(A_3,B_3,R_3)=C_1(A_1,B_1,R_1)\times C_2(A_2,B_2,R_2)$ 被定义为 C_1 和 C_2 的产生概念，如果 $A_3=A_1\cap A_2$，$B_3=B_1\cup B_2$，$R_3=R_1\cup R_2$，则 C_3 是 C_1 和 C_2 的子概念。

基于定义 4.12，可以使用图来描述概念格，其中节点表示概念，连接线表示概念之间的偏序。例如，表 4.22 中形式概念上的概念格是从一元概念到多元概念构造，概念格构造过程如图 4.49 所示。

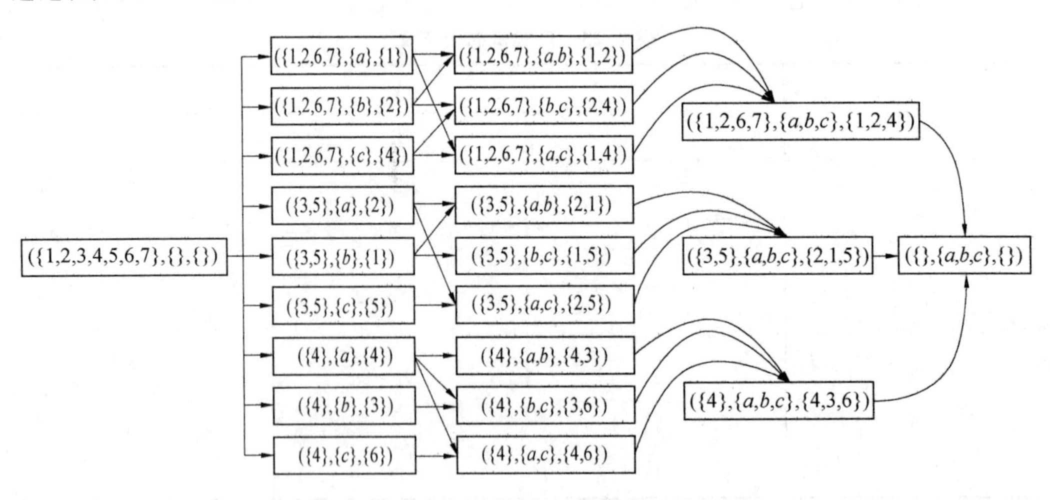

图 4.49 概念格构造过程

4.7.1 模糊概念格

实际工程的属性值通常不是简单的数值。在水轮机的方案设计中，电站参数形式概念见表 4.24。由于属性值的模糊性和不确定性，因此属性值通常是区间型的。对于运行稳定性和空蚀特性，甚至由自然语言表达，如“更高”“更好”“一般”等。

表 4.24 电站参数形式概念

装机容量	输出功率	额定转速	飞逸转速	额定功率	原型效率	漏水量
≥300.0 MW	≥150.3 MW	≥428 r/min	≤730 r/min	≥103.0 MW	≥94.04%	≤0.1 m³/s
最大水头高度	额定水头高度	最小水头高度	平均年径流	设计流量	运行稳定性	空蚀
376.2～382.8 m	340.0 m	299.4～320.1 m	80.3 m³/s	106.3 m³/s	更好	更低

【定义 4.13】 给定形式概念 $C=(G,M,I,R)$，$\forall o\in G, o\xrightarrow[m]{I_m}r_m, r_m=[r_m^{\min}, r_m^{\max}]\in R, m\in M, o\xrightarrow[m]{I_m}r_m$ 表示对象 o 的属性 m 的值在关系 $I_m\in I$ 下是一个区间$[r_m^{\min}, r_m^{\max}]$，称 K 为模糊形式概念。

【定义 4.14】 设概念 $C=(A,B,R)$是模糊形式概念上的一个概念，$\exists\sigma_s>0$，$\forall o_i\in A$，$o_i\xrightarrow[B]{(I_B,\sigma\leqslant\sigma_s)}[r_B^{\min}, r_B^{\max}]$，$C=(A,B,[r_B^{\min}, r_B^{\max}])$称为模糊概念，当 $\|f(o_i,B)-[r_B^{\min}, r_B^{\max}]\|=\sqrt{\sigma_{b_1}^2+\sigma_{b_2}^2+\cdots+\sigma_{b_n}^2}\leqslant\sigma_s$ 时，$n=|B|$。此处定义

$$\begin{cases}\sigma_{b_i}=0[r_{b_i}^{\min}, r_{b_i}^{\max}]\in[r_i^{\min}, r_i^{\max}]\text{或}[r_i^{\min}, r_i^{\max}]\in[r_{b_i}^{\min}, r_{b_i}^{\max}]\\ \sigma_{b_i}=1[r_{b_i}^{\min}, r_{b_i}^{\max}]\cap[r_i^{\min}, r_i^{\max}]=\varnothing\\ \sigma_{b_i}=1-\dfrac{[r_{b_i}^{\min}, r_{b_i}^{\max}]\cap[r_i^{\min}, r_i^{\max}]}{\min([r_i^{\min}, r_i^{\max}],[r_{m_i}^{\min}, r_{m_i}^{\max}])}[r_{b_i}^{\min}, r_{b_i}^{\max}]\cap[r_i^{\min}, r_i^{\max}]\neq\varnothing\\ \sigma_{b_i}=\dfrac{|r_{b_i}^{\max}-r_i^{\max}|}{\max(r_{b_i}^{\max}, r_i^{\max})}r_{b_i}^{\min}=r_{b_i}^{\max}, r_i^{\min}=r_i^{\max}\end{cases}$$

式中，$[r_{b_i}^{\min}, r_{b_i}^{\max}]\in\mathbf{R}$，$[r_i^{\min}, r_i^{\max}]\in[r_B^{\min}, r_B^{\max}]$；$1-\sigma_s$ 是模糊产生概念的置信度。

显然，当其属性区间为$[r_{\min}, r_{\max}]$且 $r_{\min}=r_{\max}$时，非模糊概念是模糊概念的一种特殊形式。

【定义 4.15】 设两个模糊概念 $C_1=(A_1,B_1,R_1)$和 $C_2=(A_2,B_2,R_2)$，如果 $B_1\cap B_2=\varnothing$ 或 $B_1\cap B_2\neq\varnothing$，$\forall m\in B_1\cap B_2, \sigma=\|f(A_1,m)-f(A_2,m)\|=0$，则 $C_3(A_3,B_3,R_3)=C_1(A_1,B_1,R_1)\times C_2(A_2,B_2,R_2)$是 C_1 和 C_2 的产生概念，其中 $A_3=\{o\mid o\in A_1\cup A_2, \exists R=f(o,B_1\cup B_2), \|R-R_1\cup R_2\|<\sigma\}$，$B_3=B_1\cup B_2$ 且 $R_3\in R_1\cup R_2$。

例如，存在 $C_1=(\{1,2,3\},\{m_1,m_2,m_3\},\{11,24,46\})$，$C_2=(\{4,5,6\},\{m_4,m_5,m_6\},\{45,56,78\})$，它们的置信度是 0.8，存在概念 $C_3=(\{1,2,3,4,5,6\},\{m_1,m_2,m_3,m_4,m_5,m_6\},\{11,24,46,45,56,78\})$，对象集合为$\{1,2,3,4,5,6\}$。显然，当且仅当对象为 3 或 4 时，满足

$$\sqrt{(f(3,m_1)-11)^2+\cdots+(f(3,m_6-78)^2}<0.2$$

$$\sqrt{(f(4,m_1)-11)^2+\cdots+(f(4,m_6)-78)^2}<0.2$$

则模糊产生概念 $C_p=(\{3,4\},\{m_1,m_2,m_3,m_4,m_5,m_6\},\{11,24,46,45,46,78\})$。

【定义 4.16】 设存在模糊概念集合 $C_B=\{C_{B_1},C_{B_2},\cdots C_{B_i},\cdots,C_{B_n}\}$，$C_{B_i}=(A_i,B_i,R_i)$，且 $B_1=B_2=\cdots=B_n$，则 $\mathrm{supp}(C_{B_i})=\dfrac{|A_i|}{\sum_i^n |A_i|}$ 是概念 C_{B_i} 的支持度。

支持度表示模糊概念的代表性程度。在实际应用中，具有较高支持度和置信度的模糊概念具有更大的意义。

【引理 4.1】 设 $C_1=(A_1,B_1,R_1)$，$C_2=(A_2,B_2,R_2)$，如果 $B_1\cap B_2\neq\varnothing$，$\exists m\in B_1\cap B_2$，$\Delta=\| f(A_1,m)-f(A_2,m)\|>0$，则 C_1 和 C_2 没有生成概念。

证明 (1)$A_1=A_2$，$B_1\cap B_2\neq\varnothing\Rightarrow\forall m\in B_1\cap B_2$，$f(A_1,m)=f(A_2,m)$，与引理 4.1 的条件矛盾。

(2)$A_1\cap A_2\neq\varnothing$，$B_1\cap B_2\neq\varnothing\Rightarrow\forall m\in B_1\cap B_2$，$\exists(o_1=o_2)\in A_1\cap A_2$，$f(o_1,m)=f(o_2,m)$，与引理 4.1 的条件矛盾。

(3)$A_1\cap A_2=\varnothing$，$B_1\cap B_2\neq\varnothing\Rightarrow\exists(m_1=m_2)\in B_1\cap B_2$，$\exists\sigma>0$，$\| f(A_1,m_1)-f(A_2,m_2)\|>\sigma$。

如果 $R_m=R_{m_1}=f(A_1,m_1)$，有

$$\forall o\in A_1\Rightarrow\sqrt{\| f(o,(B_1\cup B_2)/m_1)-(R_1\cup R_2)/(R_{m_1},R_{m_2})\|^2+\| f(o,m_1)-R_m\|^2}$$
$$=\sqrt{\| f(o,(B_1\cup B_2)/m_1)-(R_1\cup R_2)/(R_{m_1},R_{m_2})\|^2}$$
$$\forall o\in A_2\Rightarrow\sqrt{\| f(o,(B_1\cup B_2)/m_1)-(R_1\cup R_2)/(R_{m_1},R_{m_2})\|^2+\| f(o,m_1)-R_m\|^2}$$
$$=\sqrt{\| f(o,(B_1\cup B_2)/m_1)-(R_1\cup R_2)/(R_{m_1},R_{m_2})\|^2+\| f(o,m_1)-R_m\|^2}$$
$$>\sqrt{\| f(o,(B_1\cup B_2)/m_1)-(R_1\cup R_2)/(R_{m_1},R_{m_2})\|^2+\sigma^2}>\sigma$$

则模糊概念 $C_3(A_3,B_3,R_3)$，$A_3\subseteq A_1$。

如果 $R_m=R_{m_2}=f(A_2,m_2)$，有

$$\forall o\in A_1\Rightarrow\sqrt{\| f(o,(B_1\cup B_2)/m_1)-(R_1\cup R_2)/(R_{m_1},R_{m_2})\|^2+\| f(o,m_1)-R_m\|^2}$$
$$=\sqrt{\| f(o,(B_1\cup B_2)/m_1)-(R_1\cup R_2)/(R_{m_1},R_{m_2})\|^2+\sigma^2}>\sigma$$
$$\forall o\in A_2\Rightarrow\sqrt{\| f(o,(B_1\cup B_2)/m_1)-(R_1\cup R_2)/(R_{m_1},R_{m_2})\|^2+\| f(o,m_1)-R_m\|^2}$$
$$=\sqrt{\| f(o,(B_1\cup B_2)/m_1)-(R_1\cup R_2)/(R_{m_1},R_{m_2})\|^2}$$

则模糊概念 $C_3(A_3,B_3,R_3)$，$A_3\subseteq A_2$。

因此，C_1 和 C_2 的模糊产生概念是不存在的。其中，“/”是从集合中移除对象的操作符号。

因此，对于两个模糊概念 $C_1=(A_1,B_1,R_1)$ 和 $C_2=(A_2,B_2,R_2)$，尽管 $A_1\cap A_2=\varnothing$，$C_3=(A_3,B_3,R_3)$ 也可能从它们二者中产生。既然 $B_3=B_1\cup B_2$，则按照定义 4.9，C_3 就是 C_1 和 C_2 的产生概念。

4.7.2 模糊概念格的形成算法

Godin 在 1995 年提出的概念形成算法是最经典的增量形成算法，又称 Godin 算法。该算法以空概念格开始，并将形式概念的对象放入概念格中，以完成增量形成概念格。它

以有效的方式提供概念格的动态调整。然而，添加新概念需要搜索概念格的所有节点以获得新节点的局部排序，这会导致更高的复杂度。本节提出了基于定义 4.14、定义 4.15 和引理 4.1 的模糊概念格的形成算法，将概念之间的偏序与新概念的形成一起放入上下文格中。

1. 模糊概念格形成算法

模糊概念格形成算法如算法 4.1 所示。

算法 4.1　模糊概念格形成算法

1	begin
2	设置初始概念格 $L=\varnothing$
3	begin(标准化处理)
4	for r_m from 形式概念
5	$r_m=\frac{r_m-r_m^{\min}}{r_m^{\max}-r_m^{\min}}$ $r_m^{\min}=\min(r_m \mid m\in B, r_m\in R_B)$,
6	$r_m^{\max}=\max(r_m \mid m\in B, r_m\in R_B)$
7	end for
8	end
9	begin
10	按照定义 4.14，在置信度为 $1-\sigma$ 下创建形式概念的所有一元概念 $C_u=\{c_u^1, c_u^2, \cdots c_u^n\}$，$c_u^i=(A_u^i, m_u^i, r_u^i)$
11	根据一元概念，给形式概念中的参数赋值：$\forall r_m^o=r_u^i, o\in A_u^i, m=m_u^i$
12	end
13	评估概念结果集合：$C_R=C_u$
14	while count(C_R)>0
15	begin(按照定义 4.15 创建多元概念)
16	for c_i and c_j from C_R
17	按照定义 4.15 创建多元概念.
18	$c_r=c_i\otimes c_j$
19	end for
20	end
21	合并重复概念.
22	end while
23	评估概念结果集合：$\mathrm{C_R}=\{\mathrm{c_r}\}$；
24	end

2. 算法性能分析

设概念格有 n 层，每次有 $m_i(i=1,2,\cdots,n)$ 个概念，则从 i 层到 $i+1$ 层需要计算 $c_{m_i}^2=\frac{m_i!}{2!\ (m_i-2)!}=0.5m_i(m_i-1)$ 次。则概念格的总计算次数为 $\sum_{i=1}^{n}0.5m_i(m_i-1)$。设 $m_{\max}=\max(m_i)$，$\sum_{i=1}^{n}0.5m_i(m_i-1)<0.5nm_{\max}^2$，算法计算复杂度为 $O(m_{\max}^2)$。

4.7.3 Iris 数据的分类概念学习

数据挖掘又称数据库中的知识发现(Knowledge Discovery in Database，KDD)。数据分类是 KDD 的一个重要主题，其目的是通过样本学习找到分类器函数或模型。该函数用于描述数据所属的类或预测数据的扩展趋势，常用分类算法有决策树法、adaboost 方法和支持向量机(SVM)等。本章采用模糊概念格的形成算法来寻找分类模糊概念。这样，每个分类模糊概念都表明了一个含义，其属性值的区间在一定程度上代表其真实属性值，也是形式概念的属性值。因此，样本属性值接近模糊概念中对象的属性值，则样本源自同一形式概念。实验采用 UCI 公共数据库中的 Iris 数据，Iris 数据相关概念格见表 4.25。

表 4.25 Iris 数据相关概念格

类别	属性值；(1－置信度)/支持度	概念集
1	一元概念；(0.1/0.16)	C_{11}＝({1,18,20,22,24,40,45,47},{1},{5.1}) C_{12}＝({5,8,26,27,36,41,44,50},{1},{ 5.0}) C_{13}＝({6,11,17,21,32,24,27,49},{1},{ 5.4}) C_{14}＝({1,5,7,8,12,18,21,23,25,27,28,29,32,37,40,41,44},{2},{ 3.5}) C_{15}＝({6,15,17,19,20,33,45,47},{2},{ 3.9 }) C_{16}＝({1,2,5,7,9,13,18,29,34,46,48,50},{3},{ 1.4 }) C_{17}＝({4,8,10,11,16,20,33,28,32,33,35,40,49},{3},{1.5}) C_{18}＝({1,2,3,4,5,8,9,11,12,15,21,23,25,26,28,29,30,31,34,36,37,40,43,47,48,49,50},{4},{0.2})
1	二元概念；(0.001/0.06)	C_{21}＝({1,18,40},{1,2},{5.1,3.5}) C_{22}＝({20,45,47},{1,2},{5.1,3.9}) C_{23}＝({2,10,35,38},{1,2},{4.9,3}) C_{24}＝({5,8,27,41,44},{1,2},{5.0,3.5}) C_{25}＝({21,32,37},{1,2},{5.4,3.5}) C_{26}＝({20,22,40},{1,3},{5.1,1.5}) C_{27}＝({10,35,38},{1,3},{4.9,1.5})

续表 4.25

类别	属性值;(1一置信度)/支持度	概念集
1	二元概念;(0.001/0.06)	C_{28}=({26,27,44},{1,3},{5.0,1.6}) C_{29}=({1,40,47},{1,4},{5.1,0.2}) C_{210}=({4,23,48},{1,4},{4.6,0.2}) C_{211}=({11,21,34,37,49},{1,4},{5.4,0.2}) C_{212}=({6,17,32},{1,4},{5.4,0.4}) C_{213}=({9,39,43},{1,4},{4.4,0.2}) C_{214}=({12,25,31},{1,4},{4.8,0.2}) C_{215}=({1,5,7,18,29},{2,3},{3.5,1.4}) C_{216}=({8,28,32,40},{2,3},{3.5,1.5}) C_{217}=({12,27,44},{2,3},{3.5,1.6}) C_{218}=({2,13,46,39},{2,3},{3.0,1.4}) C_{219}=({4,10,35,38},{2,3},{3.0,1.5}) C_{220}=({1,5,8,12,21,23,25,28,29,37,40},{2,4},{3.5,0.2}) C_{221}=({7,18,41},{2,4},{3.0,0.3}) C_{222}=({2,4,26,31,39},{2,4},{3.0,0.2}) C_{223}=({10,13,14,35,38},{2,4},{3.0,0.1}) C_{224}=({3,30,36,43,48,50},{2,4},{3.2,0.2}) C_{225}=({6,17,45,19,20},{2,4},{3.9,0.4}) C_{226}=({1,2,5,9,29,34,48,50},{3,4},{1.4,0.2}) C_{227}=({7,18,46},{3,4},{1.4,0.3}) C_{228}=({3,37,39,43},{3,4},{1.3,0.2}) C_{229}=({4,8,11,28,40,49},{3,4},{1.5,0.2}) C_{230}=({16,22,32},{3,4},{1.5,0.4}) C_{231}=({10,33,35,38},{3,4},{1.5,0.1}) C_{232}=({12,26,30,31,47},{3,4},{1.6,0.2})
1	四元概念;(0.06/ 0.0146)	C_{41}^{1}=({2,10,13,26,31,35,38,46},{1,2,3,4},{4.9,3.0,1.4,0.2}) C_{42}^{1}=({1,5,8,18,28,29,40,41},{1,2,3,4},{5.0,3.5,1.4,0.2}) C_{43}^{1}=({1,5,8,12,28,29,40,41},{1,2,3,4},{5.0,3.5,1.5,0.2}) C_{44}^{1}=({1,5,8,18,28,29,37,40},{1,2,3,4},{5.2,3.5,1.4,0.2})
2	四元概念;(0.08/ 0.063 6)	C_{41}^{2}=({64,72,74,75,79,84,98},{1,2,3,4},{ 6.40,2.80,4.70,1.40})
3	四元概念;(0.08/ 0.028 8)	C_{41}^{3}=({117,127,138,148},{1,2,3,4},{ 6.30,2.90,5.10, 1.90}) C_{42}=({122,128,138,150},{1,2,3,4},{ 5.80,2.90,5.10,1.90})

形成一元概念的置信度为 0.9,多元概念的置信度低于这个置信度。较高的置信度有利于从形式概念中获取较少的一元概念,从而显著减少工作量。较低的置信度会降低概念的含义的准确性。多个高置信度多元概念可以产生较高置信度的产生概念。C=

$\{C_{41}^1, C_{41}^2, C_{41}^3\}$被采用作为一组分类概念。对象的属性值与概念的属性值之间的距离决定了对象所属的类。对象属于距离最小的概念所属的类。本方法与加权中心法、支持向量机、模糊分类规则和决策树法的分类精度对比结果见表 4.26。三个类别的权重中心为(5.006 0, 3.418 0, 1.464 0, 0.244 0)、(5.936 0, 2.770 0, 0.260 0, 1.326 0)、(6.588 0,2.974 0, 5.552 0, 2.026 0)。

表 4.26　六个方法的分类精度对比结果

本节方法	加权中心法	支持向量机（文献[60]）	模糊分类规则 1（文献[61]）	模糊分类规则 2（文献[62]）	决策树法（文献[63]）
97.4%	92.6%	0.960	0.953 3	0.960	0.966 7

4.7.4　水轮机方案设计的概念格

水轮机的方案设计包括选型和结构设计。选型设计完成了转轮的选择、流道的设计和水轮机主要性能参数的确定。结构设计根据选型设计的参数值确定单元、零件组和主要零件的结构控制尺寸。结构设计包括嵌入机构、导向机构、旋转机构和布局机构的设计。由于存在大量的设计属性，因此利用所有设计属性推导出完整的水轮机设计方案几乎是不可能的。考虑到设计之间的关联较少，故设计创建了形式概念。基于定义 4.15，可以结合选型设计和结构设计的最小概念集定义更复杂的高级概念，即水轮机方案设计的概念。水轮机概念的形成过程如图 4.50 所示。

1. 权重赋值

形式概念的属性在概念格的形成中起着不同的作用。通常，在实际工程中，概念之间属性值越敏感，属性就越重要。本书采用权重来评估形式语境的属性。

【定义 4.17】　给定形式概念 $C=(G,M,I,R,W)$，G、M、I、R 与定义 4.6 相同。$W=\{w_1,w_2,\cdots,w_n\}$是属性集合 $M=\{m_1,m_2,\cdots,m_n\}$的对应权重集合，w_i 是属性 m_i 的权重，$\sum w_i=1$。

【定义 4.18】　设形式概念 $C=(G,M,I,R,W)$，存在两个模糊概念 $C_1=(A_1,B_1,R_1)$和 $C_2=(A_2,B_2,R_2)$，如果 $\forall m\in B_1\cap B_2$，$\sigma=\|f(A_1,m)-f(A_2,m)\|=0$，则 $C_3(A_3,B_3,R_3)=C_1(A_1,B_1,R_1)\times C_2(A_2,B_2,R_2)$是 C_1 和 C_2 的模糊产生概念。其中，$A_3=\{o|o\in A_1\cup A_2,\exists R=f(o,B_1\cup B_2),\|W(R-R_1\cup R_2)'\|<\sigma\}$，$B_3=B_1\cup B_2$，$R_3\in R_1\cup R_2$。

2. 选型设计的概念形成

选型设计是水轮机设计的核心。由于流体运动的复杂性和设计理论的不完善，因此将设计理论与实验相结合，完成了过电流设计：基于水轮机设计理论，在几何相似度，流体运动相似度和动态相似度确定的条件下，根据实际机器制作尺寸较小的水轮机模型。完成了对模型机的实验，并将结果用于设计实际机器。因此，选型设计是高成本和耗时的。使用本节方法，可以从选型设计的形式概念中推导出有用的概念。限于篇幅，选型设计的部分形式概念见表 4.27。

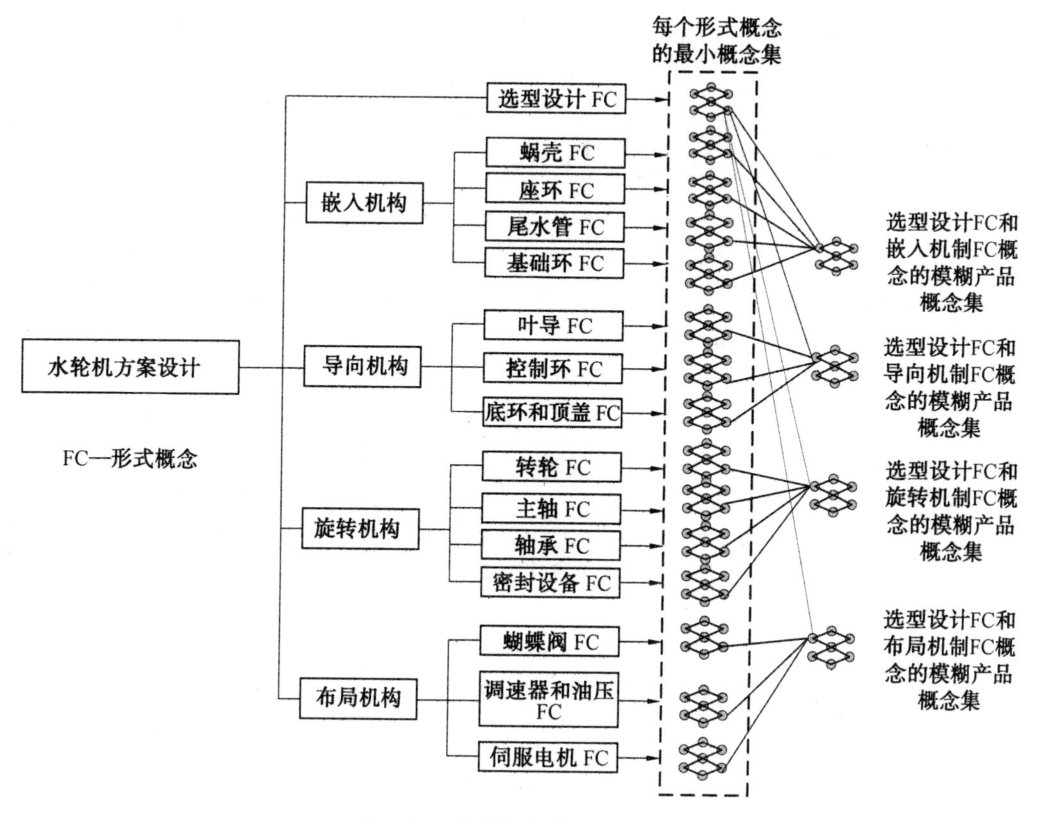

图 4.50　水轮机概念的形成过程

表 4.27　选型设计的部分形式概念

直径 /cm	水头 /m	N11(最优工况) /(r·min^{-1})	Q11(最优工况) /(m^3·s^{-1})	效率(最优工况) /%	Q11(受限工况) /(m^3·s^{-1})	效率(受限工况) /%	空化系数(受限工况)
35	150	70.5	823	92.5	957	89	0.1
35	130	70	730	92.4	1012	89.1	0.121
35	150	70.5	823	92.5	957	89	0.1
30	125	80	89.4	92.5	1 026	90.2	0.1
…	…	…	…	…	…	…	…
飞逸转速 /(r·min^{-1})	**水信度系数**	**叶片 B0 /cm**	**叶片 Z0 /个**	**叶片 D0 /cm**	**叶片数 /个**	**试验水头 /m**	**NS(受限工况) /(r·min^{-1})**
133.8	0.28～0.34	0.225	24	1.18	14	12	203.7
124	0.30～0.36	0.25	24	1.16	14	12	208.1
133.8	0.28～0.34	0.225	24	1.18	14	12	203.7
137	0.32～0.40	0.27	24	1.157	13	12	240.9
…	…	…	…	…	…	…	…

最终,选型设计形式概念为

$C_1=(\{1,3\},\{\text{all the attributes}\},\{35, 150, 70.5, 823, 92.5, 957, 89, 0.1, 133.8, 0.28\sim0.34, 0.225, 24, 1.18, 14, 12, 203.7\})$

3. 选型设计和结构设计概念的模糊产品概念

基于选型设计的参数值,结构设计确定了水轮机的结构尺寸和性能参数(表 4.28)。根据结构形式的不同,有三种类型的水轮机:混流、轴流和斜流。每种类型的水轮机由四部分组成:旋转机构、导向机构、嵌入机构和布局机构。每一部分有许多单元和部件。结构设计过于复杂,需要丰富的设计经验。通过分析结构设计参数,本节构建了 14 个结构设计形式概念,并从中推导出新概念。结构设计概念乘选型设计概念,产生水轮机的设计概念。

表 4.28 某结构设计的形式概念

水头 /m	最大水头 /m	最小水头 /m	飞逸转速 /($r\cdot min^{-1}$)	水轮机产出 /kW
150	157.3	140.4	133.8	46.4
130	142.39	132.4	124	20.5
150	155	143.4	131.8	39.6
水轮机流量 /($m\cdot s^{-1}$)	**最大效率 /%**	**尾水管头 /m**	**压力增量 /kPa**	**转速增量 /($r\cdot min^{-1}$)**
252.24	93.8	−10.1	302	60
225.1	95.5	−13.86	278	60
234.68	94.5	−9.2	298	60

最终,结构设计形式概念为

$C_2=(\{1,3\},\{\text{all the attributes}\},\{150, 157.3, 140.4, 133.8, 46.4, 252.24, 93.8, -10.1, 302, 60\})$

综上,结构设计概念和选型设计概念的模糊产生概念为

$C_3=C_1\times C_2=(\{1,3\}, \{B_{c_1}\cup B_{c_2}\}, \{35, 150, 70.50, 823, 92.50, 957, 89, 0.10, 133.80, 0.28\sim0.34, 0.225, 24, 1.18, 14, 12, 203.7, 157.30, 140.40, 46.40, 252.24, 93.80, -10.10, 302, 60\})$

由以上分析可知,概念格分析是一种研究知识表示、知识构成和知识获取的数学方法,它与粗糙集和模糊数学密切相关。概念格用于表示数据中固有的概念层次结构,是形式概念分析(FCA)数学理论的核心。近年来,FCA 已经成为一个强大的数据分析、信息检索和知识发现理论,模糊概念分析是其中的一个重要研究课题。水轮机的方案设计是一个复杂的过程,选型设计主要依赖于实验方法。因此,将数据挖掘和知识挖掘的方法应用于水轮机方案设计具有非常重要的工程价值。现在,许多方法都侧重于基于案例的推理(CBR):采用案例的特征值来搜索与目标设计相似的历史案例。但是,如果没有相似的历史案例,该方法将失效。本节基于形式概念分析技术,提出了一种从模糊形式概念中提

取模糊概念的方法，用于从水轮机设计数据中提取有用的知识，为水轮机方案设计提供指导。

本章参考文献

[1] ZADEH L A. Fuzzy sets[J]. Information and Control，1965，8(3)：338-353.

[2] 何亚群，胡寿松.一种基于粗糙一模糊集集成模型的决策分析方法[J].控制与决策，2004，19(3)：315-318.

[3] 李安贵，张志刚，汪飞星.模糊数学在图像识别中的应用[J].辽宁工程技术大学学报(自然科学版)，2001，20(5)：700-702.

[4] LI H X. Interpolation Interpolation of fuzzy control[J]. Science in China(Series E)，1998，28(3)：259-267.

[5] 王元元. 计算机科学中的逻辑学[M]. 北京：科学出版社，1989.

[6] 胡宝清.模糊理论基础[M].武汉：武汉大学出版社，2010.

[7] 郭眺.情报信息系统效能评估的研究[J].工科数学，2000，16(6)：16-19.

[8] NAKAMURA T A，PALHARES R M，CAMINHAS W M，et al. Adaptive fault detection and diagnosis using parsimonious Gaussian mixture models trained with distributed computing techniques[J]. Journal of the Franklin Institute，2017，354(6)：2543-2572.

[9] VU T K，HOANG M K，LE H L. An EM algorithm for GMM parameter estimation in the presence of censored and dropped data with potential application for indoor indoor[J]. ICT Express，2019，5(2)：120-123.

[10] SU P，WANG Y. Channel estimation in massive MIMO systems using a modified Bayes－GMM method[J]. Wireless Personal Communications，2019，107(4)：1521-1536.

[11] 李德毅，刘常昱.论正态云模型的普适性[J].中国工程科学，2004(8)：28-34.

[12] 付斌，李道国，王慕快.云模型研究的回顾与展望[J].计算机应用研究，2011，28(2)：420-426.

[13] 刘常昱，李德毅，杜鹢，等.正态云模型的统计分析[J].信息与控制，2005(2)：236-239，248.

[14] 杨洁，王国胤，刘群，等.正态云模型研究回顾与展望[J].计算机学报，2018，41(3)：724-744.

[15] 罗自强，张光卫，李德毅.一维正态云的概率统计分析[J].信息与控制，2007(4)：471-475.

[16] 苟博，黄贤武.支持向量机多类分类方法[J].数据采集与处理，2006，21(3)：334-339.

[17] 李洁，邓一鸣，沈士团.基于模糊区域分布的分类规则提取及推理算法[J].计算机学报，2008，31(6)：934-941.

[18] ISHIBUCHI H, YAMAMOTO T. Rule weight specification in fuzzy rule-based classification systems[J]. Transactions on Fuzzy Systems, 2005, 13(4): 428-435.

[19] RAMANAN A, SUPPHARANGSAN S, NIRANJAN M. Unbalanced decision trees for multi-class classification[C]. Sri Lanka: Second International Conference on Industrial and Information Systems, 2007, 8:292-294.

[20] 钟诗胜,李福军,王知行,等. 大型水轮机选型设计系统的研究[J]. 计算机集成制造系统,2000(2):70-74.

[21] 王体春,钟诗胜. 基于知识重用的大型水轮机可拓方案设计[J]. 计算机辅助设计与图形学学报,2008(2):239-245.

[22] 温泽贵. 广东某电站灯泡贯流式水轮机的选型设计[D]. 广州:华南理工大学, 2015.

[23] 刘志鹏. 水轮机特性曲线数据计算机一体化采集拟合与选型[D]. 南京:河海大学, 2006.

[24] 王体春,陈炳发,卜良峰. 基于信息公理的大型水轮机方案设计多属性优选模型[J]. 南京航空航天大学学报,2011,43(6):822-826.

[25] 陈玉,王煜,戴凌全. 水轮机模型综合特性曲线数值处理方法研究[J]. 水资源与水工程学报,2020,31(3):155-161.

[26] 刘冬,胡晓,曾荃,等. 基于输入一输出修正的水轮机特性曲线精细化模型[J]. 水利学报,2019,50(5):555-564.

[27] LI C S, CHANG L, HUANG Z J, et al. Parameter identification of a nonlinear model of hydraulic turbine governing system with an elastic water hammer based on a modified gravitational search algorithm [J]. Engineering Applications of Artificial Intelligent,2016(50):177-191.

[28] LI J, HAN C, YU F. A new processing method combined with BP neural network for francis turbine synthetic characteristic curve research[J]. International Journal of Rotating Machinery, 2017,2017: 1-11.

[29] YANG W J, NORRLUND P, SAARINEN L, et al. Burden on hydropower units for short-term balancing of renewable power systems[J]. Nature Communications,2018(1):1-12.

[30] ZHOU J X, KARNEY B W, HU M, et al. Analytical study on possible self-excited oscillation in S-shaped regions of pump-turbines[J]. Proceedings of the Institution of Mechanical Engineers, 2011, 225(8): 1132-1142.

[31] 赵昕,张晓元,赵明登,等. 水力学[M]. 北京:中国电力出版社, 2009.

[32] 王晓丹. 水轮机内部流动分析方法研究[D]. 邯郸:河北工程大学, 2011.

[33] 于波,肖惠民. 水轮机原理与运行[M]. 北京:中国电力出版社, 2008.

[34] 谭剑波,马孝义,何自立. 水轮机特性曲面型值点延拓神经网络仿真研究[J]. 中国农村水利水电,2018(6):178-181,184.

[35] 门闯社,南海鹏. 混流式水轮机内特性模型改进及在外特性曲线拓展中的应用[J]. 农业工程学报,2017,33(7):58-66.

[36] WU T, XIE K, SONG G, et al. Numerical learning method for process neural network[M]. Berlin: Springer, 2009.

[37] 丁刚,付旭云,钟诗胜. 基于过程神经网络的航空发动机性能参数预测[J]. 计算机集成制造系统,2011(1): 198-207.

[38] TAKAGI T, SUGENO M. Fuzzy identification of systems and its applications to modeling and control[J]. IEEE Transactions on Systems, Man, and Cybernetics, 1985(1): 116-132.

[39] CIMINO M G, LAZZERINI B, MARCELLONI F. A novel approach to fuzzy clustering based on a dissimilarity relation extracted from data using a TS system [J]. Pattern Recognition,2006, 39(11): 2077-2091.

[40] QUEK C, ZHOU R W. The POP learning algorithms: reducing work in identifying fuzzy rules[J]. Neural Networks,2001, 14(10): 1431-1445.

[41] BEZDEK J C. Pattern recognition with fuzzy objective function algorithms[M]. New York: Plenum Press, 1981.

[42] CORSINI P, LAZZERINI B, MARCELLONI F. A new fuzzy relational clustering algorithm based on the fuzzy C-means algorithm[J]. Soft Computing,2005, 9(6): 439-447.

[43] 付尧明. 民用涡扇发动机在使用和维护中的 EGT 裕度管理[J]. 航空维修与工程, 2005(1): 44-45.

[44] LIN L, DING G. A multiple classification method based on the cloud model[J]. Neural Network World,2010,20(5): 651-666.

[45] GOU B, HUANG X. The methods of multiclass classifiers based on SVM[J]. Journal of Data Acquisition and Processing,2006,21(3): 334-339.

[46] LI J, ZHENG Y, SHEN S. A classification rule acquisition and reasoning algorithm based on the fuzzy regional distribution[J]. Chinese Journal of Computers,2008,31(6): 934-941.

[47] RAMANAN A, SUPPHARANGSAN S, NIRANJAN M. Unbalanced decision trees for multi-class classification [C]. Peradeniya: IEEE 2007 International Conference on Industrial and Information Systems, 2007.

[48] SU H, YANG Y. Differential evolution and quantum-inquired differential evolution for evolving Takagi—Sugeno fuzzy models[J]. Expert Systems with Applications, 2011,38(6): 6447-6451.

[49] CHOI J N, OH S K, PEDRYCZ W. Identification of fuzzy models using a successive tuning method with a variant identification ratio[J]. Fuzzy Sets and Systems,2008,159(21): 2873-2889.

[50] MAGUIRE L P, ROCHE B, MCGINNITY T M, et al. Predicting a chaotic time series using a fuzzy neural network[J]. Information Sciences,1998,112: 125-136.

[51] DUAN J C, CHUNG F L. Multilevel fuzzy relational systems: structure and identi-

fication[J]. Soft Computing,2002,6: 71-86.
[52] MIAO D, WANG G, LIU Q, et al. Granular computing: its past, present and prospect[J]. Science,2007, 8: 243.
[53] OHBYUNG K, JIHOON K. Concept lattices for visualizing and generating user profiles for context-aware service recommendations [J]. Expert Systems with Applications,2009, 36: 1893-1902.
[54] KIM J, CHUNG H, YONG J, et al. Biolattice: a framework for the biological interpretation of microarray gene expression data using concept lattice analysis[J]. Journal of Biomedical Informatics,2008, 41: 232-241.
[55] FUENTES-GONZÁLEZ R, JUANDEABURRE A B. The study of the L-fuzzy concept lattice[J]. Mathware & Soft Computing, 1970, 1(3): 209-218.
[56] LI Y, DONG M, KOTHARI R. Classifiability-based omnivariate decision trees [J]. Transactions on Neural Networks,2005, 16(6): 1547-1559.
[57] NOCK R, NIELSEN F. A real generalization of discrete adaboost[J]. Artificial Intelligence,2007, 171: 25-41.
[58] CORTES C, VAPNIK V. Support-vector networks[J]. Machine Learning,1995, 20(3): 273-297.
[59] 王体春. 大型水轮机方案设计中的知识重用技术及其应用研究[D]. 哈尔滨:哈尔滨工业大学, 2009.
[60] OUT B, HUANG X. SVM multi-class classification[J]. Chinese Journal of Data Acquisition & Processing, 2006, 21(3): 334-339.
[61] LI J, DENG Y, SHEN S. Classification rule extraction based on fuzzy area distribution and classification reasoning algorithm [J]. Chinese Journal of Computers, 2008, 31(6): 934-941.
[62] ISHIBUCHI H, YAMAMOTO T. Rule weight specification in fuzzy rule-based classification systems[J]. Transactions on Fuzzy Systems,2005, 13(4): 428-435.
[63] CHEN J, WANG C, WANG R. A fast two-stage classification method of support vector machines[J]. Proceedings of the 2008 IEEE International Conference on Information and Automation,2008, 6: 869-872.

第 5 章 基于贝叶斯理论的知识挖掘方法

5.1 贝叶斯公式

贝叶斯公式是由托马斯·贝叶斯(Thomas Bayes,1702—1763)提出的。其发表的论文 *An Essay Towards Solving a Problem in the Doctrine of Chances* 在 20 世纪产生了轰动效应,奠定了贝叶斯在学术史上的地位。为更好地理解贝叶斯公式,本章从概率及其性质开始探讨。

5.1.1 概率及其性质

对于一个事件(除必然事件和不可能事件外),其在一次实验中可能发生,也可能不会发生。如果能够提前预知其发生的可能性,则对于试验者具有重要的意义。为此,大量科研工作者曾尝试寻找一个合适的数据,利用这个数据表征事件发生可能性的大小,由此引出了频率和概率的概念。

【定义 5.1】 在相同条件下开展 n 次实验,其中事件 A 发生的次数 n_A 称为事件 A 发生的频数,n_A/n 称为事件 A 发生的频率,并记成 $f_n(A)$。

由定义可知:

①$0 \leqslant f_n(A) \leqslant 1$;

②对于必然事件 S,$f_n(S)=1$;

③若 $A_1, A_2, \cdots, A_k$ 是两两互不相容的事件,则

$$f_n(A_1 \cup A_2 \cup \cdots \cup A_k)=f_n(A_1)+f_n(A_2)+\cdots+f_n(A_k)$$

事件 A 发生的频率是它发生的次数与实验次数之比,其大小表示 A 发生的频繁程度。频率大,事件 A 发生就频繁,这意味着事件 A 在一次试验中发生的可能性大,反之亦然。但频率能否表示事件发生的可能性呢?有学者做过抛硬币实验(定义事件符号为 H),得到的数据见表 5.1。

表 5.1 实验中事件发生次数与对应频率数据

实验序号	$n=5$		$n=50$		$n=500$	
	n_H	$f_n(H)$	n_H	$f_n(H)$	n_H	$f_n(H)$
1	2	0.4	22	0.44	251	0.502
2	3	0.6	25	0.50	249	0.498
3	1	0.2	21	0.42	256	0.512

续表5.1

实验序号	$n=5$		$n=50$		$n=500$	
	n_H	$f_n(H)$	n_H	$f_n(H)$	n_H	$f_n(H)$
4	5	1.0	25	0.50	253	0.506
5	1	0.2	24	0.48	251	0.502
6	2	0.4	21	0.42	246	0.492
7	4	0.8	18	0.36	244	0.488
8	2	0.4	24	0.48	258	0.516
9	3	0.6	27	0.54	262	0.524
10	3	0.6	31	0.62	247	0.494

注：n 为实验次数；n_H 为实验过程中硬币正面朝上的次数；$f_n(H)$为硬币正面朝上的频率。

此类实验历史上也有其他人做过，得到的数据见表 5.2。

表 5.2　此类实验的历史实验数据

实验者	n	n_H	$f_n(H)$
德·摩根	2 048	1 061	0.518 1
普丰	4 040	2 048	0.506 9
K. 皮尔逊	12 000	6 019	0.501 6
K. 皮尔逊	24 000	12 012	0.500 5

从上述数据中可以看出，抛硬币次数 n 较小时，频率 $f_n(H)$ 在 0 与 1 之间随机波动，其幅度较大，但随着 n 增大，频率 $f_n(H)$ 呈现出稳定性，即当 n 逐渐增大时，$f_n(H)$ 总是在 0.5 附近摆动，且逐渐稳定于 0.5。

事实上，当重复实验的次数 n 逐渐增大时，$f_n(A)$ 总是呈现出稳定性并且趋近于某一特定常数。由此可以推断，利用频率表示事件发生的可能性是合适的。但对于很多无法重复的大量实验，科学工作者根据频率的特征提出了用于表示事件发生可能性大小的概率定义。

【定义 5.2】 设 E 是随机实验，S 是它的样本空间。对于 E 的每一事件 A 赋予一个实数，记为 $P(A)$，称为事件 A 的概率。集合函数 $P(\cdot)$ 满足下列条件：

①非负性，对于每一个事件 A，有 $P(A)\geqslant 0$；

②规范性，对必然事件 S，有 $P(S)=1$；

③可列可加性，设 $A_1,A_2,\cdots,A_n$ 是两两互不相容的事件，即对于 $A_iA_j=\varnothing(i\neq j;i,j=1,2,\cdots,n)$，有

$$P(A_1\cup A_2\cup\cdots\cup A_n)=P(A_1)+P(A_2)+\cdots+P(A_n)$$

由伯努利大数定理可知，当 $n\to\infty$ 时，频率 $f_n(A)$ 在一定意义下接近于概率 $P(A)$。基于这一事实，将概率 $P(A)$ 用来表征事件 A 在一次试验中发生的可能性大小是有理论

依据的。

概率的一些重要性质如下(证明略)。

①$P(\varnothing)=0$。

②若 $A_1,A_2,\cdots,A_n$ 是两两互不相容的事件,则有

$$P(A_1\cup A_2\cup\cdots\cup A_n)=P(A_1)+P(A_2)+\cdots+P(A_n)$$

③设 A、B 是两个事件,若 $A\subset B$,则有

$$P(B-A)=P(B)-P(A)$$
$$P(B)\geqslant P(A)$$

④对于任意事件 A,有 $P(A)\leqslant 1$。

⑤对于任意事件 A,设 $\overline{A}$ 是 A 的对立事件,有

$$P(\overline{A})=1-P(A)$$

⑥对于任意事件 A 与 B,有

$$P(A\cup B)=P(A)+P(B)-P(AB)$$

【定义 5.3】 设 A、B 是两个事件,且 $P(A)>0$,称

$$P(B|A)=\frac{P(AB)}{P(A)}$$

为在事件 A 发生的条件下事件 B 发生的条件概率。

由概念可知,条件概率 $P(\cdot|A)$ 符合概率定义中的三个条件,即:

(1)非负性,对于每一个事件 B,有 $P(B|A)\geqslant 0$;

(2)规范性,对必然事件 S,有 $P(S|A)=1$;

(3)可列可加性,设 $B_1,B_2,\cdots,B_n$ 是两两互不相容的事件,则有

$$P(\bigcup_{i=1}^{\infty}B_i\mid A)=\sum_{i=1}^{\infty}P(B_i\mid A)$$

由于条件概率符合上述三个条件,因此概率的一些重要性质也适用于条件概率,如

$$P(B_1\cup B_2|A)=P(B_1|A)+P(B_2|A)-P(B_1B_2|A)$$

由条件概率可得到概率中的乘法定理,设 $P(A)>0$,则有

$$P(AB)=P(B|A)P(A)$$

其中,$P(AB)$ 即 $P(A\cap B)$,$A\cap B$ 可以称为 A 和 B 的积事件,而 $P(A\cap B)$ 为 A 和 B 事件发生的联合概率。

该公式容易推广到多个事件的积事件的情况,若 A、B、C 为事件,且 $P(AB)>0$,则有

$$P(ABC)=P(C|AB)P(B|A)P(A)$$

一般来说,设 $A_1,A_2,\cdots,A_n$ 为 n 个事件,$n\geqslant 2$,且 $P(A_1A_2\cdots A_{n-1})>0$,则有

$$P(A_1A_2\cdots A_n)=P(A_n|A_1A_2\cdots A_{n-1})P(A_{n-1}|A_1A_2\cdots A_{n-2})\cdots P(A_2|A_1)P(A_1)$$

5.1.2 贝叶斯公式的产生

在概率研究领域,对于事件发生可能性的研究,存在以下两种重要的观点。

(1)频率派观点。

频率派观点将待推断参数概率 θ 看作固定的未知常数,即概率 θ 虽然未知但应该是

一个确定值，并且认为样本 X 是随机的，所以样本空间是频率派的重点研究对象。

(2)贝叶斯派观点。

贝叶斯派观点将待推断参数概率 θ 看作随机变量，即概率 θ 未知且应该是一个随机值，并且认为样本 X 是固定的，所以概率分布是贝叶斯派的重点研究对象。

贝叶斯派将概率 θ 作为一个随机变量，所以要计算 θ 的分布，需要提前知道的 θ 无条件分布，即在有样本 X 之前(或观察到 X 之前)，θ 有着怎样的分布情况。例如，向台球桌上扔一个球，这个球会落在何处呢？如果是不偏不倚地把球抛出去，那么此球落在台球桌上的任一位置都有着相同的机会，即球落在台球桌上的任一位置的概率 θ 服从均匀分布。这种在实验之前定下的属于基本前提性质的分布称为先验分布，又称无条件分布。至此，贝叶斯及贝叶斯派提出了一个思考问题的固定模式，即

$$\text{先验分布} + \text{样本信息} = \text{后验分布}$$

由此可知，新观察到的样本信息将修正人们以前对事物的认知：在得到新的样本信息之前，人们对事物的认知体现为先验分布(往往源于历史数据)；在得到新的样本信息之后，人们对事物的认知体现为后验分布。后验分布可以看作在给定样本情况下概率的条件分布。

为更全面地理解贝叶斯公式，本章引入全概率公式及其定理。

【定义 5.4】 设 S 为实验 E 的样本空间，$B_1, B_2, \cdots, B_n$ 为 E 的一组事件，若满足：

①$B_iB_j = \varnothing (i \neq j, i, j = 1, 2, \cdots, n)$；

②$B_1 \cup B_2 \cup \cdots \cup B_n = S$。

则称为样本空间 S 的一个划分。

若 $B_1, B_2, \cdots, B_n$ 是样本空间 S 的一个划分，那么对于每次实验，事件 $B_1, B_2, \cdots, B_n$ 中必有且只有一个发生。

【定理 5.1】 设 S 为实验 E 的样本空间，A 为 E 的事件，$B_1, B_2, \cdots, B_n$ 是样本空间 S 的一个划分，且 $P(B_i) > 0 (i = 1, 2, \cdots, n)$，则有

$$P(A) = P(A|B_1)P(B_1) + P(A|B_2)P(B_2) + \cdots + P(A|B_n)P(B_n)$$

称为全概率公式。

下面以实验 E 的两个事件 A 和 B 为例说明贝叶斯公式的产生，且 $P(A) > 0$，$P(B) > 0$。

根据条件概率的定义，在事件 B 发生的条件下事件 A 发生的概率是

$$P(A|B) = \frac{P(AB)}{P(B)}$$

同样地，在事件 A 发生的条件下事件 B 发生的概率是

$$P(B|A) = \frac{P(AB)}{P(A)}$$

整理合并上述两式，可得

$$P(A|B)P(B) = P(AB) = P(B|A)P(A)$$

上式两边同除以 $P(B)$，若 $P(B) \neq 0$，则可以得到

$$P(A|B) = \frac{P(B|A)P(A)}{P(B)}$$

一般来说，设 S 为实验 E 的样本空间，A 为 E 的事件，$B_1, B_2, \cdots, B_n$ 为 S 的一个划分，且 $P(A)>0, P(B_i)>0(i=1,2,\cdots,n)$，则

$$P(B_i|A)=\frac{P(A|B_i)P(B_i)}{\sum_{j=1}^{n}P(A|B_j)P(B_j)},\quad i=1,2,\cdots,n$$

即贝叶斯公式。

特别地，当 $n=2$ 时，将 B_1 记作 B，将 B_2 记作 $\overline{B}$，那么全概率公式和贝叶斯公式分别为

$$P(A)=P(A|B)P(B)+P(A|\overline{B})P(\overline{B})$$

$$P(B|A)=\frac{P(A|B)P(B)}{P(A|B)P(B)+P(A|\overline{B})P(\overline{B})}$$

【例 5.1】 某型号水轮机导水机构关键部件由三家制造厂提供，根据以往的记录可以得到关键相关数据，见表 5.3。

表 5.3 关键相关数据

制造厂标号	部件次品率	提供部件的份额
1	0.02	0.15
2	0.01	0.80
3	0.03	0.05

设三家工厂的产品在仓库中是均匀混合的，且无区别的标志。

(1)在仓库中随机取一只关键部件，求它是次品的概率；

(2)在仓库中随机取一只关键部件，若已知取到的是次品，则为分析此次品处在何厂，需求出此次品由三家工厂生产的概率分别是多少，试求这些概率。

解 设 A 表示“取到的是一只次品”，$B_i(i=1,2,3)$表示“所取到的产品由第 i 家工厂提供的”。可知，B_1、B_2、B_3 是样本空间 S 的一个划分，而且有

$$P(B_1)=0.15, P(B_2)=0.80, P(B_3)=0.05$$

$$P(A|B_1)=0.02, P(A|B_2)=0.01, P(A|B_3)=0.03$$

(1)由全概率公式可知

$$P(A)=P(A|B_1)P(B_1)+P(A|B_2)P(B_2)+P(A|B_3)P(B_3)=0.012\,5$$

(2)由贝叶斯公式可知

$$P(B_1|A)=\frac{P(A|B_1)P(B_1)}{P(A)}=0.24, P(B_2|A)=0.64, P(B_3|A)=0.12$$

5.2 贝叶斯分类器

贝叶斯分类器的分类原理是通过某对象的先验概率，利用贝叶斯公式计算出其后验概率，即该对象属于某一类的概率，选择具有最大后验概率的类作为该对象所属的类。下面先简单说明贝叶斯决策，并以朴素贝叶斯分类器为例讲解利用贝叶斯理论进行分类的方法。

5.2.1 贝叶斯决策

贝叶斯决策理论是在概率论研究框架内进行决策的方法，目前多用于分类方法研究。为更好地理解贝叶斯决策在实际中的应用，举经典案例如下。

人们可以通过身高体重来判断未实际见到人的性别。一般情况下，若人的身高在175～185 cm，且体重在70～80 kg，则基本能够断定该人为男性；反之，若身高在155～165 cm，且体重在45～55 kg，则基本能够判断该人为女性。上述判断主要依靠实施判断者的主观经验，一般源于历史上的生活经验，判断的过程体现为一种猜测行为。之所以能够展开猜测，主要是因为根据生活经验能够大体上判断出具有此类身高体重的人在不同性别领域中的概率，而判断的结论则更倾向于概率较大的所对应的性别。由此可见，完成上述判断需要两个方面的前提：先验知识，即所接触或了解（包括直接和间接）的人群中，男性与女性的总体比例；判断依据（即身高和体重），即在特定范围内（如身高在175～185 cm且体重在70～80 kg），不同性别所占比例。以上是人的主观判断过程，若这一过程由计算机来模拟和完成，则可称为计算机实现了贝叶斯决策。

下面讨论两种贝叶斯决策方法：最小错误率贝叶斯决策和最小风险贝叶斯决策。

（1）最小错误率贝叶斯决策。

在实现分类任务决策过程中，人们的目标往往是尽量减少分类的错误，追求最小的错误率，于是产生了最小错误率贝叶斯决策方法。该方法的实现需要三个知识点：先验概率、类条件概率及贝叶斯公式。其中，先验概率已在前文中进行了详细说明，类条件概率类似于概率论中的条件概率。

以上面的案例为例，先验概率包括男性在人口性别中的总体比例 $P(M)$ 和女性在人口性别中的总体比例 $P(W)$；类条件概率用来表示特定身高体重所在范围（身高 $\text{height}\in(175,185]$，体重 $\text{weight}\in(70,80]$）占某性别的比例，包括 $P(\text{height},\text{weight}|M)$、$P(\text{height},\text{weight}|W)$。设判断特定身高体重对应性别为男性的概率表示为 $P(M|\text{height},\text{weight})$，同理为女性的概率表示为 $P(W|\text{height},\text{weight})$，则根据贝叶斯公式有

$$P(M|\text{height},\text{weight})=\frac{P(\text{height},\text{weight}|M)P(M)}{P(\text{height},\text{weight})}$$

$$P(W|\text{height},\text{weight})=\frac{P(\text{height},\text{weight}|W)P(W)}{P(\text{height},\text{weight})}$$

二者之比为

$$\lambda=\frac{P(M|\text{height},\text{weight})}{P(W|\text{height},\text{weight})}=\frac{P(\text{height},\text{weight}|M)P(M)}{P(\text{height},\text{weight}|W)P(W)}$$

因此，当 $\lambda>1$ 时，判断结果为男性，反之为女性，这便是二分类中最小错误率贝叶斯决策的应用。关于最小错误率贝叶斯决策的平均错误率最低的证明本节不再赘述。

对于多分类任务，若 $P(w_i|x)=\max(P(w_j|x))(j=1,2,\cdots,n)$，则 $x\in w_i$。

（2）最小风险贝叶斯决策。

由于任何决策都存在风险性，因此可以在决策过程中考虑风险因素，即将风险作为参数融合到决策过程中。假设存在一个真实状态 α 与决策 w 的关系表，且有真实状态 α 与

决策 w 相对应的风险系数 $\lambda(\alpha,w)$，见表5.4。

表5.4 真实状态 α 与决策 w 相对应的风险系数 $\lambda(\alpha,w)$

	决策 w_1	决策 w_2	…
状态 α_1	0	1	…
状态 α_2	3	0	…
…	…	…	…

此表又称决策表，最小风险贝叶斯决策中的决策表一般需要人为确定，决策表不同会导致决策结果不同。

针对一个实际问题，对于样本 x，最小风险贝叶斯决策的计算步骤如下。

(1)利用贝叶斯公式计算后验概率(其中要求先验概率和类条件概率已知)，有

$$P(w_j \mid x)=\frac{P(x \mid w_j)P(w_j)}{\sum_{i=1}^{c}P(x \mid w_i)P(w_i)}, \quad j=1,\cdots,c$$

(2)利用决策表计算条件风险，有

$$R_i(a_i \mid x)=\sum_{j=1}^{c}\lambda(\alpha_i,w_j)P(w_j \mid x), \quad i=1,\cdots,k$$

(3)选择风险最小的决策，即

$$\alpha=\operatorname{argmin} R_i(\alpha_i|x), \quad i=1,\cdots,k$$

5.2.2 朴素贝叶斯分类器

假设对一组包含多属性的样本进行分类，样本记作 X，样本的属性记作 $x_i(i=1,2,\cdots,d)$。基于贝叶斯决策来估计后验概率 $P(w|X)$ 的主要困难在于：类条件概率 $P(X|w)$ 是所有属性上的联合概率，难以从有限的训练样本直接估计得到。朴素贝叶斯网络回避了上述问题，采用了“属性条件独立性假设”，即对于已知类别，假设所有属性相互独立。也就是假设每个属性独立地对分类结果发生影响。因此，在朴素贝叶斯分类器中，基于属性条件独立性假设，贝叶斯公式重写为

$$P(w \mid X)=\frac{P(X \mid w)P(w)}{P(X)}=\frac{P(w)}{P(X)}\prod_{i=1}^{d}P(x_i \mid w), \quad x_i \in X$$

式中 d——属性数目。

由于对所有类别来说，$P(X)$ 是相同的，因此基于上式，朴素贝叶斯分类器表达式变换为

$$H(X)=\operatorname{argmax} P(w)\prod_{i=1}^{d}P(x_i \mid w), \quad x_i \in X$$

朴素贝叶斯分类器的训练过程是基于训练集 D 来估计先验概率的，并为每个属性估计条件概率 $P(x_i|w)$。设 D_w 表示训练集 D 中第 w 类样本组成的集合，若有充足的独立同分布样本，则可容易地估计出先验概率，即

$$P(w)=\frac{|D_w|}{|D|}$$

对离散属性来说，令 D_{w,x_i} 表示 D_w 中在第 i 个属性上取值为 x_i 的样本组成的集合，则条件概率可以估计为

$$P(x_i|w)=\frac{|D_{w,x_i}|}{|D_w|}$$

对连续属性可以考虑概率密度函数，假定 $P(x_i|w)\sim N(\mu_{w,i},\sigma_{w,i}^2)$，其中 $\mu_{w,i}$ 和 $\sigma_{w,i}^2$ 分别是第 w 类样本在第 i 个属性上取值的均值和方差，则有

$$P(x_i|w)=\frac{1}{\sqrt{2\pi}\sigma_{w,i}}\mathrm{e}^{-\frac{(x_i-\mu_{w,i})^2}{2\sigma_{w,i}^2}}$$

以离散属性为例，若某个属性值没有在训练过程中出现过，即该属性在训练集中取值的个数为 0，则直接计算会出现问题，因此将出现某一属性存在概率为 0 的异常情况。为避免上述产生的将某种未出现的属性值抹去，在估计概率时可进行“平滑”，常用“拉普拉斯修正”。具体来说，可以令 N 表示训练集 D 中可能的类别数，N_i 表示第 i 个属性可能的取值数。则先验概率与类条件概率公式修正为

$$\hat{P}(w)=\frac{|D_w|+1}{|D|+N}$$

$$\hat{P}(x_i|w)=\frac{|D_{w,x_i}|+1}{|D_w|+N_i}$$

拉普拉斯修正避免了因训练集样本不充分而导致概率估值为零的问题，并且在训练集变大时，修正过程所引入的先验的影响也会逐渐变得可忽略，使得估值逐渐趋于实际的概率值。

在现实任务中，朴素贝叶斯分类器有很多种使用方式。对预测速度要求较高的，将所有概率的估计值事先计算好存储起来，这样在进行预测时只需要查表就可以进行判别。如果任务数据更替频繁，则可采用懒惰学习(算法略)，收到数据进行概率估计。如果数据不断增加，则可在现有的估值基础上仅对新增样本属性值所涉及的概率估值进行技术修正，即可实现增量学习。

朴素贝叶斯分类器采用属性完全独立的假设，在现实生活中通常难以成立。对属性条件独立性假设进行一定程度的放松，由此产生一类“半朴素贝叶斯分类器”的学习方法，不需要进行完全联合概率计算，又不至于彻底忽略了比较强的属性依赖关系。

“独依赖估计”假设每个属性在类别之外最多依赖一个其他的属性，因此分类器变为

$$P(w\mid X)\propto P(w)\prod_{i=1}^{d}P(x_i\mid w,\mathrm{pa}_i),\quad x_i\in X$$

式中　pa_i——x_i 的父属性。

关于半朴素贝叶斯分类器的其他详细说明本节不再赘述，读者可自行查阅。

5.3 贝叶斯网络

贝叶斯网络又称信念网络，由 Judea Pearl 于 1985 年首先提出。贝叶斯网络是一种模拟人类推理过程中因果关系的不确定性处理模型，它借助有向无环图来刻画属性之间

的依赖关系，并通过条件概率表来描述属性的联合概率分布。

5.3.1 网络结构

贝叶斯网络结构图如图5.1所示。从本质上看，一个贝叶斯网 B 由结构 G 和参数 Θ 两部分组成，即 $B=\langle G,\Theta\rangle$。其中，结构 G 是一个有向无环图，其每个节点对应一个属性，若两个属性之间有直接依赖关系，则它们由一条有向边连接；参数 Θ 则采用条件概率表定量描述这种依赖关系。图5.1中，属性 x_5 在结构 G 中的父节点为 $\pi_5=\{x_1,x_3\}$，则条件概率表见表5.5。

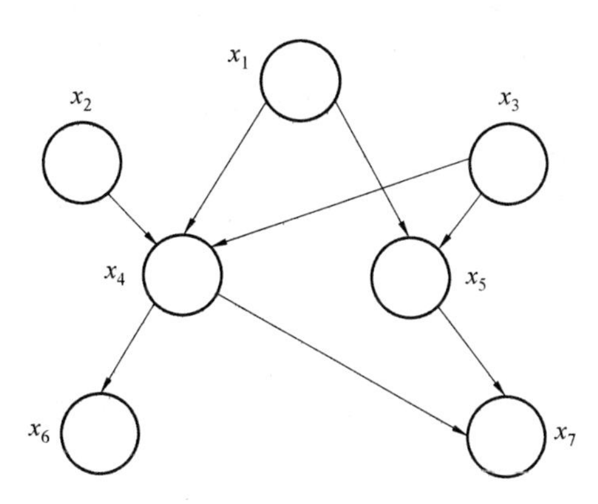

图5.1 贝叶斯网络结构图

表5.5 条件概率表

		x_5 属性	
		属性值为 x_5'	属性值为 x''_5
x_1 属性	属性值为 x_1'	0.1	0.9
	属性值为 x''_1	0.2	0.8
x_3 属性	属性值为 x_3'	0.3	0.7
	属性值为 x''_3	0.4	0.6

贝叶斯网络结构能够有效表达属性间的条件独立性。给定父节点集，贝叶斯网假定每个属性与其非后裔属性独立，于是 $B=\langle G,\Theta\rangle$ 将属性 $x_1,x_2,\cdots,x_d$ 的联合概率分布定义为

$$P_B(x_1,x_2,\cdots,x_d)=\prod_{i=1}^{d}P_B(x_i \mid \pi_i)$$

因此，对于图5.1，联合概率定义为

$$\begin{aligned}&P_B(x_1,x_2,x_3,x_4,x_5,x_6,x_7)\\&=P_B(x_1)P_B(x_2)P_B(x_3)P_B(x_4|x_1,x_2,x_3)P_B(x_5|x_1,x_3)P_B(x_6|x_4)P_B(x_7|x_4,x_5)\end{aligned}$$

贝叶斯网络的结构形式主要包括以下三种。

(1)同父结构。

同父结构如图 5.2 所示,x_4 与 x_5 拥有相同的父节点 x_1。若该结构独立存在,则考虑 x_1 未知与已知两种情况。

①在 x_1 未知时,存在 $P_B(x_4,x_5,x_1)=P_B(x_1)P_B(x_4|x_1)P_B(x_5|x_1)$,此时无法得出 $P_B(x_4,x_5)=P_B(x_4)P_B(x_5)$,即 x_1 未知时,x_4 与 x_5 不独立。

②在 x_1 已知时,存在 $P_B(x_4,x_5|x_1)=\dfrac{P_B(x_4,x_5,x_1)}{P_B(x_1)}$,将 $P_B(x_4,x_5,x_1)=P_B(x_1)P_B(x_4|x_1)P_B(x_5|x_1)$代入式子中得到

$$\begin{aligned}P_B(x_4,x_5|x_1)&=\frac{P_B(x_4,x_5,x_1)}{P_B(x_1)}=\frac{P_B(x_1)P_B(x_4|x_1)P_B(x_5|x_1)}{P_B(x_1)}\\&=P_B(x_4|x_1)P_B(x_5|x_1)\end{aligned}$$

则 x_1 已知时,x_4 与 x_5 独立。

综合以上两种情况可知,当 x_1 的取值给定时,x_4 与 x_5 相互独立;否则,x_4 与 x_5 不独立。

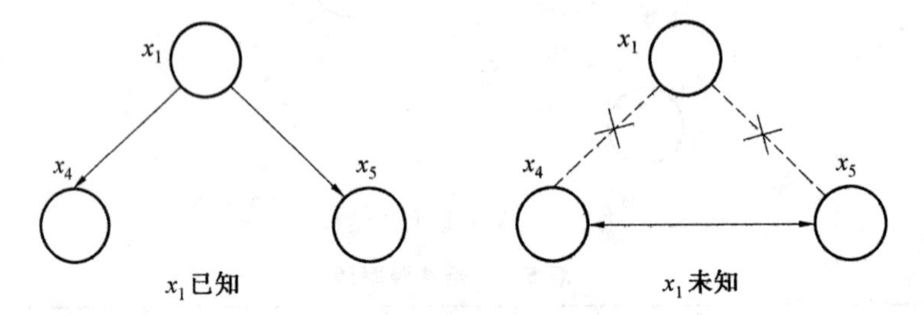

图 5.2 同父结构

(2)同子结构。

同子结构如图 5.3 所示,x_2 与 x_1 有相同的子节点 x_4。若该结构独立存在,则有

$$P_B(x_2,x_1,x_4)=P_B(x_2)P_B(x_1)P_B(x_4|x_2,x_1)$$

当 x_4 的取值未知时,x_2 与 x_1 被阻断,所以 x_2 与 x_1 相互独立。

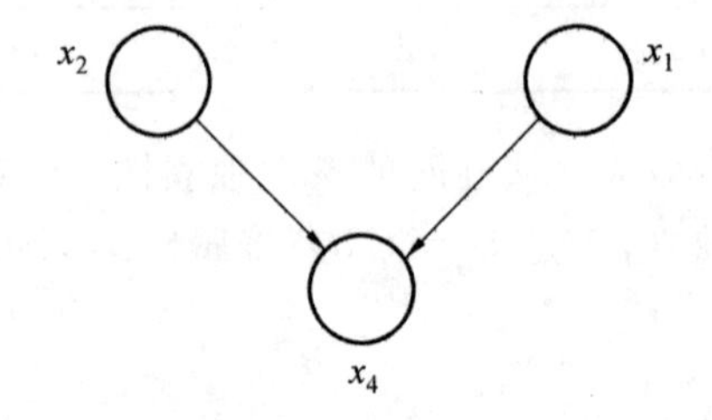

图 5.3 同子结构

(3)顺序结构。

顺序结构如图 5.4 所示,x_1 是 x_4 的父节点,x_4 是 x_6 的父节点。若该结构独立存在,则考虑 x_4 未知与已知两种情况。

①在 x_4 未知时,存在 $P_B(x_1,x_6,x_4)=P_B(x_1)P_B(x_4|x_1)P_B(x_6|x_4)$,此时无法得出 $P_B(x_1,x_6)=P_B(x_1)P_B(x_6)$,即 x_4 未知时,x_1 与 x_6 不独立。

②在 x_4 已知时，存在 $P_B(x_1,x_6|x_4)=\frac{P_B(x_1,x_6,x_4)}{P_B(x_4)}$，并且存在

$$P_B(x_1,x_4)=P_B(x_1)P_B(x_4|x_1)=P_B\ (x_4)_B(x_1|x_4)$$

将 $P_B(x_1,x_6,x_4)=P_B(x_1)P_B(x_4|x_1)P_B(x_6|x_4)$代入式子中得到

$$\begin{aligned}P_B(x_1,x_6|x_4)&=\frac{P_B(x_1,x_6,x_4)}{P_B(x_4)}\\&=\frac{P_B(x_1)P_B(x_4|x_1)P_B(x_6|x_4)}{P_B(x_4)}\\&=\frac{P_B(x_1,x_4)P_B(x_6|x_4)}{P_B(x_4)}\\&=P_B(x_1|x_4)P_B(x_6|x_4)\end{aligned}$$

则 x_4 已知时，x_1 与 x_6 独立。

综合以上两种情况可知，当 x_4 的取值给定时，x_1 与 x_6 相互独立；否则，x_1 与 x_6 不独立。

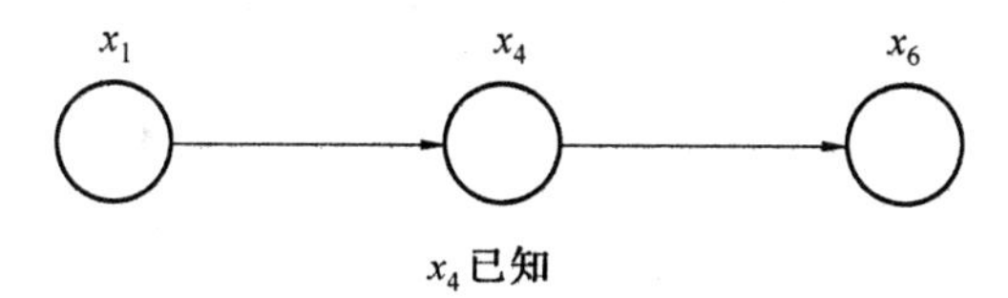

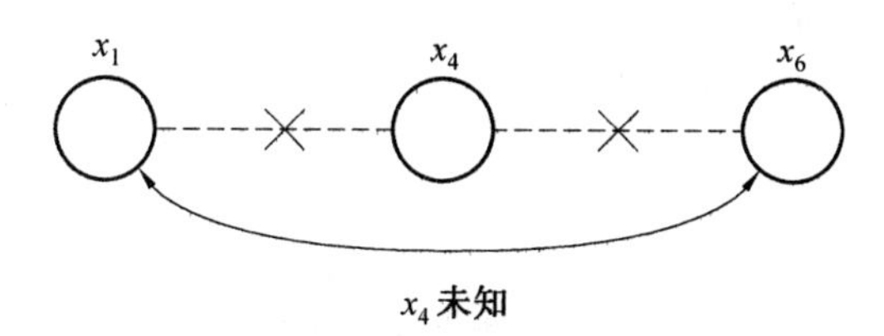

图 5.4 顺序结构

综上所述，条件独立性主要用于降低计算复杂度，结构与独立性的关系见表 5.6。

表 5.6 结构与独立性的关系

顺序连接	分支连接	汇合连接
Z→Y→X ①给定 Y，X 和 Z 独立；②Y 未知，X 和 Z 不独立	Y→X，Y→Z ①给定 Y，X 和 Z 独立；②Y 未知，X 和 Z 不独立	X→Y←Z ①给定 Y，X 和 Z 不独立；②Y 未知，X 和 Z 独立（边际独立性）

一般情况下，主要有以下三种用于构建贝叶斯网络结构的途径：

①利用业务专家的经验构建；

②利用知识库中的模型构建；

③利用历史信息的数据构建。

实际建模过程中，往往需要综合上述方法，扬长避短，发挥各自优势，保证建模的准确性和效率性。但是，实际情况往往是难以提供业务专家的经验或完备的知识库模型，不得不完全依靠数据来学习。因此，可以狭义地理解为贝叶斯网络结构的学习主要是利用给定的数据集确定一个与数据集拟合最好的网络。目前常用的贝叶斯网络结构学习方法主要包括以下两类。

(1)基于依赖性测试的方法。

该方法通过在给定数据集中评估变量之间的条件独立性关系来构建网络结构，典型的算法包括 SGS 算法、PC 算法、TPDA 算法等。

基于依赖性测试的方法的优势是比较直观，能够把条件独立性测试和网络结构的搜索进行分离；该方法的劣势是对条件独立性测试产生的误差非常敏感，且在某些情况下，条件独立性测试的次数相对于变量的数目呈指数级增长。

(2)基于搜索评分学习方法。

该方法通过在所有节点的结构空间内按照特定搜索算法与评分函数构建贝叶斯网络结构。常用的搜索算法包括爬山算法、禁忌搜索、模拟退火等；常用的评分函数包括 CH 评分、BIC 评分、MDL、AIC 评分等。

基于搜索评分学习的方法试图在准确性、稀疏性、鲁棒性等多个因素之间找到一个平衡点。但由于搜索算法的先天不足，因此基于搜索评分学习的方法有时不一定能找到最好的贝叶斯网络结构，但是其应用范围很广。

除上述两类方法外，常用的还有将基于依赖性测试的方法和基于搜索评分学习方法进行混合的混合算法等，本节不再赘述。

5.3.2 查询与推断

贝叶斯网络的重要用途就是根据查询进行推断，查询的条件是样本已知属性的观测值，推断的结果一般是样本未知属性的预测值，而样本已知属性的观测值又称证据。例如，存在：

①待查询属性 $Q=\{Q_1,Q_2,\cdots,Q_n\}$；

②待查询属性的一组取值 $q=\{q_1,q_2,\cdots,q_n\}$；

③证据属性 $E=\{E_1,E_2,\cdots,E_k\}$；

④证据属性的一组取值 $e=\{e_1,e_2,\cdots,e_k\}$；

⑤目标，即计算后验概率 $P(Q=q|E=e)$。

但是，在查询与推断过程中，实现根据贝叶斯网络的结构和定义计算联合概率分布，从而精确计算后验概率几乎是不可能的，这种精确推断已经被证明为 NP 难解的，尤其是对于那些结构复杂、节点众多的贝叶斯网络。因此，人们通常利用近似推断的方法完成推断任务。近似推断方法大致可以分为两类：第一类是采样，通过使用随机化方法完成近似；第二类是使用确定性近似完成近似推断，典型方法为变分推断(Variational Inference)。

对于函数 $f(x)$，x 是实数自变量，f 是针对 x 的算子，其作用是将 x 映射到 $f(x)$，可将 f 称为实数算子，因此也可以通过改变 x 获取 $f(x)$ 的极值。类比上述思考过程，对于函数 $F[f(x)]$，$f(x)$ 是函数自变量，F 是针对 $f(x)$ 的算子，其作用是将 $f(x)$ 映射到

$F[f(x)]$，可将 F 称为函数算子，因此需要通过改变 x 来改变 $f(x)$ 来获取 $F[f(x)]$ 的极值，这一思考过程就是变分的思维。

变分推断是通过使用已知简单分布来逼近需要推断的复杂分布，并通过限制近似分布的类型，从而得到一种局部变量最优，但具有确定解的近似后验分布。变分推断的逼近过程如图 5.5 所示。

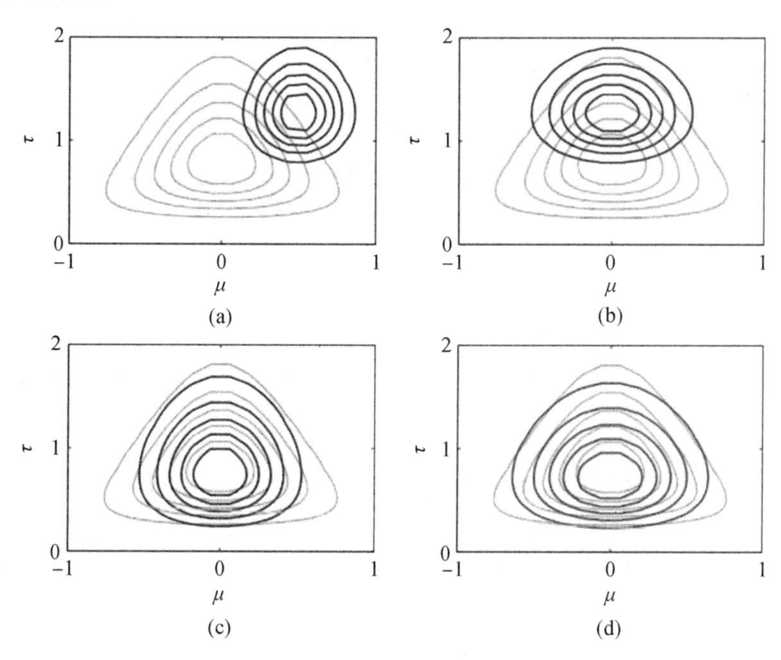

图 5.5　变分推断的逼近过程

假设 $X=\{x_1,x_2,\cdots,x_n\}$ 均依赖于变量 z，在一个由 X 和 z 构成的图 5.6 所示的贝叶斯网络中，所有能够观察到的变量 x_i 的联合分布概率密度为

$$P(X \mid \Theta)=\prod_{i=1}^{n}\sum_{z}P(x_i,z \mid \Theta)$$

上式对应的对数似然函数为

$$\ln P(X \mid \Theta)=\sum_{i=1}^{n}\ln\{\sum_{z}P(x_i,z \mid \Theta)\}$$

式中　Θ——X 和 z 服从的分布参数。

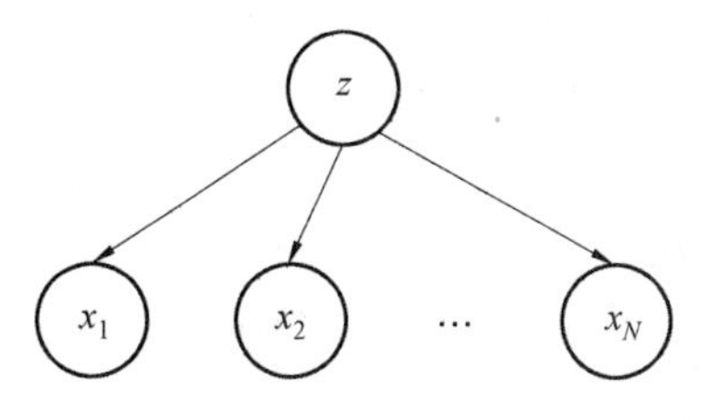

图 5.6　变量关系图

一般情况下，图中所对应的推断和学习任务主要是由观察到的变量 X 来估计隐变量 z 和分布参数变量 Θ，即求解 $P(z|X,\Theta)$ 和 Θ。Θ 的估计通常以最大化对数似然函数为手

段，通过 EM 算法不断迭代 Θ 至 Θ' 以逼近分布。但是，得到的 $P(z|X,\Theta')$ 未必是隐变量 z 服从的真实分布，而只是一个近似分布。若这个近似分布用 $Q(z)$ 表示，则恰好印证了图 5.5 的变化过程（浅色图案是 $P(z)$ 的真实分布，深色图案是 $Q(z)$ 的真实分布），则有

$$\ln P(X)=l(Q)+\mathrm{KL}(Q\parallel P)$$

其中

$$l(Q)=\int Q(z)\ln\frac{P(X,z)}{Q(z)}\mathrm{d}z$$

$$\mathrm{KL}(Q\parallel P)=-\int Q(z)\ln\frac{P(z\mid X)}{Q(z)}\mathrm{d}z$$

在现实任务中，对 $P(z|X,\Theta')$ 的推断很可能因 z 模型复杂而难以进行。于是，变分推断开始解决这个问题。通常假设 z 服从分布

$$Q(z)=\prod_{i=1}^{m}Q_i(z_i) \tag{5.1}$$

式中　z_i——由 z 拆解的一系列相互独立的变量。

更重要的是，可以令 Q_i 分布相对简单或有很好的结构。假设 Q_i 为指数族分布，此时有

$$\begin{aligned}l(Q)&=\int\prod_i Q_i\left\{\ln P(X,z)-\sum_i\ln Q_i\right\}\mathrm{d}z\\&=\int Q_i\left\{\int\ln P(X,z)\prod_{i\neq j}Q_i\mathrm{d}z_i\right\}\mathrm{d}z_j-Q_j\ln Q_j\mathrm{d}z_j+\mathrm{const}\\&=\int Q_i\ln P\sim(X,z_j)\mathrm{d}z_j-Q_j\ln Q_j\mathrm{d}z_j+\mathrm{const}\end{aligned} \tag{5.2}$$

其中

$$\ln P\sim(X,z_j)=E_{i\neq j}[\ln P(X,z)]+\mathrm{const}$$

$$E_{i\neq j}[\ln P(X,z)]=\int\ln P(X,z)\prod_{i\neq j}Q_i\mathrm{d}z_i$$

由于关心的是 Q_i，因此可以固定 $Q_{i\neq j}$ 再对 $l(Q)$ 进行最大化，可发现式(5.2)等于 $-\mathrm{KL}(Q_j\parallel P\sim(X,z_j))$，即当 $Q_i=P\sim(X,z_j)$ 时，$l(Q)$ 最大。于是，可知变量子集 z_j 所服从的最优分布 Q_j^* 应满足

$$\ln Q_j^*(z_j)=E_{i\neq j}[\ln P(X,z)]+\mathrm{const}$$

即

$$Q_j^*(z_j)=\frac{\mathrm{e}^{E_{i\neq j}[\ln P(X,z)]}}{\int\mathrm{e}^{E_{i\neq j}[\ln P(X,z)]}\mathrm{d}z_j} \tag{5.3}$$

换言之，在式(5.1)的假设下，变量子集 z_j 最接近真实情形的分布由式(5.3)给出。

显然，基于式(5.1)的假设，通过恰当的分割独立变量子集 z_j 并选择 Q_i 服从的分布，$E_{i\neq j}[\ln P(X,z)]$ 有闭式解，这使得基于式(5.3)能高效地对因变量 z 进行推断。

5.4　半结构化文本的分类与挖掘

由于案例知识、规则知识自身良好的结构性，因此在通过关键词对其进行检索时，可

以很方便地检索到所需的设计知识。半结构化文本(在本章中作为一种知识的形式)由于其自身特点,仅通过少量关键词无法完整表达其内容,因此在利用关键词进行检索之后,仍需要设计者对检索到的设计知识进行筛选和甄别,从中提取出有用信息以辅助产品设计,降低设计者在执行设计任务时检索设计知识的效率。同时,随着设计知识的爆炸式增长,同一条件下检索出的半结构化文本的数量也将急剧增长,这增大了设计者获取有用信息的难度。

因此,为缩小半结构化文本的检索范围,提高设计者筛选和甄别有用信息的效率,本章提出半结构化文本的挖掘技术,通过引入文本挖掘相关技术对半结构化文本进行分析,实现半结构化文本的细粒度分类,从而提高半结构化文本在工程机械产品概念设计过程中的重用率。

5.4.1 半结构化文本的挖掘流程

半结构化的概念是随着结构化概念产生的。在实际的产品设计活动(如产品数据、性能参数等信息中),可以以二维逻辑结构进行表示和存储,以 property→value 的形式存在。此类结构化文本常常存放在关系型数据库中,在产品设计过程中可以很方便地进行检索,利用效率较高,也是目前企业在重用以往设计知识时利用效率最高的知识的类型。

半结构化文本既不同于结构化知识具有明确的结构(可以以二维逻辑进行表示),也不同于纯文本信息(仍具有一定的结构信息,对应于结构化知识的属性值)。半结构化文本中的信息仍然是以自然语言描述的,即 property→text,其结构性较差。以专利为例,专利是产品设计过程中典型的半结构化文本类型(图 5.7),专利申请书中包含摘要附图、权利要求书等结构化信息,背景技术、技术领域等属性的"属性值"通常以自然语言的形式进行概括,因此既存在结构化信息,又存在非结构化信息。由于半结构化文本与结构化文本在结构上的不同,因此给半结构化文本的管理、检索和重用带来了新的困难。

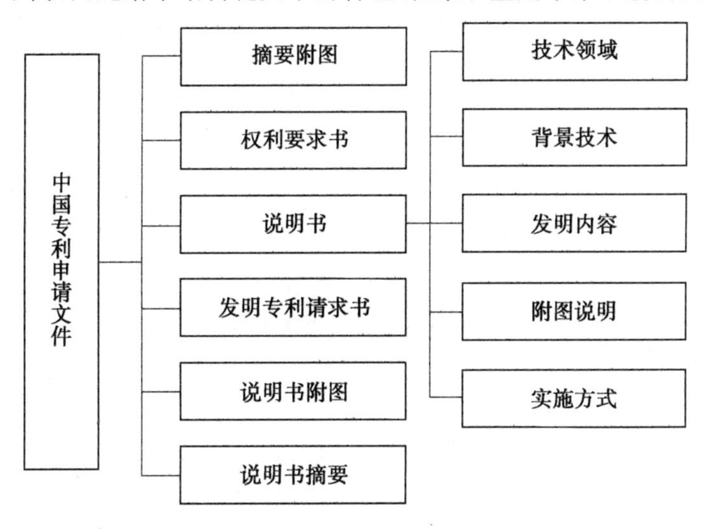

图 5.7 专利申请文件组成

为便于保存和分享任务执行过程中总结和提炼出的设计经验知识,设计者常常以自然语言对任务执行过程中的经验加以描述，并结合产品设计过程中的相关特征(如执行的任务、任务所属阶段等)对设计经验进行整理，并以半结构化文本的形式加以保存。又由于自然语言本身存在多义性与歧义性，从自然语言文本中凝练关键词时，通常会遗漏一部分信息，因此在利用关键词对半结构化文本进行检索时，得到的通常是包含有设计经验知识的文本内容。在极端情况下，当用于检索的关键词极少时，会检索出大量的无关文本。以专利为例，用“连杆”作为关键词检索产品设计相关专利时，可以同时检索到外观设计专利、发明专利及实用新型专利。设计者必须对检索到的大量文本进行分析，将无关内容或仅含有少量有用信息的文本剔除，进而从中提取任务相关经验知识。这增加了筛选和甄别有用信息的难度，增加了不必要的时间耗损，降低了任务执行效率。因此，需要对半结构化文本的挖掘技术进行研究，实现半结构化文本在更细粒度上的划分，从而提高知识检索的准确性。

结合半结构化文本自身特点，本章引入文本挖掘相关技术对半结构化文本进行处理，提出的半结构化文本的挖掘流程如图 5.8 所示。

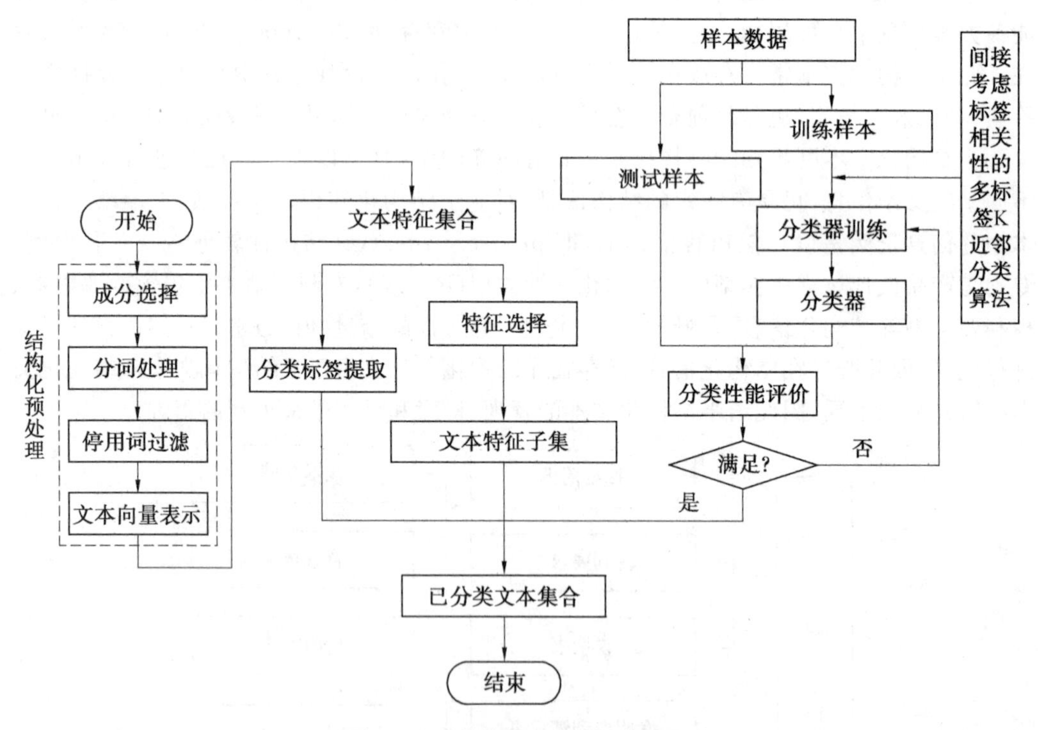

图 5.8 半结构化文本的挖掘流程

下面以专利为例，对半结构化文本挖掘流程中的相关环节进行表述。

(1)结构化预处理。

专利文件可视为题目、摘要、技术背景、发明内容、权利要求等不同成分内容的集成，各成分之间并非相互独立，而是从不同的角度对专利内容进行说明。选择合适的成分作为后续处理的数据输入，可以避免因引入重复信息而产生噪声干扰，同时降低计算消耗。选择合适的成分后，利用分词技术对文本进行切分，得到文本的词语集合，利用停用词表对其进行过滤，并将过滤后的词语作为特征，借助向量空间模型将不同半结构化文本表示为带有权重的特征空间向量，便于后续对文本进行分析和研究。

(2)特征选择。

经过结构化预处理后，文本可由特征向量进行表示。由于自然语言本身存在多义性，因此预处理之后的文本特征集合通常有着很高的维度。过高的维度不仅使文本主要内容变得平滑，还会增加计算机性能开销。因此，需要对文本原始特征集合进行筛选，从中选出最具代表能力的特征子集，便于后期利用分类技术对半结构化文本进行分类时，提高分类的准确性。

(3)分类标签提取。

为对半结构化文本进行细粒度分类，首先需要确定文本的分类依据，即确定类别标签。而在工程机械产品设计过程中，文本的分类信息同样保存在半结构化文本中，这些高质量的短文本中存储的经验知识对于产品设计有很大的指导意义，覆盖了产品概念设计过程关键节点，集中体现了设计者的设计思想。因此，对这些高质量的短文本进行结构化预处理，利用词频信息从中选择合适的特征作为分类的标签，为后续半结构化文本的分类提供了依据。

5.4.2 基于标签相关性的多标签K近邻分类

为实现半结构化文本在产品概念设计过程中的细粒度分类，本章对多标签分类方法进行研究，提出间接考虑标签相关性的多标签K近邻分类算法(IDML－KNN)，以提高半结构化文本分类的准确性。该算法主要思想是通过考虑待预测样本的最近邻样本分布，从而间接获得标签之间的潜在相关性，结合标签相关性最大化后验概率对样本标签进行预测。为便于与传统的ML－KNN算法进行对比，部分符号仍采用传统算法中的定义。

以专利为例，专利文本的特征向量可以表示为一个样本，所有专利组成的样本空间定义为样本域X，经标签提取之后得到的标签集合，定义为样本的标签域Y。则对于给定的样本域X及标签域Y，样本x及其对应的标签集合y，$y \subset Y$，训练样本集T可以表示为$T=\{(x_1, y_1),(x_2, y_2),\cdots,(x_m, y_m)\}$。以$y_x$表示样本$x$的标签集合，其分量$y_x(l)$表示样本$x$是否带有对应标签$l$，$l \in Y$，以1和0分别进行表示。定义$N(x)$以统计样本$x$在训练集中的最近邻用户，针对该集合，定义向量$\boldsymbol{C}_x$以统计最近邻标签信息，其分量$C_x(l)$用来统计样本$x$的最近邻$N(x)$中拥有标签$l$的样本数量，即

$$C_x(l) = \sum_{a \in N(x)} y_a(l), \quad l \in Y \tag{5.4}$$

对于每一个待预测样本t，算法首先确定其在训练样本集T中的最近邻集合$N(t)$。对于标签l，当样本t带有标签l时，表示为事件H_1^l，否则表示为事件H_0^l。此外，以$E_j^l(j \in \{0, 1,\cdots,K\})$表示在样本$t$的最近邻$N(t)$中恰好有$j$个最近邻样本带有标签$l$的事件。

在ML－KNN算法中，基于统计向量$\boldsymbol{C}_t$，待预测样本t的预测标签向量y_t可以通过最大化后验概率进行求解，即

$$y_t(l)=\arg\max_{b \in \{0,1\}} P(H_b^l \mid E_{C_t(l)}^l), \quad l \in Y \tag{5.5}$$

对式(5.5)进行分析，可以看出在ML－KNN算法中，当需要对待预测样本是否具有标签 l 进行判断时，ML－KNN算法认为只有其最近邻样本中带有相同标签的样本数据对标签 l 的预测结果有贡献，而带有其他标签 $l'\in Y$ 且 $l'\neq l$ 的最近邻样本信息对标签 l 的预测没有贡献。以专利样本为例，认为带有“连杆”标签的专利对于样本是否同时属于“曲柄活塞机构”没有贡献，即默认标签之间相互独立，彼此之间不存在关联性。而在多标签分类情况下，标签之间的关联关系普遍存在，属于“连杆”类别的专利有很大可能同时带有标签“曲柄活塞机构”。因此，相关标签的统计信息对于某一标签的预测结果有贡献。对式(5.5)进行修正，得到修正后的公式为

$$y_t(l)=\arg\max_{b\in\{0,1\}} P(H_b^l \mid E') \tag{5.6}$$

式中，E'用来表示样本的最近邻集合中不同标签下所属样本的分布情况。例如，在一个训练集中，标签域 $Y=\{l_1,l_2,l_3,l_4,l_5,l_6\}$，当最近邻个数为14时，待测试样本 t 的14个最近邻中，样本的分布情况见表5.7。

表5.7 样本的分布情况

标签	l_1	l_2	l_3	l_4	l_5	l_6
样本数量	7	5	4	3	0	0

此时，事件 E' 不仅包含事件 $E_{l_1}^7$，也包含事件 $E_{l_2}^5$、$E_{l_3}^4$ 和 $E_{l_4}^3$。在对标签 l_1 进行预测时，认为标签 l_1 的分布 $E_{l_1}^7$ 对于预测结果有主要贡献，而其他标签的分布 $E_{l_2}^5$、$E_{l_3}^4$、$E_{l_4}^3$ 对于标签 l_1 的预测结果同样有贡献，但贡献较小。通过权值 α 进行衡量，将待预测的标签称为主标签，其他标签称为副标签，则样本标签的预测结果可以通过综合主标签后验概率与副标签后验概率得到。

根据贝叶斯公式，可以将式(5.6)改写为

$$y_t'(l)=\arg\max_{b\in\{0,1\}} \frac{P(H_b^l)P(E' \mid H_b^l)}{P(E')} \tag{5.7}$$

由于式(5.7)中分母 $P(E')$ 对标签的预测没有贡献，因此可直接用以下公式对标签进行预测，即

$$y_t'(l)=\arg\max_{b\in\{0,1\}} P(H_b^l)P(E' \mid H_b^l) \tag{5.8}$$

对式(5.8)进行分析，可以看出对样本 t 就标签 l 进行预测时，需要确定先验概率 $P(H_b^l)$ 及后验概率 $P(E' \mid H_b^l)$，而以上两个概率可以通过统计训练集样本的标签信息得到。同时，为避免概率估计值为0的现象发生，控制“均匀分布”在概率估计时的权重，需要利用平滑因子 s 对概率进行修正，常用的是拉普拉斯平滑，此时 $s=1$。修正后的先验概率计算公式为

$$\begin{cases} P(H_1^l)=(s+\sum_{i=1}^{m} y_{x_i}(l))/(s\times 2+m) \\ P(H_0^l)=1-P(H_1^l) \end{cases} \tag{5.9}$$

为计算后验概率 $P(E' \mid H_b^l)$，IDML－KNN算法定义了统计变量 $c[j]$ 和 $c'[j]$，用来统计在对某一个标签 l 进行预测时，训练集样本的 K 个最近邻中恰好有 j 个带有或不带

有与待预测标签 l 相同标签的样本的数量，即主标签的相关信息。考虑标签之间的关联性，定义统计变量 $c_{jk}[n]$ 与 $c'_{jk}[n]$，分别表示当对标签 j 进行预测时，样本最近邻中恰好有 n 个样本带有或不带有标签 k 的样本数量。可以看出，$c[j]$ 和 $c'[j]$ 是 $c_{jk}[n]$ 与 $c'_{jk}[n]$ 在待预测标签与当前标签一致时的特例，即

$$\begin{cases} c[j]=c_{ll}[j] \\ c'[j]=c'_{ll}[j] \end{cases} \tag{5.10}$$

由于主标签与副标签在对样本标签进行预测时的贡献不同，因此样本标签的预测结果可以通过权重综合主标签与副标签单独作用时的影响得到。对原有算法中概率公式进行修正，得到主标签后验概率公式为

$$\begin{cases} P(E^l_{C_l} \mid H^l_1)=(s+c_{ll}[C_l])/(s\times(K+1)+\sum\limits_{p=0}^{K}c_{ll}[p]) \\ P(E^l_{C_l} \mid H^l_0)=(s+c'_{ll}[C_l])/(s\times(K+1)+\sum\limits_{p=0}^{K}c'_{ll}[p]) \end{cases} \tag{5.11}$$

为降低算法的复杂度，减少算法改进对标签预测效率的影响，引入参数 β，当待测样本最近邻中带有某一个副标签的样本数量大于 β 与带有主标签的样本数量的乘积时，认为此时的副标签与主标签之间存在相关性，对这些副标签的后验概率进行计算，修正后的副标签 q 的概率公式为

$$\begin{cases} P(E^q_{C_q} \mid H^l_1)=(s+c_{lq}[C_q])/(s\times(K+1)+\sum\limits_{p=0}^{K}c_{lq}[p]) \\ P(E^q_{C_q} \mid H^l_0)=(s+c'_{lq}[C_q])/(s\times(K+1)+\sum\limits_{p=0}^{K}c'_{lq}[p]) \end{cases} \tag{5.12}$$

综合满足条件的副标签的概率，得到副标签总体概率为

$$P(E^{l'}_{C_{l'}} \mid H^l_b)=\frac{1}{n}\sum^{n}P(E^q_{C_q} \mid H^l_b) \tag{5.13}$$

通过权重 α 衡量主标签与副标签之间对标签预测结果的贡献，以 C_l 表示待测样本最近邻中带有主标签的样本数量，$C_{l'}$ 表示待测样本最近邻中带有副标签的样本数量，得到后验概率 $P(E'|H^l_b)$ 的概率计算公式为

$$P(E'|H^l_b)=\alpha\times P(E^l_{C_l}|H^l_b)+(1-\alpha)\times P(E^{l'}_{C_{l'}}|H^l_b),\quad l'\in Y \text{ 且 } l'\neq l \tag{5.14}$$

结合修正后的先验概率，最后得到待测样本的标签向量为

$$y'_t(l)=\arg\max_{b\in\{0,1\}}P(H^l_b)\{\alpha\times P(E^l_{C_l}|H^l_b)+(1-\alpha)\times P(E^{l'}_{C_{l'}}|H^l_b)\} \tag{5.15}$$

以专利为例，待预测的专利样本最近邻分布见表5.8。

表 5.8　待预测的专利样本最近邻分布

标签	连杆	曲轴	凸轮	水泵	活塞	曲柄连杆机构
样本数量	6	5	2	1	4	10

在对“曲柄连杆机构”标签进行预测时，该标签作为主标签，$\beta=1/3$ 时，样本最近邻中

带有“连杆”“曲轴”“活塞”标签的样本数量均大于β与主标签样本数量的乘积，此时认为带有这些标签的样本信息对于预测样本是否带有曲柄连杆机构标签起辅助作用，将其作为副标签，在对“曲柄连杆机构”标签进行预测时，将带有“凸轮”与“水泵”标签的样本作为干扰予以排除，标签预测结果由主、标签样本信息综合得到。

改进后算法的伪代码如算法 5.1 所示。

算法 5.1 改进后算法的伪代码

1	Input: T,K,t,s,α,β
2	Output: labels
3	%计算先验概率 $P(H_b^l)$%
4	for $l\in Y$ do
5	$P(H_1^l)=(s+\sum_{i=1}^{m}y_{x_i}(l))/(s\times 2+m), P(H_0^l)=1-P(H_1^l)$;
6	end for
7	%计算后验概率 $P(H_i^k \mid H_b^l)$;
8	Identify $N(x_i), i\in 1,2,\cdots,m$;
9	for $l\in Y$ do
10	for $k\in Y$ do
11	for $j\in 0,1,\cdots,K$ do
12	$c[l][k][j]=0, c'[l][k][j]=0$;
13	for $i\in 1,2,\cdots,m$ do
14	$\delta=C_{x_i}(k)=\sum_{a\in N(x_i)}y_a(l)$;
15	if($y_{x_i}(k)==1$) then $c[l][k][j]=c[l][k][j]+1$;
16	else $c'[l][k][j]=c'[l][k][j]+1$;
17	end if
18	end for
19	end for
20	end for
21	end for
22	for $j\in 0,1,\cdots,K$ do
23	$P(H_j^k \mid H_1^l)=(s+c[l][k][j])/(s\times(K+1)+\sum_{p=0}^{k}c[l][k][p])$;
24	$P(H_j^k \mid H_1^l)=(s+c'[l][k][j])/(s\times(K+1)+\sum_{p=0}^{k}c'[l][k][p])$;
25	end for

26 %计算 $y_t(l)$；

27 Identify $N(t)$；

28 for $l \in Y$ do

29 $\quad C_t(l) = \sum_{a \in N(t)} y_a(l)$；

30 $\quad P(H' \mid H_b^l) = \alpha P(E^l_{C_t(l)} \mid H_b^l) + \frac{1}{n}(1-\alpha) \sum_{C_t(k) > \beta C_t(l), k \neq l}^{n} P(E^{l'}_{C_t(k)} \mid H_b^l)$；

31 $\quad y_t(l) = \arg\max_{b \in (0,1)} P(H_b^l) P(H' \mid H_b^l)$；

32 end for

通过调节 α 的大小，可以调整主标签与副标签对主标签预测结果的贡献。特别的是，当 $\alpha=1$ 时，即不考虑副标签的影响，此时 IDML－KNN 算法将退化为 ML－KNN 算法，即 ML－KNN 算法是 IDML－KNN 算法在不考虑标签相关性情况下的一个特例。此外，由于 IDML－KNN 算法是结合标签相关性对原有算法的拓展，因此训练集样本标签信息的统计可以离线完成，而在对标签之间相关性进行分析时，是通过主标签与副标签之间样本数量关系得到的。

综上，与结合机器学习算法对 ML－KNN 进行改进的算法相比，本章提出的算法计算效率较高。同时，由于间接的考虑了标签之间的关联性，因此算法的性能较已有算法有一定的提升。

本章参考文献

[1] PRICE R. An essay towards solving a problem in the doctrine of chances[J]. Resonance，2003，8(4)：80-88.

[2] 盛骤，谢式千，潘承毅. 概率论与数理统计[M]. 4 版. 北京：高等教育出版社，2008.

[3] ANDREW G，JOHN B C，HAL S S，et al. Bayesian data analysis[M]. 3rd ed. Boca Raton：CRC Press，2013.

[4] ROSEN K H. Discrete mathematics and its applications[M]. 7th ed. New York：McGraw-Hill，2012.

[5] 崔本城. 航天发动机核心部件装配工序智能推荐及审查技术研究[D]. 哈尔滨：哈尔滨工业大学，2021.

[6] QUISPE L C，LUNA J E O. A content-based recommendation system using TrueSkill[C]. Cuernavaca：2015 Fourteenth Mexican International Conference on Artificial Intelligence(MICAI). IEEE，2015.

[7] PAN H，YANG X. Intelligent recommendation method integrating knowledge

graph and Bayesian network[J]. Soft Computing, 2021,27(1):483-492.
[8] 付永平，胡勇. 基于贝叶斯网络的个性化关联推荐模型研究[J]. 重庆师范大学学报：自然科学版，2016，33(5)：96-100.
[9] 付永平，邱玉辉. 一种基于贝叶斯网络的个性化协同过滤推荐方法研究[J]. 计算机科学，2016，43(9):266-268.
[10] 焦明海，陈晓芳，陈旭，等. 基于贝叶斯网络认知反馈的协同过滤推荐[J]. 控制工程，2017，24(7)：1310-1317.
[11] 黄影平. 贝叶斯网络发展及其应用综述[J]. 北京理工大学学报，2013，33(12)：1211-1219.
[12] CAI B, HUANG L,XIE M. Bayesian networks in fault diagnosis[J]. IEEE Transactions on industrial informatics, 2017, 13(5): 2227-2240.
[13] 谢冬，刘宏申. 文本挖掘中若干关键问题的研究[J]. 电脑知识与技术：学术交流，2009(6X)：4757-4758.
[14] 程志，黄荣怀. 文本挖掘及其教育应用[J]. 现代远距离教育，2008(2)：71-73.
[15] 吴海林. 半结构化文本推送技术及其应用研究[D]. 哈尔滨:哈尔滨工业大学，2017.
[16] 屈鹏，王惠临. 专利文本分类的基础问题研究[J]. 现代图书情报技术，2013(3)：38-44.
[17] 胡正银，方曙. 专利文本技术挖掘研究进展综述[J]. 现代图书情报技术，2014(6)：62-70.
[18] ZHANG M L, ZHANG K. Multi-label learning byexploiting label dependency[C]. Washington DC: Proceedings of the 16th ACM SIGKDD International Conference on Knowledge Discovery and Data Mining,2010.
[19] SPOLAÔR N, CHERMAN E A, MONARD M C, et al. A comparison of multi-label feature selection methods using the problem transformation approach[J]. Electronic Notes in Theoretical Computer Science, 2013, 292: 135-151.
[20] CHEN W, YAN J, ZHANG B, et al. Document transformation for multi-label feature selection in text categorization[C]. Omaha: Seventh IEEE International Conference on Data Mining(ICDM 2007). IEEE, 2007.
[21] PUPO O G R, MORELL C, SOTO S V. Relief F-ML: an extension of relief F algorithm to multi-label learning[C]. Berlin: Iberoamerican Congress on Pattern Recognition, 2013.
[22] TSOUMAKAS G, ZHANG M L, ZHOU Z H. Introduction to the special issue on learning from multi-label data[J]. Machine Learning, 2012, 88(1-2): 1-4.
[23] BOUTELL M R, LUO J, SHEN X, et al. Learning multi-label scene classification [J]. Patternrecognition, 2004, 37(9): 1757-1771.
[24] ZHANG M L, ZHOU Z H. ML－KNN: a lazy learning approach to multi-label learning[J]. Pattern Recognition, 2007, 40(7): 2038-2048.
[25] CAO Y,XU J, LIU T Y, et al. Adapting ranking SVM to document retrieval[C].

New York: Proceedings of the 29th Annual International ACM SIGIR Conference on Research and Development in Information Retrieval, 2006.

[26] ZHANG M L, ZHOU Z H. Multilabel neural networks with applications to functional genomics and text categorization[J]. IEEE Transactions on Knowledge and Data Engineering, 2006, 18(10): 1338-1351.

[27] 檀何凤. 基于标签相关性的 KNN 多标签分类方法研究[D]. 合肥：安徽大学，2015.

[28] YOUNES Z, ABDALLAH F, DENOEUX T, et al. A dependent multilabel classification method derived from the *k*-nearest neighbor rule[J]. EURASIP Journal on Advances in Signal Processing, 2011, 2011: 1-14.

[29] CHENG W, HÜLLERMEIER E. Combining instance-based learning and logistic regression for multilabel classification[J]. Machine Learning, 2009, 76(2-3): 211-225.

[30] YOUNES Z, ABDALLAH F, DENUX T. An evidence-theoretic *k*-nearest neighbor rule for multi-label classification[C]. Berlin: International Conference on Scalable Uncertainty Management, 2009.

第6章 迁移学习方法及其应用

6.1 迁移学习方法

在许多非互联网领域中可能只能获得普通规模且几乎没有标注信息的数据，导致现有机器学习技术难以获得较好的效果。因此，将大数据"迁移"到小数据领域，解决小数据领域中数据稀缺、知识稀缺问题是目前关注的难点问题。而迁移学习正是利用大数据解决小数据问题的核心技术。迁移学习又称归纳迁移、领域适配，是机器学习中的一个重要研究问题，其目标是将某个领域或任务上学习到的知识或模式应用到不同但相关的领域或问题中。迁移学习试图实现人通过类比进行学习的能力。例如，学习走路的技能可以用来学习跑步、学习识别轿车的经验可以用来识别卡车等。

迁移学习中涉及的两个领域分别称为源域(D_s)和目标域(D_t)。其中，源域样本集包含丰富的标注信息，而目标域则包含少量或不包含标注信息。基于源域的标注信息，可以训练得到一个预测模型 $f(X)$，迁移学习的目的就是降低 $f(X)$ 在目标域中的泛化误差。根据特征空间、类别空间、边缘概率分布、条件概率分布的不同，迁移学习可以进一步分为异构迁移学习和同构迁移学习。而异构迁移学习又可以分为异构特征空间和异构类别空间，同构迁移学习又可以分为数据集偏移、领域适配和多任务学习。其中，异构特征空间中训练数据和测试数据来自不同的特征空间(即 $X \neq X_t$)，主要应用于跨语言文本分类和检索；异构类别空间中源域与目标域的类别空间不一致(即 $y_s \neq y_t$)，其主要在文本挖掘和图像理解中受到广泛的关注；数据集偏移中领域间的边缘概率分布和条件概率分布都不同(即 $P_s(X) \neq P_t(X)$ 且 $P_s(y/X) \neq P_t(y/X)$)，是一种较难的迁移学习场景，主要应用是基于实例权重法；领域适配中领域间边缘概率分布不同但条件概率相同(即 $P_s(X) \neq P_t(X)$ 且 $P_s(y/X) = P_t(y/X)$)，包括样本选择偏置和方差偏移等，是迁移学习中研究最为充分的问题；多任务学习中满足领域间边缘概率分布相同但条件概率不相同(即 $P_s(X) = P_t(X)$ 且 $P_s(y/X) \neq P_t(y/X)$)，其通过同时学习多个任务、挖掘公共知识结构，完成知识在多个任务间的共享和迁移。

对于航空发动机故障诊断，一般情况下，认为 $P_s(y/X) = P_t(y/X)$。但由于故障模式、运行工况等不同，导致 $P_s(X) \neq P_t(X)$，因此更关注基于领域适配的迁移学习方法。在对航空发动机进行故障诊断时，旨在将正常样本(源域)和故障样本(目标域)映射到一个共同的特征空间中，使得相同类别的样本差异减小，不同类别的样本差异性增大，更有利于故障分类。

6.2 基于深度迁移学习的工业故障检测方法

随着智能制造的不断发展，故障预测与健康管理(Prognostics Health Management，PHM)技术得到了更多关注。故障检测是整个PHM框架的第一步，它对后面的故障诊断、故障预测及维修决策等有重要影响。故障检测可以提高工业设备的安全性和可靠性，同时降低其维护成本。因此，研究如何提高工业故障检测性能具有巨大的理论及应用价值。

当前深度学习方法在工业故障检测领域获得了广泛关注与研究，这是因为其具有非线性建模能力强、能够自动从大量训练数据中提取潜在特征、实现从输入信号直接到检测结果的端对端学习等优势。尽管取得了诸多成功，但深度学习方法在工业故障检测中的应用仍然存在以下两点不足。

(1)大部分现有研究都假设训练与测试数据来自同一数据源，而这一点与实际工程往往不符。故障检测模型往往基于特定领域与工况的训练数据建立，无法适用于异型领域与工况，因此对于新任务往往需要从头学习新模型。

(2)深度学习十分依赖于大量的训练数据，因此上述研究都假设目标任务具有大量训练数据。然而，实际工程中不少工业数据，特别是故障数据采集困难、采样频率低、可用的训练数据少，此时采用深度学习方法建立的故障检测模型往往泛化性与鲁棒性较差。

上述两点限制了深度学习方法在工业故障检测中的进一步应用。克服上述两个难题的一种有效方法是深度迁移学习，它能够充分利用一些相似但不相关的历史任务中的有用信息来构建目标任务的故障检测模型。深度迁移学习放松了训练与测试数据必须来自同一数据源的假设，同时能够有效应对构建深度学习模型时训练数据不足的难题。本章中数据量相对充足的工业数据集被定义为源数据S，数据量相对不足的工业数据集被定义为目标数据T。

当前大部分基于深度迁移学习的工业故障检测研究可按照T有无标签大致划分为两类：第一类是S有标签而T无标签，S与T的差异通常通过域适配方法来减小，然后在适配后的S上训练深度神经网络(DNN)模型，并将其用在适配后T上进行故障检测；第二类是S和T都有标签，它们通常将S上训练的网络(源网络)的部分结构与参数迁移至T上训练的网络(目标网络)，然后对迁移的参数进行微调或冻结。第一类方法对T的要求低，可以针对无标签的T构建故障检测模型，但是检测性能往往不如第二类方法；第二类方法尽管对T要求高，但因为目标数据的标签参与训练，所以其构建的模型故障检测结果往往更好。考虑到实际工程部分情况下少量的目标数据有标签，这些标签应当被充分利用。因此，本书重点研究第二类方法，提出一个新颖的基于深度迁移学习的工业故障检测方法。

首先度量S与T的相似性，选择与T最相似的数据集作为被迁移数据S_{best}，然后在S_{best}上训练一个DNN模型，根据模型在目标验证集TV上的性能进行层迁移方案的优化选择，按照此方案在T上微调DNN模型生成故障检测模型，最后通过后续监测数据REST测试故障检测模型的性能。本节主要研究内容有以下三点。

(1)针对大多数工业数据集来源明确、时序性强及数值量多的特点,本章选择度量工业数据集之间相似性的三种方法,并分析它们的优缺点和适用范围。实验结果最终证明了它们的有效性。

(2)本章提出了一种新颖的层迁移方案优化选择方法来克服以往经验准则无法直接给出较优层迁移方案的不足。据目前所知,这是在基于深度迁移学习的工业故障检测研究中第一次提出了层迁移方案优化选择方法。

(3)基于以上两点,本章提出了一种基于深度迁移学习的工业故障检测方法,并在轴承监测数据和飞机通信寻址与报告系统(Aircraft Communications Addressing and Reporting System,ACARS)数据上进行实验。实验结果证明,提出的方法能够有效提高小样本条件下 DNN 模型的故障检测性能,这是首次将深度迁移学习方法运用在 ACARS 数据上。

6.2.1 基于深度迁移学习的工业故障检测方法

1. 工业数据集相似性度量方法

基于深度迁移学习的故障检测方法的第一步是度量 S 与 T 的相似性并从中选择与 T 最相似的数据集,因此需要选择合适的工业数据集相似性度量方法。工业数据与其他数据相比有其自身特点,选择相似性度量方法时可充分利用这些特点。

首先,工业数据集的来源通常比较明确,即一般能够清楚地知道某个工业数据集是何种设备在何种工作环境下测得的。因此,可以根据设备的工作环境、系统及功能等先验知识判断数据集之间的相似度。例如,M_1、M_2、M_3 分别是摩托车、汽车、飞机三者的发动机状态监测数据。从工作环境的角度分析,摩托车和汽车都在地面行驶,而飞机在空中飞行。从系统的角度分析,摩托车和汽车的发动机都是内燃机,而很多飞机的发动机是燃气涡轮发动机,后者明显比前两者复杂得多。从功能角度分析,飞机发动机的输出功率要比摩托车和汽车的发动机大很多。因此,根据三者的工作环境、系统及功能上的差异,可以定性地得到

$$\begin{cases}\mathrm{Sim}(M_1,M_2)>\mathrm{Sim}(M_1,M_3)\\ \mathrm{Sim}(M_1,M_2)>\mathrm{Sim}(M_2,M_3)\end{cases} \tag{6.1}$$

式中 $\mathrm{Sim}(M_i,M_j)$——M_i 与 M_j 之间的相似度。

这种方法的优点是判别过程简单快捷,在数据来源差异较大时效果较好;缺点是对设备的工作环境、系统和功能等需要具备一定的先验知识,并且无法定量描述相似度,比较依赖主观经验。

其次,很多工业数据集都呈现较强的时序性,其数据形式表现为时间序列。维度不高时可以通过可视化方法观察时间序列的幅度、频率及波形等,判断其相似度。三条时间序列的相似度比较如图 6.1 所示。从图 6.1 中可以发现,y_1 与 y_2 在振幅、频率及波形上都很接近,而 y_3 的幅度明显大于 y_1 和 y_2,频率明显比 y_1 和 y_2 小,波形上也与 y_1 和 y_2 相差较大,因此可以得到

$$\begin{cases}\mathrm{Sim}(y_1,y_2)>\mathrm{Sim}(y_1,y_3)\\ \mathrm{Sim}(y_1,y_2)>\mathrm{Sim}(y_2,y_3)\end{cases} \tag{6.2}$$

这种方法的优点是方便快捷，相比于第一种方法更加客观，适用于判断低维时间序列的相似度；缺点是当时间序列维度较高或者形态差异较小时难以判断，并且无法定量描述相似度。

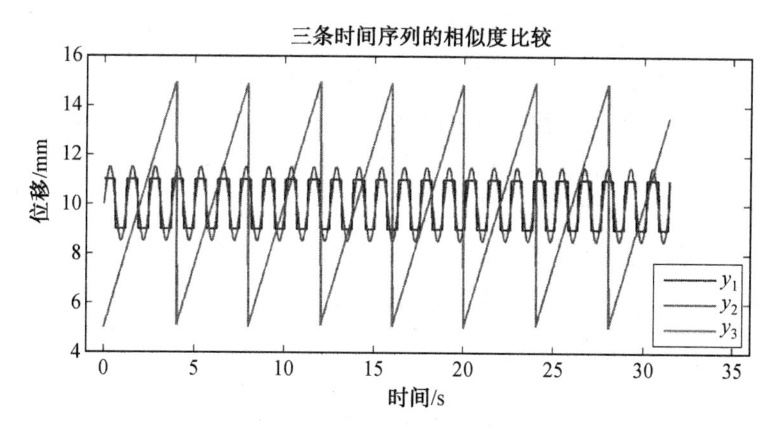

图 6.1　三条时间序列的相似度比较(彩图见附录)

最后，工业数据集大多是数值量或可以转化为数值量，因此可以根据一些分布差异度量指标判断数据集之间的相似度。目前常用的分布差异度量指标有 Bregman 差异、KL 散度及最大均值差异(Maximum Mean Discrepancy，MMD)等。Bregman 差异的目标函数一般需要采用梯度下降法求解，因此其计算时间消耗较多。KL 散度可以衡量两个概率分布的匹配程度。$P(x)$和$Q(x)$是两个离散概率分布，则 P 对 Q 的 KL 散度为

$$D_{\mathrm{KL}}(P \parallel Q)=\sum P(x)\log\frac{P(x)}{Q(x)} \tag{6.3}$$

KL 散度是一种非对称性的度量方法，即符合条件

$$D_{\mathrm{KL}}(P \parallel Q)\neq D_{\mathrm{KL}}(Q \parallel P) \tag{6.4}$$

实际工程中通常要求 P 与 Q 的相似度应满足对称性条件，即

$$\mathrm{Sim}(P,Q)=\mathrm{Sim}(Q,P) \tag{6.5}$$

显然，KL 散度不符合式(6.5)的要求，会给数据集的相似度判断带来不便。此外，KL 散度是一种带参数的估计方法，在计算过程中需要不断进行先验概率密度估计而消耗大量计算资源。

MMD 是核学习方法，它通过计算不同分布的样本在再生核希尔伯特空间(Reproducing Kernel Hilbert Space，RKHS)上的均值差来度量两个分布之间的差异。MMD 是一种非参估计方法，不需要计算分布的中间密度，从而明显降低计算量。MMD 的计算效率高，比较直观而且易于理解。因此，与 Bregman 差异及 KL 散度相比，MMD 更适合作为工业数据集相似性度量指标。S 与 T 之间的 MMD 定义为

$$\mathrm{MMD}(S,T)=\left\|\frac{1}{n_1}\sum_{i=1}^{n_1}\varphi(s_i)-\frac{1}{n_2}\sum_{i=1}^{n_2}\varphi(t_i)\right\|_H \tag{6.6}$$

式中　$\varphi(\cdot)$——在 RKHS 中的非线性映射函数；

n_1——S 中的样本数；

n_2——T 中的样本数；

s_i——S 中的第 i 个样本；

t_i——T 中的第 i 个样本。

MMD 方法的优点是比较客观，不需要人为的主观判断，适用范围广，可对相似度进行定量评估；缺点是其计算实现较为复杂，并且需要消耗一定的计算资源。

以上三种方法在度量工业数据集相似度时各有自己的优缺点和适用范围，在实际工程应用时需要根据具体场景选择一种或联合多种方法评估各候选数据集与 T 的相似度，选择与 T 相似度最高的数据集作为 S。

2. 构建工业故障检测源网络模型

在构建工业故障检测源网络模型时，首先需要解决类别不平衡问题。类别不平衡是指分类任务中不同类别的训练样本数目差别很大的情况。现代工业设备通常可靠性较高，因此其监测数据中往往包含大量正常数据与少量故障数据，导致构建工业故障检测 DNN 模型时常出现类别不平衡问题。DNN 模型通过最小化损失函数 $J(\boldsymbol{\theta})$ 来优化参数向量 $\boldsymbol{\theta}$，$J(\boldsymbol{\theta})$ 是模型在所有样本上总损失的平均值，即

$$J(\boldsymbol{\theta}) = -\frac{1}{m}\left[\sum_{i=1}^{m} y_i \log h_\theta(x_i) + (y_i)\log(1-h_\theta(x_i))\right] \tag{6.7}$$

式中 $J(\boldsymbol{\theta})$——模型的损失函数；

$\boldsymbol{\theta}$—参数向量；

m—样本数量；

x_i—学习样本；

y_i—样本标签；

h_θ—模型的映射函数。

类别不平衡会使模型更加注重学习大多数正常样本而忽略少数故障样本，从而影响模型的故障检测效果。

解决类别不平衡问题通常有三种方法，即欠采样、阈值移动及过采样。对于工业数据集来说，欠采样通过减少正常样本的采样频率使两类样本数目接近，但它会使训练样本总数减少，降低模型泛化性与鲁棒性。阈值移动建立在“训练集是真实样本总体的无偏采样”的假设之上，而实际情况中该假设往往不成立。过采样通过增加故障样本采样频率使两类样本数目接近，在缓解类别不平衡的同时增加训练样本总数，保证了模型的泛化性与鲁棒性。因此，本研究采用过采样方法缓解工业数据类别不平衡。

解决类别不平衡问题后，需要构建相应的深度神经网络模型(DNN)。实际工程中部分设备的监测数据为单维时间序列，此时可以采用最常见的全连接 DNN 建模。但实际工程中航空发动机等设备的结构、系统及工况非常复杂，其监测数据是典型的多维时间序列。此时，采用全连接 DNN 建模需要将这类数据转化为单维向量后导入模型，但这样会破坏数据的原始结构并且丢失参数之间的相关性信息。

多维时间序列可以看作二维网格数据，而这正是 CNN 擅长处理的。CNN 通过卷积运算能直接提取多维时间序列的特征，不仅省略了向量化过程，而且能保存各参数之间的

相关性信息。CNN还具有稀疏交互与参数共享这两个重要性质，它们可以降低算法的时间复杂度与存储需求。

3. 模型故障检测性能评估指标

机器学习中最常用的评估指标是错误率与精度，二者的定义分别为

$$\begin{cases} \text{Error} = \dfrac{1}{m}\sum_{i=1}^{m}\Pi(h_\theta(x_i) = y_i) \\ \text{Acc} = \dfrac{1}{m}\sum_{i=1}^{m}\Pi(h_\theta(x_i) = y_i) = 1 - \text{Error} \end{cases} \tag{6.8}$$

式中 $\Pi(\cdot)$—— 指示函数，若·为真则取值1，否则取值0。

上述两指标虽然常用，但是不适用于本章情况，因为工业数据集常常是类别不平衡的。假设当前工业数据集有98个正常样本和2个故障样本，即使模型完全无法识别故障样本，其精度和错误率也会分别达到98%和2%。此时更重要的是识别出的故障样本中有多少是真故障或者多少真故障样本被识别出来，即模型的查准率 P 与查全率 R 是多少，二者的公式为

$$\begin{cases} P = \dfrac{\text{TP}}{\text{TP}+\text{FP}} \\ R = \dfrac{\text{TP}}{\text{TP}+\text{FN}} \end{cases} \tag{6.9}$$

式中 TP——正确识别的故障样本数量；

FP——错误识别的正常样本数量；

FN——错误识别的故障样本数量。

P 和 R 是一对矛盾的评估指标，一个升高往往伴随着另一个降低。对于工业故障检测问题，P 降低可能增加虚警，影响生产效率；R 降低则可能忽略潜在故障，造成设备损坏甚至威胁人身安全。相比之下，显然后者危害更大，所以本书认为工业故障检测中 R 相比于 P 更加重要。F_β融合了查全率和查准率两个指标，并能够表现对二者不同的重视程度，其定义为

$$F_\beta = \frac{(1+\beta^2)\times P\times R}{(\beta^2\times P)+R} \tag{6.10}$$

其中，$\beta(\beta>0)$度量了 R 相对于 P 的重要性。

$\beta>1$ 时，表明 R 相对于 P 更加重要，本章设置 $\beta=1.25$。

为保证评估结果的稳定可靠，本书采用若干次随机划分和重复进行试验评估后的平均值作为宏查准率和宏查全率，然后将其融合成单一评估指标宏 F_β来度量模型故障检测性能，其公式为

$$P_{\text{macro}} = \frac{1}{n}\sum_{i=1}^{n}P_i$$

$$R_{\text{macro}} = \frac{1}{n}\sum_{i=1}^{n}R_i \tag{6.11}$$

$$F_{\beta\text{macro}}=\frac{(1+\beta^2)\times P_{\text{macro}}\times R_{\text{macro}}}{(\beta^2\times P_{\text{macro}})+R_{\text{macro}}}$$

式中 P_i——第 i 次的查准率；

R_i——第 i 次的查全率；

$F_{\beta\text{macro}}$——宏 F_β。

4. 层迁移方案选择方法

本节以跨型号气路异常检测模型的层迁移优化为例，说明层迁移方案选择方法。DNN 层特征的通用性从低到高逐渐变弱，fine-tuning 方法通常将源域网络模型的前几层的结构与参数迁移至目标网络模型，目标网络模型的其他层参数随机初始化，然后采用目标域数据微调目标网络模型。因此，层迁移优化时主要考虑两个方面：迁移前几层参数；对迁移的参数微调还是固定。跨型号气路异常检测知识迁移的 CNN 层迁移方案示意图如图 6.2 所示，图中的 CNN 模型省略了池化层，将全连接层直接连在卷积层以后。以卷积层 C1 为例，带有“×”符号的箭头表示目标网络的 C1 层参数随机初始化；带锁的箭头表示将源网络模型的 C1 层参数迁移至目标网络模型的 C1 层，上面的解锁符号表示迁移的参数可微调，下面的锁紧符号表示迁移的参数被固定。

设定后续监测过程中获得的目标型号发动机气路状态监测数据集为 REST。T 与 REST 同样来自 D_{T}，但由于二者都只是对 D_{T} 的部分采样，因此二者的分布接近但不相同。训练目标型号发动机气路异常检测模型时 REST 未知，T 已知，二者的关系为

$$T\cap \text{REST}=\varnothing \tag{6.12}$$

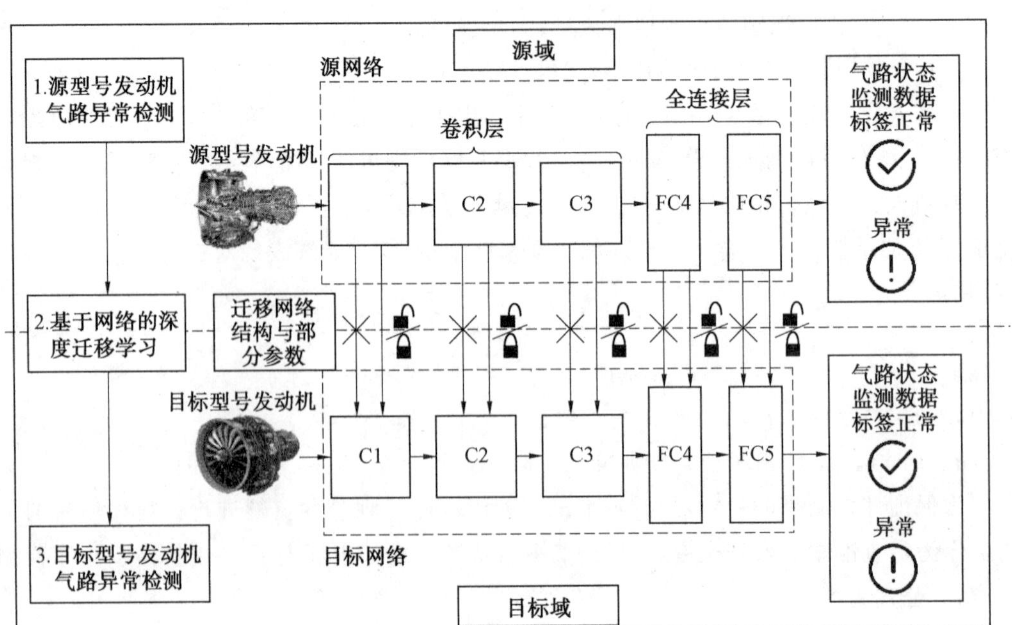

图 6.2 跨型号气路异常检测知识迁移的 CNN 层迁移方案示意图

民航发动机的运行时间一般都较长，因此 REST 的数据量相对较多，能够较准确地度量目标型号发动机气路异常检测模型的性能。此时的优化目标是在 T 上训练获得一

个在 REST 上性能最优的模型，设计变量是不同的层迁移方案。如果直接将在 T 上性能最优的模型作为最终的模型，这个模型很有可能因为对 T 过拟合而在 REST 上性能较差。因此，需要在 T 上训练一个泛化能力较强的模型，这样的模型在 REST 上的性能也会较好。

为选择一个泛化性较强的模型，借鉴机器学习中的模型选择思想，将 T 随机划分为目标训练集 TT 和目标验证集 TV，在 TT 上采用不同的层迁移方案生成发动机气路异常检测模型，然后根据模型在 TV 上的异常检测效果确定最优的层迁移方案。采用随机划分方式是要保证 TT 与 TV 的数据分布尽可能一致，尤其是 TT 与 TV 中正常与异常样本的比例要接近，避免引入额外偏差，导致评估结果不准确。随机划分过程中应保持 TV 与 TT 互斥，这样模型在 TV 上的效果才能准确反映其泛化性能。根据机器学习中的模型选择经验，TT 与 TV 的样本数量比例可设为 7∶3。给定该比例后，随机划分方式下仍然存在多种 TT 与 TV 的划分可能，即

$$\begin{cases} T=\mathrm{TT}_1\cup\mathrm{TV}_1, & \mathrm{TT}_1\cap\mathrm{TV}_1=\varnothing \\ \vdots \\ T=\mathrm{TT}_k\cup\mathrm{TV}_k, & \mathrm{TT}_k\cap\mathrm{TV}_k=\varnothing \end{cases} \tag{6.13}$$

式中 TT_i——第 i 种划分方式下的目标训练集；

TV_i——第 i 种划分方式下的目标验证集；

k——随机划分次数。

在不同的划分方式下会生成不同的 TT 和 TV，导致对应的评估结果不同，这使得单次随机划分的评估结果不够可靠，因此需要对 T 进行多次随机划分并进行重复评估。将所有试验中某个层迁移方案下的发动机气路异常检测模型在 TV 上的 F_β 平均值作为该方案的评估分数，其计算为

$$g_i=\frac{1}{k}(F_\beta(i,1)+F_\beta(i,2)+\cdots+F_\beta(i,k)) \tag{6.14}$$

式中 g_i——第 i 种层迁移方案的评估分数；

$F_\beta(i,j)$——第 j 次划分时第 i 种层迁移方案下模型在 TV 上的 F_β 值。

获得所有层迁移方案的评估分数以后，选择分数最高的方案作为较优的层迁移方案。上述步骤中建立源型号发动机的气路异常检测模型时仅学习了 TT 的样本，未充分利用 TV 的样本。因此，选择完层迁移方案以后，还需按照确定的层迁移方案利用 T 中所有的样本微调源型号发动机的气路异常检测模型，从而生成目标型号发动机的气路异常检测模型。

5. 基于深度迁移学习的工业故障检测方法完整流程

以跨型号气路检测为例，基于深度迁移学习的工艺故障检测方法完整流程如图 6.3 所示。

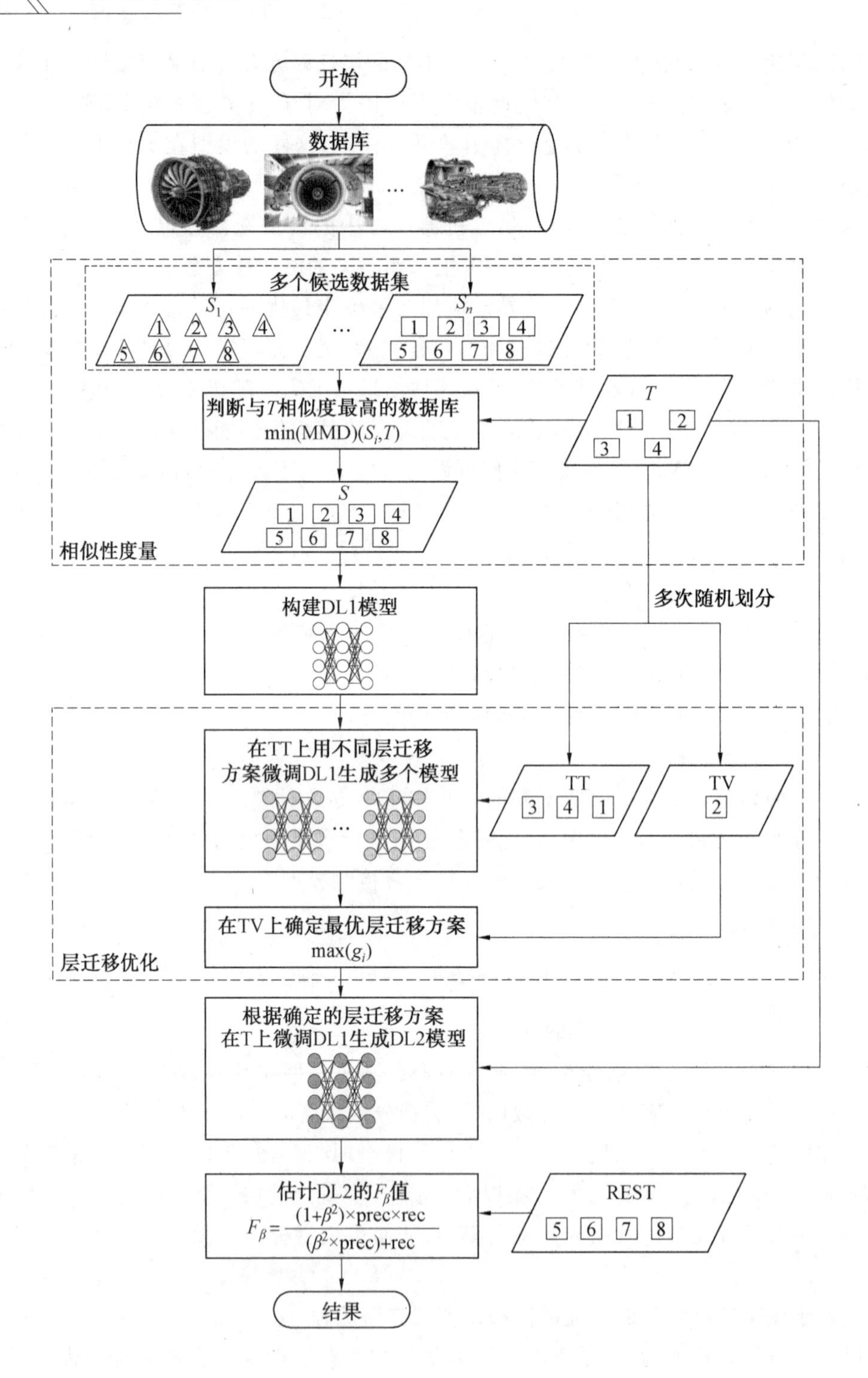

图 6.3 基于深度迁移学习的工艺故障检测方法完整流程

伪代码如算法6.1所示。

算法6.1 基于深度计移学习的工艺保障检测算法。

1	输入：多个候选数据集$S_1,S_2,\cdots,S_n$与T
2	输出：目标型号发动机气路异常检测模型DL2、DL2在REST上的F_β值
3	对$S_1,S_2,\cdots,S_n$与T进行归一化处理
4	依次度量$S_1,S_2,\cdots,S_n$与T的相似度，选择相似度最高的作为S
5	在S上构建源型号发动机气路异常检测模型DL1
6	for i from 1 to k do
7	由式(6.13)将T随机划分为TT与TV
8	在TT上采用不同的层迁移方案微调DL1生成多个模型
9	计算多个模型在TV上的F_β值
10	end for
11	由式(6.14)计算每种层迁移方案的评估分数g_i
12	将g_i最高的方案确定为最优层迁移方案
13	在T上根据确定的最优层迁移方案微调DL1来生成DL2
14	在REST上评估DL2的F_β值

6.2.2 实验验证

1. 轴承监测数据实验

采用凯斯西储大学轴承数据中心提供的滚珠轴承数据集进行实验。该数据集记录了轴承在不同工况下的振动加速度，它在轴承故障诊断研究中广泛使用。本书将正常状态下的振动加速度作为正常数据，将故障状态下的振动加速度作为异常数据。同工况下一段正常与异常数据对比如图6.4所示。

本实验中选取负载为0，近似转速为1 797 r/min，正常状态下驱动末端轴承与同工况下风扇末端轴承出现直径0.007 in(1 in=2.54 cm)内圈故障的监测数据作为目标数据来源。目标数据来源为单维时间序列，因此采用滑动窗方法生成样本。参考以往研究，设置滑动窗窗口长度为400，步长为200，总共生成1 217个正常样本及604个故障样本。实验中按照类别比例从中随机选取200个正常样本及100个故障样本构成T，其余1 521个样本作为REST。实验选用四种工况下的驱动端轴承监测数据作为源数据集S，$S=\{S_1,S_2,S_3,S_4\}$。S中轴承的故障直径都是0.007 in，轴承监测数据实验中S与T的详细情况见表6.1。

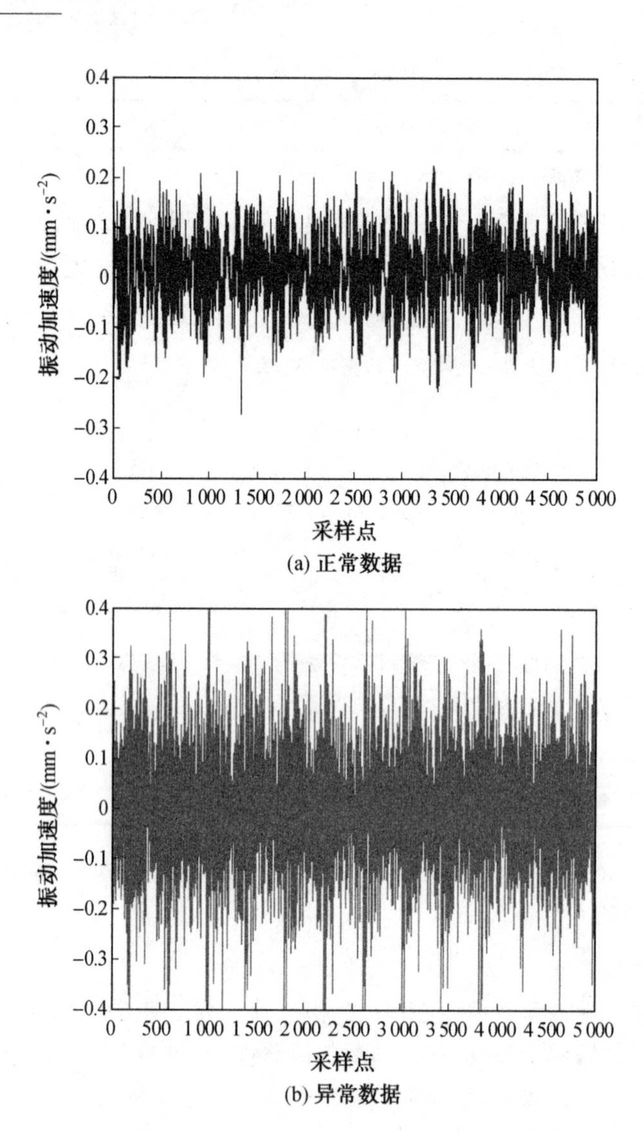

(a) 正常数据

(b) 异常数据

图 6.4 同工况下一段正常与异常数据对比

表 6.1 轴承监测数据实验中 S 与 T 的详细情况

数据集	载荷/hp	近似转速/($r\cdot min^{-1}$)	故障位置	样本数
T	0	1 797	风机端轴承内圈	200(正常)+100(故障)
S_1	1	1 772	驱动端轴承外圈中心	1 217(正常)+604(故障)
S_2	1	1 772	驱动端轴承内圈	1 217(正常)+604(故障)
S_3	1	1 772	风机端轴承外圈中心	1 217(正常)+604(故障)
S_4	1	1 772	风机端轴承内圈	1 217(正常)+604(故障)

轴承监测数据为单维时间序列，因此实验采用可视化及 MMD 方法来度量 S 与 T 的相似度。

实验中采用传统的全连接 DNN 构建故障检测模型。输入样本长度为 400，网络中每层神经元的数目分别设置为 400、100、25、1，激活函数为修正线性单元，分类器为 logistic 回归。高效的 Adam 算法被用来优化移学习过程中，通常希望目标网络参数相对于源网络参数变化不太大，否则就失去了迁移学习的意义。因此，迁移学习中设置算法学习率 $l_r=0.0005$，其他参数为默认值。

实验中还比较了不同层迁移方案生成的模型在 TV 及 REST 上的故障检测性能。如果在 TV 与 REST 上性能最好的层迁移方案是一致的，则验证了提出的层迁移方案优化选择方法的有效性。

对数据进行可视化来判断它们的相似度。S_1、S_2、S_3、S_4 中的正常数据相同，因此它们与 T 的差异主要表现在故障数据上。T、S_1、S_2、S_3、S_4 中的故障片段对比如图 6.5 所示。

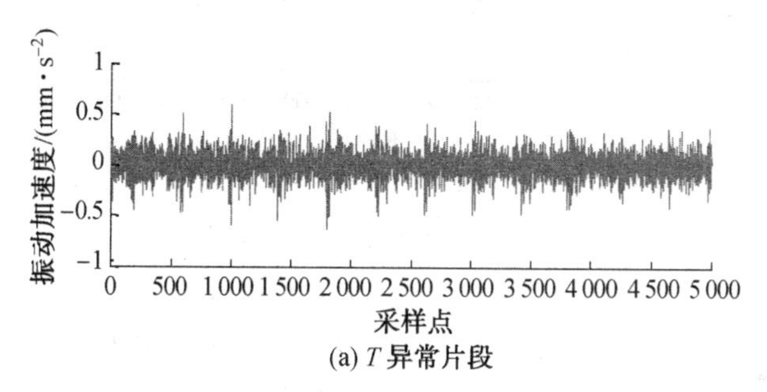

(a) T 异常片段

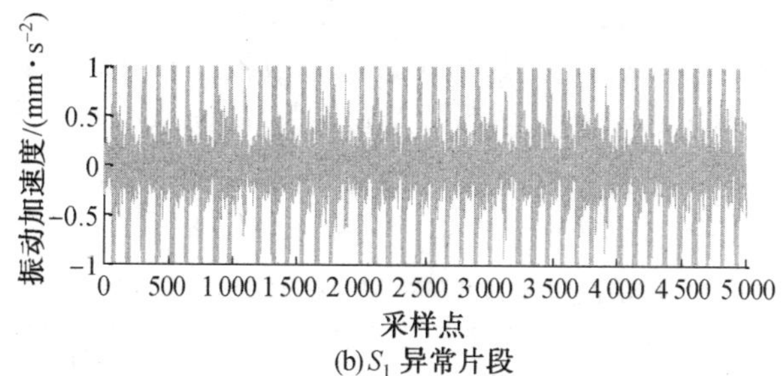

(b) S_1 异常片段

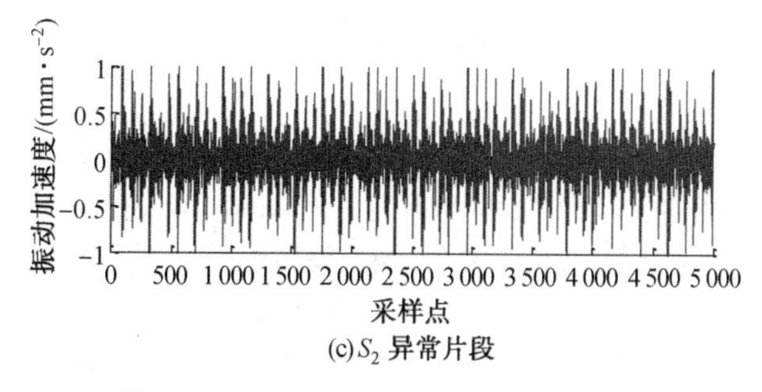

(c) S_2 异常片段

图 6.5　T、S_1、S_2、S_3、S_4 中的故障片段对比

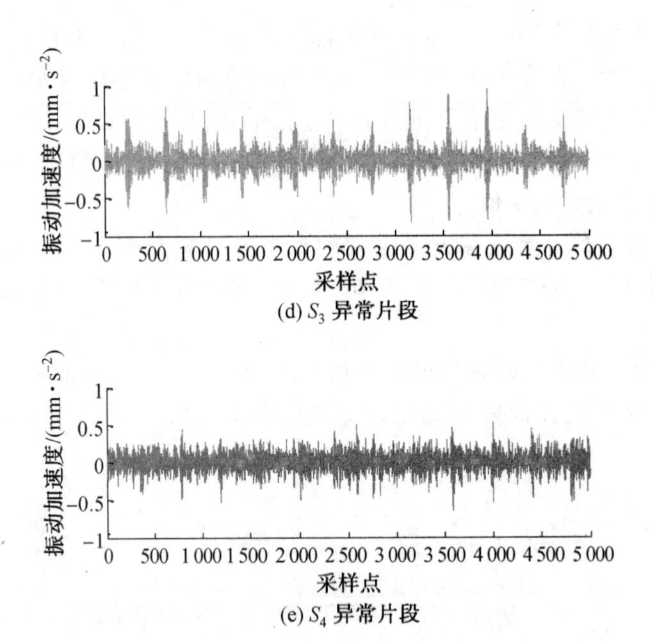

(d) S_3 异常片段

(e) S_4 异常片段

续图 6.5

从图 6.5 中可以明显发现，S_1、S_2、S_3、S_4 与 T 在幅值及波形上的相似程度逐渐升高。MMD 表示 S 与 T 的最大均值差异，轴承监测数据实验中模型在 REST 上的诊断结果见表 6.2，可以发现其逐渐降低，进一步表明其相似度在逐渐升高。

本节用 tu 表示参数被迁移并可微调，fr 表示参数被迁移并被冻结，ra 表示参数随机初始化，字母后面的数字代表层数。例如，fr1ra2 代表网络第一层参数被迁移并可微调，后两层参数随机初始化。为更直观地展示结果，与表 6.2 对应的性能柱形图如图 6.6 所示。

表 6.2 轴承监测数据实验中模型在 REST 上的诊断结果

迁移设置	MMD	tu3 /%	tu2ra1 /%	tu1ra2 /%	fr1ra2 /%	fr2ra1 /%	fr3 /%	平均值 /%
无	0	—	—	—	—	—	—	83.65
$S_1 \to T$	1.800 4	89.19	83.13	85.38	99.75	87.52	—	74.16
$S_2 \to T$	0.901 0	96.36	87.70	87.50	99.99	98.45	1.04	78.51
$S_3 \to T$	0.070 6	99.58	92.28	90.21	99.97	99.56	87.70	94.88
$S_4 \to T$	0.024 2	99.99	93.11	93.41	100	100	99.90	97.74

(1)从图 6.6 中可以发现，深度迁移学习的模型性能在绝大部分情况下明显好于基准值(未迁移学习的模型性能)。迁移学习效果最好时 $F_{\beta\mathrm{macro}}$ 值可达到 100%。实验结果表明，轴承监测数据样本较少时，深度迁移学习方法能够大幅提高模型的故障检测性能。

(2)图 6.6 中除 fr1ra2 的都很高看不出变化趋势外，其他柱形都呈现出逐渐升高的趋势。从 S_1 到 S_4 迁移学习的效果不断变好，表明 S 和 T 的相似度越来越高，无论是可视

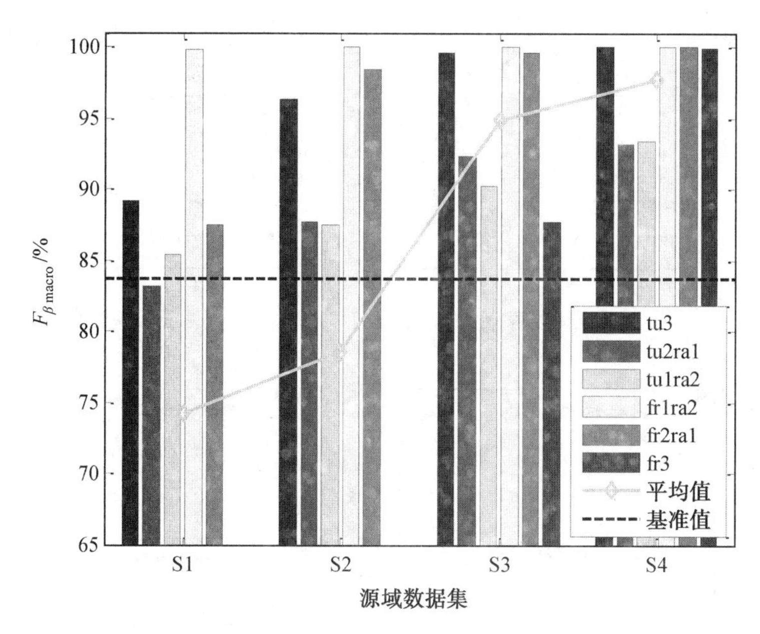

图 6.6　轴承监测数据实验中模型在 REST 上的性能柱形图(彩图见附录)

化还是 MMD 方法,都认为 S_1、S_2、S_3、S_4 与 T 的相似度在不断提高。二者结果一致,表明了可视化与 MMD 相似性度量方法的有效性。

(3)可以发现,在源数据集相同的情况下,不同层迁移方案下的模型性能存在不小的差别,说明层迁移方案对最终的模型性能具有重要影响。轴承监测数据实验中模型在 TV 与 REST 上的性能对比如图 6.7 所示。从图 6.7 中的各个子图中可以发现,实线与虚线整体趋势接近,最高点的横坐标一致,说明在 TV 与 REST 上性能最好的层迁移方案是一致的,表明提出的层迁移方案优化选择方法能够选出最优的层迁移方案。

2. 航空发动机 ACARS 数据试验

飞机通信寻址与报告系统(ACARS)数据是一种重要的航空发动机状态监控数据,其具有记载实时、信息丰富的特点。发动机制造商会监控分析 ACARS 数据,一旦发现异常就会向航空公司发送客户通知报告(Customer Notification Report,CNR)。航空公司会根据 CNR 对发动机进行检查,判断 CNR 中的报警信息是否准确并采取对应措施。本实验中将准确报警信息对应的 ACARS 数据当作故障数据,其余的 ACARS 数据当作正常数据。本书收集常见的 CFM56－5B、CFM56－7B 及 GE90－115B 三类发动机的 ACARS 数据进行实验。ACARS 数据部分归一化参数如图 6.8 所示。

ACARS 数据相比于轴承监测数据主要存在三点差异:首先,现代航空发动机可靠性高,因此 ACARS 数据中故障数据远少于正常数据,类别不平衡问题较突出;其次,轴承监测数据为单维时间序列,而航空发动机 ACARS 数据为多维时间序列;最后,轴承监测数据是在实验室环境下测得的,而 ACARS 数据是在实际飞行过程中实时记录的,数据质量较低。

本实验中选取 CFM56－5B 发动机的 ACARS 数据作为目标数据来源。本实验中仍然采用滑动窗方法生成数据样本,考虑到采样频率及数据量,将窗口长度设置为 10。本

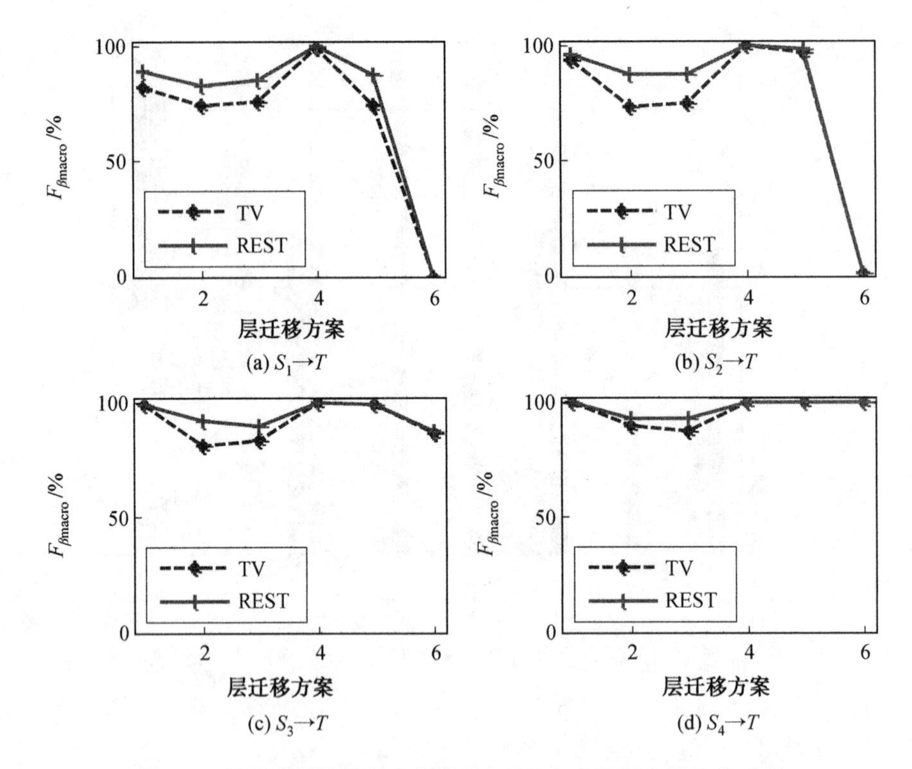

图 6.7 轴承监测数据实验中模型在 TV 与 REST 上的性能对比

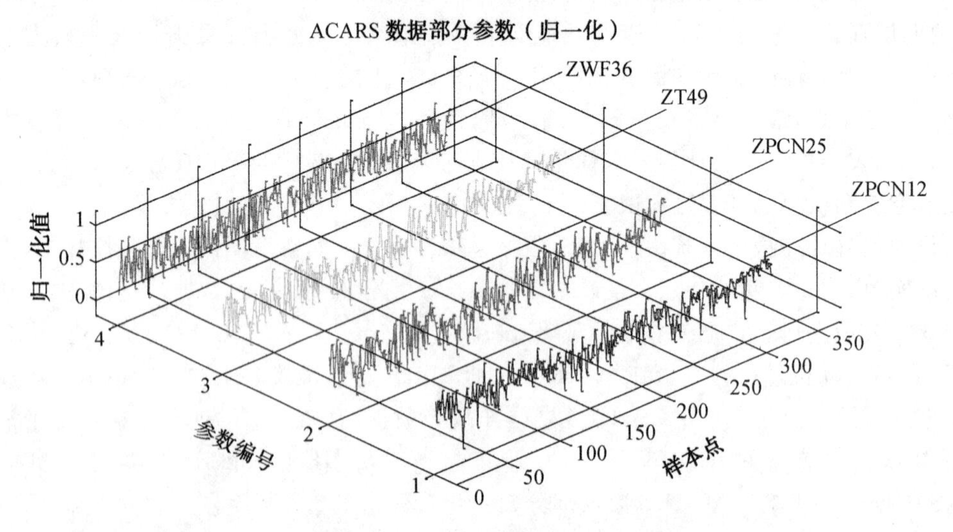

图 6.8 ACARS 数据部分归一化参数

研究选取与故障比较相关的 12 个 ACARS 参数进行实验(表 6.3)。正常数据滑动步长设为 5,故障数据滑动步长设为 1,目标数据来源一共生成 2 748 个样本,每个样本为 10×12 的矩阵。类似于轴承监测数据实验设置,按照目标数据来源中的类别比例从中随机选取 29 个正常样本和 21 个故障样本构成目标数据集 T,其余 2 698 个样本作为测试集 REST。

表 6.3 选取的 ACARS 参数

简写	参数含义	简写	参数含义
ZALT	高度	ZXM	马赫数
ZPCN12	风扇指示转速	ZTOIL	滑油温度
ZPCN25	核心机指示转速	ZT49	排气温度
ZPCN25_D	核心机指示转速差异	ZT49_D	排气温度差异
ZPOIL	滑油压力	ZWF36	燃油流量
ZT1A	大气总温	ZWF36_D	燃油流量差异

本实验将轴承监测数据实验中的目标数据来源作为源数据集 S_1。由于 S_1 为单维向量，因此实验中将长度为 120 的向量转化为 10×12 的矩阵作为 CNN 的输入。将 GE90－115B 发动机的 ACARS 数据作为源数据集 S_2，CFM56－7B 发动机的 ACARS 数据作为源数据集 S_3，$S=\{S_1,S_2,S_3\}$。航空发动机 ACARS 数据实验中 S 和 T 的详细情况见表 6.4。

本实验中 S 和 T 为多维时间序列且来源明确，因此本实验采用先验知识分析法和 MMD 方法来度量 S 与 T 的相似度。

表 6.4 航空发动机 ACARS 数据实验中 S 与 T 的详细情况

数据集	研究对象	样本数
T	CFM56－5B 发动机	29(正常)＋21(异常)
S_1	SKF 滚珠轴承	2 030(正常)＋1 010(异常)
S_2	GE90－115B 发动机	1 496(正常)＋978(异常)
S_3	CFM56－7B 发动机	1 634(正常)＋1 100(异常)

实验中采用滑动窗生成数据样本，避免了数据下采样的可能性，并且针对时间序列构建的几个 CNN 模型都没有池化层，因此本实验构建的 CNN 模型未包含池化层。设计的 CNN 模型结构为

$$\text{MTS}-\text{Input}(10,12)-C_1(16,3)-C_2(16,3)-C_3(32,3)-\text{FC}_4(128)-\text{Drop}(0.5)-\text{FC}_5(32)-\text{FC}_6(1) \quad (6.15)$$

式中 MTS——多维时间序列；

Input——预处理后的输入；

$C(d,f)$——一维卷积层的卷积核数目为 d，时域窗长度为 f；

$\text{FC}(g)$——拥有 g 个神经元的全连接层；

$\text{Drop}(r)$——保留率为 r 的 Dropout 层，模型的激活函数除层 FC_5 与 FC_6 之间为 Sigmoid 外，其他都是 ReLU，优化算法的设置与轴承监测数据实验一致。

与上一个试验一致，本实验中同样比较了不同层迁移方案生成的模型在 TV 及 REST 上的故障检测性能来验证提出的层迁移方案优化选择方法的有效性。

由先验知识分析法可知，S_2 与 S_3 都是发动机 ACARS 数据，而 S_1 是轴承监测数据，依据轴承与航空发动机的先验知识就能判断 S_1 与 T 的相似度明显低于 S_2 和 S_3。S_3 和 T 都是 CFM56 系列发动机，在结构与系统上相对接近，而 S_2 与 T 并不属于同一系列，因此 S_3 与 T 的相似度要高于 S_2 与 T。S 和 T 的 MMD 值见表 6.5，可以发现其逐渐降低，进一步表明其相似度在逐渐升高。

发动机 ACARS 数据实验中层迁移方案的字母表示与轴承监测数据实验一致，发动机 ACARS 数据实验中模型在 REST 上的性能见表 6.5，与表 6.5 对应的性能柱形图如图 6.9 所示。因为实验中层迁移方案数目较多，所以表 6.5 仅展示了部分层迁移方案的实验结果。

表 6.5　发动机 ACARS 数据实验中模型在 REST 上的性能

迁移设置	MMD	tu5 /%	tu4ra1 /%	tu3ra2 /%	tu2ra3 /%	tu1ra4 /%	…	平均值 /%
无	0	—	—	—	—	—	—	54.57
$S_1 \rightarrow T$	6.310 8	37.65	64.00	60.60	61.24	52.04	…	49.47
$S_2 \rightarrow T$	1.915 0	69.62	69.60	66.12	68.05	64.01	…	57.78
$S_3 \rightarrow T$	1.508 8	67.46	70.92	66.15	67.12	66.43	…	62.21

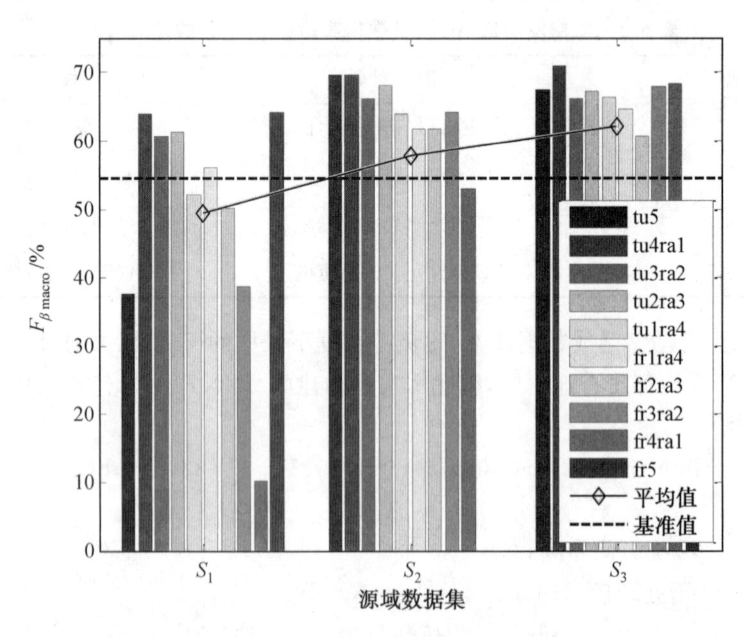

图 6.9　发动机 ACARS 数据实验中模型在 REST 上的性能柱形图(彩图见附录)

(1)从表 6.5 中可以发现，对比于轴承监测数据实验结果，航空发动机 ACARS 数据实验中模型在 REST 上的性能要低不少。这主要是因为相比于轴承监测数据，ACARS 数据包含大量的噪声及误差，其数据质量要差很多。

(2)在大部分情况下，迁移学习以后的模型性能都要高于基准值，最好的结果高出基准值 16.35%。实验结果表明，航空发动机 ACARS 数据样本较少时，深度迁移学习能够大幅提模型的故障检测性能。

(3)从图6.9中可以发现，从 S_1 到 S_3，同颜色的柱形大部分在逐渐升高，且不同层迁移方案下模型性能的平均值在逐渐升高。从 S_1 到 S_3 迁移学习的效果不断变好，表明 S 与 T 的相似度越来越高，而无论是先验知识分析法还是MMD方法，都认为 S_1、S_2、S_3 与 T 的相似度在不断提高。二者结果一致，表明了先验知识分析法与MMD相似性度量方法的有效性。

(4)可以发现，在源数据集相同的情况下，不同的层迁移方案的模型性能存在不小的差别，说明层迁移方案对最终迁移效果具有重要影响。发动机ACARS数据实验中模型在TV与REST上的性能对比如图6.10所示。从图6.10中的各个子图中可以发现，实线与虚线整体趋势比较接近，其中 $S_1 \to T$、$S_3 \to T$ 中实线与虚线的最高点横坐标相同，$S_2 \to T$中实线与虚线最高点横坐标接近，说明在TV与REST上性能最好的层迁移方案比较一致，表明提出的层迁移方案优化选择方法能够选出较优的层迁移方案。

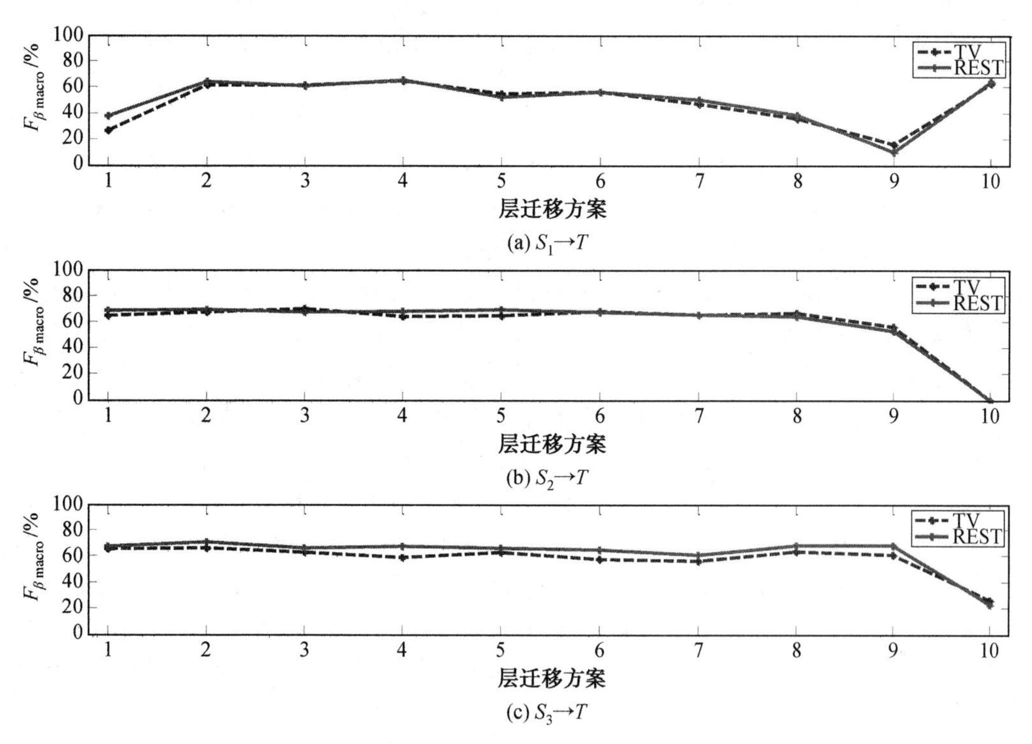

图6.10　发动机ACARS数据实验中模型在TV与REST上的性能对比

6.3 小样本条件下基于迁移学习的民航发动机气路故障诊断方法

6.3.1 背景

作为一类高价值复杂装备，民航发动机的状态与其运行的安全性息息相关。作为一项民航发动机管理的关键技术，故障诊断能够根据监控得到的气路参数对民航发动机的气路故障进行精确定位和诊断，能够为发动机的维修时机预测、维修方案制定、维修成本预估提供有力的支持。

目前，民航发动机气路故障诊断方法主要分为基于模型的故障诊断方法和基于数据驱动的故障诊断方法。基于模型的故障诊断方法需要建立发动机的物理或数学模型，而在当前的条件下，获取现役发动机精确的物理数学模型是非常困难的。因此，基于数据驱动的方法更为适用。深度学习方法由于在很多高维复杂的模式识别问题中取得了很好的结果，因此近几年在民航发动机故障诊断领域得到了越来越多研究的关注。深度学习不仅解决了传统神经网络方法存在泛化能力欠缺、易产生局部最优解等问题，还很好地削弱了因发动机个体差异大、监控参数复杂等造成的影响，从而取得了更为精确的故障诊断。深度学习被广泛用于众多领域，并取得了较好的效果。

在轴承故障诊断领域，基于深度卷积神经网络的轴承故障诊断方法利用卷积神经网络对故障类型和故障程度进行识别，取得了更高的诊断精度，并为旋转机械提供了一种新颖适用的自动特征提取方法。在语音识别领域，卷积神经网络表现出了比其他深度神经网络更好的识别性能。在医学领域，利用深度卷积神经网络对皮肤癌进行诊断，其诊断正确率达到了人类专家的水平，这也是目前人工智能算法在医疗领域取得的最大突破。此外，卷积神经网络在图像识别、人脸识别及目标检测等方面均表现出了较好的识别性能。

通过上述分析，卷积神经网络在二维图像识别与诊断领域已经取得了重大突破。有理由相信，卷积神经网络可以为民航发动机故障提供新的思路，实现更加精确的故障诊断。卷积神经网络是典型的有监督神经网络，上述基于卷积神经网络的算法实现的前提是每个类别的样本足够多。一旦样本过少，则就目前的卷积神经网络而言，即便每类样本有几百个，依旧会使网络陷入过拟合，从而使算法失效。相比于其他深度神经网络，卷积神经网络的优点在于能直接处理网格结构数据，对于 OEM 数据而言，能够直接将 OEM 数据中的各变量值及它们之间的关系一起输入。然而，民航发动机属于高可靠性的工业产品，其发生故障的频率非常低，在实际飞行过程中故障案例较少，因此直接利用 CNN 对民航发动机进行故障诊断显然是不可行的。

为在民航发动机真实故障小样本条件下实现更精确的故障诊断，本章基于民航发动机实际运维数据，提出了一种基于 CNN 与 SVM 相结合的民航发动机气路故障诊断方法。针对多数基于数据驱动的故障诊断算法丢失 OEM 数据中不同参数之间的相关关系的问题，使用 CNN 对二维时间序列进行处理特性，直接将 OEM 数据中的各变量值及它们之间的关系一起输入。针对发动机个体差异大、故障样本少等问题，通过迁移学习建立发动机状态特征映射模型，然后利用建立的发动机状态特征映射模型将发动机原始故障数据映射到新的特征空间中，利用SVM实现小样本分类。

6.3.2 OEM数据分析及样本设置

1. OEM数据分析

OEM数据由发动机制造厂家根据发动机的工况信息、推力设定、马赫数及飞行高度等，将发动机的原始监控性能参数转化为基线的偏差值，通常用来监控发动机气路性能状态。图6.11所示为CFM56－7B系列某台发动机排气温度变化量(Delta Exhaust Gas Temperature, DEGT)的变化情况。可以看出，OEM数据存在大量的噪声，而这些噪声会对精确的故障诊断造成严重的影响。图6.12所示为CFM56－7B系列的5台新发投入使用时最早300个循环性能参数DEGT变化图。可以看出，即使是型号相同、状态相似的发动机，其DEGT值的变化也有着较大的差异。因此，如果直接建立民航发动机的正常状态近似模型，势必会增加模型的复杂度，且难以选择统一的近似模型对每一台民航发动机进行表征。

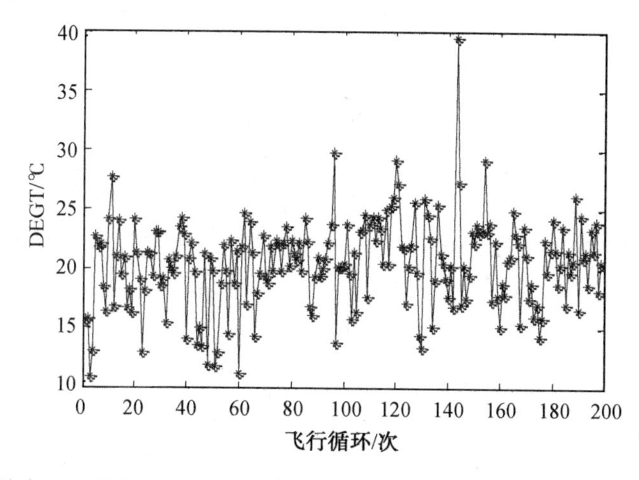

图6.11 CFM56－7B系列某台发动机排气温度变化量的变化情况

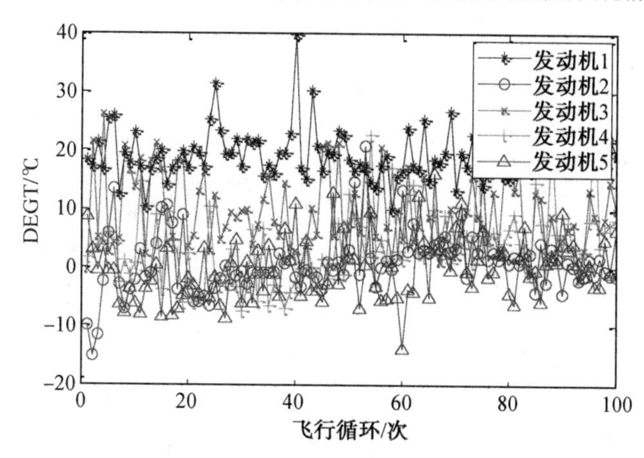

图6.12 CFM56－7B系列的5台新发投入使用时最早300个循环性能参数DEGT变化图(彩图见附录)

根据 OEM 反馈给民航公司的 CNR 报告可知，OEM 厂家主要利用 DEGT、排气温度裕度变化量(Exhaust Gas Temperature Margin, EGTM)、核心机转速变化量(Delta Core Speed, DN2)、燃油流量变化值(Delta Fuel Flow, DFF)等四个性能参数对发动机气路进行监控。图 6.13 所示为民航发动机发生某故障时的气路性能参数变化图。其中，T_1 表示发动机被 OEM 厂家确定为开始出现异常时的循环点；T_2 表示发动机被 OEM 厂家诊断为故障的循环点；A 点是发动机被诊断为故障时各性能参数的值；B 点是发动机开始发生异常时各性能参数的值；Δt 表示 T_2 时刻和 T_1 时刻之间间隔的循环数。对图 6.13 进行分析，从 T_1 时刻到 T_2 时刻，当发动机发生故障时，气路性能参数变化趋势均发生了显著的变化，其中 DEGT 持续减小、EGTM 持续增大、DFF 持续减小、DN2 持续增大，对于同一台发动机，Δt 是相同的。根据上述分析思路对其他典型的气路故障类型进行相同的分析，得到民航发动机气路故障类型与气路监控性能参数的变化趋势关系表，见表 6.6。

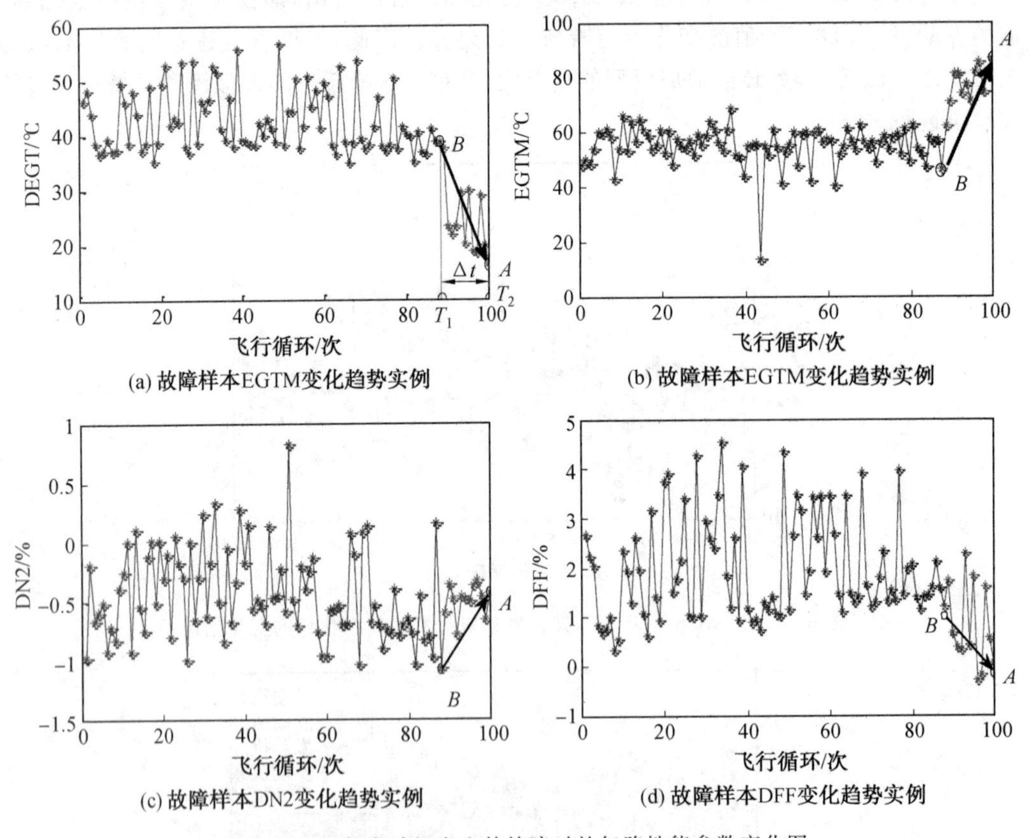

图 6.13 民航发动机发生某故障时的气路性能参数变化图

表 6.6 民航发动机气路故障类型与气路监控性能参数变化趋势关系表

故障类型	气路性能参数变化趋势			
EGT 指示故障	DEGT 增加	EGTM 减小	—	—
TAT 指示故障	DEGT 减小	EGTM 增大	DN2 减小	DFF 增大
HPT 叶片故障	DEGT 减小	EGTM 增大	DN2 增大	DFF 减小

综上分析可知，利用 OEM 数据对民航发动机进行气路故障诊断时，需要综合分析各监控参数的变化趋势，同时还需要消除随机噪声，弱化个体差异对故障诊断造成的影响，才能实现更为精确的故障诊断。为满足这些特性，本书通过迁移学习思想建立基于 CNN 的发动机状态特征映射模型，将复杂的 OEM 数据映射到新的特征空间中，在消除噪声和弱化个体差异性的同时，提高数据的辨识度。

2. 样本设置

由于民航发动机的原始气路参数中包含大量的测量误差和工况信息，因此在一般情况下，OEM 利用 EGTM 预测民航发动机的在翼可用时间，用 DEGT、DN2、DFF 等数值的趋势进行民航发动机状态的监控，并结合指印图进行故障诊断。本书以某 CFM56－7B 系列的民航发动机队为样本机队，并以其 OEM 数据为基础，建立民航发动机的故障诊断模型。

结合图 6.13 和表 6.6 不难发现，发动机气路性能参数从 T_1 时刻到 T_2 时刻之间的变化趋势发生明显的突变现象。因此，可以认为发动机发生故障时，其监控参数会有明显的变化趋势。为捕捉这一特征，本书将监控参数的这种变化趋势当作民航发动机的气路故障指征。具体故障征候数据的采集过程如下。

(1)通过民航发动机的 CNR 报告和维修报告获得故障发动机 j 的故障时间 t_j，并从 OEM 数据中提取发动机 j 故障时间 t_j 前 m 个飞行循环的主要气路性能参数偏差值即 DEGT、DN2、DFF、EGTM，可表示为

$$\begin{cases}\mathrm{DEGT}=\{\mathrm{DEGT}_m,\mathrm{DEGT}_{m-1},\cdots,\mathrm{DEGT}_2,\mathrm{DEGT}_1\}\\ \mathrm{DN2}=\{\mathrm{DN2}_m,\mathrm{DN2}_{m-1},\cdots,\mathrm{DN2}_2,\mathrm{DN2}_1\}\\ \mathrm{DFF}=\{\mathrm{DFF}_m,\mathrm{DFF}_{m-1},\cdots,\mathrm{DFF}_2,\mathrm{DFF}_1\}\\ \mathrm{EGTM}=\{\mathrm{EGTM}_m,\mathrm{EGTM}_{m-1},\cdots,\mathrm{EGTM}_2,\mathrm{EGTM}_1\}\end{cases} \tag{6.16}$$

(2)将(1)中的 m 个循环按飞行时序进行分组，并将距故障确认点最近的一组选为故障征候组，其余各组为正常组。设 $Y_n=\{y_m,y_{m-1},\cdots,y_1\}$ 表示故障时性能参数 n(n 表示 EGTM、DN2、DFF、DEGT)前 m 个连续飞行循环性能值，如果每组有 r 个飞行循环，那么 Y_n 将会被分成 k 个子序列，k 可以表示为

$$k=\left[\frac{m}{r}\right] \tag{6.17}$$

式中 [·]——非整数·的整数部分取值符号。

分组后的民航发动机性能参数可表示为

$$\begin{cases}Y_{n,k}=(y_m,y_{m-1},\cdots,y_{m-r+1})\\ Y_{n,k-1}=(y_{m-r},y_{m-r-1},\cdots,y_{m-2r+1})\\ \vdots\\ Y_{n,1}=(y_r,y_{r-1},\cdots,y_1)\end{cases} \tag{6.18}$$

式中 $Y_{n,k},\cdots,Y_{n,2}$——正常数据组；

$Y_{n,1}$——故障征候数据组。

(3)令 $\boldsymbol{M}_j=[\boldsymbol{Y}_{1j}^{\mathrm{T}}\ \ \boldsymbol{Y}_{2j}^{\mathrm{T}}\ \ \cdots\ \ \boldsymbol{Y}_{nj}^{\mathrm{T}}]^{\mathrm{T}}(j=1,2,3,\cdots,k)$，$\boldsymbol{Y}_{nj}$ 表示故障时第 j 个性能参数分组后的第 j 组数据。其中，$[\cdot]^{\mathrm{T}}$ 表示矩阵的转置。民航发动机状态参数矩阵示意图如图6.14所示。当且仅当 $j=1$ 时，$\boldsymbol{M}_1=[\boldsymbol{Y}_{11}^{\mathrm{T}}\ \ \boldsymbol{Y}_{21}^{\mathrm{T}}\ \ \cdots\ \ \boldsymbol{Y}_{n1}^{\mathrm{T}}]^{\mathrm{T}}$ 表示故障样本。

相关性 Cr

DEGT(1)	…	DEGT(T)
DFF(1)	…	DFF(T)
DN2(1)	…	DN2(T)
EGTM(1)	…	EGTM(T)

参数值

图 6.14　民航发动机状态参数矩阵示意图

6.3.3　基于 CNN 与 SVM 的民航发动机气路故障诊断方法

图 6.15 所示为本书提出的发动机气路故障诊断方法的原理图，主要包括两个过程：一是利用基于 CNN 迁移学习建立发动机状态特征映射模型；二是利用支持向量机对映射特征进行分类。在获得航空发动机的正常样本数据组和故障征候数据样本组后，本书以足够多的正常样本作为 CNN 模型输入，以预设正常样本的标签作为正常样本的预期输出对 CNN 模型进行训练。待 CNN 模型训练完成后，将 CNN 模型中的内层迁移到故障样本分类任务中并保持不变，建立民航发动机状态特征映射模型。当求解当次发动机故障征候样本的映射特征时，将故障征候样本组作为所建立的发动机状态映射模型的输入，通过发动机状态特征映射模型得到的输出即为故障征候样本的映射特征。最后，利用支持向量机对映射特征进行分类。

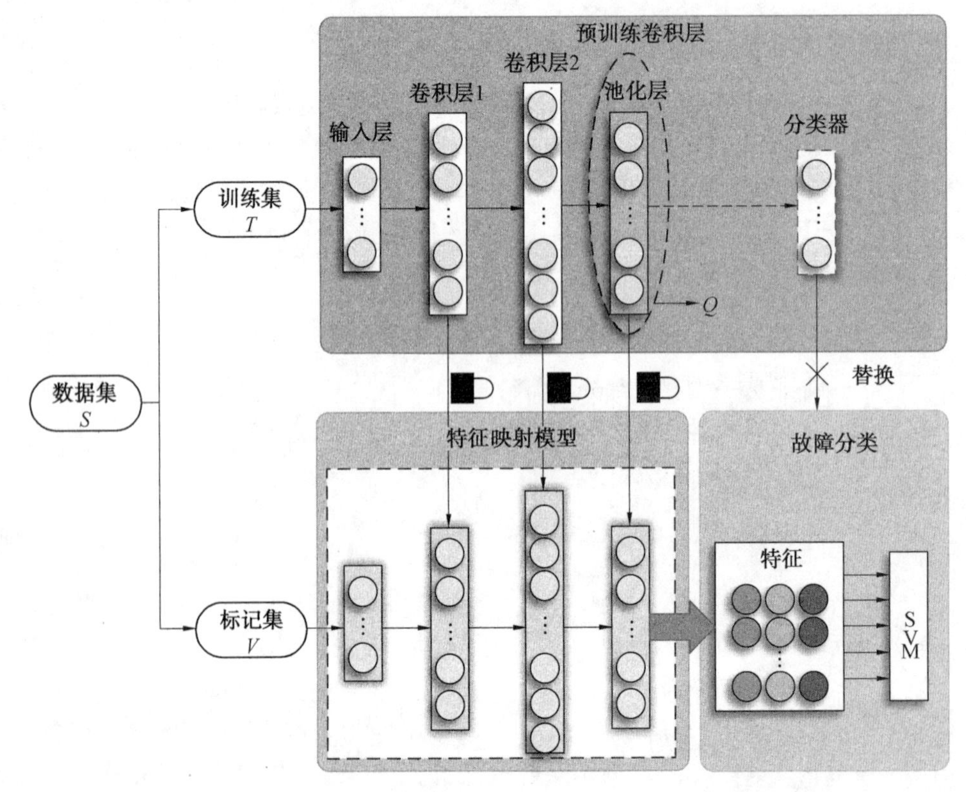

图 6.15　本书提出的发动机气路故障诊断方法的原理图

1. 基于迁移学习的发动机特征映射模型

卷积神经网络通过多次卷积和池化对输入矩阵进行特征学习，然后利用分类级对学习到的特征进行分类。这种网络能够完成对目标准确分类的前提是每种类别的训练样本足够多。然而，民航发动机在实际运行过程中故障样本较少而正常样本足够多，是典型的类不平衡，如果直接利用CNN进行分类，会导致训练出有偏向性的分类器。例如，若训练数据中有95个类标签为+1的正常样本和5个类标签为-1的故障样本，则分类器始终输出类标签为1就可以获得95%的训练正确率。但是故障样本的分类错误率代价远高于正常样本，显然这种带偏向性的诊断结果是毫无意义的。最好的解决方法是增加每个类别的训练样本数，使网络学习到更具有鲁棒性和代表性的特征。显然，这种方法对于民航发动机真实运维数据是不可行的。

除增加发动机故障样本外，迁移学习也是一个可行的用于提升人工智能辅助诊断性能的途径。迁移学习是一种解决问题的思想，它不局限于特定的算法或者模型，其目的是将源域中学习到的知识或训练好的模型应用到目标域中，从而在目标域提升预测性能或分类性能。受迁移学习启发，本书将在源域中学习到的特征表示迁移到目标领域中。

基于CNN的迁移学习已经在图像识别领域、自然语言处理领域进行了探索，其方法与本书提出的方法相似。与之不同的是，本章首先在大规模的监督任务中对CNN中的卷积层和池化层进行训练，然后将训练好的卷积层和池化层参数迁移到目标领域中。实现该过程的核心思想是卷积神经网络的卷积层和池化层能够充当一个通用的映射器，可以在源域(这里是足够多的发动机正常样本)中进行预训练，然后应用到其他目标任务上(这里是少量的发动机故障样本)。CNN的参数传递如图6.16所示。对于源域中的任务，本章设计了一个卷积神经网络进行学习。该网络由两个卷积层、一个池化层及三个全连层组成。对于目标域中的任务，本章希望有一个能输出目标类别的网络，SVM是一个

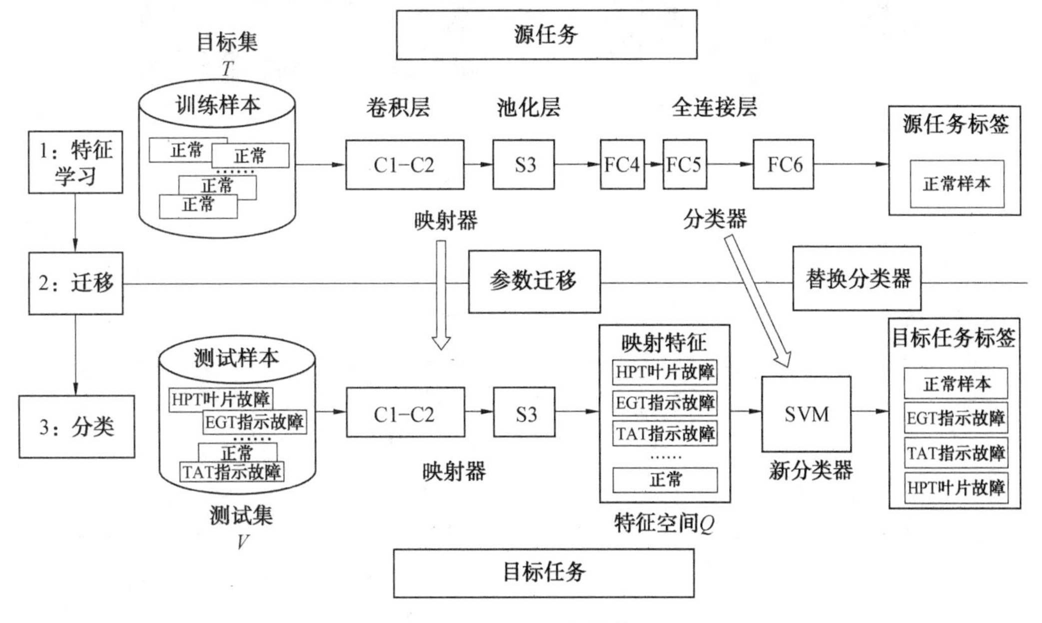

图6.16 CNN的参数传递

较好的选择，因为它在小样本条件下具有优秀的分类能力。卷积层 C1、C2 和池化层 S3 的参数首先在源任务中进行预训练，然后它们会被迁移到目标任务中并且保持不变，仅分类器 SVM 会在目标任务中的训练集上进行训练。

2. 发动机性能参数的排列顺序对故障诊断模型性能的影响分析

CNN 在图像识别领域已经取得了显著的效果。对输入的图像识别样本进行分析将对分析发动机性能参数的排列顺序对故障诊断模型性能的影响具有一定的启示作用。选取四种不同的图像识别样本，如图 6.17 所示。

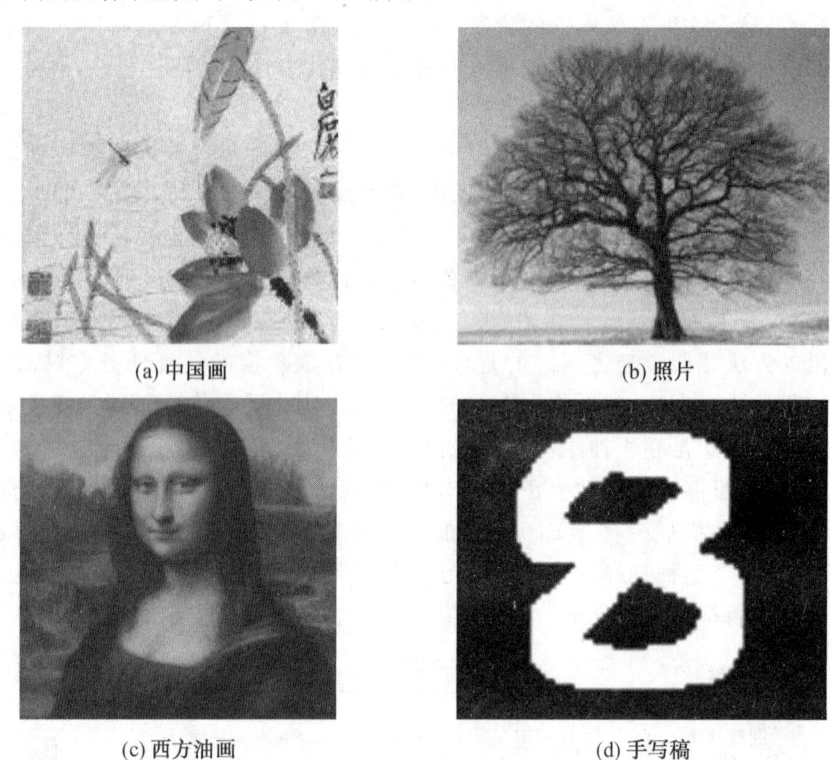

(a) 中国画　(b) 照片　(c) 西方油画　(d) 手写稿

图 6.17　四种不同的图像识别样本

将图 6.17 中的四个图像样本分别灰度化，得到灰度矩阵后，分析灰度矩阵中不同间距的行(列)相关度变化，如图 6.18 所示。图 6.18(a)、(b)、(c)中灰度矩阵不同行之间的平均相关度随行间距变大而变小，即位置相隔越近的各行之间的相关度值较大。而图 6.18(d)中灰度矩阵不同行之间的平均相关度先随行间距的变大而变小，随着行间距的继续增大，平均相关度反而增大。这是因为图 6.17 中第四个图像识别样本是一个对称图像。上述分析结果表明，对于不同的灰度矩阵，其各行(列)的排列存在不同的排列顺序，这也是 CNN 能够高效识别图像的原因之一。

虽然从航空发动机原理上分析，航空发动机性能参数的排列顺序对故障诊断是没有影响的，但通过前述分析可知，航空发动机各性能参数之间具有一定的相关性，那么性能参数在二维矩阵的排列顺序势必会对卷积层和池化层滤波器的输出结果产生不可忽视的影响。因此，可以利用性能参数之间的排列顺序对故障诊断模型进行优化。

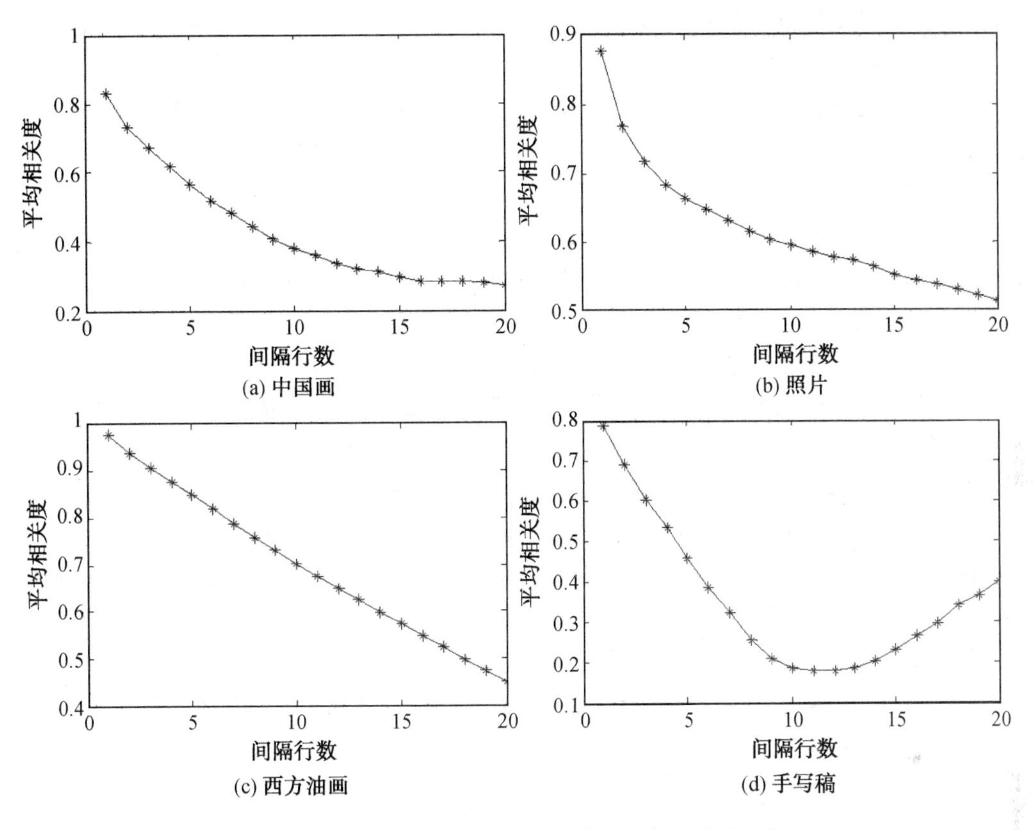

图 6.18 灰度矩阵中不同间距的行(列)相关度变化

6.3.4 实验步骤及数据的收集

1. 实验步骤

方便起见,记上述方法为 CNN－SVM 故障诊断方法。采用 CNN－SVM 方法进行发动机气路故障诊断的具体实施步骤如下。

(1)根据样本设置方法将发动机原始气路监控数据构造成图 6.14 所示的状态矩阵。

(2)构造训练样本集和测试样本集,其中训练样本集全部由发动机正常状态数据矩阵组成,测试集由发动机故障指征数据矩阵和正常数据矩阵组成,并对不同的类型的样本进行相应的标签。

(3)通过训练样本集对 CNN 的内层进行预训练,待网络训练完成后,将 CNN 的内层迁移到测试样本集中并保持不变,建立发动机状态特征映射模型。

(4)利用建立的特征映射模型将测试集中的所有样本映射到新的特征空间 Q 中,并按照一定的比例分别构造训练 SVM 的训练集和测试集。

(5)使用(4)中的训练集训练 SVM,待 SVM 训练完成后,使用(4)中的测试集对 SVM 进行测试。本书采用精度值 prec 作为指标评估分类的效果好坏,其具体的计算公式为

$$\mathrm{prec}=\frac{\mathrm{tp}}{\mathrm{tp}+\mathrm{fp}} \tag{6.19}$$

式中 tp——准确识别出的故障数量(该验证样本是 a_i 类故障,算法正确地将其归类于 a_i 类故障);

fp——假异常点的数量(该验证样本不是 a_i 类故障,算法错误地将其归类于 a_i 类故障)。

2. 数据收集

(1)故障样本获取。

根据 CNR 中的故障时间,从 OEM 数据中提取了各台发动机故障前的 100 循环的主要气路性能参数偏差值,即 DEGT、DN2、DFF 和 EGTM,某台因 HPT 叶片烧蚀故障的发动机故障前 100 循环的主要性能参数见表 6.7。

根据对 OEM 厂家故障预报数据分析,其选取的故障征候循环数(图 6.13 中 T_1 和 T_2 之间的飞行循环数)从 5 到 130 不等,且只有少数故障征候循环数超过 10。因此,选取 10 个循环作为故障指征数据的区间段能够满足大部分的故障诊断需求。通过对样本机队的发动机维修报告和 CNR 进行分析整理,按照本书故障指征采集方法,本书共获取了 30 组排气温度指示故障(EGT Index)案例样本、22 组进口总温指示故障(TAT Index)案例样本、20 组 HPT 叶片烧蚀故障(HPT_Blade)案例样本和 3 268 组正常样本,样本个数及标签见表 6.8。实验时,在新的特征空间 Q 中训练和测试 SVM 的样本分布见表 6.9。

表 6.7 某台因 HPT 叶片烧蚀故障的发动机故障前 100 循环的主要性能参数

故障前飞行循环	飞行时间	DEGT	DN2	DFF	EGTM
100	2015/7/6 13:50	42.496 6	−0.902 7	0.192 0	63.897 6
99	2015/7/6 9:27	42.415 4	−0.638 3	−0.247 6	64.833 8
98	2015/7/6 4:38	46.273 7	−0.995 7	1.135 4	66.076 7
97	2015/7/6 1:26	38.783 1	−0.425 3	−0.285 3	54.108 4
96	2015/7/4 13:07	43.175 7	−0.927 6	0.409 2	59.83 6
…	…	…	…	…	…
5	2015/4/6 13:28	44.213 6	−0.408 6	0.981 1	52.965 5
4	2015/4/6 10:13	43.537 5	−0.571 6	−0.049 8	52.325 9
3	2015/4/6 4:13	54.468 6	−0.544 1	2.089 3	48.677 6
2	2015/4/2 4:59	37.100 6	−0.214 3	0.485 3	49.442 9
1	2015/4/2 1:38	42.503 8	−0.486 1	1.164 8	68.830 8

表 6.8 样本个数及标签

样本类别	样本个数	标签
正常	3 000(源域)	[1 0]
	268	0
EGT 指示故障	30	1
TAT 指示故障	22	2
HPT 叶片故障	20	3

表 6.9 在新的特征空间 Q 中训练和测试 SVM 的样本分布

特征类别	训练	测试
正常	200	68
EGT 指示故障	20	10
TAT 指示故障	12	10
HTP 叶片故障	10	10

6.3.5 实验

本章的实验部分主要是利用航空发动机实际 OEM 数据对本书所提出的方法进行验证，并对所建立的发动机状态特征映射模型的结构参数进行优化。实验中支持向量机选用多项式核。

1. 基于迁移学习的发动机状态特征映射模型的合理性验证

本章建立发动机状态特征映射模型的目的是将发动机原始的状态特征映射到新的特征空间 Q 中，以提高发动机状态数据的辨识度。由于发动机故障样本的缺乏，因此本书首先在源域中对 CNN 进行预训练，实验中 CNN 模型结构参数见表 6.10。然后，将预训练后的 CNN 模型中的内层迁移到故障识别任务中并保持不变，建立发动机状态特征映射模型。通过迁移学习建立的发动机状态特征映射模型的合理性将通过以下实验进行验证。

表 6.10 实验中 CNN 模型结构参数

模型参数	C1	C2	S3	F5	F6	F7
特征图数量	12	18	18	50	30	2
特征图大小	4×10	4×10	2×5	1×1	1×1	1×1
学习参数	卷积核 2×2	卷积核 3×3	最大池化 2×2	批量大小 10	训练次数 10	迭代次数 100

图 6.19(a)、(c)、(e)、(g)描述了归一化后的样本(从每类样本中随机选取五个样本)。通过观察样本，可以发现原始样本中的确存在大量的数据噪声，并且即使是同型号发动机，在发生同一类故障时也存在较大的个体差异。

将上述样本通过本书建立的映射模型映射到新的特征空间 Q 中，如图 6.19(b)、(d)、(f)、(h)所示(图中仅描述了前 40 个特征)。通过对比，样本通过映射模型映射到高维特征空间 Q 中后，同类样本基本都聚合在一起，样本的个体差异性和数据噪声得到了很好的消除。实验结果很好地证明了将原始状态数据通过所建立的发动机状态特征映射模型映射到新的特征空间 Q 中，可以很好地消除发动机原始数据中存在的数据噪声和个体差异性。

然而，图 6.19 中没有明显反映利用所建立的发动机状态特征映射模型将原始数据映射到新的特征空间 Q 中后，发动机状态数据的辨识度是否得到提高。因此，本书利用所建立的映射模型将68组正常样本、30组EGT指示故障样本、22组TAT指示故障样本和20组HPT叶片烧蚀故障样本全部映射到新的特征空间 Q 中，映射特征示例见表6.11，然后对新的空间 Q 中的每一维特征进行了详细分析。映射特征的部分分析结果如图6.20所示(图6.20中依次描述了对高维特征空间 Q 中第54维、第118维、第124维、第135维、第136维、第139维映射特征分析的结果)。

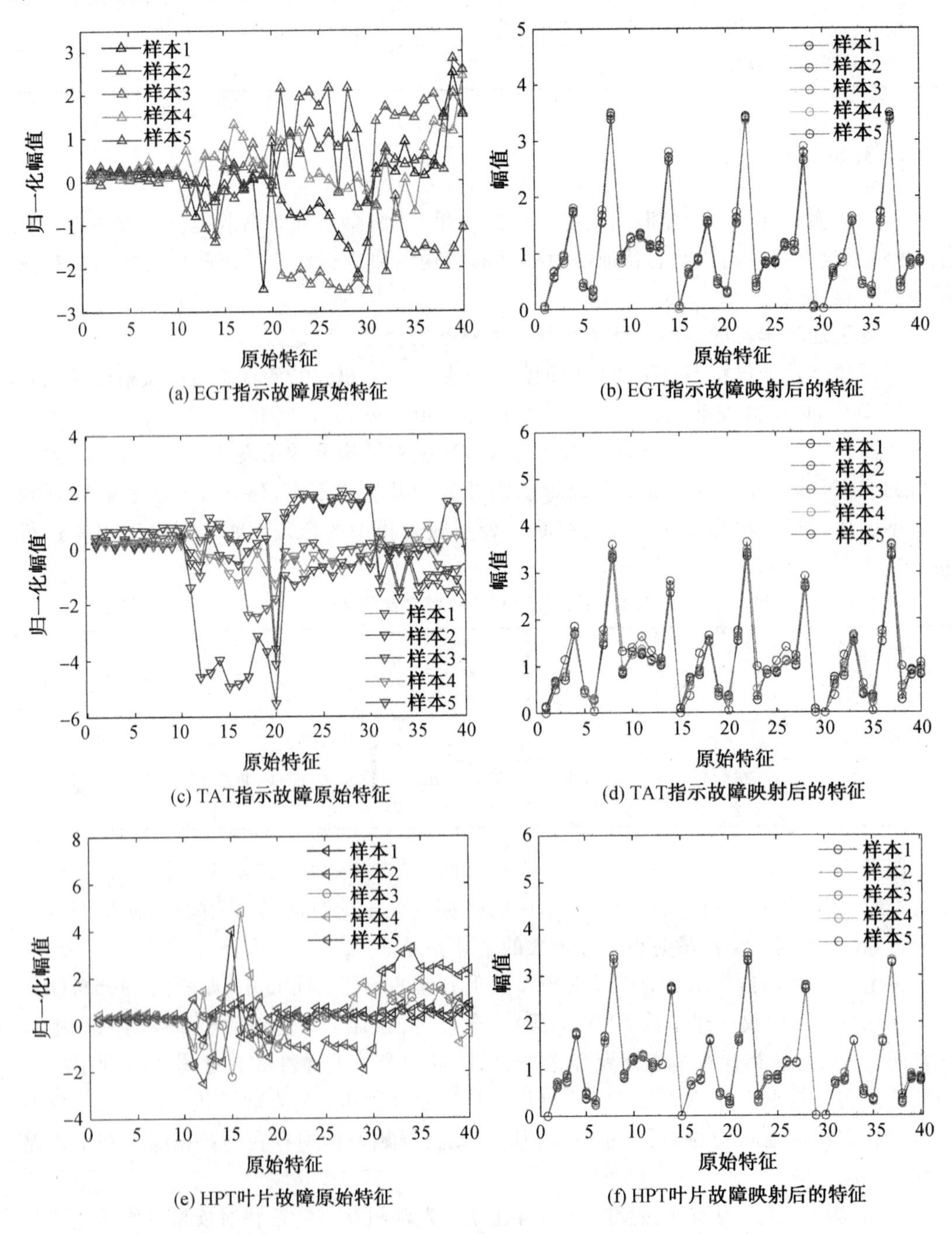

图6.19 原始特征与映射特征对比(彩图见附录)

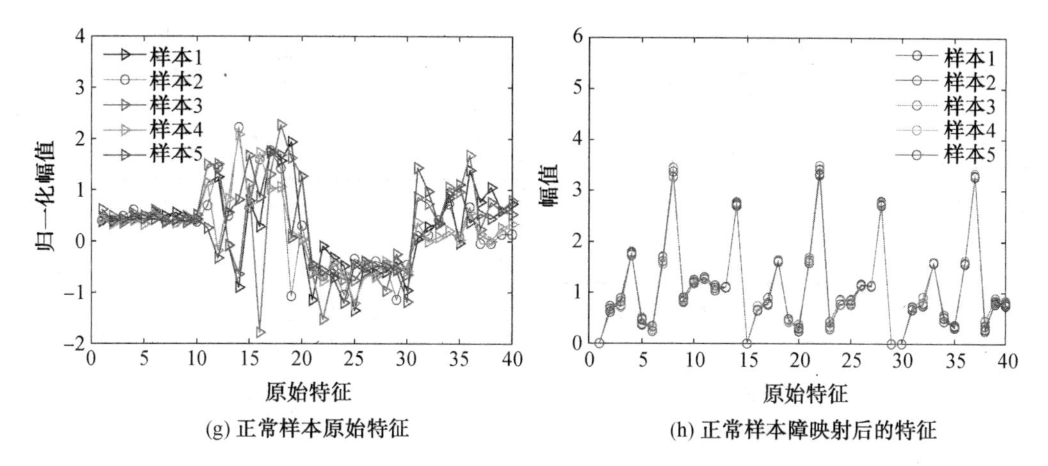

(g) 正常样本原始特征

(h) 正常样本障映射后的特征

续图 6.19

表 6.11 映射特征示例

故障类型	编号	在映射空间 Q 中的特征(Feature)				
		Feature 1	Feature 2	…	Feature 149	Feature 150
正常	1	0.041	0.652	…	1.087	2.688
	2	0.064 6	0.735	…	1.079	2.672
	…	…	…	…	…	…
	68	0	0.642	…	1.029	2.719
EGT 指示故障	1	0.057 5	0.691	…	0.977	2.673
	2	0.043 9	0.669	…	0.933	2.647
	…	…	…	…	…	…
	30	0	0.568	…	1.02	2.712
TAT 指示故障	1	0.140 4	0.692	…	1.177	2.797
	2	0.111	0.646	…	1.171	2.79
	…	…	…	…	…	…
	22	0	0.586	…	1.434	2.962
HPT 叶片烧蚀故障	1	0.008 47	0.651	…	1.099	2.708
	2	0.013 5	0.654	…	1.092	2.754
	…	…	…	…	…	…
	20	0	0.621	…	0.1	2.698

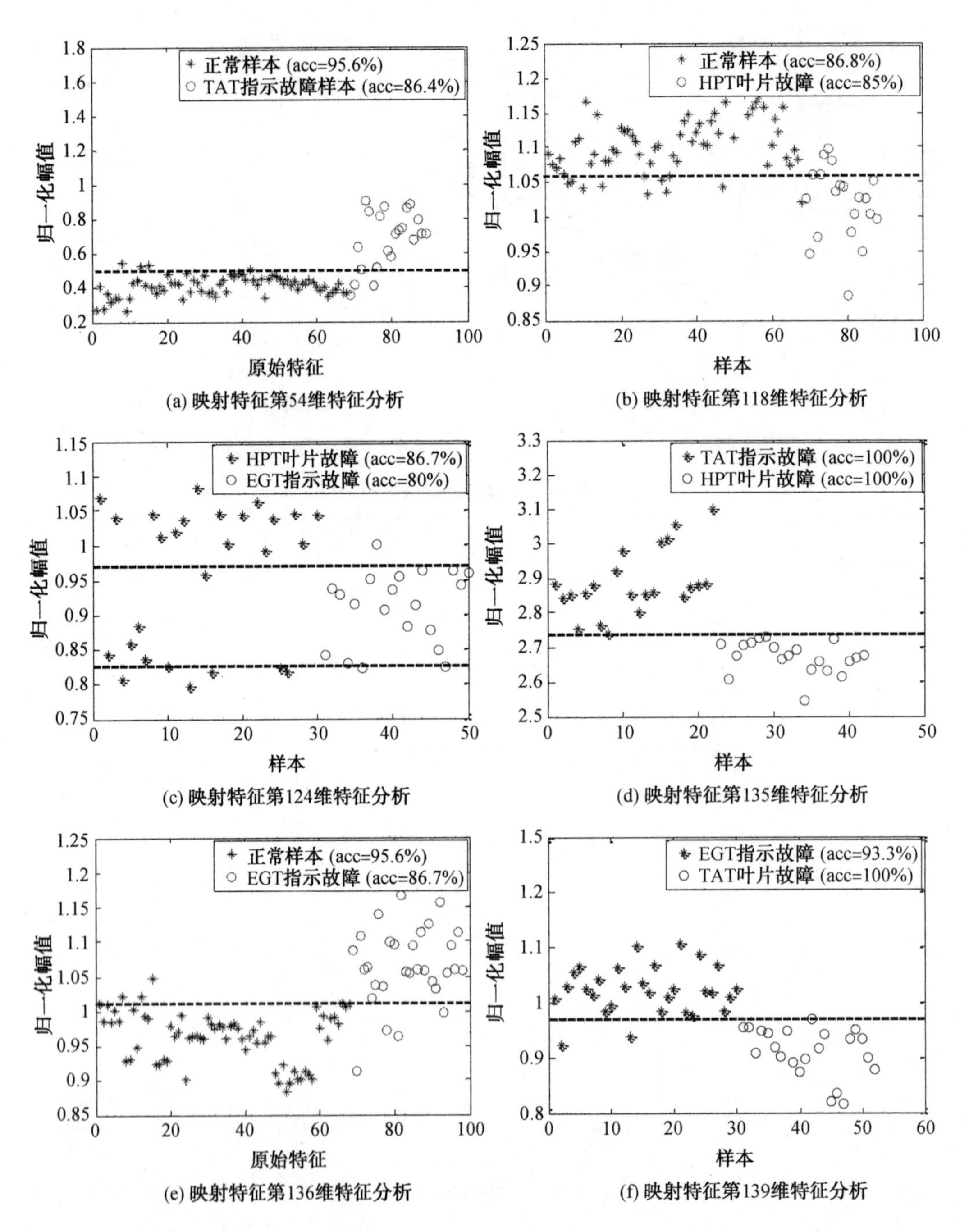

图 6.20 映射特征的部分分析结果

结合上述实验分析结果可以发现，直接利用线性面进行二分类，分类正确率基本能达到 85%以上。观察图 6.20(a)、(b)、(e)，可以发现结合第 54 维、第 118 维和第 136 维映射特征，能够很好地检测正常样本和异常样本。为进一步证明其可分性，图 6.21(a)中描述了其三维视图。观察图 6.20(c)、(e)、(f)可以发现，结合第 124 维、第 136 维和第 139 维特征可以较好地检测出 EGT 指示故障样本，其三维视图如图 6.21(b)所示。观察图

6.20(b)、(c)、(d)可以发现，结合第118维、第124维和第135维特征可以较好地检测出HPT叶片烧蚀故障样本，其三维视图如图6.21(c)所示。观察图6.20(a)、(d)、(e)，可以发现结合第54维、135维和139维映射特征可以较好地检测出TAT指示故障样本，其三维视图如图6.21(d)所示。上述实验结果证明，原始数据通过本书建立的映射模型映射到高维特征空间Q中后，可以很好地提高原始数据的辨识度。

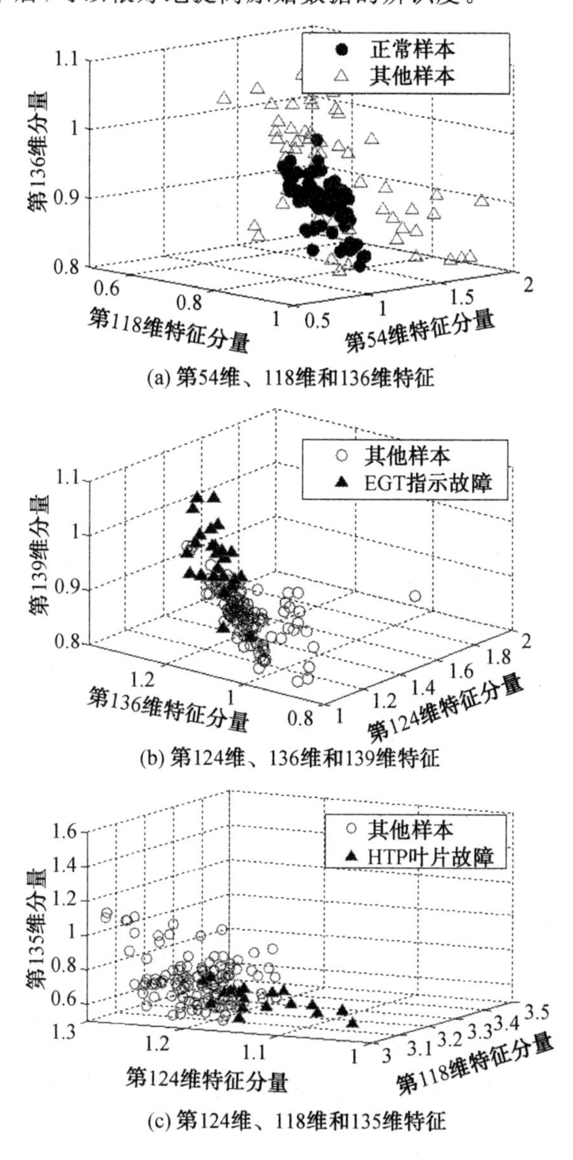

图6.21 结合不同映射特征的结果

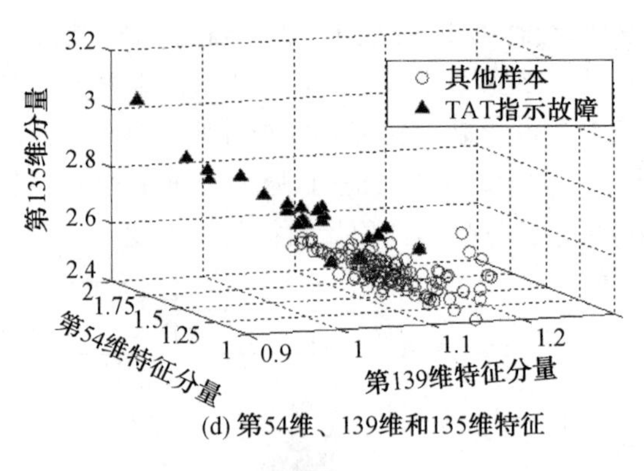

(d) 第54维、139维和135维特征

续图 6.21

上述实验结表明，本书采用所建立的发动机状态特征映射模型，将发动机原始状态数据映射到高维特征空间 Q 中，可以在消除数据噪声和个体差异性的同时较大地提高数据的辨识度。因此，本书所建立的发动机状态映射模型的合理性得以证明，同时上述实验结果也证明了本书所提方法的可行性。

2. 发动机状态特征映射模型结构参数的优化

本书采用的特征映射模型是基于卷积神经网络创建的。因此，卷积神经网络的结构参数对所建立特征映射模型的映射效果有着较大的影响。对卷积神经网络影响较大的参数包括卷积核大小、迭代次数和批量大小。在讨论这些参数对模型的影响时，为降低讨论的复杂性，保持其他参数为默认设置。

(1)批量大小的设计。

在训练卷积神经网络时，每次更新网络参数所需要的损失函数并不是从全样本集训练获得，而是从全样本集中随机选取一组样本进行训练获得，这样一组样本所包含样本的个数就是一个批量大小(batch size)。batch size 过大，训练完一次全样本集所需的迭代次数会减小，但会使网络的收敛精度陷入不同的局部极值；batch size 过小，会使算法存在不收敛的风险，并且训练完一次全样本集所需的时间更长。而在合理的范围内增大 batch size 不仅会使训练一次全样本集所需的时间减小，对于相同数据量的处理速度加快，而且随着 batch size 的增大，其确定的网络收敛方向更准，引起训练振荡更小。

在验证 batch size 对所创建的映射模型的映射效果的影响时，为保证在同一标准下进行比较，除 batch size 外，其他参数保持默认不变。为充分研究 batch size 对 CNN 提取特征能力的影响，本书将 batch size 分别设为 1、5、10、20、30、40、50、60、70、80。为消除实验结果的随机性，每次实验重复 5 次，取实验结果的平均值，分类正确率与批量大小的关系如图 6.22 所示。

从图 6.22 中可以看出，当 batch size 在 10～25 时，batch size 变化对分类的正确率的影响并不大；当 batch size 大于 25 时，随着 batch size 的增大，分类正确率明显下降，其中 HPT 叶片烧蚀故障表现最为显著；当 batch size 等于 10 时，TAT 指示故障识别率、HPT 叶片烧蚀故障识别率、正常样本识别率和总体分类正确率均达到最优，同时 EGT 指示故障识别率也达到 90%以上。因此，综合故障分类正确率和训练时间成本，可将 batch size 设为 10。

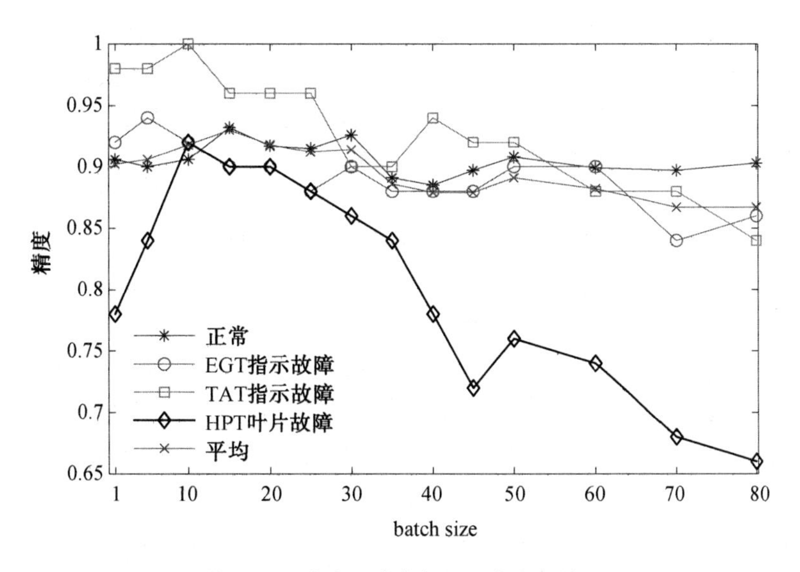

图 6.22　分类正确率与批量大小的关系

(2)迭代次数的设计。

神经网络通过迭代来不断地拟合和逼近样本。迭代次数过少，会导致拟合效果较差；迭代次数过多，网络误差不再减小，而训练时间会继续增加。因此，选择合适的迭代次数，在满足诊断精度的同时，还需降低训练时间。

在验证论迭代次数对所创建的映射模型映射效果的影响时，为保证在同一标准下进行比较，除迭代次数外，batch size 根据上述结论设为 10，其他参数保持默认不变。为充分研究迭代次数对模型的影响，本书将迭代次数分别设为 1～20。为消除实验结果的随机性，每次实验重复 5 次，取实验结果的平均值，分类正确率与迭代次数的关系如图 6.23 所示。

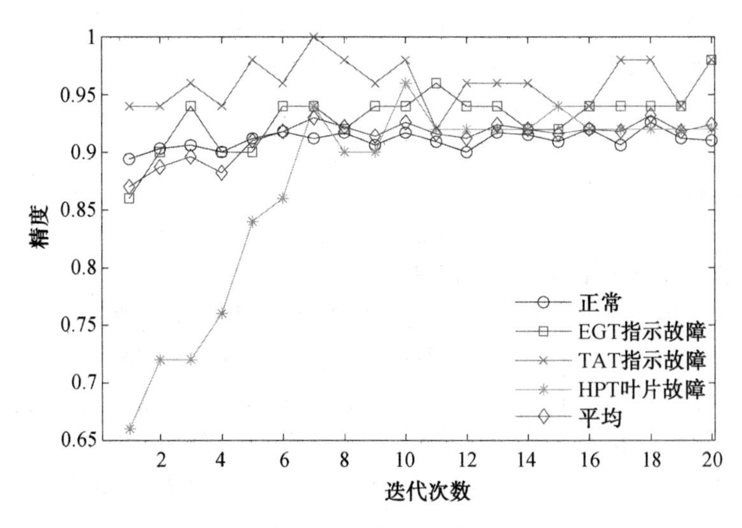

图 6.23　分类正确率与迭代次数的关系

从图 6.23 中可以看出，随着迭代次数的增加，故障分类的正确率随之增加，尤其是

HPT 叶片烧蚀故障识别率随着迭代次数的增加而显著增加。当迭代次数大于 7 时，随着迭代次数增加，故障识别率均超过 90%；当迭代次数等于 10 时，故障识别率均超过 94%，而且随着迭代次数增加，分类准确率趋于稳定。因此，综合考虑训练时间和故障识别率，在本书的样本数量下，迭代次数选取 10 次最为合理。

(3)卷积核尺寸大小的设计。

卷积核尺寸越大，能感受到输入矩阵的视野越大，学习能力越强，但需要训练的参数越多，模型的复杂度大大增强；卷积核尺寸越小，可以越好地降低训练参数的个数及计算复杂度，但感受视野变小，学习能力变差。

在验证不同卷积核尺寸对映射模型的映射效果的影响时，除两个卷积层卷积核尺寸大小外，根据前文结论将 batch size 大小设置为 10，迭代次数设为 10 次，其他参数保持默认不变。一般情况下，卷积核尺寸比输入矩阵尺寸小，现将两个卷积层的卷积核尺寸大小分别用 $k_1 \times k_1$ 和 $k_2 \times k_2$ 表示。由于本书输入矩阵尺寸大小为 4×10，因此 $k_1 \times k_1$ 和 $k_2 \times k_2$ 均要小于 4，则(k_1,k_2)组合只能为(2,2)、(2,3)、(3,2)及(3,3)。为消除实验结果的随机性，每次实验重复 5 次，取实验结果的平均值，分类正确率与卷积核尺寸之间的关系见表 6.12。

表 6.12 分类正确率与卷积核尺寸之间的关系

序号	(k_1, k_2)	EGT 指示故障诊断正确率	TAT 指示故障诊断正确率	HPT 叶片故障诊断正确率	正常诊断正确率	诊断正确数/样本总数
1	(2, 2)	0.84	0.92	0.78	0.908	0.901
2	(3, 2)	0.8	0.94	0.82	0.914	0.896
3	(2, 3)	0.92	0.96	0.94	0.923	0.928
4	(3, 3)	0.9	0.94	0.86	0.917	0.916

比较表 6.12 中第 3、4 组和第 1、2 组的故障分类结果，当第二个卷积层卷积核尺寸大小为 3×3 时，分类效果明显优于当其尺寸为 2×2 时的效果，因此可以将第二个卷积层卷积核尺寸设为 3×3。比较第 4 组和第 3 组的故障分类结果可以发现，当第一个卷积层卷积核尺寸为 2×2 时，故障分类效果要好于其尺寸为 2×2 时的效果，因此可以将第一个卷积层卷积核尺寸设为 2×2。综上分析，在本书样本的条件下，将第一个卷积层卷积核尺寸设为 2×2，第二个卷积层卷积核尺寸设为 3×3。

3. 发动机性能参数的最优排列顺序确定

本书共选取了四个发动机气路监控性能参数，将四个性能参数进行全排列，共有 24 种排列方式。本书将 24 种排列方式分别进行实验，寻找最优的排列方式。在实验过程中，其余的参数设置如下：迭代次数设为 10，batch size 设为 10，第一层卷积核大小为 2×2、个数设为 12，第二层卷积核大小为 3×3、个数设为 18，其他参数保持默认设置。为消除实验结果的随机性，每次实验重复 5 次，取实验结果的平均值，分类正确率与性能参数排列顺序的关系如图 6.24 所示。

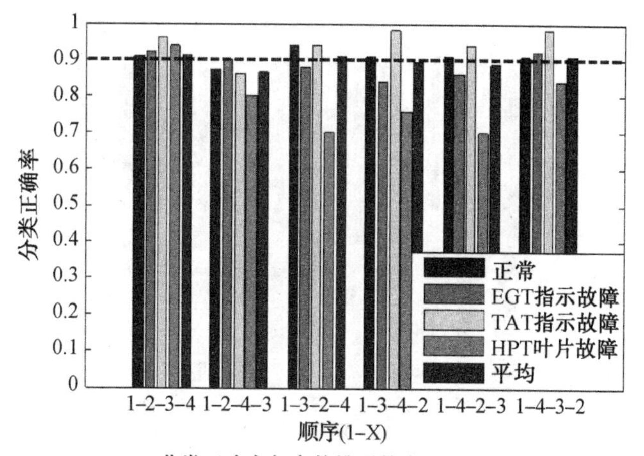

(a) 分类正确率与参数排列数序关系顺序(1-X)

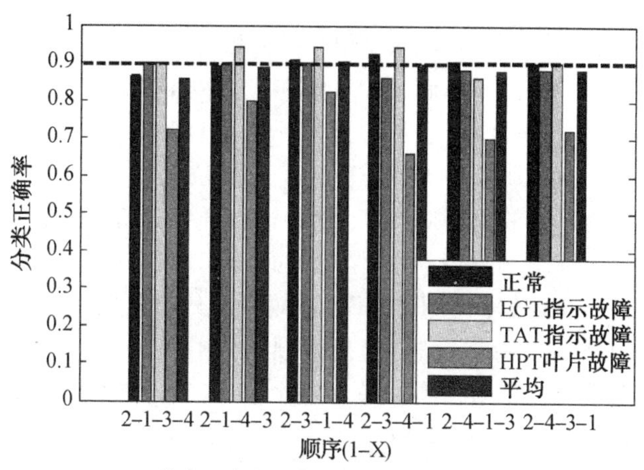

(b) 分类正确率与参数排列数序关系顺序(2-X)

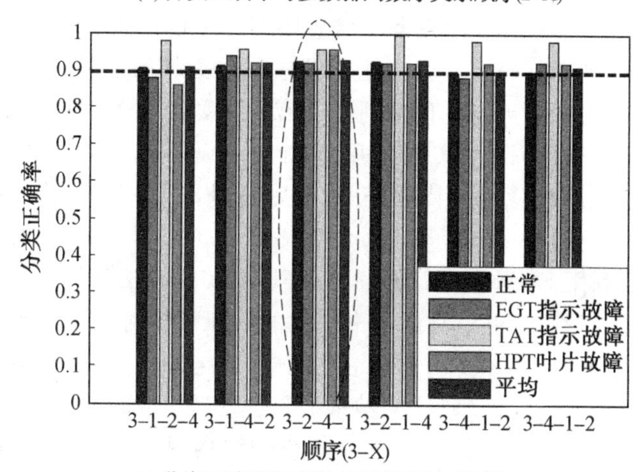

(c) 分类正确率与参数排列数序关系顺序(3-X)

图 6.24 分类正确率与性能参数排列顺序的关系(彩图见附录)

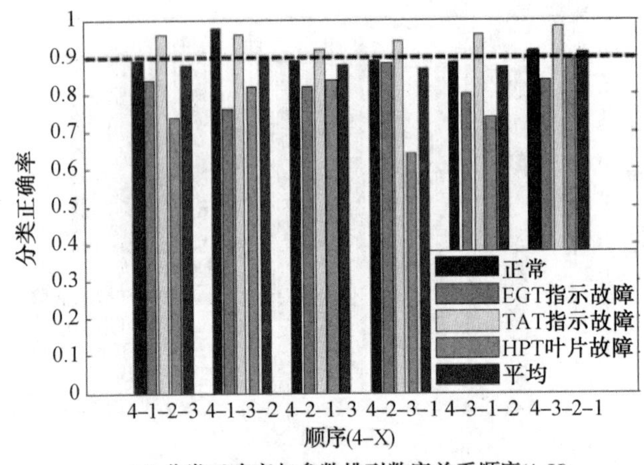

(d) 分类正确率与参数排列数序关系顺序(4-X)

续图 6.24

图 6.24 中，1－X、2－X、3－X 和 4－X 分别代表以 DEGT、DN2、DFF 和 EGTM 为开始全排列的顺序，如 1－2－3－4 表示的排列顺序为 DEGT－DN2－DFF－EGTM。对比图 6.24(a)、(b)、(c)、(d)的结果，将 DFF 置于开始位置时，其分类效果远好于将其他三个参数置于开始位置时的效果。对图 6.24(c)进行详细分析，排列顺序为 3－1－4－2、3－2－4－1、3－2－1－4、3－4－1－2 时，分类正确率均超过 90%，其中当排列顺序为 3－2－4－1时，TAT Index 故障和 HPT_Blade 故障的分类正确率均为 96%，EGT Index 故障的分类正确率为 92%。综上分析，当排列顺序为 DFF－DN2－EGTM－DEGT 时，诊断效果要优于其他排列顺序的诊断效果。因此，在本书的样本条件下，性能参数最优的排列顺序为 DFF－DN2－EGTM－DEGT。

4. 对比实验

通过上述实验对本书所建立的发动机状态映射模型的结构参数进行了优化，对最优的性能参数排列方式进行了确定。为验证本书提出的故障诊断模型对民航发动机气路故障具有良好的识别能力，进行了五组实验验证：第一组实验直接利用支持向量机对民航发动机气路故障进行分类；第二组实验采用去噪自动编码器(Denoising Auto-Encoder，DAE)对民航发动机气路故障进行特征提取，然后利用 SVM 进行故障诊断；第三组实验利用堆叠去噪自动编码器(Stack Denoising Auto-Encoder，SDAE)民航发动机气路故障进行特征提取，然后利用 SVM 进行故障诊断；第四组实验直接利用卷积神经网络对民航发动机气路故障进行识别；第五组利用本书提出的诊断模型对民航发动机气路故障进行诊断。

实验中，CNN 和本书提出模型的结构参数设置见表 6.13，SDAE 的参数设置如下：batch size 为 10，迭代次数 epoch＝500，SDAE 模型结构由一个输入层、一个中间层和一个输出层组成，输入层节点个数为 40，中间层节点个数为 60，输出层节点个数为 40。DAE 的参数设置如下：batch size 为 10，迭代次数 epoch＝500，输入层节点个数为 40，输出节点个数为 25。为消除算法的随机性，每次实验重复 10 次，取实验结果的平均值，不同模型的故障识别率见表 6.14。

表 6.13 CNN 和本书提出模型的结构参数设置

模型参数	输入层	卷积层 1	卷积层 2	池化层 1
特征图数量	1	12	18	18
特征图大小	4×10	4×10	4×10	2×5
学习参数	迭代次数 10 批量大小 10	卷积核 2×2	卷积核 3×3	平均池化 过滤器 2×2

从表 6.14 中可以看出，上述五种方法在训练集上的训练精度都能达到 100%，但是在测试集上的测试精度存在明显的差异。CNN 方法的测试精度最差，不能检测出三种故障类型，这是因为故障样本数量太少，导致训练 CNN 时出现了过拟合问题，再次证明了样本数量对 CNN 模型的重要性。SVM 方法的测试精度也非常差，尤其是对 EGT 指示故障和 HPTB 故障不能识别，这是因为原始序列样本中参数属性之间存在冗余及大量的噪声，导致 SVM 分类效果较差。相对于前两种方法，后面三种方法均是先利用神经网络将原始数据映射到不同的映射空间中，然后再利用 SVM 对特征进行分类，其诊断效果明显要优于前面两种方法。

表 6.14 不同模型的故障识别率

模型	训练精度	EGT 指示故障诊断正确率	TAT 指示故障诊断正确率	HPT 叶片故障诊断正确率	正常诊断正确率	诊断正确数/样本总数
SVM	1	50%	80%	50%	89.7%	80.6%
CNN	1	0%	0%	0%	100%	69.39%
DAE+SVM	1	74%	86%	93%	95.6%	92.3%
SDAE+SVM	1	85%	95%	91.3%	93%	92.2%
CNN+SVM	1	94%	98%	94%	92.6%	93.44%

对比表 6.14 中后三种方法的故障识别率，第四种方法和第五种方法对故障的识别能力明显要优于第三种方法。第四种方法和第五种方法均是采用深度学习模型将原始数据映射到不同的映射空间进行分类，而第三种方法则是利用传统的浅层神经网络将原始数据映射到映射空间中进行分类。因此，利用深度学习模型学习得到的更高层更抽象的特征具有更好的辨识度。第四种方法使用的是比较流行的一种无监督深度学习模型——堆叠去噪自动编码器，但该模型只能接受向量形式的输入。对比第四种方法和本书提出的方法，尽管本书提出的方法对正常样本的识别率略低于第四种方法，但是对三种故障的识别能力明显优于第四种方法。更重要的是，对民航发动机气路进行故障诊断时，主要是对异常数据进行故障诊断。因此，相比于第四种方法，本书提出的方法具有优秀的故障诊断能力，更加适用于发动机故障诊断的工程实践。

由上述实验可知，本章运用 CNN 与 SVM 建立了民航发动机气路故障诊断模型。在建立民航发动机气路故障诊断模型时，主要遇到了三个问题：第一个是发动机故障征候数据的处理；第二个是对小样本进行故障诊断；第三个是采用机器学习时，多维发动机性能指标排序对于故障诊断的影响。

在对民航发动机故障征候数据进行处理及表征时，针对目前大多数故障诊断方法需要将发动机气路状态数据进行序列化而忽略民航发动机参数间相互关系影响的问题及发动机原始数据噪声大、发动机个体差异性大等问题，本章利用基于 CNN 的迁移学习方法建立民航发动机状态特征映射模型，直接将 OEM 数据中各变量值及它们之间的关系一起输入，并将其映射到新的特征空间 Q 中，以消除噪声和个体差异性，同时提高数据的辨识度。

在对发动机进行故障诊断时，由于民航发动机在实际飞行过程中故障样本较少、正常样本足够多，因此本书利用大量的正常样本对 CNN 的卷积层和池化层进行预训练，然后将卷积层和池化层迁移到小样本故障诊断中并保持不变，利用 SVM 实现小样本故障诊断。

经过某航空公司真实故障数据的对比实验，在小样本的条件下，本书所提出的基于 CNN 与 SVM 的故障诊断模型有非常优秀的故障诊断能力。同时，本书提出的方法不需要大量专家知识经验，也避免了大量的数据预处理工作。

本书还通过实验证明了发动机性能参数排列顺序对本书提出的故障诊断方法有着显著的影响。在本书的样本条件下，最优的发动机性能参数排列顺序为 DFF－DN2－EGTM－DEGT。

本章参考文献

[1] ZHONG S, LUO H, LIN L, et al. An improved correlation-based anomaly detection approach for condition monitoring data of industrial equipment[C]. Piscataway: 2016 IEEE International Conference on Prognostics and Health Management (ICPHM), 2016.

[2] TAHAN M, TSOUTSANIS E, MUHAMMAD M, et al. Performance-based health monitoring, diagnostics and prognostics for condition-based maintenance of gas turbines: a review[J]. Applied Energy, 2017, 198: 122-144.

[3] YAN W. One-class extreme learning machines for gas turbine combustor anomaly detection [C]. Vancouver: 2016 International Joint Conference on Neural Networks, 2016.

[4] LI Z, ZHONG S S, LIN L. Novel gas turbine fault diagnosis method based on performance deviation model[J]. Journal of Propulsion and Power, 2017, 33(3): 730-739.

[5] YAN W. One-class extreme learning machines for gas turbine combustor anomaly detection[C]. Vancouver: 2016 International Joint Conference on Neural Networks (IJCNN). IEEE, 2016.

[6] ZHAO N, WEN X, LI S, et al. A review on gas turbine anomaly detection for implementing health management [J]. Turbo Expo: Power for Land, Sea, and Air, 2016, 49682: V001T22A009.

[7] CORY J, BEACHKOFSKI B, CROSS C, et al. Autoregression-based turbine engine anomaly detection [C]. Reno: 43rd AIAA/ASME/SAE/ASEE Joint Propulsion Conference&Exhibit, 2017.

[8] CHAKRABORTY S, SARKAR S, RAY A, et al. Symbolic identification for anomaly detection in aircraft gas turbine engines [C]. Piscataway: Proceedings of the 2010 American Control Conference. IEEE, 2010.

[9] EKLUND N H W, HU X. Intermediate feature space approach for anomaly detection in aircraft engine data [C]. Piscataway: 11th International Conference on Information Fusion. IEEE, 2008.

[10] KUMAR A, BANERJEE A, SRIVASTAVA A, et al. Gas turbine engine operational data analysis for anomaly detection: statistical vs. neural network approach [C]. Piscataway: 26th IEEE Canadian Conference on Electrical and Computer Engineering. IEEE, 2013.

[11] ZAHER A, MCARTHUR S D J, INFIELD D G, et al. Online wind turbine fault detection through automated SCADA data analysis [J]. Wind Energy: An International Journal for Progress and Applications in Wind Power Conversion Technology, 2009, 12(6): 574-593.

[12] MASCI J, MEIER U, CIREAN D, et al. Stacked convolutional auto-encoders for hierarchical feature extraction [C]. Berlin: International Conference on Artificial Neural Networks,2011.

[13] DU B, XIONG W, WU J, et al. Stacked convolutional denoising auto-encoders for feature representation [J]. IEEE Transactions on Cybernetics, 2016, 47(4): 1017-1027.

[14] BACCOUCHE M, MAMALET F, WOLF C, et al. Spatiotemporal convolutional sparse auto-encoder for sequence classification [C]. Guildford: 23rd British Machine Vision Conference, 2012.

[15] HOLDEN D, SAITO J, KOMURA T, et al. Learning motion manifolds with convolutional autoencoders [C]. Kobe: 2015 Asia Technical Briefs, 2015.

[16] CHEN K, SEURET M, LIWICKI M, et al. Page segmentation of historical document images with convolutional autoencoders [C]. Piscataway: 13th International Conference on Document Analysis and Recognition. IEEE, 2015.

[17] CHEN K, HU J, HE J. Detection and classification of transmission line faults based on unsupervised feature learning and convolutional sparse autoencoder [J]. IEEE Transactions on Smart Grid, 2016, 9(3): 1748-1758.

[18] HONKELA A, SEPPÄ J, ALHONIEMI E. Agglomerative independent variable group analysis [J]. Neurocomputing, 2008, 71(7-9): 1311-1320.

[19] KRIZHEVSKY A, SUTSKEVER I, HINTON G E. Imagenet classification with deep convolutional neural networks [J]. Communications of the ACM, 2017, 60

(6): 84-90.

[20] WANG X, DONG X, KONG X, et al. Drogue detection for autonomous aerial refueling based on convolutional neural networks [J]. Chin. J. Aeronaut, 2017,30(1):380-390.

[21] HE K, ZHANG X, REN S, et al. Spatial pyramid pooling in deep convolutional networks for visual recognition [J]. IEEE transactions on pattern analysis and machine intelligence, 2015,37(9):1904-1916.

[22] ZEILER M D, FERGUS R. Stochastic pooling for regularization of deep convolutional neural networks [C]. Scottsdale: Proceedings of the International Conference on Learning Representations, 2013.

[23] BOUREAU Y L, PONCE J, YANN L C. A theoretical analysis of feature pooling in visual recognition [C]. Haifa: Proceedings of the 27th International Conference on Machine Learning, 2010.

[24] PALM R B. Prediction as a candidate for learning deep hierarchical models of data [D]. Copenhagen: Technical University of Denmark, 2012.

[25] CHANG C C, LIN C J. LIBSVM: a library for support vector machines[J]. ACM Transactions on Intelligent Systems and Technology (TIST), 2011, 2(3): 1-27.

[26] LUO H, ZHONG S. Gas turbine engine gas path anomaly detection using deep learning with Gaussian distribution [C]. Harbin: 2017 prognostics and system health management conference. IEEE, 2017.

[27] JAW L C. Recent advancements in aircraft engine health management (EHM) technologies and recommendations for the next step[C]. Nevada: Power for Land, Sea, and Air, 2005.

[28] JAW L C, WANG W. Mathematical formulation of model-based methods for diagnostics and prognostics[C]. Barcelona: Power for Land, Sea, and Air, 2006.

[29] JIA F, LEI Y, LIN J, et al. Deep neural networks: a promising tool for fault characteristic mining and intelligent diagnosis of rotating machinery with massive data[J]. Mechanical Systems and Signal Processing, 2016, 72: 303-315.

[30] TAMILSELVAN P, WANG P. Failure diagnosis using deep belief learning based health state classification[J]. Reliability Engineering & System Safety, 2013, 115(7):124-135.

[31] FENG D, XIAO M, LIU Y, et al. Finite-sensor fault-diagnosis simulation study of gas turbine engine using information entropy and deep belief networks[J]. Frontiers of Information Technology & Electronic Engineering, 2016, 17(12): 1287-1304.

[32] LU C, WANG Z, ZHOU B, et al. Intelligent fault diagnosis of rolling bearing using hierarchical convolutional network based health state classification [J]. Advanced Engineering Informatics, 2017, 32:139-151.

[33] WANG F, JIANG H K, SHAO H D, et al. An adaptive deep convolutional neural network for rolling bearing fault diagnosis [J]. Measurement Science & Technology, 2017, 28(9):5005.

[34] AYTAR Y, VONDRICK C, TORRALBA A. Soundnet: learning sound representations from unlabeled video[C]. Cambridge: Advances in Neural Information Processing Systems, 2016.

[35] SAINATH T N, KINGSBURY B, SAON G, et al. Deep convolutional neural networks for large-scale speech tasks[J]. Neural Networks, 2015, 64:39-48.

[36] ESTEVA A, KUPREL B, NOVOA R A, et al. Corrigendum: dermatologist-level classification of skin cancer with deep neural networks [J]. Nature, 2017, 542 (7639):115-118.

[37] HE K, ZHANG X, REN S, et al. Deep residual learning for image recognition [C]. Las Vegas: Proceedings of the IEEE Conference on Computer Vision and Pattern Recognition, 2016.

[38] KRIZHEVSKY A, SUTSKEVER I, HINTON G E. Imagenet classification with deep convolutional neural networks[J]. Communications of the ACM, 2017, 60 (6): 84-90.

[39] SILVER D, HUANG A, MADDISON C J, et al. Mastering the game of go with deep neural networks and tree search[J]. Nature, 2016, 529(7587):484-489.

[40] LU J, LIONG V E, WANG G, et al. Joint feature learning for face recognition [J]. IEEE Transactions on Information Forensics & Security, 2017, 10(7): 1371-1383.

[41] ANTIPOV G, BERRANI S A, DUGELAY J L. Minimalistic CNN-based ensemble model for gender prediction from face images [M]. Amsterdam: Elsevier Science Inc. ,2016.

[42] RAMAIAH N P, IJJINA E P, MOHAN C K. Illumination invariant face recognition using convolutional neural networks[C]. Kerala: 2015 IEEE International Conference on Signal Processing, Informatics, Communication and Energy Systems (SPICES). IEEE, 2015.

[43] DENG H, STATHOPOULOS G, SUEN C Y. Applying error-correcting output coding to enhance convolutional neural network for target detection and pattern recognition [C]. Istanbul: International Conference on Pattern Recognition. IEEE, 2010.

[44] CHOPRA S, HADSELL R, LECUN Y. Learning a similarity metric discriminatively, with application to face verification[C]. San Diego: IEEE Computer Vision and Pattern Recognition, 2005.

[45] GANGULI R. Jet engine gas-path measurement filtering using center weighted idempotent median filters[J]. Journal of Propulsion and Power, 2003, 19(5):

930-937.

[46] YANN L C, BENGIO Y, HINTON G, et al. Deep learning[J]. Nature, 2015, 521(7553):436.

[47] PAN S J, YANG Q. A survey on transfer learning[J]. IEEE Transactions on Knowledge & Data Engineering, 2010, 22(10):1345-1359.

[48] TOMMASI T, ORABONA F, CAPUTO B, et al. Learning categories from few examples with multi model knowledge transfer[J]. IEEE Transactions on Pattern Analysis & Machine Intelligence, 2014, 36(5):928-941.

[49] AYTAR Y, ZISSERMAN A. Tabula rasa: model transfer for object category detection [C]. Barcelona: International Conference on Computer Vision. IEEE Computer Society, 2011.

[50] FARHADI A, TABRIZI M K, ENDRES I,et al. A latent model of discriminative aspect[C]. Kyoto: International Conference on Computer Vision. IEEE, 2009.

[51] KHOSLA A, ZHOU T, MALISIEWICZ T, et al. Undoing the damage of dataset bias[C]. Firenze: European Conference on Computer Vision, 2012.

[52] AHMED A, YU K, XU W, et al. Training hierarchical feed-forward visual recognition models using transfer learning from pseudo-tasks [C]. Marseille: Computer Vision — ECCV 2008, European Conference on Computer Vision, DBLP, 2008.

[53] COLLOBERT R, WESTON J, BOTTOU L, et al. Natural language processing (almost) from scratch[J]. Journal of Machine Learning Research, 2011, 12: 2493-2537.

第7章

基于D—S证据理论的知识融合方法

D—S(Dempster—Shafer)证据组合理论是由 Dempster 于 1967 年首先提出，再由 Shafer 于 1976 年进一步发展和完善而形成的。该理论利用证据理论作为融合方法，就是通过不同观测结果的信任函数，利用 Dempster 证据组合规则将之融合，再根据一定的规则对组合后的信任函数进行判断，最终实现融合和决策选择。

D—S 证据理论不断改进自身不足，同时又结合其他方法的长处，先后推广到概率范围和模糊集。它不仅可以像贝叶斯推理那样结合先验信息，而且能够处理像语言一样的模糊概念证据。可以在不同层次上应用 D—S 证据理论，并且取得较好的结果。目前 D—S证据理论主要应用于模式分类、数据关联、目标跟踪、信息融合、土地覆盖面积预测、信息复原技术、自动导航和图像处理等方面。另外，D—S 证据理论结合相关理论如模糊集、神经网络等理论的应用也越来越多。随着证据理论在理论方面的不断完善，其应用前景将会更加宽广。但从数据源的获取到基本概率分配函数的构造再到基于 D—S 证据理论的决策方法等仍然存在很多问题值得研究。

7.1　经典 D—S 证据理论

D—S 证据理论是关于证据和可能性推理的理论。证据理论是概率论的一种推广，它把概率论中的事件扩展成命题，把事件的集合扩展成命题集合，建立了命题与集合之间的一一对应关系，从而把命题的不确定性问题转化为集合的不确定性问题。

D—S 证据理论中定义了基本概率分配函数和信任函数。设 $\Theta=\{A_1, A_2, \cdots, A_n\}$ 为一有限集(辨识框架)，2^Θ 为 Θ 的所有子集的集合。

【定义 7.1】　$\forall A \in 2^\Theta$，F 被定义为从 2^Θ 到区间[0,1]的一个映射，并且满足以下条件：$F(\varnothing)=0$，$\varnothing$ 为空集；$F(\Theta)=1$。则称 F 为基本概率指派函数，$F(A)$ 为命题 A 的基本概率指派值。若 $F(A)>0$，则称 A 为证据的焦元。

【定义 7.2】　信任函数 Bel 和似然函数 Pls 的计算方法为

$$\mathrm{Bel}(A)=\sum_{B\subseteq A}F(B) \tag{7.1}$$

对于 $A\subseteq\Theta$，有 $\mathrm{Bel}(A)+\mathrm{Bel}(\bar{A})\leqslant 1$，则有

$$\begin{aligned}\mathrm{Pls}(A)&=\sum_{B\cap A\neq\varnothing}F(B)\\ \mathrm{Pls}(A)&=1-\mathrm{Bel}(\bar{A})\end{aligned} \tag{7.2}$$

设有 M 个证据在 Θ 上提供的基本概率分配函数分别为 $F_1, F_2, \cdots, F_M$，D—S证据组合规则给出这 M 个证据组合后得到的识别框架 Θ 上的基本概率指派 F 的计算式为

$$F(A_i)=\frac{\sum\limits_{\cap A_{ji}=A_i}\prod\limits_{j=1}^{M}F_j(A_{ji})}{1-\sum\limits_{\cap A_{ji}=\varnothing}\prod\limits_{j=1}^{M}F_j(A_{ji})},\quad A_i=\varnothing \tag{7.3}$$

式中 A_i、A_{ji}——Θ 中的焦点元素，$i=1,2,\cdots,N$，N 为 Θ 中焦点元素的数目，$j=1,2,\cdots,M$，M 为证据的数目。

7.2 基于距离的分类支持度模型建立

对于一维 n 分类问题 R^1，任意样本 x_i 对第 k 类 c_k 的分类支持度表示为 $x_i(c_k)=\mu\times x_i$，μ 为样本集合整体 X 的特征化算子，是一个泛函，可根据具体情况加以特征化。特征化算子通过多种方式建立。基于距离的方式可以描述为给定集合 $T=\{t_1,t_2,\cdots,t_N\}$，若数据子集 T 中有 p 部分数据 S，在测试样本 o 在半径为 d 的邻域内，则认为 o 为基于距离的群内数据，表示为 DB(p,d)，本章基于这一思想进行多分类中样本分类支持度模型的构建。

【定义 7.3】 对一维 n 分类问题，学习样本集合为 $X=\{x_1,x_2,\cdots,x_m\}$，设分类 i 中学习样本集合 X_i 服从正态分布 $X_i\sim N(E(x_i),E(n_i)^2)$，则第 T 类中的某一学习样本 $x\in X_T$ 分类支持度集合为 $P(x)=\{p^1,p^2,\cdots,p^n\}$。其中，学习样本 x 对第 i 类的分类支持度 p^i 为

$$p^i=\mathrm{e}^{-\frac{(\sum\limits_{x_{ij}\in X'_i}\mu\times\|x-x_{ij}\|)/k_i}{\sum\limits_{m}((\sum\limits_{x_{mj}\in X'_m}\mu\times\|x-x_{mj}\|)/k_m)}} \tag{7.4}$$

式中 x_{yj}——y 类主要学习样本，主要学习样本是某分类中一定方差范围的样本，是更能代表分类特征样本，$x_{yj}\in X'_y$，$X'_y=\{x_{xj}\mid x_{xj}\in X_y \text{ and } (x_{yj}-E(x_y))^2\leqslant\lambda_y E(n_y)\}$；

λ_y——y 类主要学习样本范围修正系数，$\lambda_y>0$；

μ——类内距离修正系数，$\mu=\begin{cases}\mu<1, x_{yj}\in X'_T\\ \mu=1, x_{yj}\notin X'_T\end{cases}$；

k_y——y 类主要学习样本数量，$k_y=\mathrm{count}(X'_y)$。

从上述定义可知样本 x 对第 i 类的分类支持度 p^i 是 x 对类内主要学习样本的距离均值与 x 对所有类中主要学习样本的距离均值之比。由于学习样本 $x\in X_T$，因此为强调 x 在 T 类上分布的聚拢性，加入类内距离修正系数 μ。

采用定义 7.3 可对所有学习样本进行分类支持度模型的构建。但是对于学习样本 $x_i=x_j$，$x_i\in X_I$，$x_j\in X_J$，$I\neq J$，应用上述公式计算时会有两个分类支持度模型：$P(x_i)=\{p_i^1,p_i^2,\cdots,p_i^n\}$ 和 $P(x_j)=\{p_j^1,p_j^2,\cdots,p_j^n\}$。由于支持度中加入了类内距离修正系数 μ，因此在 $P(x_i)$ 中 p_j^I 被强制增大，在 $P(x_j)$ 中 p_j^J 被强制增大，表明同一样本对两类中的支持度都较大。为实现样本值与支持度模型一一对应，定义相同样本的支持度模型为

$$P(x_1)=P(x_2)=\cdots=P(x_n)=\{E(p^1),E(p^2),\cdots,E(p^n)\} \tag{7.5}$$

对于不同分类中具有相同值的样本，说明此类样本的分类特性不明显。

7.3 样本分类支持度计算

7.3.1 基于K近邻估计法获得待分类样本估计支持度

学习样本的分类支持度模型在上节中已经建立，则待分类样本 x 的分类支持度采用K近邻估计法获得样本的估计支持度模型 $P(x)$。设存在待分类样本 x，在一维分类 R^1 中选择距离 D，学习样本集合 $X=\{x_1,x_2,\cdots,x_m\}$ 与 x 的距离按远近重新排列 $x_{j1},x_{j2},\cdots,x_{jm}$，使 $D(x,x_{j1})\leqslant D(x,x_{j2})\leqslant\cdots\leqslant D(x,x_{jm})$，采用平方权函数方法设定权重 $c_{j1}\geqslant c_{j2}\geqslant\cdots\geqslant c_{jm}$，$\sum\limits_{m}c_{jm}=1$，使与 x 最近的样本点占有最大的权 c_{ji}，其次近的点占有次大的权重。取 $b_k=k(k+1)(4k+1)/6$，则有

$$c_{ji}=\begin{cases}[k^2-(i-1)^2]/b_k, & i=1,2,\cdots,k\\ 0, & i=k+1,k+2,\cdots,n\end{cases}$$

选择距它最近的 k 个点作为邻域点，以 k 个近邻点的分类支持度加权值作为样本 x 对分类 i 的估计支持度，有

$$P(x)=\sum_{i}c_{ji}P(x_i) \tag{7.6}$$

式中　$P(x_i)$——学习样本 x_i 分类支持度模型。

7.3.2 基于逆云模型计算获得估计分类支持度

在一维多分类问题中，对于待分样本 x_1，可通过学习样本建立的分类支持度模型和基于K近邻法获得待分类样本的估计分类支持度模型 $P(x_1)=\{p_1,\ p_2,\cdots,p_n\}$，通过计算 $p_i=\max(P(x_1))$ 判断 $x_1\in c_i$。但是当 x_1 落入样本较为稀疏的分布区间时，该方法可能会出现较多错分的样本。

因此，也通过可以判断点 x_1 符合类 c_i 样本云分布 $\mu_i(x)$ 的程度判断样本 x_1 的分类。这个过程可以采用逆云模型计算方法对 x_1 计算其对 $\mu_i(x)$ 的支持概率。例如，图7.1中显示两个类样本的分布函数（相互重叠）。对一个样本 $x_1\in c_1$，事先获得了 x_1 对两个类的估计支持度 p_1 和 p_2，可以看出 drop$(x_1,\ p_1)$ 更“贴近”类 c_1 的分类支持度分布函数曲线 μ_1，因此判断 $x_1\in c_1$。

7.4 基于D－S证据理论的高维多模式分类方法

高维多模式分类问题中具有相当程度不确定性的信息，可以利用D－S证据理论处理不确定性信息和数据的优势进行解决。本章拟将一个高维多模式分类问题转变为多个低维分类问题，并将多个低维度分类的输出应用D－S证据理论合理进行融合，不仅可以降低高维分类的计算量，而且在提高低维分类精度基础上还能效地解决不确定高维数据模式分类问题。

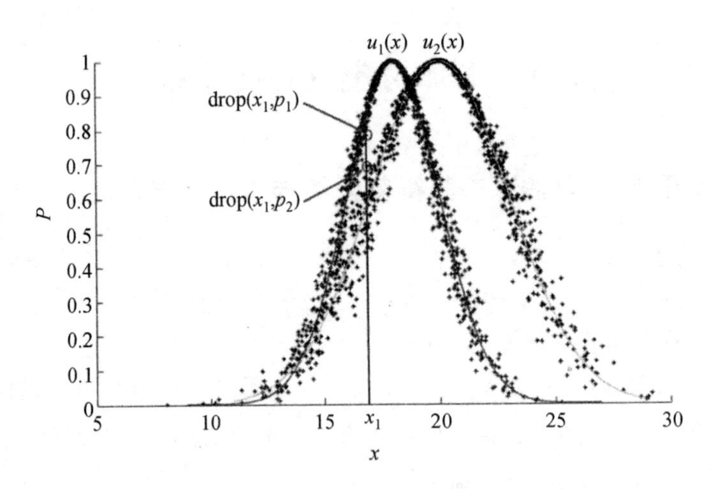

图 7.1 类样本的分布函数

【定义 7.4】 设 $X=\{x_1,x_2,\cdots,x_m\}$，$x_i\in\mathbf{R}^N$，$N\geqslant 3$，$\mathrm{class}(x_i)=c_k$，$k\geqslant 3$ 是一个高维多分类问题，$x_i^j(c_k)$ 表示样本 x_i 的第 j 个属性在分类 c_k 上的支持度，$\sum\limits_{k=1}^{K}x_i^j(c_k)=1$。则某样本的任意两属性对分类 c_k 的融合支持度为

$$x_i^j x_i^l(c_k)=\frac{x_i^j(c_k)\times x_i^l(c_k)}{1-\sum\limits_{c_{ka}\neq c_{kb}}x_i^j(c_{ka})\times x_i^l(c_{kb})} \tag{7.7}$$

式中，$x_i^j(c_k)$ 可采用 7.3.1 节或 7.3.2 节的方法获得。

7.4.1 方法计算复杂度分析

支持向量机的训练本质上是求解二次优化问题，因此两分类支持向量机训练过程的空间复杂度为 $O(m^2)$，时间复杂度为 $O(m^3)$。多分类支持向量机方法目前广泛采用一对余分类方法(One Versus Rest，OVR)和一对一分类方法(One Versus One，OVO)。OVR 方法的步骤是构造 k 个两类分类机(设共有 k 个类别)，其中第 i 个分类机把第 i 类与余下的各类划分开，共进行 k 次二次寻优。OVO 方法又称成对分类法。在训练集中找出所有不同类别的两两组合，共有 $P=k(k-1)/2$ 次二次寻优，求得 P 个判别函数。目前已经证明，OVO 法的训练时间是 OVR 法的 $2/k$ 倍，分类较多时，OVO 法要优于 OVR 法。

设存在 m 个训练样本，n 个测试样本的 k 分类问题，则有以下结论。

(1) 支持向量机的 OVO 训练时间。

OVO 法需要构造 $k(k-1)/2$ 个判别函数，每个判别函数的训练要求 $2m/k$ 个样本参与二次优化问题，因此训练时间为 $k(k-1)(2m)^3/2k^3$，设共产生 t 个支持向量。

(2) 支持向量机的 OVO 测试时间。

分类共进行 $k(k-1)/2$ 次，每次有 $2t/k$ 个支持向量参与运算，则总测试时间为 $nk(k-1)2t/2k$，训练时间和测试时间总计 $4(k-1)m^3/k^2+nt(k-1)$。

(3) 本章方法的训练时间。

本章分类训练的本质是建立训练样本的全部属性分类支持度模型，需要构造 $m\cdot k$ 个支持度，每次需要 m 个训练样本参与计算支持度模型，则训练时间为 $m^2 \cdot k$。

（4）本章方法的测试时间。

采用最近邻法获得待分样本的估计支持度模型需要进行 m 次近邻比对，然后对样本进行 k 次分类支持度的融合，最后进行 k 次最大分类支持度值比对，测试时间为 $n(m+2k)$，训练时间和测试时间总计 $m^2 \cdot k + n(m+2k)$。

从整体上看，本章方法的训练时间低于支持向量机时间，但测试时间一般会超过支持向量机。

7.4.2 实验分析

数据集是UCI公共数据库的Iris、Wine、Glass和Vowel数据集。由于Glass、Iris和Wine样本数量较少，因此实验方法采用LV1(Leave-One-Out)法进行试验：选择样本空间中的每一个样本作为测试数据，其他样本为训练数据，做一次分类实验，遍历样本空间中的每一个样本，统计分类正确的实验次数在实验总数中的比例可得最终实验结果，各数据集的具体描述与样本分布见表7.1。

表7.1 各数据集的具体描述与样本分布

数据集	属性数	类别数	样本总数	训练样本数	测试样本数
Iris	4	3	150	149	150
Wine	13	3	178	177	178
Glass	10	7	214	213	214
Vowel	10	11	990	990	990

对比的分类方法包括支持向量机法（一对余分类方法，一对一分类方法）、模糊规则提取方法和决策树分类方法。在实验过程中，学习范围修正系数 λ 和类内修正系数 μ 的设置根据数据类型不同而不同，其值对分类结果的正确率影响较大（表7.2），需进行逐步调试。本书算法与其他算法的比较结果见表7.3。

表7.2 学习范围修正系数 λ 和类内修正系数 μ 对正确率的影响

数据集	Iris	Wine	Glass	Vowel
μ	0.7	0.7	0.7	0.7/0.5
$(\lambda_1, \lambda_2, \cdots, \lambda_i)$	(2,2, 2)/(2,2,1.5)	(2,2,2)	(2,1,2,2,2,2)/(2,2,2,2,2,2)/(2,1,5,2,2,2,2)	(2,2,2,2,2,2,2,2,2,2,2)/(1.5,1.5,2,2,2,2,1.5,2,2,1.5,2)
分类正确率	0.955 3/0.96	0.983	0.807/0.833/0.842	0.899/0.978

表 7.3 本书算法与其他算法的比较结果

数据集	本文算法(最高正确率)	支持向量机方法	模糊规则集方法	决策树方法
Iris	0.960	0.960	0.953 3	0.966 7
Wine	0.983	0.978	0.951 0	0.983 3
Glass	0.842	—	—	0.726 9
Vowel	0.978	0.975	—	0.996 2

注:表中“—”表示文献算法中没有进行该数据集的实验。

单个 Wine 1 类中样本的概率融合过程见表 7.4,Wine 数据第 1 类中某点的融合过程如图 7.2 所示,其他数据融合过程如图 7.3～7.5 所示。

表 7.4 单个 Wine 数据第 1 类中样本的概率融合过程

	Class 1	Class 2	Class 3
E1	0.291 74	0.285 22	0.423 04
E1,E2	0.225 95	0.169 63	0.604 42
E1,E2,E3	0.235 72	0.137 56	0.626 72
E1,E2,E3,E4	0.385 24	0.130 79	0.483 97
E1,E2,E3,E4,E5	0.597 99	0.038 63	0.363 38
E1,E2,E3,E4,E5,E6	0.699 56	0.042 89	0.257 55
E1,E2,E3,E4,E5,E6,E7	0.874 66	0.042 53	0.082 81
E1,E2,E3,E4,E5,E6,E7,E8	0.887 38	0.040 90	0.071 72
E1,E2,E3,E4,E5,E6,E7,E8,E9	0.933 29	0.030 76	0.035 95
E1,E2,E3,E4,E5,E6,E7,E8,E9,E10	0.971 36	0.023 41	0.005 23
E1,E2,E3,E4,E5,E6,E7,E8,E9,E10,E11	0.974 58	0.021 55	0.003 86
E1,E2,E3,E4,E5,E6,E7,E8,E9,E10,E11,E12	0.984 32	0.014 91	0.000 77
E1,E2,E3,E4,E5,E6,E7,E8,E9,E10,E11,E12,E13	0.984 02	0.008 21	0.007 78

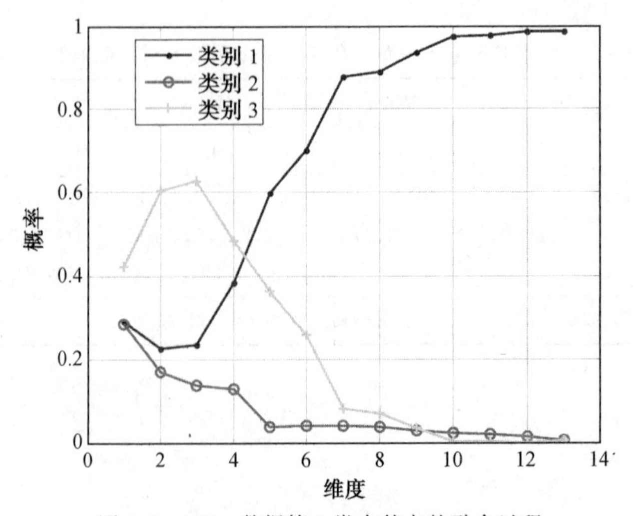

图 7.2 Wine 数据第 1 类中某点的融合过程

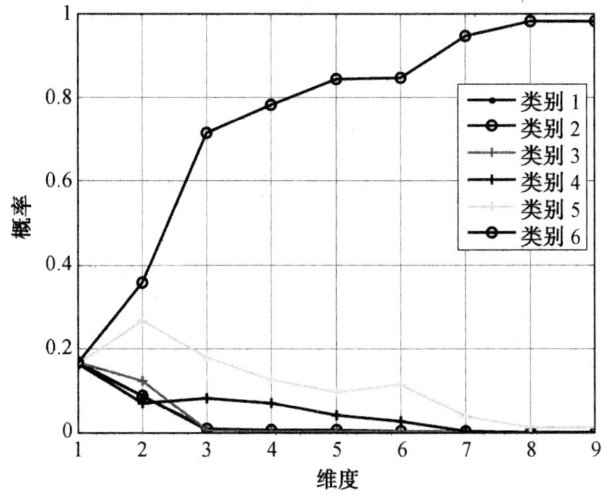

图 7.3　Glass 数据第 6 类中某点的融合过程

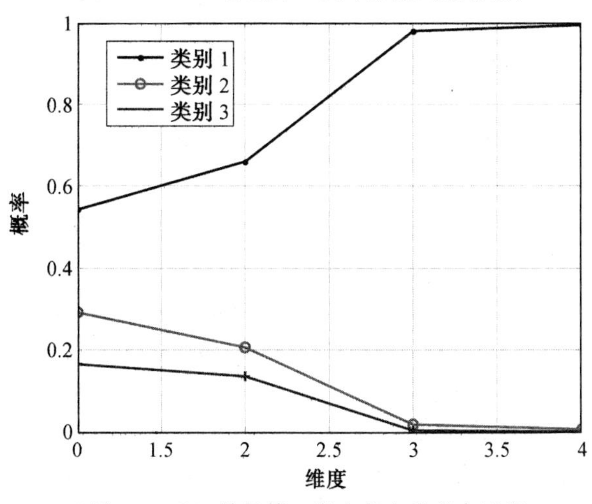

图 7.4　Iris 数据第 1 类中某点的融合过程

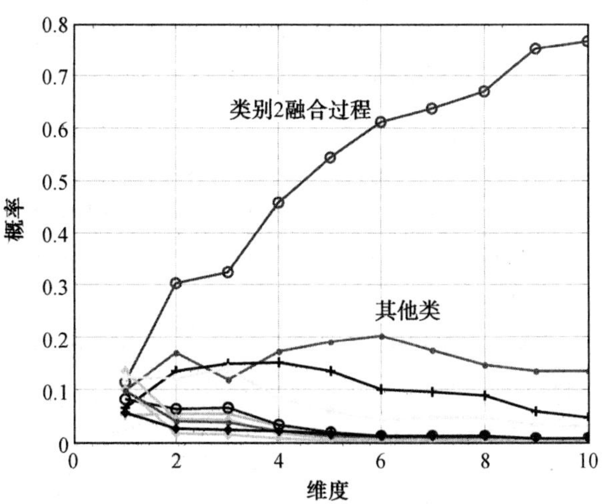

图 7.5　Vowel 数据第 2 类中某点的融合过程

可以看出，本书的模式分类计算结果稳定，在多种数据集中的分类准确率均较高，说明基于本书的多分类算法是鲁棒的，且具有较好的泛化能力。

由以上分析可知，本章基于 D－S 证据理论结合基于距离的样本类支持度模型，实现了一种简单易行的多分类方法。该方法将高维多分类问题分解为多个低维多分类问题，通过建立低维空间的分类支持度模型，最终融合低维空间的分类支持度，获得高维分类结果。由于本章中算法不需进行大规模的二次规划问题的求解，因此算法结构比支持向量机方法简单，且从实验结果上看，其准确性高，尤其对高维多分类问题的分类效果令人满意。由于算法考虑了各类的主要训练样本对分类的影响，因此其具备了处理局部样本分布的优势，在分类样本分布重合度较大时，算法仍能获得较高的分类准确性。但是，由于算法采用全部训练样本参与测试计算，因此当训练样本数量较小时，本章算法具有较好的计算效率。但当训练样本数量较大时，其计算时间超过了支持向量机，且随着训练样本的不断增加，时间消耗也增多，这也是本章算法待提高之处。

本章参考文献

[1] 苟博，黄贤武. 支持向量机多类分类方法[J]. 数据采集与处理，2006，21(3)：334-339.

[2] 李洁，邓一鸣，沈士团. 基于模糊区域分布的分类规则提取及推理算法[J]. 计算机学报，2008，31(6)：934-941.

[3] ISHIBUCHI H，YAMAMOTO T. Rule weight specification in fuzzy rule-based classification systems[J]. IEEE Transactions on Fuzzy Systems，2005，13(4)：428-435.

[4] RAMANAN A，SUPPHARANGSAN S，NIRANJAN M. Unbalanced decision trees for multi-class classification[C]. Peradeniya：Industrial and Information Systems，2007.

[5] NOZAKI K，ISHIBUCHI H，TANAKA H. Adaptive fuzzy rule based classification systems [J]. Transactions on Fuzzy Systems，1996，4(3)：238-250.

[6] ATIKENHEAD M J. A co-evolving decision tree classification method[J]. Expert Systems with Applications，2008，34：18-25.

[7] VAPNIK V. Staticstical learning theory[M]. New York：John Wiley & Sons，1998.

[8] CHEN J，WANG C，WANG R S. A fast two-stage classification method of support vector machines[C]. Zhangjiajie：2008 International Conference on Information and Automation. IEEE，2008.

[9] ISA D，LEE L H，KALLIMANI V P，et al. Text document preprocessing with the bayes formula for classification using the support vector machine[J]. Transactions on Knowledge and Data Engineering，2008，20(9)：1264-1272.

第 8 章

基于知识图谱的知识融合方法

信息融合(Information Fusion)起初被称为数据融合(Data Fusion),起源于 1973 年美国国防部资助开发的声纳信号处理系统,其概念在 20 世纪 70 年代就出现在一些文献中。20 世纪 80 年代,为满足军事领域中作战的需要,多传感器数据融合(Multi-Sensor Data Fusion,MSDF)技术应运而生。随着信息技术的广泛发展,具有更广义化概念的“信息融合”被提出。在美国研发成功声纳信号处理系统之后,信息融合技术在军事应用中受到了越来越广泛的青睐。军事领域是信息融合的诞生地,也是信息融合技术应用最为成功的地方,在军事中的应用研究已经从低层的目标检测、识别和跟踪转向了态势评估和威胁估计等高层应用。20 世纪 90 年代以来,信息融合技术的应用领域也从军事迅速扩展到了民用。信息融合技术已在机器人和智能仪器系统、智能制造系统、战场任务与无人驾驶飞机、航天应用、目标检测与跟踪、图像分析与理解等领域取得了成效。

8.1 基于编辑距离定义相似度

8.1.1 编辑距离

编辑距离(Edit Distance)最初用于衡量两个字符串之间的差异,是指将一个字符串转换成另一个字符串的最少编辑操作的次数。其中,编辑操作包括插入(Insertion)一个字符、删除(Deletion)一个字符及替换(Substitution)一个字符。随后,研究人员将编辑距离从字符串扩展到图,定义了图的编辑操作和编辑距离。其中,树是图的一个特例。

对于字符串,给定字母表 V,字符串 t 由有限个来自于字母表 V 的字母按照一定顺序组成,ε 表示空字符串。三种编辑操作定义为:插入操作($\varepsilon \to v$)表示将字母 v 插入字符串,如从“enine”变换到“engine”是插入字母“g”;删除操作($u \to \varepsilon$)表示将字母 u 从字符串中删除,如从“engine”变换到“enine”是删除字母“g”;替换操作($u \to v$)表示字母 u 被替换为字母 v,如从“engine”变换到“eneine”。两个字符串 t_1 与 t_2 之间编辑距离的数学描述为 $\mathrm{ED}(t_1,t_2)=\min_j[I(j)+D(j)+S(j)]$。其中,$I(j)$、$D(j)$、$S(j)$分别表示第 j 种字符串转换方案中插入、删除与替换操作的次数。

图的编辑距离与之类似,图由节点和边组成,因此其编辑操作有六个:节点的插入($\varepsilon \to v$)、节点的删除($u \to \varepsilon$)、节点的替换($u \to v$)、边的插入 $\varepsilon \to (p,q)$、边的删除$(p,q) \to \varepsilon$、边的替换$(p,q) \to (r,s)$。其中,u 与 v 表示图中的节点,(p,q)表示连接节点 p 与 q 的边。类似地,图的编辑距离定义为将一个图转换为另一个图所需要的最少编辑操作的次数。

编辑距离可度量两个字符串或图之间的相似程度,但由定义可知,其仅能度量二者的结构差异。若将其直接用于监控数据树,则仅能确定两个监控数据树参数值不相等的参数个数。显然，编辑距离无法准确度量二者之间的差异，因为监控数据树中的每个参数节点是有含义的，表示不同的性能参数，所以需对传统编辑距离改进。

8.1.2 基于编辑距离的实例推理应用案例

基于实例的推理(Case Based Reasoning，CBR)就是通过检索相似的历史设计实例，对其设计方案进行修改，以解决新的设计问题。在机械产品设计中，有丰富的历史设计案例，在进行新的设计时使用基于实例的推理技术，可以避免重复设计，节约设计时间，且能够保证设计的合理性。因此，CBR 在机械产品设计中得到了广泛应用。基于实例的学习有几个优点：在增量学习中有相对较小的计算消耗；不依赖于统计假设，而且其推理过程易于被人类理解；其不需要一个明确的领域模型。CBR 技术在许多领域得到了广泛应用，如机械故障诊断、工程造价预测、数字量预测、企业失败预测、应急预案、机械加工定位装置设计、注塑模具设计复杂机械产品概念设计、机械三维零件检索等。基于实例推理的一般流程如图 8.1 所示。

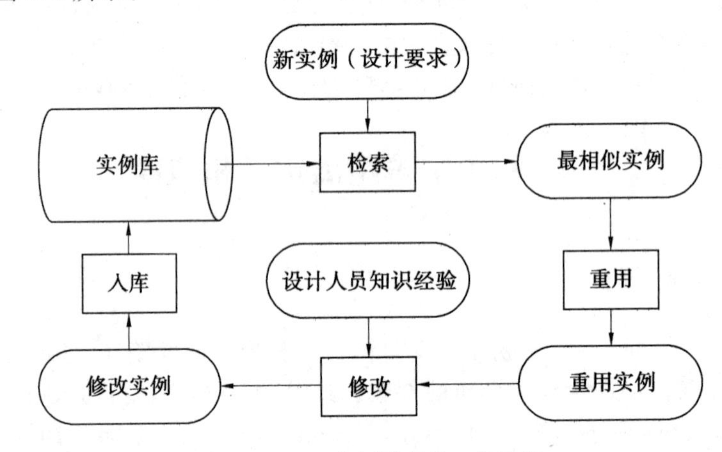

图 8.1　基于实例推理的一般流程

图 8.1 主要包括以下四步操作，由图中的方框表示。

(1)检索。

根据新实例，即设计要求形成的实例，在实例库中按照一定的算法进行检索，获得最相近的实例。

(2)重用。

对检索实例进行重用，看能否满足新的设计要求。

(3)修改。

如果检索实例不能完全满足设计要求，则根据设计人员的知识，对实例进行修改，以适应设计要求，形成修改实例。

(4)入库。

修改后的实例是实例库中没有的，是满足新的设计要求的，因此将其添加到实例库中，丰富实例库，为以后的设计提供更多的依据。

研究人员对 CBR 进行了大量的研究和探索，不同的研究人员着眼于不同的阶段，如在创建实例库时采用Z索引方法对实例库中的实例进行索引，从而提高检索的效率。在检索过程中，实例中不同的属性可能有不同的权重，可以使用交互信息的方法来进行属性的选取，也可以采用决策树算法设置属性权重。在检索相似度的计算中，可以采用基于本体的语义相似度来进行实例检索。在实例的修改方面，很多研究人员希望能够实现自动修改，可以采用多元回归分析的方法进行工程造价预算的自动修改，也可以采用遗传算法进行应急预案的自动修改。

CBR中最重要的是实例的检索。CBR在机械产品设计的应用中有很多问题，如缺失信息或属性不对等。对于缺失信息处理，有多种方法，但是其中的大部分都是估计或使用其他值来代替缺失信息。显然，这样的方法很难保证精度，而且缺乏支持模型，很难从理论上进行解释。

此外，在实例检索中，有多种距离公式，最常用的有欧氏距离、曼哈顿距离、汉明距离等。虽然这些距离不尽相同，但是它们都要求两个实例的属性必须一一对应，否则便无法计算。然而，在实际的CBR系统中，有时会需要在不同的产品之间进行检索，因为这些产品比较相似。但是不同的产品，其属性不是完全一致的，即不同产品的属性不能一一对应，因此常规距离便无法使用。为了能够计算，属性必须进行筛选，然后使用常规距离计算两实例之间的距离，这样会导致一些有用的信息在筛选过程中被忽略掉。本书提出的相似度函数正是用来解决这两方面的问题。其是基于编辑距离的，而编辑距离可以处理两个不等长的字符串，而编辑距离的这个特点可以被用来处理缺失信息或属性不对等的问题。

在机械产品设计领域，实例包括描述信息和设计方案。其中，描述信息用于检索过程中相似度的计算，设计方案则是用于实例的重用和修改。机械产品的设计方案中，参数多且关系复杂，不同产品的参数差别很大，很难在机械产品设计实例中进行自动修改，需要设计人员利用其经验和知识，按照一定的设计原则，对检索实例的设计方案进行合理的修改。因此，在机械产品设计中，基于实例的推理的研究主要集中在检索和重用阶段。本书主要研究实例库的构建和实例的检索，由于基于实例的推理过程是增量学习，实例库不断扩展，引入本体论，使用领域本体进行实例库的组织和构建，因此大量的实例能够有序地组织，以便快速地检索。在检索过程中引入编辑距离，将实例编码成树形结构，对普通的编辑距离进行改进，考虑语义及实例的具体意义，提出基于编辑距离的消耗函数和相似度函数，可以更准确、全面地衡量实例的相似度。

利用基于实例的推理方法进行设计的过程主要包括以下三步：

①构建实例库；

②确定实例相似度的度量；

③在实例库中进行检索，寻找最相似的实例。

下面具体阐述利用基于实例的推理方法进行设计的实现过程。

1. 实例库的构建

在构建实例库时，如何组织大量的实例，使得推理过程可以快速、准确地找到相关实例，是构建实例库的关键。本书的研究采用领域本体(Domain Ontology)的技术对设计实例进行组织。

领域本体可以描述某一个具体领域内的知识，本书的研究集中在机械产品设计领域。领域本体由许多概念共同组成，每个概念用于描述该领域内具有共同特点的一类事物，类似于类(Class)的概念。在机械产品领域，概念可以描述具有一定功能的一类产品，如减速器；也可以描述具有一定功能的零部件，如齿轮等。概念具有层次关系，不同层次的概念，其所表达的精细程度不同。此外，概念之间有继承关系。

整个实例库中可能存在不同机械产品的实例。首先，根据所有实例分析出实例中所涵盖的所有概念；然后，根据领域知识对这些概念进行分析，找到概念之间的关系，形成概念树；最后，将属于同一概念的实例挂接到相应的概念下面，便形成了基于本体的实例库。以水轮机的设计为例，基于本体的实例库形式如图 8.2 所示。

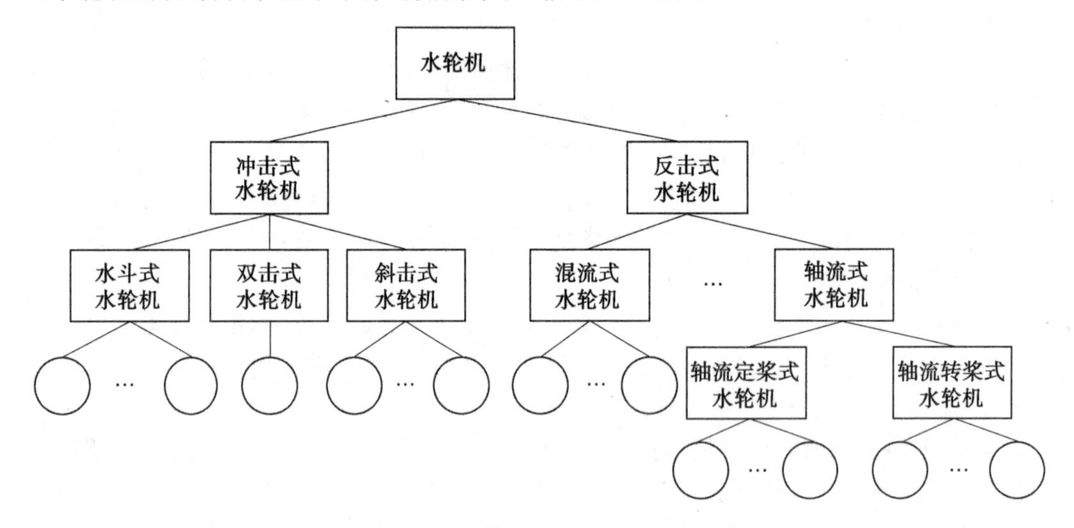

图 8.2　基于本体的实例库形式

图 8.2 中方框表示概念，圆圈表示实例，水轮机就是领域本体。本体中，每个概念通过一些元素进行描述，包括概念名、关键字和特征参数等。子概念将继承其父概念的关键字和特征参数。领域本体建立完成后，将所有的实例挂接到相应的概念中，如图中的圆圈所示。一般实例只需要挂接到各个叶节点上，因为叶节点是继承自其父节点代表的概念，所以叶节点概念的实例同时也是其父节点概念的实例。同样，在检索实例时，检索某概念的实例，其实是检索该概念所有叶节点概念所包含的实例。例如，检索“冲击式水轮机”的实例，则要检索“冲击式水轮机”所有叶节点的概念中包含的实例。

2. 实例相似度的度量

在基于实例的推理过程中，最重要的过程是在实例库中找到与目标实例最相似的实例，其关键就是两个实例之间相似度的度量。如何对两个实例的相似度进行量化，是影响基于实例推理过程有效性的重要因素。本章将所有实例以树的形式进行存储和表示，借助树的编辑距离来度量实例之间的相似度。然而，实例是有实际意义的，编辑距离仅度量两棵树形式上的差异，并没有考虑这种形式差异带来的语义变化。因此，在利用编辑距离度量实例差异时，要考虑实例的语义变化。

实例由多组属性和属性值描述，而对于复杂的机械产品，其包含多个零部件，而某些部件还由子部件组成。因此，为精确细化地描述机械产品，需要将其实例进行划分，而每个零部件也是一个实例，由属性和属性值共同描述。因此，由于零部件的层次关系，不同的属性也有层次关系，非常类似于树形结构，且具有相对结构化的形式，因此所有实例可以使用相似的树形结构进行统一表达。以水轮机的实例为例，实例的多级分层树形表达方式如图 8.3 所示。

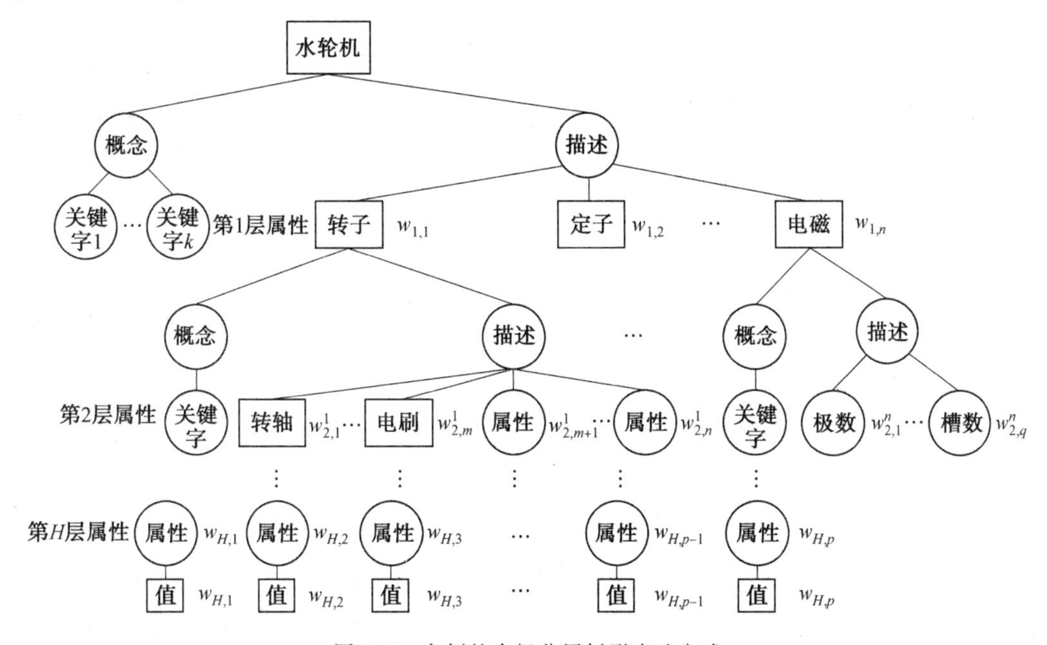

图 8.3 实例的多级分层树形表达方式

实例库中的实例均可采用图 8.3 中的多级分层树形结构进行描述。图中的矩形方框代表机械产品及其各个零部件，如转子及其子部件转轴；(属性)代表描述产品实例的属性；正方形框代表属性值。在实例树中，每个矩形框都是一棵子树的根节点，其有两个子节点。其中，左子节点为概念节点，记录该子树代表的产品或零部件所属的概念，其右子节点为描述该概念的所有关键字，由(概念)和(描述)表示；右子树是实例的描述信息，其子节点用来描述该部件实例的所有属性及其子部件。例如，转子节点是描述转子实例的子树根节点，其描述节点中有描述转子的属性，还有转子的子部件转轴等，而转轴则是另一个子实例树的根节点。整个复杂机械产品的实例树则是通过这些零部件子树组合而成的。由于产品结构的层次性，因此相应的属性也是分层的，图 8.3 中共有 H 层属性。由于实例中各个属性的重要程度不同，因此其权重也不同。图 8.3 中，$w_{2,1}^n, \cdots, w_{2,q}^n$ 代表“电磁”的所有属性，上标 n 代表电磁部分是上一层属性中的第 n 个，下标中的 2 表示这些属性属于第 2 层，而 q 则是电磁部分属性的个数。并不是只有属性才有权重，对于某些部件，其子部件和属性都有权重，如转子部件，其描述信息包括转轴等子部件，还有一些属性，它们都属于转子的属性，而且属于同一部件的所有子部件及属性的权重之和为 1。例如，对于转子部件，$w_{2,1}^1+\cdots+w_{2,m}^1+w_{2,m+1}^1+\cdots+w_{2,n}^1=1$，其他部件与之类似。每个属性节点下面挂接该实例对应的属性值，由正方形框表示。图 8.3 中仅画出底层的属性值，其余的属性与之类似。各属性值具有与属性相同的权重。

实例转换为树形结构后，如果采用编辑距离，则仅能描述两棵实例树在形式上的差异。但在机械产品设计中，实例是有语义的，不同的编辑操作对实例的影响不同，即使同样的编辑操作，对于不同位置的节点，其代价也不相同。因此，采用简单的编辑距离无法正确有效地度量两个实例之间的真实差异，需要对编辑距离进行修改，将实例的语义考虑进去，度量两个实例转换的代价，即实例转换的消耗函数。

实例树由节点和边组成，Tree=$\{V,E\}$。其中，V 表示节点的集合；E 表示边的集合。由于在实例树中，边没有属性，不需要针对边进行编辑操作，实例树可以简化成节点的有序集合，因此只需定义节点的编辑操作。设实例树的有序节点集合为 $V=(v_1,\cdots,v_m)$。其中，$v_1,\cdots,v_m$ 代表节点。

【定义 8.1】 插入操作 Insertion(V,v,j)，V 表示执行插入操作的实例树，v 表示插入的节点，j 表示节点插入的位置。

【定义 8.2】 删除操作 Deletion(V,Tree(v_j))，V 表示执行删除操作的实例树，j 表示要删除节点的位置，Tree(v_j)表示以节点 v_j 为根节点的子树。若 v_j 是叶节点，则 Tree(v_j)$=v_j$；若 v_j 不是叶节点，则 Tree(v_j)包含节点 v_j 及其所有的子节点。

【定义 8.3】 替换操作 Substitution(V,v_j,v)，V 表示执行替换操作的实例树，v_j 表示被替换的节点，v 表示替换节点。

为解释三种编辑操作，实例树的编辑操作示例如图 8.4 所示。图中有三个监控数据树，每个包含两个参数，但三个树的马赫数的值不同。树 1 中的马赫数是缺失值，这是工程中的常见现象，缺失值对距离度量有一定影响，本章定义的距离可有效处理缺失值。树 2 中马赫数的值是 0.84，树 3 中马赫数的值是 0.7。由树 1 到树 2 的转换($\text{Tree}_1\rightarrow\text{Tree}_2$)为插入马赫数节点的值，由树 2 到树 1 的转换($\text{Tree}_2\rightarrow\text{Tree}_1$)为删除马赫数节点的值，由树 2 到树 3 的转换($\text{Tree}_2\rightarrow\text{Tree}_3$)为替换马赫数节点的值。

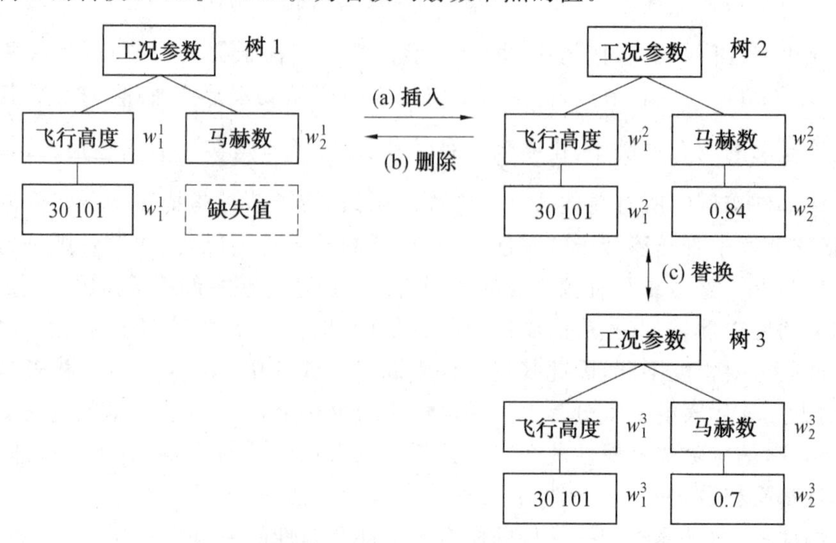

图 8.4 实例树的编辑操作示例

为定义合理的实例树的距离，在传统编辑距离上进行三方面改进，具体如下。

(1)在传统编辑距离中，编辑操作是等代价的，但实际中不同操作对监控数据树的影响不同，因此应分别设置三种编辑操作的代价。由于树中的参数是有权重的，因此还应考虑权重的影响。实例树在传统树的基础上增加一种新的编辑操作——权重修改。设置插入、删除和替换的代价分别为 I、D 和 S，且 $I,D,S\geqslant 1$，其值可根据具体情况设置，则编辑操作的代价函数 $g(\text{Tree}_1\rightarrow\text{Tree}_2)$ 定义为

$$g(\text{Tree}_1\rightarrow\text{Tree}_2)=\begin{cases} I, & \text{插入操作} \\ D\cdot n, & \text{删除操作} \\ S, & \text{替换操作} \\ 1, & \text{权重修改} \end{cases},I,D,S\geqslant 1 \tag{8.1}$$

式中，删除操作的代价为 $D\cdot n$，D 为删除单个节点的操作代价。若删除的节点为叶节点，则 $n=1$；若为非叶节点，则 n 代表以被删除节点为根节点的子树的节点数目。

(2)实例树中的节点是有语义的，由于发动机性能参数有层级和不同的隶属关系，因此对不同层参数节点的修改对实例树的影响不同，应考虑参数所在层的影响，定义消耗系数 K 为

$$K=h\cdot v,\quad v\geqslant 1;h=H-t+1;t=1,2,\cdots,H \tag{8.2}$$

式中 h——参数值节点所在层的影响，$h=H-t+1$；

H——参数的总层数；

t——参数值节点所在的层。

显然，层级越高(t 越小)，消耗系数越大；层级越低(t 越大)，消耗系数越小。v 表示对某个值节点执行操作的代价。

(3)航空发动机实例树中所有替换操作的代价均为 S，但替换为不同值有不同的影响。图 8.4 中，($\text{Tree}_2\rightarrow\text{Tree}_3$)替换马赫数的值，但替换为 0.7 与替换为 0.6 不同，因此定义参数的值修改消耗为 $\text{value\_cost}(\text{value}_1,\text{value}_2)$，$\text{value}_1$ 与 value_2 分别代表两个实例树对应的参数值。值消耗函数的值域为[0,1]，值越大，两个值相差越多。用户可根据具体的数据特点选择不同的计算方法，如绝对值形式，即 $\text{value\_cost}(\text{value}_1,\text{value}_2)=|\text{Norm}(\text{value}_1)-\text{Norm}(\text{value}_2)|$。其中，Norm(·)表示归一化运算，其目的是消除不同参数量级的差异。也可以选择二次方形式，即 $\text{value\_cost}(\text{value}_1,\text{value}_2)=(\text{Norm}(\text{value}_1)-\text{Norm}(\text{value}_2))^2$。

基于以上三方面的改进，定义实例树的距离如下。

【定义 8.4】 实例树距离 $\text{dis}(\text{Tree}_1\rightarrow\text{Tree}_2)$，设从实例树 Tree_1 转换为 Tree_2 的所有编辑操作序列的集合为 $\text{editset}=\bigcup E^i$。其中，$E^i$ 表示第 i 组编辑操作序列 $E^i=\{\text{Insertion}^i,\text{Deletion}^i,\text{Substitution}^i,\text{Weight}^i,R^i\}$，$\text{Insertion}^i$、$\text{Deletion}^i$、$\text{Substitution}^i$、$\text{Weight}^i$ 分别代表该组序列中的插入、删除、替换和权重修改操作，R^i 代表该组编辑操作的顺序，则该转换的距离为

$$\begin{aligned}&\text{dis}(\text{Tree}_1\rightarrow\text{Tree}_2)\\&=\min\left[\sum_{l=1}^{L}K_l\cdot g_l\cdot F(w_l)\cdot\text{value\_cost}\right]\\&=\min\left[\sum_{l=1}^{L}h_l\cdot v\cdot g_l\cdot F(w_l)\cdot\text{value\_cost}\right]\end{aligned}$$

$$=\min\left[\sum_{n_1=1}^{N_1}K_{n_1}Iw_{n_1}+\sum_{n_2=1}^{N_2}K_{n_2}Dw_{n_2}+\sum_{n_3=1}^{N_3}K_{n_3}S\overline{w_{n_3}}\cdot \text{value\_cost}+\sum_{n_4=1}^{N_4}K_{n_4}\Delta w_{n_4}\right] \tag{8.3}$$

其中，$N_1+N_2+N_3+N_4=L$，且有

$$F(w)=\begin{cases} w, & \text{插入或删除} \\ \bar{w}, & \text{替换操作} \\ \Delta w, & \text{权重修改} \end{cases}$$

$$\bar{w}=(w_{\text{new}}+w_{\text{old}})/2;\Delta w=|w_{\text{new}}-w_{\text{old}}| \tag{8.4}$$

实例树的距离也是编辑操作代价的最小值，这个最小值对应的编辑操作序列称为最短编辑路径。式(8.3)中，K_l 表示节点的消耗系数；g_l 表示编辑操作的代价，即 I、D 或 S；$F(w_l)$表示针对权重的计算，其计算方法根据编辑操作的不同而不同。式(8.3)中第三行根据四种不同的编辑操作展开，每种编辑操作的权重项计算方法不同，w_{n1} 表示执行插入操作节点在Tree_2 中的权重，w_{n2} 表示执行删除操作节点在Tree_1 中的权重，$\overline{w_{n3}}$ 表示执行替换操作节点的平均权重，即$\overline{w_{n3}}=(w_{n3}^{\text{old}}+w_{n3}^{\text{new}})/2$。其中，$w_{n3}^{\text{old}}$ 和 w_{n3}^{new} 分别表示替换前和替换后的权重，Δw_{n4} 是权重的增量，即 $\Delta w_{n4}=|w_{n4}^{\text{new}}-w_{n4}^{\text{old}}|$，表示执行权重修改操作的权重项计算方法。式中的 value_cost 可选择不同形式，且只有执行参数值的替换操作时才有该项，其他情况下其值为 1。

实例树的距离并不是特指一种距离形式，而是一个距离簇，通过设置不同的参数，可在一定条件下转变为一些常见距离。例如，当所有性能参数属于同一父节点且无缺失值，value_cost 采用平方形式时，距离退化为加权欧氏距离的平方；当 value_cost 采用绝对值形式时，距离退化为加权曼哈顿距离。以上均属于闵可夫斯基距离，都是实例树距离的特例。因此，本章提出的监控数据树的距离是闵可夫斯基距离等常见距离的广义表达式，可根据用户的设置转变为不同形式的距离，应用于不同的场景。

编辑距离之所以成为表征两个树结构差异的度量，是因为其满足度量的三个条件，即非负性、对称性和三角不等式。而实例树的距离由于引入了操作代价、消耗系数和权重，因此一般不满足度量的三个性质。但通过对操作代价进行约束，可使实例树的距离成为一种度量。只有成为度量，才可用于表征实例树之间的差异。

【定理 8.1】 当 $I=D$，即插入操作与删除操作代价相等时，距离满足对称性，即 $\text{dis}(\text{Tree}_1\rightarrow\text{Tree}_2)=\text{dis}(\text{Tree}_2\rightarrow\text{Tree}_1)$。

证明 由式(8.1)可知，实例树转换($\text{Tree}_1\rightarrow\text{Tree}_2$)的编辑操作序列由四种基本编辑操作组成，具体如下。

(1)设实例树转换($\text{Tree}_1\rightarrow\text{Tree}_2$)为插入一个值节点，设插入第 i 个参数的值，权重不发生改变，与图 8.4(a)类似，距离为 $\text{dis}(\text{Tree}_1\rightarrow\text{Tree}_2)=h_i vI\cdot w_i^2$。对于($\text{Tree}_2\rightarrow\text{Tree}_1$)，其最少的编辑操作为删除第 i 个参数的值节点，其距离为 $\text{dis}(\text{Tree}_2\rightarrow\text{Tree}_1)=h_i vD\cdot w_i^2$。因此，当 $I=D$ 时，该转换过程满足对称性。

(2)设实例树转换($\text{Tree}_1\rightarrow\text{Tree}_2$)为删除第 i 个参数的值节点，与(1)中的转换过程类似。显然，当 $I=D$ 时，该转换过程满足对称性。

(3)设实例树转换($Tree_1 \rightarrow Tree_2$)为替换第 i 个参数的值节点,与图 8.4(c)类似,其距离为 $dis(Tree_1 \rightarrow Tree_2) = h_i vS \cdot \overline{w_i} \cdot value\_cost$。其中,$\overline{w_i} = (w_i^1 + w_i^2)/2$。转换过程($Tree_2 \rightarrow Tree_1$)的最短编辑操作序列也是替换操作,其距离为 $dis(Tree_2 \rightarrow Tree_1) = h_i vS \cdot (w_i^2 + w_i^1)/2 \cdot value\_cost$,显然二者相等,与 I 或 D 无关。

(4)设实例树转换($Tree_1 \rightarrow Tree_2$)为修改参数的权重,两个树中的权重分为$\{w_1^1, w_2^1, \cdots, w_n^1\}$和$\{w_1^2, w_2^2, \cdots, w_n^2\}$,则该转换计算得到的距离为

$$dis(Tree_2 \rightarrow Tree_1) = \sum_{j=1}^{n} h_j v \mid w_j^2 - w_j^1 \mid = \sum_{j=1}^{n} h_j v \cdot \Delta w_j$$

对于转换过程($Tree_2 \rightarrow Tree_1$),其最短编辑操作序列同样是修改参数的权重,其距离计算值为

$$dis(Tree_2 \rightarrow Tree_1) = \sum_{j=1}^{n} h_j v \mid w_j^1 - w_j^2 \mid = \sum_{j=1}^{n} h_j v \cdot \Delta w_j$$

显然,该转换满足对称性,同样与 I 或 D 无关。

两个实例树之间的任意编辑操作序列均由上述四种基本编辑操作组合得到,由此可得,当 $I=D$ 时,实例树的距离满足对称性。

若要成为度量,实例树的距离还应满足三角不等式,即 $dig(Tree_1 \rightarrow Tree_2) \leqslant dig(Tree_1 \rightarrow Tree_3) + dig(Tree_3 \rightarrow Tree_2)$。假设在两个树$Tree_1$ 与$Tree_2$ 之间只有一个叶节点参数的值不同,能够实现两个树转换的编辑操作序列很多,但有可能是最短路径的只有两组:第 1 组是替换该节点;第 2 组是从$Tree_1$ 中删除该值节点,然后插入新的值节点得到$Tree_2$。两组操作序列参考图 8.4 中的操作,确定不失一般性,假设转换过程中权重发生改变。第 1 组转换替换第 i 个参数的值,替换操作的距离为

$$dis(Tree_1 \rightarrow Tree_2) = K_i S \cdot \overline{w_i} \cdot value\_cost + \sum_{j=1}^{n} K_j \mid w_j^1 - w_j^2 \mid$$

其中,$K_j = h_j v (j=1, \cdots, n)$。第 2 组转换序列先从$Tree_1$ 中删除第 i 个参数的值节点得到$Tree_3$,其距离为

$$dis(Tree_1 \rightarrow Tree_3) = K_i D \cdot w_i^1 + K_i \cdot w_i^1 + \sum_{j=1, j \neq i}^{n} K_j v \mid w_j^1 - w_j^3 \mid$$

然后将第 i 个参数新的值节点插入实例树$Tree_3$ 得到$Tree_2$,其距离为

$$dis(Tree_3 \rightarrow Tree_2) = K_i I \cdot w_i^2 + K_i \cdot w_i^2 + \sum_{j=1, j \neq i}^{n} K_j \mid w_j^3 - w_j^2 \mid$$

则第 2 组编辑操作序列的距离为

$$\begin{aligned} & dis(Tree_1 \rightarrow Tree_3) + dis(Tree_3 \rightarrow Tree_2) \\ = & K_i (D \cdot w_i^1 + I \cdot w_i^2) + K_i (w_i^1 + w_i^2) + \sum_{j=1, j \neq i}^{n} K_j (\mid w_j^1 - w_j^3 \mid + \mid w_j^3 - w_j^2 \mid) \end{aligned} \tag{8.5}$$

因为$Tree_3$ 中没有参数 i 的值节点,故令 $w_i^3 = 0$,则有

$$K_i (w_i^1 + w_i^2) + \sum_{j=1, j \neq i}^{n} K_j (\mid w_j^1 - w_j^3 \mid + \mid w_j^3 - w_j^2 \mid) = \sum_{j=1}^{n} K_j (\mid w_j^1 - w_j^3 \mid + \mid w_j^3 - w_j^2 \mid)$$

根据不等式性质可得

$$\sum_{j=1}^{n}K_j(|w_j^1-w_j^3|+|w_j^3-w_j^2|)\geqslant\sum_{j=1}^{n}K_j|w_j^1-w_j^2|$$

因为 $I=D$，所以

$$\begin{aligned}&\text{dis}(\text{Tree}_1\to\text{Tree}_3)+\text{dis}(\text{Tree}_3\to\text{Tree}_2)\\&=K_iI\cdot(w_i^1+w_i^2)+\sum_{j=1}^{n}K_j(|w_j^1-w_j^3|+|w_j^3-w_j^2|)\\&\geqslant K_iI\cdot(w_i^1+w_i^2)+\sum_{j=1}^{n}K_j|w_j^1-w_j^2|\end{aligned}\tag{8.6}$$

令 $I+D\geqslant S$，即 $I\geqslant S/2$，同时由于 value_cost$\in[0,1]$，因此可得

$$\begin{aligned}&\text{dis}(\text{Tree}_1\to\text{Tree}_3)+\text{dis}(\text{Tree}_3\to\text{Tree}_2)\\&\geqslant K_iI\cdot(w_i^1+w_i^2)+\sum_{j=1}^{n}K_j|w_j^1-w_j^2|\\&\geqslant K_i\cdot\frac{S}{2}\cdot(w_i^1+w_i^2)\cdot\text{value\_cost}+\sum_{j=1}^{n}K_j|w_j^1-w_j^2|\\&=K_iS\cdot\frac{w_i^1+w_i^2}{2}\cdot\text{value\_cost}+\sum_{j=1}^{n}K_j|w_j^1-w_j^2|\\&=\text{dis}(\text{Tree}_1\to\text{Tree}_2)\end{aligned}\tag{8.7}$$

由式(8.7)可知，当 $I+D\geqslant S$ 且 $I=D$ 时，对一个叶节点的编辑操作，其距离满足三角不等式。如果转换过程不更改权重，则结论同样成立。对于非叶节点，删除操作相当于同时删除该节点及其所有子节点。显然，直接执行替换操作的距离小于先删除再插入的距离，所以同样满足三角不等式。所有编辑操作序列均可视为对叶节点的操作组成的，因此可得以下定理。

【定理 8.2】 当 $I+D\geqslant S$ 且 $I=D$ 时，监控数据树的距离满足三角不等式。

由实例树距离的定义可知其满足非负性，而且当且仅当 $\text{Tree}_1=\text{Tree}_2$ 时，$\text{dis}(\text{Tree}_1\to\text{Tree}_2)=0$。因此，根据定理 8.1 和定理 8.2 可得以下推论。

【推论 8.1】 当 $I+D\geqslant S$ 且 $I=D$ 时，监控数据树的距离是一种度量。

当成为度量时，距离可表示为 $\text{dis}(\text{Tree}_1,\text{Tree}_2)$。当满足上述充分条件时，无论 I、D 与 S 的值如何设置，均可作为距离，而不是仅局限于欧氏距离或曼哈顿距离。因此，上述距离是对传统距离的扩展，是一种广义距离。

在实例中，属性值有多种类型，大致可以分为四类：纯数字型、区间型、模糊型和语义型。定义属性值修改消耗函数为 $\text{value\_cost}(\text{value}_1,\text{value}_2)$，其值域为[0,1]。值越大，两个值相差越多；值越小，两个值越接近。下面针对四类常见类型的属性值，分别定义其属性值消耗函数。

(1)纯数字型。

设两个实例树转换过程($\text{Tree}_1\to\text{Tree}_2$)中的某一属性节点，通过替换操作进行编辑，则定义其属性值消耗为

$$\text{value\_cost}(\text{value}_1,\text{value}_2)=\frac{|\text{value}_1-\text{value}_2|}{\max-\min}\tag{8.8}$$

式中 $value_1, value_2$——替换前后该属性的值；

max, min——该属性取值的最大值和最小值，属性值改动越大，消耗越大。

(2)区间型。

设两个实例树转换过程($Tree_1 \rightarrow Tree_2$)中的某一属性节点，其属性值为区间型，且$Tree_1$中为$[a_1, b_1]$，$Tree_2$中为$[a_2, b_2]$，则其属性值消耗为

$$value\_cost(value_1, value_2) = \frac{|a_2 - a_1| + |b_2 - b_1|}{|a_{max} - a_{min}| + |b_{max} - b_{min}|} \tag{8.9}$$

式中 a_{max}, a_{min}——区间下界的最大值与最小值；

b_{max}, b_{min}——区间上界的最大值与最小值。

(3)模糊型。

在实例匹配过程中，是根据设计要求实例，在实例库中寻找符合条件且最相近的实例，而实例库中实例的属性值都是确定的，设计要求实例即匹配实例中的某些属性值可能是模糊的，如大型、中型、较大型等，这些属于模糊型变量。使用模糊数学中的三角形隶属度函数来对其进行处理。设实例转换过程($Tree_1 \rightarrow Tree_2$)中，$Tree_1$为实例库中的实例，其属性值为$value_1$，$Tree_2$为设计要求实例，其属性值为模糊变量$value_2$。首先根据论域，确定值的数值范围和模糊变量，构造隶属度函数，然后计算$value_1$的隶属度，如果隶属度最高的模糊变量为$value_2$，则其转换消耗为0，否则为∞，即

$$value\_cost(value_1, value_2) = \begin{cases} 0, & value_1\text{ 对应的模糊变量是 }value_2 \\ \infty, & value_1\text{ 对应的模糊变量不是 }value_2 \end{cases} \tag{8.10}$$

另一种类似的情况是$value_1$为数值，$value_2$为不等式，由数据 value 和符号$R = \{>, <, \geqslant, \leqslant\}$组成，与模糊型类似，其消耗值定义为

$$value\_cost(value_1, value_2) = \begin{cases} 0, & value_1\text{ 满足不等式} \\ \infty, & value_1\text{ 不满足不等式} \end{cases} \tag{8.11}$$

(4)语义型。

实例中有很多语义型的变量数据，如产品的颜色、外形、材料等。对于此类变量差异的度量，使用最多的方法是借助领域专家的知识对其各种取值之间差异性进行设定，度量时利用查表方式获得其消耗值。例如，针对机械产品设计过程中的材料选择，可以按照表8.1中的形式对可能涉及的材料之间的差异进行设置。表8.1中的差异度取值范围是[0,1]。

表8.1 不同材料的差异度

材料	45钢	铸铁	铜	铝
45钢	0	0.5	0.7	0.7
铸铁	0.5	0	0.8	0.8
铜	0.7	0.7	0	0.2
铝	0.7	0.8	0.2	0

以上是针对四种不同类型数据执行替换操作时的消耗函数，在执行添加和删除操作时不需要考虑属性值的修改消耗。

针对弥补编辑距离无法考虑有效节点数目的缺点，定义编辑比例消耗函数 scale_cost(value_1，value_2)，其表达式为

$$\mathrm{scale\_cost}(\mathrm{value}_1,\mathrm{value}_2)=\frac{\mathrm{ED}(\mathrm{Tree}_1\rightarrow\mathrm{Tree}_2)}{N},N=\frac{N_1+N_2}{2} \tag{8.12}$$

式中 $\mathrm{ED}(\mathrm{Tree}_1\rightarrow\mathrm{Tree}_2)$——实例树转换的编辑距离；

N——有效节点数目；

N_1、N_2——实例树Tree_1 和Tree_2 可编辑的有效节点数目。

显然，编辑比例消耗值越大，两个实例的相似度越小。

本节定义了属性值消耗函数和编辑比例消耗函数，可以更准确地度量两个实例的差异，相似度函数则与其反相关。

【定义 8.5】 相似度函数 $\mathrm{Sim}(\mathrm{Tree}_1\rightarrow\mathrm{Tree}_2)$，设根据消耗函数计算得到的编辑操作序列为 $E=\{\mathrm{Insert},\mathrm{Delete},\mathrm{Substution},\mathrm{Weight},R\}$，其中 Insert、Delete、Substution 和 Weight 分别代表插入、删除、替换和权重修改操作，R 代表编辑操作的顺序，则两个实例的相似度为

$$\begin{aligned}
&\mathrm{Sim}(\mathrm{Tree}_1\rightarrow\mathrm{Tree}_2)\\
&=\exp\left[-\left(\mathrm{scale_cost}+\sum_{i=1}^{L}K_l\cdot g_l\cdot L(w_l)\cdot\mathrm{value_cost}\right)\right]\\
&=\exp\left[-\mathrm{scale_cost}-\sum_{m=1}^{M}K_m\cdot I^i\cdot w_m-\sum_{n=1}^{N}K_n\cdot D^i\cdot w_n-\right.\\
&\quad\left.\sum_{j=1}^{J}K_j\cdot S^i\cdot\bar{w}_j\cdot\mathrm{value_cost}-\sum_{t=1}^{T}K_t\cdot w_t\right]\\
&=\exp\left[-\mathrm{scale_cost}-\sum_{p=1}^{P}c\cdot g_p-\sum_{q=1}^{Q}k\cdot g_q-\sum_{r=1}^{R}h\cdot f\cdot g_r\cdot L(w_r)-\right.\\
&\quad\left.\sum_{s=1}^{S}h\cdot v\cdot g_s\cdot L(w_s)\cdot\mathrm{value_cost}\right]
\end{aligned} \tag{8.13}$$

式中 value_cost——属性值替换消耗值，根据不同类型的数据采用相关的公式得到；

scale_cost——由式(8.12)计算得出。

在相似度的计算过程中，首先对消耗函数进行修改，将属性值消耗作为编辑操作的乘积项，编辑比例消耗则作为整体的加和项，最后通过 $\exp(-x)$函数将消耗值映射到$[0,1]$区间上，描述两实例的相似度。相似度越接近 1，说明两个实例越相似；如果等于 1，则两个实例完全相同；相似度越小，说明两个实例差异越大。对于式中的 value_cost，只有执行属性值的替换操作时才有该项，其他情况时其值为 1。

编辑距离与本书提出的消耗函数和相似度函数之间既有联系，又有区别。编辑距离是一种度量，其值域为$[0,+\infty)$，表征两棵树相互转换所需要的最少节点数目，但仅能描述两棵树在形式上的差异，无法度量语义上的差异；消耗函数在一定的条件下也是一种度量，其值域为$[0,+\infty)$，其作用是描述两棵实例树相互转换过程中在语义上的消耗值，消耗函数在编辑距离的基础上，结合实例的语义，加入了编辑操作代价、不同位置节点的消耗系数及属性的权重，能够衡量两个实例之间的语义差别大小，但是消耗函数没有考虑实例中属性值的相似度大小；相似度函数的值域为$[0,1]$，其在编辑距离和消耗函数的基础

上进一步改进，加入了对实例属性值消耗值的计算，且弥补了编辑距离没有考虑有效节点数目的缺点，能够较为准确和全面地衡量两个实例的相似度。

采用基于编辑距离的相似度函数来度量两个实例的相似程度，其最大的优点在于两个实例的结构不需要完全相同，可以方便地处理多种特殊情况下的相似检索。一方面，可以在类似产品中检索，图 8.2 所示的机械产品设计领域内，在“轴流式水轮机”概念中检索相似实例，其中包括“轴流定浆式水轮机”和“轴流转桨式水轮机”两个子概念，每个概念下面都有一部分实例，不同概念下的实例的属性个数、类型可能不同，因此使用常规的距离度量（如欧氏距离等）很难计算不同概念中实例之间的差异，而使用基于编辑距离的相似度函数便可以简单方便地计算其相似度；另一方面，可以处理缺失信息的实例检索，实际中很多有些实例可能有不完整信息，使用相似度函数可以方便地处理含有不完整信息的实例。

8.1.3 相似度度量的评价

采用真实数据进行实验对本书提出的相似度度量（Proposed CBR）进行评价，实验的数据集及其相关信息见表 8.2。

表 8.2 实验的数据集及其相关信息

数据集	实例个数	类别个数	属性个数	数字属性个数	非数字属性个数	缺失信息个数
Breast Cancer	699	2	9	9	0	16
Hepatitis	155	2	19	6	13	167
Letter	20 000	26	16	10	0	0
Iris	150	3	4	4	0	0
Wine	178	3	12	12	0	0
Vowel	990	11	10	10	0	0
Parkinson	195	2	22	22	0	0
Echocardiogram	132	2	9	9	0	132

实验中，为保证消耗函数为度量，使得操作代价 $I=D$ 且 $I+D\geqslant S$，具体值根据数据的特点分别设置，一般设置 $I=D=S=1$。由于数据集都是同一类的，因此实例树中不包含概念节点和关键字节点，且属性采用单层形式，设消耗系数 $c=k=0, f=2, v=1$。由于本书并没有设置权重的方法，因此所有的属性的权重均设置为 1。

实验中，取出数据集中的某一实例作为测试实例，在数据集中检索与其相似度最高的实例。以 Hepatitis 数据集为例，该数据集有大量的缺失信息，给实例检索的精度带来很大的影响，而且其属性较多，还有大量非数字量属性，该数据集最具代表性。在 Hepatitis 数据集中，对于数字量属性，按式(8.8)计算。数据集第二个属性为性别，其余 12 个非数字量属性都是 yes/no 型，这些属性虽然不同，但都是二值属性和语义型属性，可以设定其属性值消耗为

$$\text{value\_cost}(\text{value}_1,\text{value}_2)=\begin{cases}0, & \text{value}_1=\text{value}_2\\1, & \text{value}_1\neq\text{value}_2\end{cases} \tag{8.14}$$

也可以将二值语义变量转换为数字量，按式(8.8)进行处理，其结果与式(8.14)一致。由于 Hepatitis 数据集有 19 个属性，其总消耗值较大，直接求相似度会导致数量过小，因此求解相似度时，公式修正为 $\text{Sim}=e^{-(\text{Cost}/100)}$，这样可以保证相似度数值较大，便于计算机比较。Hepatitis 数据分为两类，以 Hepatitis 数据中某一实例为测试实例，检索数据集中其他实例的相似度，Hepatitis 数据集实例与其中几个测试实例的相似度分布如图 8.5 所示。

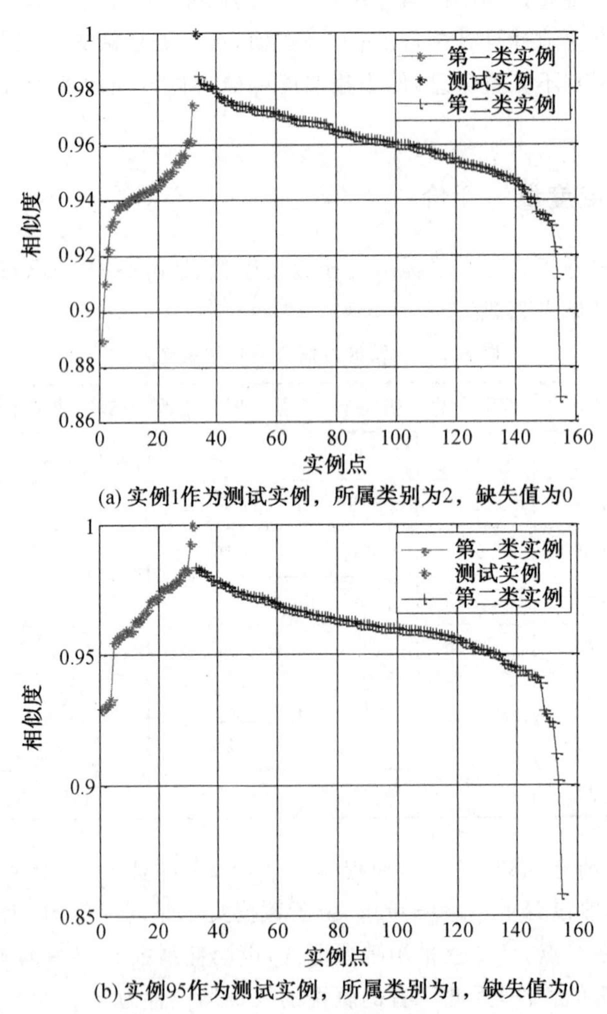

图 8.5 Hepatitis 数据集实例与其中几个测试实例的相似度分布

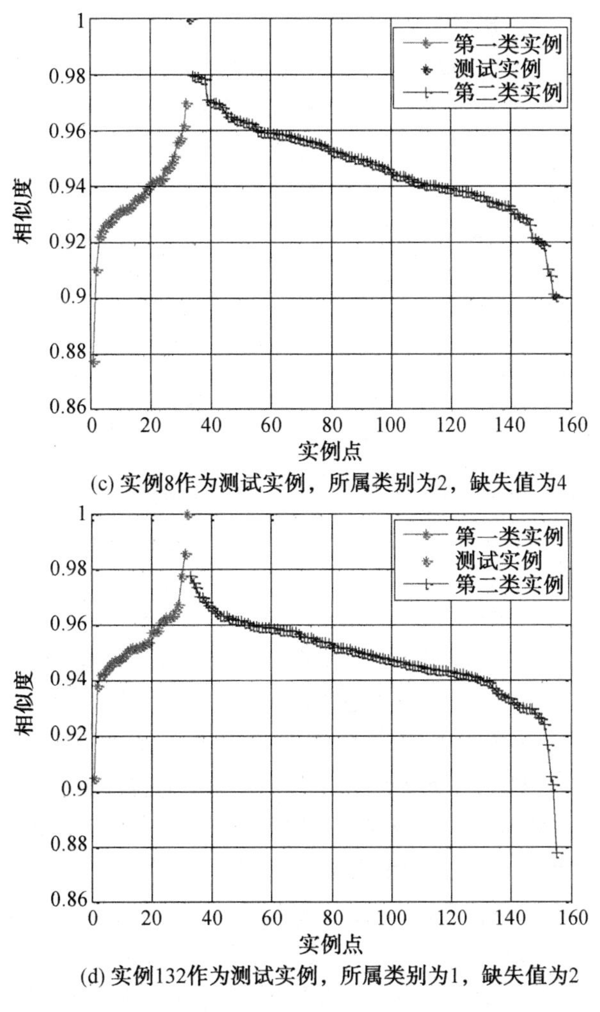

(c) 实例8作为测试实例，所属类别为2，缺失值为4

(d) 实例132作为测试实例，所属类别为1，缺失值为2

续图 8.5

图 8.5 中显示了以其中四个实例为测试实例时，数据集中实例相似度的分布情况。其中，测试实例左侧为第一类实例，右侧为第二类实例为第二类实例，相似度为 1 的是测试实例。图 8.5(a)和图 8.5(b)分别以第二类和第一类的两个实例做测试实例，二者的共同点是实例中均无缺失值。图 8.5(a)中相似度在 0.96 以上的，第一类只有两个实例。而第二类有大量的实例。显然，测试实例的最近邻实例属于第二类，同时根据计算结果，相似度最高的 10 个实例全部属于第二类，相似度最高的前 60 个实例中才有一个第一类的实例。图 8.5(b)结论与之类似，最近邻点属于第一类，与测试实例同属一类。图 8.5(c)和图 8.5(d)也分别以一个第二类和第一类的实例作为测试实例，二者的共同特点是，两个测试实例中都有缺失值。图 8.5(c)中测试实例有四个缺失值，但计算相似度，0.97 以上的都是第二类的点，与测试实例同属一类；图 8.5(d)中测试实例有两个缺失值，但相似度最高的两个实例均属于第一类，与测试实例相同。一般来说，在分类样本中，相似度最高的近邻点应与测试点属于同一类，图 8.5 所示的结果符合这个规律，因此可以从侧面证明本书提出的相似度函数的正确性。

除验证相似度函数的正确性外，还要验证其有效性，验证相似度函数可以用于度量两个实例的相似度。实验中，依次取出数据集中的每一个实例作为测试实例，计算该实例与数据集中其他实例的相似度，然后找到相似度最大的最近邻实例，比较测试实例与最近邻实例所属的类别是否一致，以判断相似度函数度量的有效性。最后以类别一致的比例作为相似度函数有效性的实验指标，称为一致率。数据集的一致率见表 8.3。

表 8.3 数据集的一致率($I=D=1$)

数据集	一致率							
	Breast Cancer	Hepatitis	Letter	Iris	Wine	Vowel	Parkinson	Echocardiogram
(欧氏距离)	0.947 1	0.664 5	**0.960 6**	**0.960 0**	0.769 7	**0.992 9**	0.846 2	0.704 5
常规 CBR(Manhattan)	0.958 5	0.651 6	0.955 6	0.953 3	0.842 7	0.991 9	0.851 3	0.750 0
Proposed CBR($S=1$)	**0.964 2**	**0.871 0**	0.957 3	0.940 0	**0.960 7**	0.989 9	**0.938 5**	0.848 5
Proposed CBR($S=2$)	**0.964 2**	0.845 2	0.957 3	0.940 0	**0.960 7**	0.989 9	**0.938 5**	**0.856 1**
Proposed CBR($S=0.5$)	**0.964 2**	0.858 1	0.957 3	0.940 0	**0.960 7**	0.989 9	**0.938 5**	**0.856 1**

在表 8.3 中，设置 $I=D=1$，而每个数据集有五个一致率：第一行是使用欧氏距离作为度量的常规 CBR 的一致率；第二行是使用曼哈顿距离作为度量的常规 CBR 的一致率；后三行是使用本书提出的相似度度量的 CBR 的一致率，其分别代表替换操作代价为 1、2 和 0.5 时的一致率。对比同一数据集的五个一致率，加粗的数据表示最佳的一致率。可知，对于有些数据集，如 Vowel、Iris 等，使用欧氏距离的常规 CBR 的一致率最高，而对于其他数据集，使用本书提出的相似度度量的 CBR 的一致率最高。但是，对于 Vowel、Iris 等数据集，使用本书提出的相似度度量的 CBR 的一致率仅比常规 CBR 低 0.3%和 2%，而对于其他数据集，常规 CBR 比 proposed CBR 最多低 20.65%，尤其是最具有代表性的 Hepatitis 数据集。其原因是，对于 Vowel 等数据集，其特征参数值的波动较小，且数据取值简单规范，因此使用传统的度量便可以达到较高精度；而对于数据波动较大，或是有较多缺失信息的数据集，传统度量的效果便大大下降。因此，总体来看，本书提出的相似度度量比传统的度量有更广的适用范围，能够用于处理现实中经常遇到的数据波动较大的数据集。

比较同一数据集的后三个一致率，可以分析替换操作代价的作用。表 8.3 中有些数据集的三个一致率是一样的，如 Letter、Iris、Breast Cancer 等；而有些数据集的三个一致率有所差别，如 Hepatitis 等。造成差别的原因就是数据集中的数据缺失，因为如果没有缺失数据，则只会用到替换操作，没有插入或删除操作。因此，数据集中没有缺失数据(如 Letter 等)，或是缺失数据相对于数据总数不多(如 Breast Cancer 数据)，没有或是很少使用插入与删除操作，则其一致率不随 S 的变化而变化；对于有较多缺失数据的数据集，三种编辑操作都有，会导致一致率随 S 的改变而改变。而 S 的作用就是调节检索过程中缺失信息的影响。如果检索过程要求剔除缺失信息数据(即不能忽略缺失信息的影响)，如不允许检索实例中出现缺失数据，则减小 S 的值，相当于增大针对缺失信息的插入与删除的代价；如果检索过程允许忽略缺失数据的影响，则增大 S 的值，相当于减小插入与删除的代价。

由表8.3可知，对于不同的数据，一致率有所差别，有的效果很好，有的效果一般。其原因主要是在该实验中，属性的权重均为1，没有根据属性的重要程度进行权重分配。有些数据集中，属性近似同等重要，如Vowel数据，则一致率较高；而有些数据集中，属性权重相差很多，如Echocardiogram数据，则一致率偏低。因此，后续的研究应考虑权重的分配问题。

虽然数据集的一致率有所差别，但总体效果不错。表8.3的数据表明，本书提出的相似度函数可以较好地处理具有缺失信息的实例检索问题。例如，Breast Cancer数据中有16个缺失数据，但一致率仍然较高；而Hepatitis数据中只有155个实例，有167个缺失信息数据，对其数据影响较大，而使用相似度度量，也有不错的一致率。

上述的实验分别验证了本书提出的相似度度量的正确性和有效性。实验结果表明，相似度函数可以较好地处理具有缺失信息的实例检索问题。

8.1.4 水轮机设计实例推理应用

本节展示本书提出的实例检索方法在水轮机设计中的应用。假设设计人员需要对水轮发电机的电磁部分进行结构设计，如绕组的形式、铁芯的尺寸等。电磁设计是水轮发电机设计的先行设计，是发电机整体方案设计的核心。根据图8.3所示的实例树形式，电磁设计是其一棵子树，其子节点中没有子部件。其概念的关键字是绕组的形式，包括叠绕组和波绕组。其包括很多设计参数，但在电磁部分的结构设计中，只选择结构参数作为实例检索的特征参数。如前面所说，每个实例有描述信息和设计方案，分别对应设计过程的输入与输出参数。在电磁设计中，共有21个输入参数和29个输出参数。其中，输入参数用于检索，输出参数则用来进行修改。电磁设计的部分输入与输出参数见表8.4。

表8.4 电磁设计的部分输入与输出参数

输入参数	信息	输出参数	信息
P_A	额定功率	P	转子级数
U_N	额定电压	N_V	通风沟数
COF	额定功率因数	B_V	通风沟宽
N_Y	飞逸转速	L_M	极身长度
H_0	气隙长度	P_N	视在功率
D_A	定子铁芯外径	Q	每极每相槽数

在系统中选择“电磁设计”，进入电磁设计实例检索的输入界面，如图8.6所示。在界面中填入概念的关键字，本例中为叠绕组。界面中提供了主要特征参数的输入框，设计人员根据设计要求输入参数值，如果还需要其他的设计参数，可以在“添加其他参数”部分选择所要添加的参数，并输入其值。对于参数的权值，则在“读取权值”部分通过浏览读取预先写好的文档，将各个参数的权值读入。水轮机的电磁参数有200多个，在本例中，选择其中的21个结构参数作为特征参数，则文档中只为21个参数赋权值，其余参数权值为

0。设计人员还可以设置检索出的实例数目。

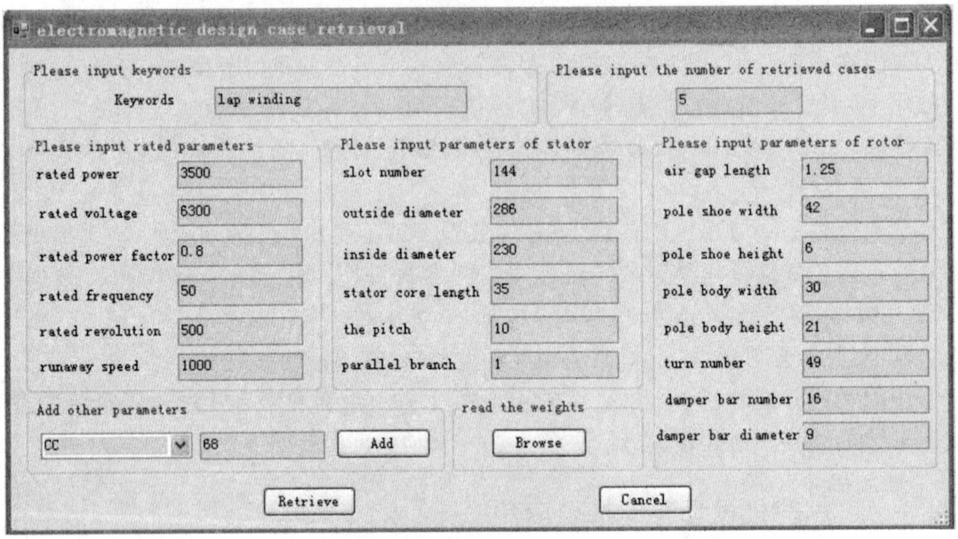

图 8.6 实例检索的输入界面

系统接收输入参数后，便进行相似度的计算，然后将各个实例按照相似度的大小进行排序，并显示给设计人员，检索结果界面如图 8.7 所示。

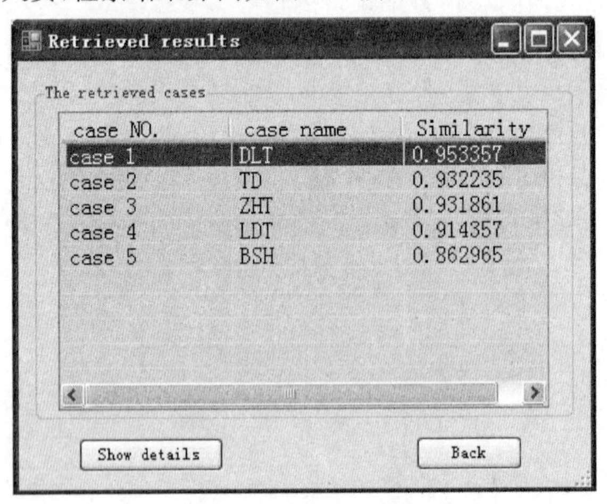

图 8.7 检索结果界面

设计人员选择相应的设计实例，点击"显示细节"便可以查看相应实例的设计方案，包括所有设计参数的值。设计人员按照设计知识对这些参数进行修改，形成新的设计案例。

设计人员完成修改后，形成符合设计要求的设计方案，根据选择的 29 个输出设计参数，可以对系统的表现进行评价。首先，实验分为三组：低级别设计，即所有的参数值均给定；中级别设计，其中只有一两个属性的值缺失；高级别设计，其中多于两个必要属性的值缺失。实验指标是检索结果需要修改的量。在本实验中，按照 29 个输出参数形成实例，计算设计人员修改后的设计方案与实例库中各个实例之间的消耗值，然后使用平均消耗值作为需要修改的量。修改设计方案各个实例的平均消耗值见表 8.5。

表8.5　修改设计方案各个实例的平均消耗值

实例名称	低级别设计		中级别设计		高级别设计	
	相似度	修改量	相似度	修改量	相似度	修改量
DLT	0.953 357	7.6%	0.943 871	8.8%	0.930 982	10.4%
TD	0.932 235	10.6%	0.932 235	10.6%	0.924 114	11.6%
ZHT	0.931 861	11.04%	0.922 589	12.2%	0.911 128	13.7%
LDT	0.914 357	13.2%	0.905 259	14.4%	0.896 251	15.6%
BSH	0.862 965	24%	0.854 378	25.2%	0.845 877	26.4%

在表8.5中,第一列是实例的名字,是按照低级别设计中检索的相似度由高到低排列的。首先,由表8.5可以看出,相似度高的实例,其设计方案所需要的修改量较小,而随着相似度的减小,其修改量也在增大,这符合一般规律。当然,在实际的设计过程中,二者的变化并不一定完全一致,但是总体来说,二者的趋势一致,从而验证了本书提出方法的正确性。其次,对比三个级别中的相似度可以看出,虽然有缺失信息,但是相似度的顺序没有变化,即低级别中相似度高的实例,在中级别和高级别中的相似度依然较高。这可以说明,本书提出的方法可以正确有效地处理缺失信息。当然,对于同一个实例(如DLT),随着缺失信息的增多,其相似度逐渐下降,需要修改的比例也逐渐增大,这也是符合一般规律的。通过对表8.5中的数据进行分析,可以验证本书提出方法的正确性和有效性,还能证明该方法可以准确有效地处理实例检索中的缺失信息。

本节的主要目标是提出一种能够有效处理缺失信息的实例检索方法。首先,本章使用领域本体技术构建实例库,对大量的实例进行分类和组织,将不同类别的实例划分到不同的概念中,以方便实例的检索,提高检索效率;其次,将实例转换成图,以树形结构表示,便可以使用编辑距离度量两个实例的差异,根据实例的具体语义对编辑距离进行改进,考虑不同编辑操作的代价、实例树各节点的语义及属性的权重,定义了消耗函数来度量两个实例相互转换的代价;最后,针对编辑距离的缺点进行改进,并考虑不同数据类型属性值的转换消耗,定义了相似度函数,用以度量两个实例的相似度。实例的检索过程采用最近邻法,按照相似度大小进行选择。

实验结果表明,本书提出的相似度函数是有效的,特别是针对具有缺失信息的实例检索,仍然保持不错的一致率,比传统的CBR有更广泛的适用性。同时,实验结果也表明,属性的权重分配对实例的相似度函数有较大的影响。最后,在实际的水轮机电磁设计中,使用本书提出的CBR方法获得了不错的结果,能够满足实际的设计需求。

8.2　基于结构相似度

基于模型驱动的系统工程(Model-Based System Engineering,MBSE)目前成为产品研发的前沿技术。2007年,系统工程国际委员会(INCOSE)在《系统工程2020年愿景》中被首次提出,它为系统工程各阶段的活动提供支撑:需求分析、功能分析、设计综合、验证和确认。MBSE在建模语言、建模思路、建模工具方面相对传统系统工程有诸多不可替代的优势，是系统工程的颠覆性技术。目前，MBSE概念已被工业界广泛接受，在具体实现上，INCOSE联合对象管理组织(OMG)在统一建模语言(Unified Modeling Language，UML)的基础上开发出了适于描述工程系统的系统建模语言(System Modeling Language，SysML)。在航空领域，使用MBSE和SysML建立一个标准立方体卫星(CubeSat)模型并将该模型应用于实际的CubeSat任务，大大改善了CubeSat任务的设计和操作；在汽车领域，采用MBSE方法用于车辆能耗优化问题；在机电系统设计领域，结合MBSE方法和建模语言SysML提出了一种基于元模型的方法来整合机电系统的系统设计和仿真模型以支持连续动力学或甚至离散/连续混合行为建模，以及行为模型的自动模拟和评估；在医学领域，应用MBSE方法研发了体外膜氧合(ECMO)治疗方法，使患者的存活率从25%提高到近75%，为医疗水平的提高做出了巨大的贡献。MBSE越来越多地被各行业应用，而该方法也不负众望，解决了许多的疑难问题。

但是，目前MBSE对建模过程的自动化与智能化支持很少，建模过程一般需要设计人员将构思的系统模型通过图形、符号或算法表示成计算机内部可执行的拓扑结构模型。一般的建模过程都是按照构思模型从大到小、从粗到细、从前到后的关系建立，并在其中添加逻辑关系，具有严密数学逻辑和容易理解的图形，而这种采用结构、行为、参数、逻辑等多种约束元素构建复杂系统模型的过程不仅需要建模人员熟练掌握建模工具，还要具备非常高的领域专业水平，这成为MBSE应用的瓶颈。飞机结构件结构特征模型如图8.8所示。可以看出，对于复杂的设计过程建模，模型将非常庞大，会给模型的构造和分析带来很大的困难。对于建模人员而言，不仅要具有专业的设计知识，而且要熟练掌握建模工具。随着模型的复杂度提高，其错误检查将变得十分困难。

在建模过程中让众多建模人员较为“随意”地建立“碎片化”的模型，其拓扑结构、约束关系、语义标签的表达方式更为“自由”，最终由计算机自动地将“碎片化”的模型进行融合，将一个个碎片化的模型组合成一个完整的模型，不仅可以提高建模效率，而且可以更加容易地获得针对同一目标的完整性、兼容性和创新性都较高的全模型。

在模型融合方面，知识图谱的融合技术成为近期研究的热点问题，针对知识图谱的对齐与融合，目前国内外提出的知识图谱嵌入模型有TransE模型、TransH模型、ManifoldE模型、SSP模型和TransHR模型等。嵌入模型进行实体对齐时，考虑实体本身和实体一阶关系对实体相似性的贡献，不考虑更大范围内图谱的拓扑关系对实体相似的影响，这就导致信息遗漏严重，为知识图谱间的对齐增加了误差。在度量两个图谱相似性时，只考虑实体本身相似，不考虑连通拓扑关系结构的相似性，会造成两个具有不同多阶关系的相似实体的错误融合，考虑较深层次的拓扑结构对于降低实体对齐与融合误差有较大意义。MBSE中的模型、知识图谱中的拓扑结构与图论中的图形是非常类似的，要研究MBSE模型和知识图谱的相似度量方法，可以借鉴图论中的图形同构方法。图形同构的基础是图形的相似度量，图形的相似度量方法又分为两类：图像的相似度量和拓扑结构的相似度量。

关于信息融合，特别是模型融合方面，基于知识图谱的融合技术成为近年来的研究热点，相关技术和方法如下。

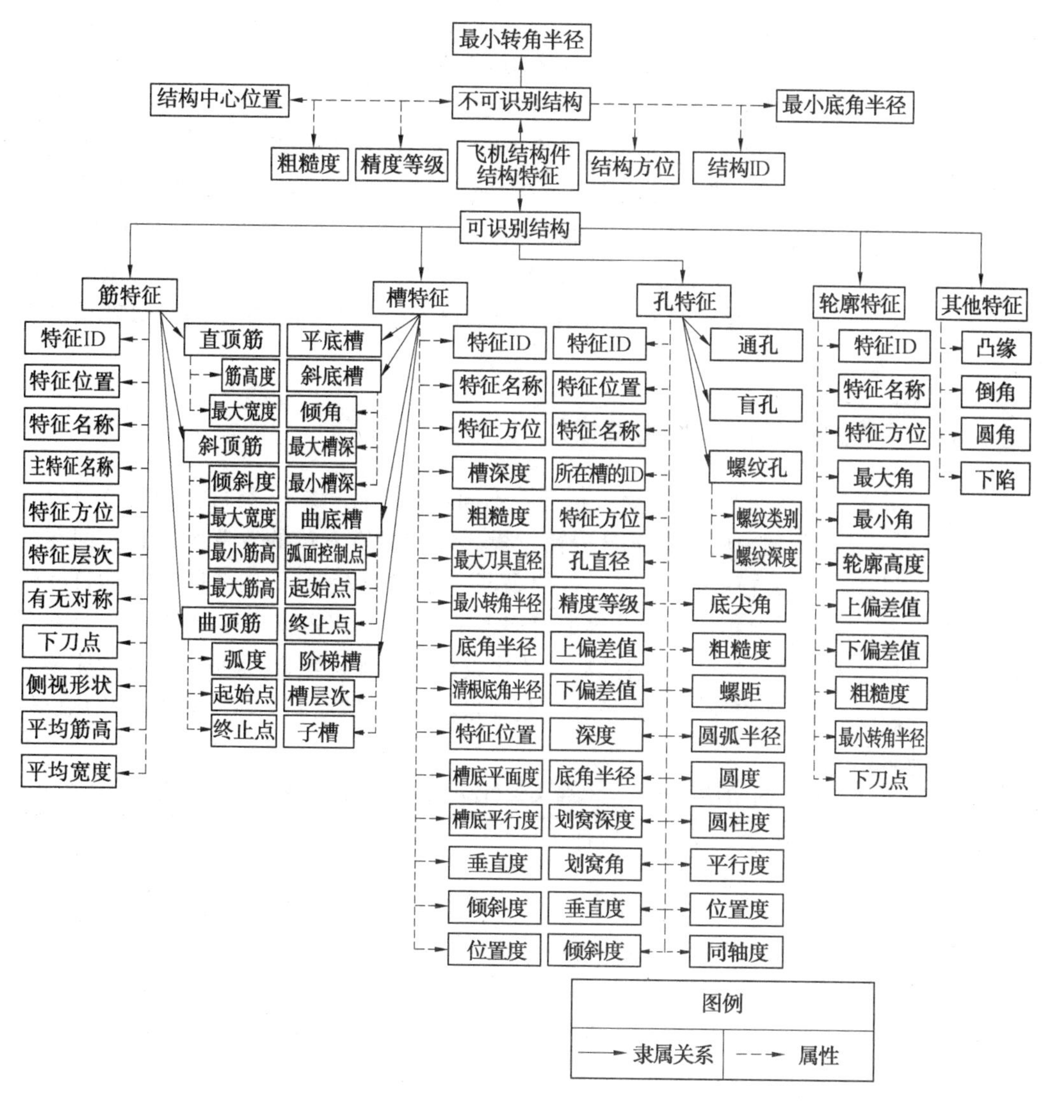

图 8.8 飞机结构件结构特征模型

(1)图像的相似度量。

图像相似度是衡量两幅图像相似性程度的指标。一般通过判断图像之间的颜色、形状和纹理特征的相似程度判断两幅图像是否相似。其关键是构建可以描述图像本质信息的向量或矩阵,通过度量描述向量间的距离表达图像间的相似程度。常用的方法有颜色直方图、灰度直方图、由傅里叶变换系数定义的相似度、基于尺度不变特征变换(SIFT)算法、加速鲁棒特征(SURF)、GIST 特征描述符、图像哈希算法、卷积神经网络等方法。

(2)拓扑结构的相似度量。

最大公共子图能够有效度量拓扑结构相似度,主要是针对图论中有向图和无向图提出的,根据两个图中蕴含的最大公共的节点数或边数来评价两个图的相似程度。两个图的最大公共子图分别在两图中的比重越大,两图的相似程度越高。目前已有的算法有子图枚举算法、McGregor's 算法、consR 算法、kCombu 算法、最大团检测算法等。其中,最大团检测算法是一种简单有效的算法，将最大公共子图问题转化为求解两图的模块积最大团问题，常用的算法有 Bron－Kerbosch 算法、TOPSIM 算法、Babel 算法、RASCAL 算法、Iterated local search 算法、MaxCliqueSeq 算法等。

由于 MBSE 中的模型与图论中的有向图非常类似，因此 MBSE 中的模型相似度量可以借鉴最大公共子图方法。但由于 MBSE 中的碎片化设计模型更为复杂，因此碎片化设计模型呈现持续增加状态，其相似度量和融合过程必须考虑计算量和空间存储量问题。此外，MBSE 中的碎片化设计模型之间具有无序性，且处于不断融合状态，其相似度量模型应与碎片化设计模型融合顺序无关，即某一模型融合前后与其他模型的相似度量结果应该一致。

8.2.1 碎片化设计模型类型描述

在 MBSE 的协同设计中，多建模人员会在不同场景中针对同一类目标问题进行分别建模，或对不同目标问题中的类似部分进行建模。每个建模人员的专业水平和对问题的理解程度不同，所建立的模型也会不同，即使是同一个建模人员，不同时间建立的目标模型也可能不同。这些包含相似目标内容的模型不断增加，不仅占据了存储空间，而且在利用这些模型时也可能造成混乱，应将这些碎片化设计模型进行融合，形成一个较为完整的针对同一目标的模型，并将原碎片化设计模型删除，减少存储空间。MBSE 的碎片化设计模型类型见表 8.6。

表 8.6 MBSE 的碎片化设计模型类型（针对同一目标（即目标 1）的建模）

碎片化设计模型类型	逻辑关系	逻辑结构
第 1 类	目标 1 的核心模型	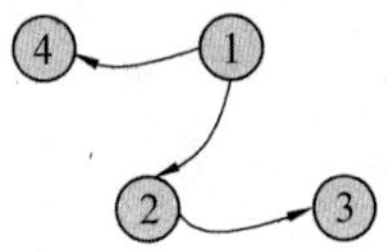 4 1 2 3
第 2 类	对目标 1 中核心问题理解存在偏差的建模	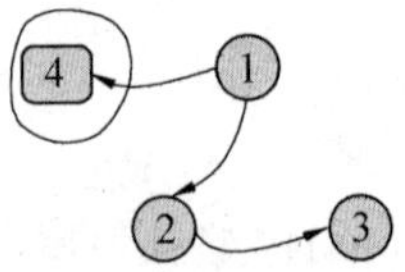 4 1 2 3
第 3 类	对目标 1 核心问题延伸理解建模	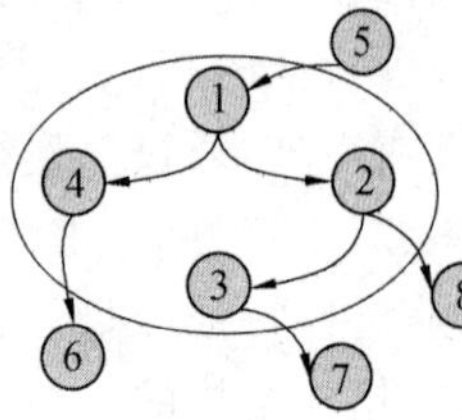 5 1 4 2 3 8 6 7

续表8.6

碎片化设计模型类型	逻辑关系	逻辑结构
第 4 类	对目标 1 核心问题充分理解时建模	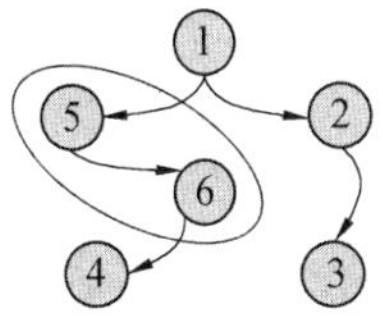
第 5 类	对目标 1 核心问题理解充分但存在偏差时建模	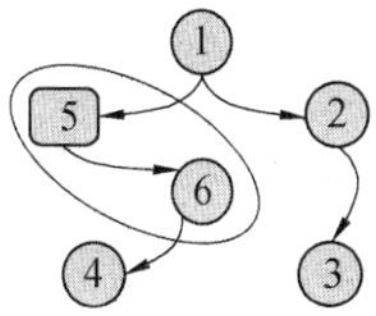

本节主要研究针对同一目标的自动化建模方法。由于研究相似度量方法需要用到融合规则,因此下面将给出碎片化设计模型融合规则。

8.2.2 碎片化设计模型融合规则

在本节中,若两个碎片化设计模型之间的相似度大于阈值 α,则认为两个碎片化设计模型可以融合,根据"求同存异"的原则,采用不同的规则进行融合。

1. 节点融合

在 MBSE 中,模型节点是复杂的文本和数学表达,建模人员建立碎片化设计模型时较为随意,节点表达的标准难以统一。在对两个碎片化设计模型进行相似度量时,不仅需要对模型的逻辑关系进行相似度量,而且应该对节点标签进行相似检测,并加入整个度量模型中。目前,关于节点的文本度量方法已经有很多成果,因此这部分不列入本书的研究内容。为方便说明问题,本书采用数字代表节点,只要数字标号一致,就认为节点相似,可以融合。

2. 逻辑关系融合

(1)采用重叠方式进行融合。

对包含完全相同拓扑结构部分的两个碎片化设计模型进行融合时,可采用重叠方式进行融合。将两个碎片化设计模型中完全相同节点和逻辑关系进行合并,相异节点和逻辑关系通过"插枝"部分插入融合模型中。重叠方式融合过程如图 8.9 所示,其中从左到右依次是碎片化设计模型 1、2 及其融合图。

(2)采用路径融合方式进行融合。

当有表 8.6 中第 3、4 类碎片化设计模型参与融合时,会存在 3→5→6、3→7→6 殊途同归的相似路径和 1→4、1→8→4 划分层次不同的相似路径,本着求同存异的原则,理应将殊途同归的相似路径全部保存下来。针对划分层次不同的相似路径,因为详细划分相

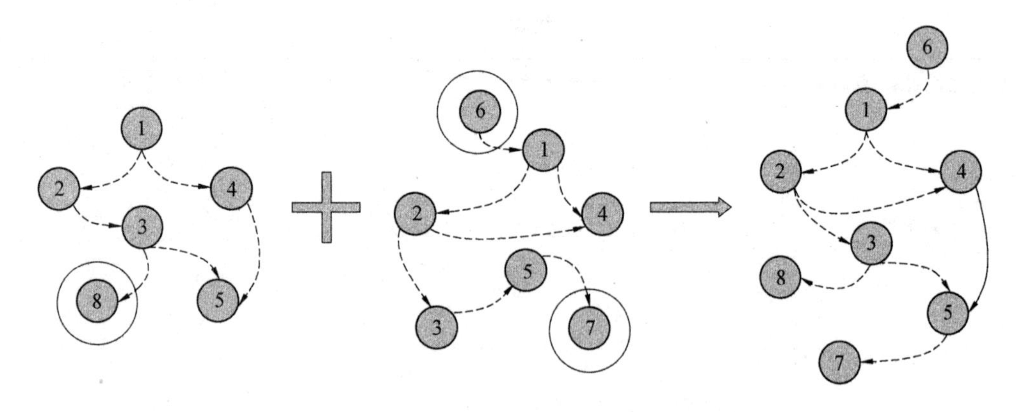

图 8.9　重叠方式融合过程

对于粗略划分是一个更加系统全面的描述，所以仅需将颗粒度细（详细）的路径保存下来。路径融合方式融合过程如图 8.10 所示，其中从左到右依次是碎片化设计模型 3、4 及其融合图。

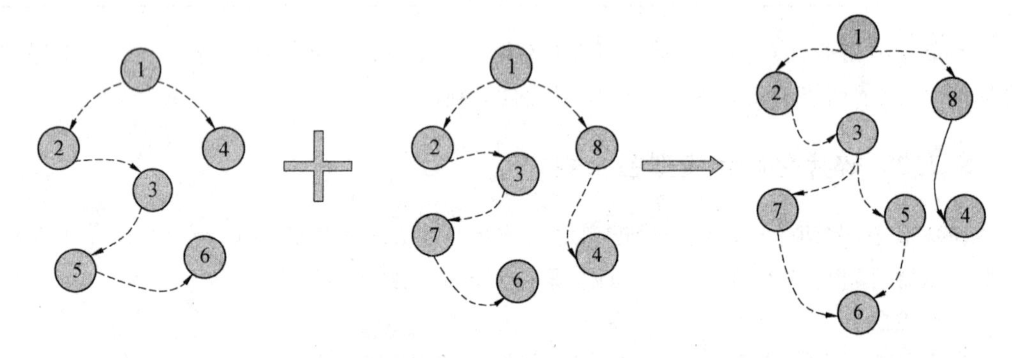

图 8.10　路径融合方式融合过程

（3）智能化融合。

通过语义距离来制定智能融合规则，找出融合或者嵌入的最佳位置。例如，在路径融合过程中，图 8.11 中左边的两个碎片模型就存在多种融合方式，如何判断要融合的位置是关键性的难题。

本节给出了融合规则，根据融合规则即可将两个相似的碎片化设计模型融合成一个相对完善的碎片化设计模型。下面对碎片化设计模型的相似度建模方法进行研究。

8.2.3　碎片化设计模型的相似度建模

1. 碎片化设计模型基本相似度量模型

由于 MBSE 中的模型与图论中的模型类似，因此模型库中的相似检测算法可以借鉴图同构检测算法。但是由于图同构有着严格的定义，要求两图节点与节点之间、边与边之间存在一个一一映射函数，因此传统的图同构检测算法存在很大的局限性，在工程应用中，它忽略了起点和终点相同的两条路径中间节点对相似度的贡献。本节考虑路径中间节点对整体结构相似性的贡献，提出了极大扩展公共子图算法，进行碎片化设计模型的相

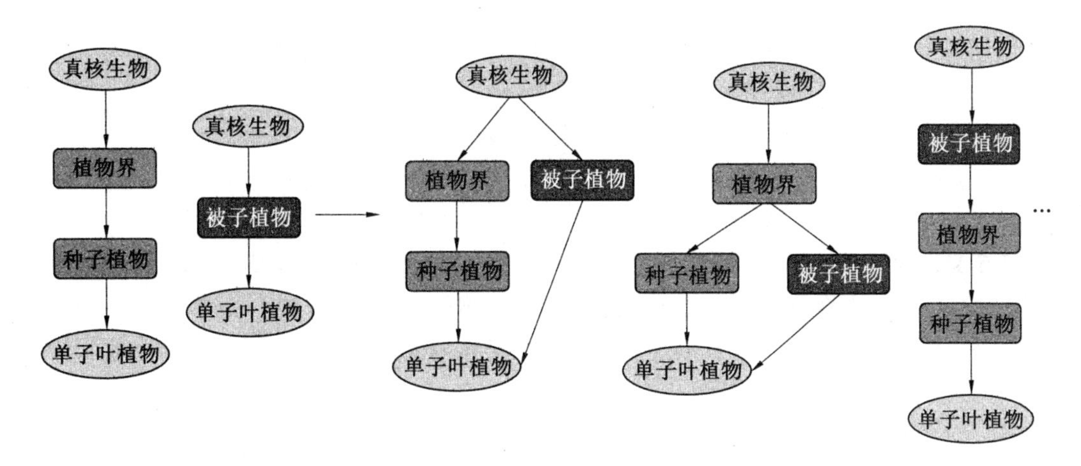

图 8.11 智能化融合方式融合过程

似度检测。

为方便讨论问题,考虑碎片化设计模型与图论中图形类似,碎片化设计模型与有向图的表达方法一致,所以本书中的有向图即碎片化设计模型,模型中的节点用数字表达,模型中的多种逻辑关系用有向箭头表达。

【定义 8.6】 有向图 D 是一个三元组 $\langle V,E,W\rangle$。其中,V 是一个非空的有限集合,称为 D 的节点集,V 中元素称为节点;E 是卡氏积 $V\times V$ 的多重子图,称为 D 的边集,其元素称为有向边;W 是卡氏积 $V\times \mathbf{R}^{+}$ 的多重子图,称为 D 的节点权重集,其元素称为节点所对应的权重。

一般用 $V(D)$ 表示有向图 D 的节点集,称 $|V(D)|$ 为有向图 D 的节点数,$E(D)$ 表示有向图 D 的边集,$|E(D)|$ 为有向图 D 的边数,W^D 为有向图 D 的节点权重集,W_v^D 表示节点 v 在有向图 D 的权重。例如,针对表 8.6 中第 3 类碎片化设计模型记为 D,假设在该模型中每个节点的权重值均为 1,则该碎片化设计模型的有向图表示见表 8.7。

表 8.7 碎片化设计模型的有向图表示

节点 $V(D)$	边集 $\|E(D)\|$	权重集 W^D
{1,2,3,4,5,6,7,8}	{(5,1),(1,4),(1,2),(4,6),(2,3),(2,8),(3,7)}	{[1,1],[2,1],[3,1],[4,1],[5,1],[6,1],[7,1],[8,1]}

注:(α,β) 表示节点 α 到节点 β 有一条边;$[\alpha,\gamma]$ 表示节点 α 的当前权重值为 γ。

【定义 8.7】 称原始 MBSE 碎片化设计模型为基设计模型,称融合后的碎片化设计模型为融合模型,基设计模型和融合模型统称为碎片化设计模型。

【定义 8.8】 设有向图 D 中节点和有向边的交替序列 $\Gamma=v_0e_1v_1e_2$,若 v_{i-1} 是有向边 e_i 的始点,v_i 是有向边 e_i 的终点($i=1,2,\cdots,l$),则称 Γ 为节点 v_0 到 v_l 的通路。v_0 和 v_l 分别称为此通路的起点和终点。若 Γ 中除 v_0 和 v_l 外所有节点互不相同,所有的边也互不相同,则称此通路为初级通路或路径。在一个有向图 D 中,若从节点 u 到 v 存在通路,则称 u 可达 v,记为 $u\rightarrow v$。如果略去 D 中各有向边的方向后,对 $\forall u,v\in V(D)$,$\forall u,v\in V(D)$,$u\rightarrow v$,则称 D 是弱连通图,简称连通图,如图 8.12 所示。

图 8.12 连通图

在图 8.12 中，可以称 1 → 2、2 → 3 或 1 → 2 → 3 → 4 为通路或路径，但是 1 → 2 → 3 → 4 → 3 不是一个通路或路径。

【定义 8.9】 设两个有向图 $D_1 = \langle V_1, E_1, WD_1 \rangle$，$D_2 = \langle V_2, E_2, WD_2 \rangle$，$\Gamma_1$ 是 D_1 中的路径，Γ_2 是 D_2 中的路径，若 Γ_1 与 Γ_2 的起点和始点相同，中间节点互不相同，则称 Γ_1 和 Γ_2 互为同归路径，由同归路径组成的两个图 $\{G_1; G_2\}$ 称为扩展公共子图，如图 8.13 所示。

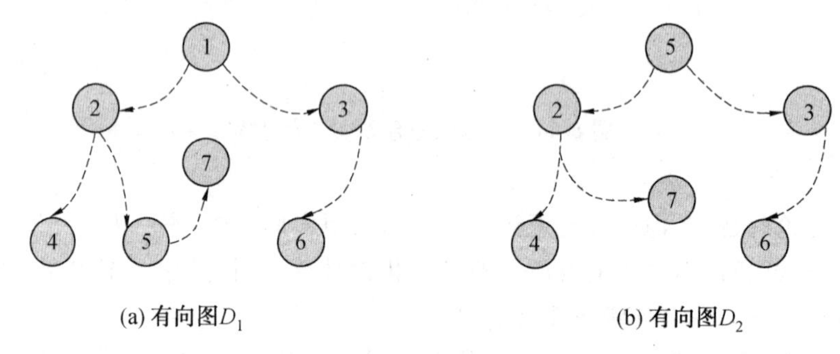

图 8.13 扩展公共子图

图 8.13(a) 中的 2 → 5 → 7 和图 8.13(b) 中的 2 → 7 是一对同归路径；图 8.13(a) 中的 2 → 4 和图 8.13(b) 中的 2 → 4 也是一对同归路径。{{(2,5),(2,7)};{(2,7)}}、{{(2,4)};{(2,4)}} 和{{(2,5),(2,7),(2,4)};{(2,7),(2,4)}} 都是有向图 D_1 和有向图 D_2 的扩展公共子图。

【定义 8.10】 设两个有向图 $D_1 = \langle V_1, E_1, WD_1 \rangle$，$D_2 = \langle V_2, E_2, WD_2 \rangle$，$\{G_1; G_2\}$ 为 D_1 与 D_2 的一个公共子图，若 G_1、G_2 是连通图，则称 $\{G_1; G_2\}$ 为 D_1 与 D_2 的扩展公共连通子图。设 $\{G_1; G_2\}$ 为 D_1 与 D_2 的扩展公共连通子图，若对任意其他 D_1 与 D_2 的扩展公共连通子图 $\{\overline{G}_1; \overline{G}_2\}$，当且仅当 $G_1 = \overline{G}_1$，$G_2 = \overline{G}_2$ 时，满足 $G_1 \subseteq \overline{G}_1$，$G_2 \subseteq \overline{G}_2$，则称 $\{G_1; G_2\}$ 为 D_1 与 D_2 的极大扩展公共连通子图。若 $\{G_1; G_2\}$ 在相似度量函数下达到最大，则称 $\{G_1; G_2\}$ 为最大相似扩展公共连通子图，记为 $G_1 = D_1 \bar{\cap} D_2$，$G_2 = D_2 \bar{\cap} D_1$。

显然，极大扩展公共连通子图不止一个或不止一对，{{(2,4),(2,5),(5,7)};{(2,4),(2,7)}} 和{{(3,6)};{(3,6)}} 均是两个有向图的极大扩展公共连通子图，两个有向图的极大扩展公共连通子图如图 8.14 所示。根据极大扩展公共连通子图的定义，有向图 A 和有向图 B 的极大扩展公共连通子图共有 4 对，即 $\{G_{1i}; G_{2i}\}$ $(i=1,2,3,4)$。通过观察可知，$\{G_{13}; G_{23}\}$ 才是要求的所占比重最大的极大扩展公共连通子图。

【定义 8.11】 称 $D_1 \bar{\cup} D_2$ 为有向图 D_1 与有向图 D_2 的融合图，显然 $D_1 \bar{\cup} D_2$ 也是一个有向图。

基于逻辑模型从大到小和从粗到细的特性，有理由认为两条殊途同归的路径和两条起点与终点相同的划分层次不同的路径是两条相似路径。相似路径如图 8.15 所示，4 → 5 → 6 与 4 → 7 → 6 是殊途同归的两条路径，从结果上看，它们最终都实现了 4 → 6，因此从

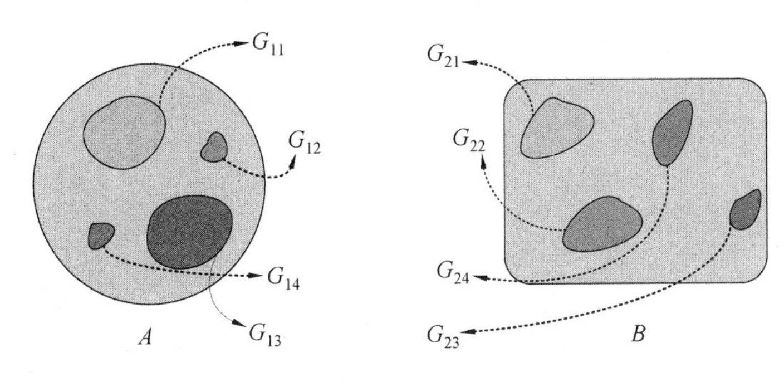

图 8.14　两个有向图的极大扩展公共连通子图

结果上来分析，两条殊途同归的路径毫无疑问具有相似性；$1\rightarrow 3$ 与 $1\rightarrow 8\rightarrow 3$ 是划分层次不同的路径的两条路径，从结果上看，它们都实现了共同的目标 $1\rightarrow 3$，从过程上看，划分粗略的路径描述可视为划分详细路径的一个概述，划分详细的描述是对该产品更系统化和细致化的描述。因此，划分层次不同的两条路径也可以认为是两条相似路径，扩展公共子图用来评价两个图的相似程度是合理的。

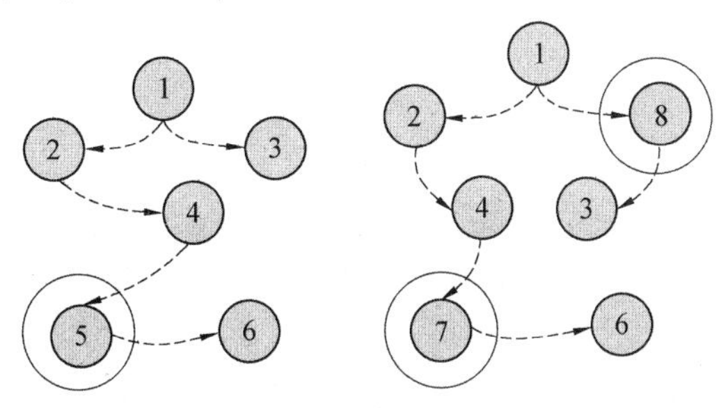

图 8.15　相似路径

为适应工程应用问题，应改进传统的最大公共子图模型，以极大扩展公共连通子图替代最大公共子图，建立极大扩展公共连通子图的基本相似度量模型(LMCSDS)，有

$$\mathrm{SKG}(A,B)=\max\max_i\left\{\frac{|V(G_{1i})|}{|V(A)|},\frac{|V(G_{2i})|}{|V(B)|}\right\}=\max\left\{\frac{|V(A\bar{\cap}B)|}{|V(A)|},\frac{|V(B\bar{\cap}A)|}{|V(B)|}\right\} \tag{8.15}$$

式中　A,B——有向图；

$\{G_{1i};G_{2i}\}$——D_1 与 D_2 的极大扩展公共连通子图，$i=1,2,\cdots,n$。

2. 基本相似度量模型性能分析

(1) 两个碎片化设计模型进行相似比较时，两个模型中的极大扩展公共连通子图的节点或边必须至少在一个碎片化设计模型中占有较大比例才能将两个模型认定为相似，否则不能认定为两个碎片化设计模型中存在相同的内容。设 A,B 均为有向图，α 是相似度阈值。若 $\mathrm{SKG}(A,B)>\alpha$，则 A 相似于 B，记为 $A-B$；否则，A 与 B 不相似，记为 $A!-B$。碎片化设计模型相似度比较如图 8.16 所示。

设置相似度阈值 $\alpha=0.6$，由图论中的有向图表示法，将图 A 描述为集合 A，图 B 描述为集合 B，它们的最大相似度扩展公共连通子图描述为集合 $A\bar{\cap}B$ 和 $B\bar{\cap}A$，有

$$A=\{(1,2),(1,3),(3,6),(6,7),(3,5),(1,4),(4,16)\}$$

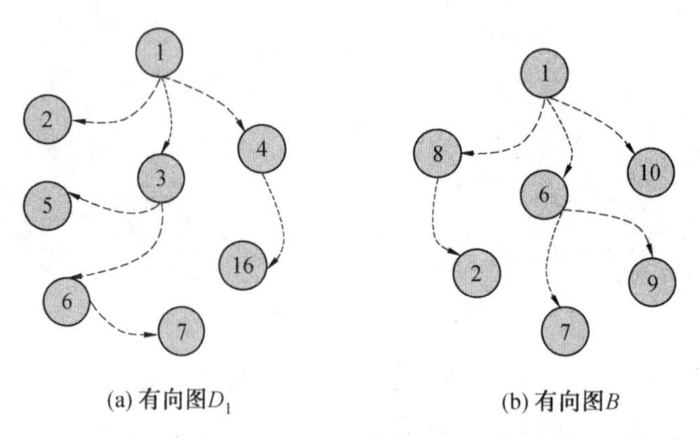

图 8.16 碎片化设计模型相似度比较

$$B=\{(1,8),(8,2),(1,6),(6,7),(6,9),(1,10)\}$$

$$A\ \bar{\cap}\ B=\{(1,2),(1,3),(3,6),(6,7)\}$$

$$B\ \bar{\cap}\ A=\{(1,8),(8,2),(1,6),(6,7)\}$$

根据式(8.15)计算最大相似度扩展公共连通子图分别在有向图 A、B 的比例,可得

$$\frac{|V(A\ \bar{\cap}\ B)|}{|V(A)|}=\frac{5}{8}>\alpha,\frac{|V(B\ \bar{\cap}\ A)|}{|V(B)|}=\frac{5}{7}>\alpha \tag{8.16}$$

式(8.16)表明,两图的最大相似度扩展公共连通子图在两模型中之一的比重大于阈值,说明两个模型确实存在内容相同部分,在融合过程时,相当于将规模较小的碎片化设计模型融入规模较大的模型中。

(2)MBSE的模型库中的碎片化设计模型会持续且呈几何级数增加,相似度计算和融合必须考虑信息存储量和计算量问题。为节约碎片化设计模型库中存储成本,碎片化设计模型融合后应将原碎片化设计模型从碎片化设计模型库中移出。因此,碎片化设计模型之间的相似计算只应对碎片化设计模型库中的现有碎片化设计模型进行相似度计算,对删除的碎片化设计模型不进行计算,否则随着碎片化设计模型的扩增,相似度计算成本和碎片化设计模型库的存储成本会迅速增长。因此,为保证融合正确性,极大扩展公共连通子图模型应该满足传递性,即若 A、B、C 为碎片化设计模型,$\mathrm{SKG}(A,B)>\alpha$、$\mathrm{SKG}(B,C)>\alpha$ 或 $\mathrm{SKG}(A,B)>\alpha$、$\mathrm{SKG}(A,C)>\alpha$,则 $\mathrm{SKG}(A\ \bar{\cup}\ B,C)>\alpha$(本书中 $\bar{\cup}$ 表示碎片化设计模型融合),避免方法导致的度量不准确而引起漏融现象。

设目前MBSE的模型库中仅存在两个碎片化设计模型 A(图 8.16(a))和 B(图 8.16(b)),$A\ \bar{\cup}\ B$(图 8.17)为其融合模型,现有一个新的碎片化设计模型 C(图 8.18)被设计并放入碎片化设计模型库中。目前碎片化设计模型库中只有 $A\ \bar{\cup}\ B$,碎片化设计模型 A 和 B 被删除。极大扩展公共连通子图模型应保证如果 $C-A$ 或 $C-B$,则 $C-A\ \bar{\cup}\ B$。

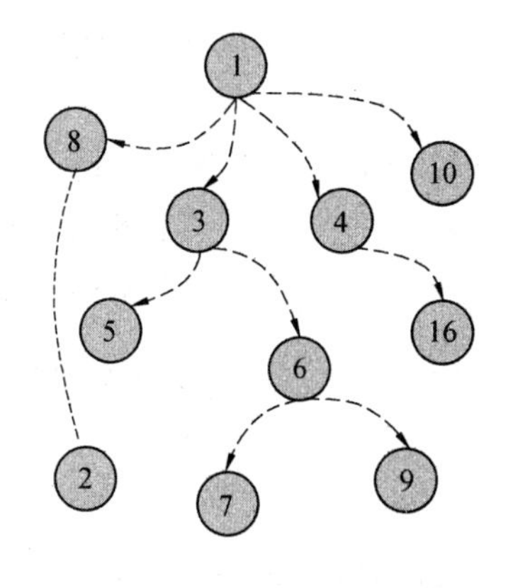

图 8.17 融合模型 $A\bar{\bigcup}B$

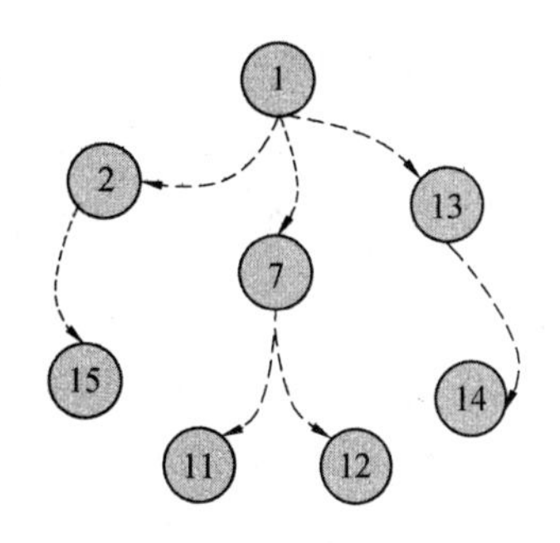

图 8.18 基设计模型 C

按照极大扩展公共连通子图相似度模型的计算公式计算，可以得到

$$C=\{(1,2),(2,15),(1,7),(7,11),(7,12),(1,13),(13,14)\}$$

$$B\bar{\bigcap}C=\{(1,8),(8,2),(1,6),(6,7)\},C\bar{\bigcap}B=\{(1,2),(1,7)\}$$

$$A\bar{\bigcap}C=\{(1,2),(1,3),(3,6),(6,7)\},C\bar{\bigcap}A=\{(1,2),(1,7)\}$$

$$A\bar{\bigcup}B=\{(1,8),(8,2),(1,3),(3,6),(6,7),(6,9),(3,5),(1,4),(4,16),(1,10)\}$$

$$(A\bar{\bigcup}B)\bar{\bigcap}C=\{(1,8),(8,2),(1,3),(3,6),(6,7)\},C\bar{\bigcap}(A\bar{\bigcup}B)=\{(1,2),(1,7)\}$$

$$\mathrm{SKG}(A,C)=\frac{5}{8}>\alpha,\mathrm{SKG}(B,C)=\frac{5}{7}>\alpha,\mathrm{SKG}(A\bar{\bigcup}B,C)=\frac{6}{11}<\alpha$$

显然，$C-A$ 或 $C-B$，但是 $C!\ -A\bar{\bigcup}B$，出现了漏融现象，说明相似度量模型存在缺陷，需要进行修正。

(3) 碎片化建模对设计人员建模过程无顺序要求，MBSE 的模型库中的碎片化设计模型存储是按照时间顺序存储的，因此碎片化设计模型的相似度计算过程是按照存储顺序进行的，条件允许即融合并删除原碎片化设计模型。为保证融合的正确性，计算结果应与融合顺序无关，即更换融合顺序后，根据相似度结果不应产生碎片化设计模型误融合或漏融合现象。MBSE 碎片化设计模型库如图 8.19 所示。

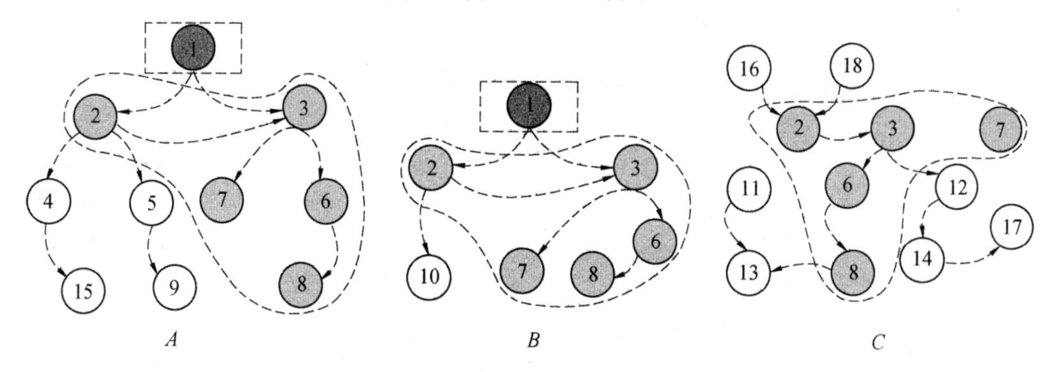

图 8.19 MBSE 碎片化设计模型库

图 8.19 表明碎片化设计模型中存在三个碎片化设计模型 A、B、C，其中不规则线圈部

分是三个碎片化设计模型的相似部分，矩形方框部分为 A、B 的其他相似部分，其余部分是各自独有部分。

① 设 A、B、C 的相似度计算顺序为 $A \to B \to C$，通过极大扩展公共连通子图相似度公式即式(8.15) 计算碎片化设计模型 A 与碎片化设计模型 B 的相似度 $\mathrm{SKG}(A,B)=0.857>\alpha$，因此 $A-B$，进行融合得到 $A \bar{\cup} B$，在 MBSE 的模型库中删除 A 和 B。继续计算 $A \bar{\cup} B$ 与 C 的相似度，$\mathrm{SKG}(A \bar{\cup} B,C)=0.455<\alpha$，$C$ 与 $A \bar{\cup} B$ 不相似。

② 改变相似度计算顺序为 $B \to C \to A$，通过极大扩展公共连通子图相似度公式即式(8.15) 计算碎片化设计模型 B 与碎片化设计模型 C 的相似度 $\mathrm{SKG}(B,C)=0.857>\alpha$，碎片化设计模型 B 与碎片化设计模型 C 相似，进行融合得到 $B \bar{\cup} C$，在 MBSE 库中删除 B 和 C。继续计算 $B \bar{\cup} C$ 与 A 的相似度，$\mathrm{SKG}(B \bar{\cup} C,A)=0.6>\alpha$，因此 A、B、C 可以融合在一起。两次融合结果是不一致的。

下面给出更一般的证明。

设 MBSE 模型库中现有的基本碎片模型集为 $\overline{F}$，记 $\overline{F}=\{A,B,C,D,E,F,\cdots\}$，记集合 $\overline{F}$ 中可融合的元素正确融合后的融合碎片模型为 $\overline{H}$。现在 MBSE 的模型库中新增碎片模型 A_1，通过式(8.15) 直接计算 A_1 与 $\overline{H}$ 的相似度，即

$$\mathrm{SKG}(\overline{H},A_1)=\max\left\{\frac{|V(\overline{H} \bar{\cap} A_1)|}{|V(\overline{H})|},\frac{|V(A_1 \bar{\cap} \overline{H})|}{|V(A_1)|}\right\} \tag{8.17}$$

不妨假设 $A \in \overline{F}$，$\mathrm{SKG}(A,A_1)>\alpha$，故 A_1 应该能被融合到 $\overline{F}$ 中，但是 $\overline{H}$ 与 A_1 的极大扩展公共连通子图可能与 $A \bar{\cap} A_1$ 一致，则会出现 $|\overline{H}|$ 增加，$\overline{H} \bar{\cap} A_1=A \bar{\cap} A_1$ 保持不变化的情况，即

$$\frac{|V(\overline{H} \bar{\cap} A_1)|}{|V(\overline{H})|}<\frac{|V(A \bar{\cap} A_1)|}{|V(A)|}$$

$$\alpha<\mathrm{SKG}(A,A_1)\geqslant \mathrm{SKG}(\overline{H},A_1)<\alpha$$

从而导致 $\mathrm{SKG}(\overline{H},A_1)<\alpha$，融合失败，信息遗漏。为解决这一问题，下面对极大扩展公共连通子图相似度模型进行改进。

8.2.4 强化极大扩展公共连通子图检测方法

在 MBSE 设计模型构建过程中，高频设计概念或设计元素一般比低频设计概念或设计元素更重要。从极大扩展公共连通子图相似度模型产生的问题中就可以看出，在相似度建模中同等重要程度看待设计概念或者设计元素是不符合实际的。因此，本节研究设计元素出现频率对碎片化设计模型相似度的影响，强化多次出现的节点，建立强化极大扩展公共连通子图(RLMCSDS) 相似度模型。

【定义 8.12】 规定基碎片化模型中的节点权重系数全部为 1。

【定义 8.13】 给定两个碎片化设计模型 A、B，其中 W_A、W_B 分别为 A、B 的节点权重集合。W_v^A 表示两层含义：v 在碎片化设计模型 A 中；v 在 A 中的权重值为 W_v^A。若 A、B 相

似，则其融合设计模型 $A\bar{\cup}B$ 的各节点权重为

$$v_1 \in V(A)-V(A)\cap V(B), W_{A\bar{\cup}B_{v_1}}=W_{v_1}^{A}\cdot\frac{|V(A\bar{\cup}B)|}{|V(A)|}$$

$$v_2 \in V(B)-V(A)\cap V(B), W_{A\bar{\cup}B_{v_2}}=W_{v_2}^{B}\cdot\frac{|V(A\bar{\cup}B)|}{|V(B)|}$$

$$v_3 \in V(A)\cap V(B), W_{A\bar{\cup}B_{v_3}}=\max\left\{W_{v_3}^{A}\cdot\frac{|V(A\bar{\cup}B)|}{|V(A)|}, W_{v_3}^{B}\cdot\frac{|V(A\bar{\cup}B)|}{|V(B)|}\right\} \tag{8.18}$$

融合碎片模型 $A\bar{\cup}B$ 的各节点权重如图8.20所示。

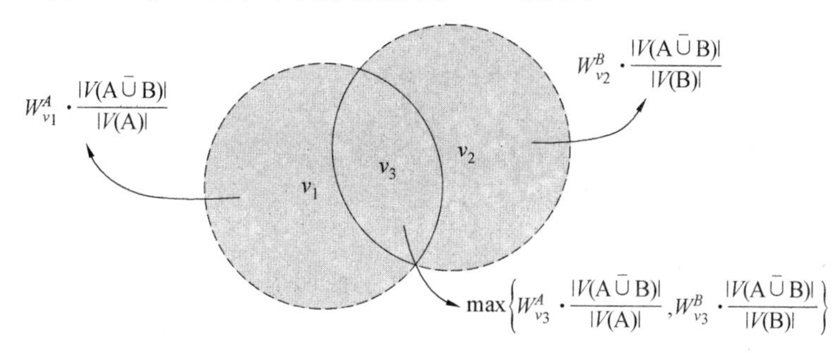

图8.20 融合碎片模型 $A\bar{\cup}B$ 的各节点权重

为保证MBSE中碎片模型融合正确性，对相似度量模型即式(8.15)进行如下改进，强化极大扩展公共连通子图相似度模型(RLMCSDS)，即

$$\text{RSKG}(A,B)=\max\max_{i}\left\{\frac{\sum_{v\in V(G_{1i})}W_v^A}{|V(A)|}, \frac{\sum_{v\in V(G_{2i})}W_v^B}{|V(B)|}\right\} \tag{8.19}$$

式中 A,B——有向图；

$\{G_{1i};G_{2i}\}$——A 与 B 的极大扩展公共连通子图，$i=1,\cdots,n$；

$\sum_{v\in V(G_{1i})}W_v^A$——在碎片化设计模型 A 中 G_{1i} 中所有节点权重和；

$\sum_{v\in V(G_{2i})}W_v^B$——在碎片化设计模型 B 中 G_{2i} 中所有节点权重和。

【定理8.3】 相对于LMCSDS模型，在碎片化设计模型的迭代融合中，通过RLMCSDS模型得到的融合结果具有顺序无关性，通过RLMCSDS模型测量的相似度具有有界性。

证明 在RLMCSDS模型的相似度计算中，证明过程分以下三步：

① 证明三个MBSE碎片化设计模型的融合结果具有顺序无关性；

② 证明一个MBSE碎片化设计模型集合内部迭代融合结果具有顺序无关性；

③ 证明两个MBSE碎片化设计模型集合之间的迭代融合结果具有顺序无关性。

(1) 假设MBSE碎片化设计模型库中存在基设计模型 A、B、C，并且它们是相似的。根据权重初始化规则，这三个基设计模型的初始权重均为1。不妨设 $A\rightarrow B\rightarrow C$ 为碎片化设计模型的融合顺序，则 A、B 的融合模型为 $\bar{A}_1=A\bar{\cup}B$。其中，通过RLMCSDS模型得到

融合设计模型$\bar{A}_1$的节点权重集合为

$$W_{\bar{A}}=\left\{\frac{|V(A\bar{\bigcup}B)|}{|V(A)|},\frac{|V(A\bar{\bigcup}B)|}{|V(B)|}\right\}$$

不妨假设在 LMCSDS 模型的计算下 A 与 C 的相似度最高，则有

$$\max\{\mathrm{SKG}(A,C),\mathrm{SKG}(B,C)\}=\mathrm{SKG}(A,C)=\max\left\{\frac{|V(A\bar{\bigcap}C)|}{|V(A)|},\frac{|V(C\bar{\bigcap}A)|}{|V(C)|}\right\}>\alpha$$

进一步，获取$\bar{A}_1$和C的极大扩展公共连通子图。假设$\{G_1;G_2\}$是$\bar{A}_1$和C的一个极大扩展公共连通子图，并且满足$V(A\bar{\bigcap}C)\subseteq V(G_1)\subseteq V(\bar{A}_1)$和$V(C\bar{\bigcap}A)\subseteq V(G_2)\subseteq V(C)$，则可以推断出

$$\frac{\sum_{v\in V(G_1)}W_v^{\bar{A}_1}}{|\overline{A_1}|}\geqslant\frac{\sum_{v\in V(A\bar{\bigcap}C)}W_v^{\bar{A}_1}}{|\overline{A_1}|}=\frac{\sum_{v\in V(A\bar{\bigcap}C)}W_v^{\bar{A}_1}}{|V(A\bar{\bigcup}B)|}$$

$$\frac{\sum_{v\in V(G_2)}W_v^{C}}{|V(C)|}=\frac{\sum_{v\in V(G_2)}1}{|V(C)|}=\frac{|V(G_2)|}{|V(C)|}\geqslant\frac{|V(C\bar{\bigcap}A)|}{|V(C)|}$$

根据节点被强化程度的不同，将$V(A\bar{\bigcap}C)$拆成两个互不相交的部分，得到

$$\frac{\sum_{v\in V(A\bar{\bigcap}C)}W_v^{\bar{A}_1}}{|V(A\bar{\bigcup}B)|}=\frac{\sum_{v\in[V(A)-V(A)\cap V(B)]\cap V(A\bar{\bigcap}C)}W_v^{\bar{A}_1}+\sum_{v\in[V(A)\cap V(B)]\cap V(A\bar{\bigcap}C)}W_v^{\bar{A}_1}}{|V(A\bar{\bigcup}B)|}$$

$$=\frac{\sum_{v\in[V(A)-V(A)\cap V(B)]\cap V(A\bar{\bigcap}C)}\frac{|V(A\bar{\bigcup}B)|}{|V(A)|}}{|V(A\bar{\bigcup}B)|}+$$

$$\frac{\sum_{v\in[V(A)\cap V(B)]\cap V(A\bar{\bigcap}C)}\max\left\{\frac{|V(A\bar{\bigcup}B)|}{|V(A)|},\frac{|V(A\bar{\bigcup}B)|}{|V(B)|}\right\}}{|V(A\bar{\bigcup}B)|}$$

$$\geqslant\frac{\sum_{v\in[V(A)-V(A)\cap V(B)]\cap V(A\bar{\bigcap}C)}\frac{|V(A\bar{\bigcup}B)|}{|V(A)|}+\sum_{v\in[V(A)\cap V(B)]\cap V(A\bar{\bigcap}C)}\frac{|V(A\bar{\bigcup}B)|}{|V(A)|}}{|V(A\bar{\bigcup}B)|}$$

$$=\frac{\sum_{v\in V(A\bar{\bigcap}C)}\frac{|V(A\bar{\bigcup}B)|}{|V(A)|}}{|V(A\bar{\bigcup}B)|}=\frac{\frac{|V(A\bar{\bigcup}B)|}{|V(A)|}\cdot|V(A\bar{\bigcap}C)|}{|V(A\bar{\bigcup}B)|}$$

$$=\frac{|V(A\bar{\bigcap}C)|}{|V(A)|}$$

因此，由 RLMCSDS 相似度量模型即式(8.19)得$\mathrm{RSKG}(\bar{A}_1,C)\geqslant\mathrm{SKG}(A,C)>\alpha$，保证了融合顺序不会使相似度变小，相似结构能进行融合。

由融合方法得到融合模型$\bar{A}_2=A\bar{\bigcup}B\bar{\bigcup}C$。根据两次强化的节点权重的不同，$\bar{A}_2$中的节点可形式化地表示为七个不交的区域(图8.21)，记$V_\delta=V(A)\cap V(B)\cap V(C)$，$V_\alpha=$

$V(A)\cap V(C), V_\beta=V(A)\cap V(B), V_\gamma=V(B)\cap V(C)$，则其每部分的权重计算公式为

$$v_1\in V(A)-V_\alpha-V_\beta, W_{v_1}^{\bar{A}_2}=\frac{|V(\bar{A}_1)|}{|V(A)|}\cdot\frac{|V(\bar{A}_1\,\bar{\cup}\,C)|}{|V(\bar{A}_1)|}=\frac{|V(A\,\bar{\cup}\,B\,\bar{\cup}\,C)|}{|V(A)|}$$

$$v_2\in V(B)-V_\beta-V_\gamma, W_{v_1}^{\bar{A}_2}=\frac{|V(\bar{A}_1)|}{|V(B)|}\cdot\frac{|V(\bar{A}_1\,\bar{\cup}\,C)|}{|V(\bar{A}_1)|}=\frac{|V(A\,\bar{\cup}\,B\,\bar{\cup}\,C)|}{|V(B)|}$$

$$v_3\in V(C)-V_\alpha-V_\gamma, W_{v_1}^{\bar{A}_2}=1\cdot\frac{|V(\bar{A}_1\,\bar{\cup}\,C)|}{|V(C)|}=\frac{|V(A\,\bar{\cup}\,B\,\bar{\cup}\,C)|}{|V(C)|}$$

$$v_4\in V_\beta-V_\delta, W_{v_1}^{\bar{A}_2}=\max\left\{\frac{|V(A\,\bar{\cup}\,B\,\bar{\cup}\,C)|}{|V(A)|},\frac{|V(A\,\bar{\cup}\,B\,\bar{\cup}\,C)|}{|V(B)|}\right\}$$

$$v_5\in V_\alpha-V_\delta, W_{v_1}^{\bar{A}_2}=\max\left\{\frac{|V(A\,\bar{\cup}\,B\,\bar{\cup}\,C)|}{|V(A)|},\frac{|V(A\,\bar{\cup}\,B\,\bar{\cup}\,C)|}{|V(C)|}\right\}$$

$$v_6\in V_\gamma-V_\delta, W_{v_1}^{\bar{A}_2}=\max\left\{\frac{|V(A\,\bar{\cup}\,B\,\bar{\cup}\,C)|}{|V(B)|},\frac{|V(A\,\bar{\cup}\,B\,\bar{\cup}\,C)|}{|V(C)|}\right\}$$

$$v_7\in V_\delta, W_{v_1}^{\bar{A}_2}=\max\left\{\frac{|V(A\,\bar{\cup}\,B\,\bar{\cup}\,C)|}{|V(A)|},\frac{|V(A\,\bar{\cup}\,B\,\bar{\cup}\,C)|}{|V(B)|},\frac{|V(A\,\bar{\cup}\,B\,\bar{\cup}\,C)|}{|V(C)|}\right\}\tag{8.20}$$

即权重集合可以表示为

$$W_{\bar{A}_2}=\left\{\frac{|V(A\,\bar{\cup}\,B\,\bar{\cup}\,C)|}{|V(A)|},\frac{|V(A\,\bar{\cup}\,B\,\bar{\cup}\,C)|}{|V(B)|},\frac{|V(A\,\bar{\cup}\,B\,\bar{\cup}\,C)|}{|V(C)|}\right\}$$

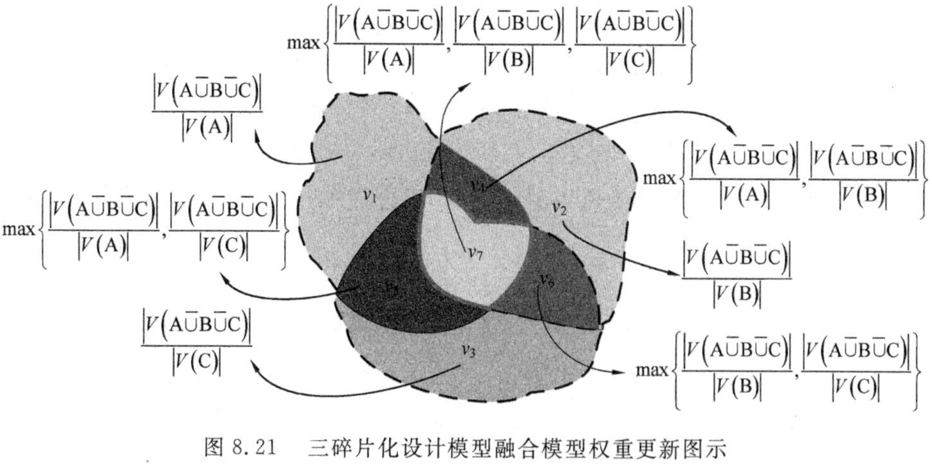

图 8.21　三碎片化设计模型融合模型权重更新图示

(2) 现假设当MBSE碎片化设计模型库中存在n个基设计模型时，第一步结果仍然成立。设$\{A_i\}(i=1,2,\cdots,n)$是碎片化设计模型库中的所有基设计模型，$\bar{A}_{n-1}=\bar{\bigcup}_{i=1}^{n}A_i$是其融合模型，且权重集合形如$W_{n-1}^{\bar{A}}=\left\{\frac{|V(\bar{A}_{n-1})|}{|V(A_i)|}\right\}$。假设现在又设计了一个与碎片化设计模型库中的碎片化设计模型相似的基设计模型A_{n+1}，并且A_{n+1}被加入到碎片化设计模型库中。现在计算$\bar{A}_{n-1}$与基设计模型A_{n+1}的相似度，不妨设A_{n+1}与A_1相似度最高，由

LMCSDS 模型有

$$\max_{i\in\{1,2,\cdots,n\}} \mathrm{SKG}(A_i,A_{n+1}) = \mathrm{SKG}(A_1,A_{n+1}) = \max\left\{\frac{|V(A_1 \bar{\cap} A_{n+1})|}{|V(A_1)|},\frac{|V(A_{n+1} \bar{\cap} A_1)|}{|V(A_{n+1})|}\right\} > \alpha$$

不妨设$\{G_1;G_2\}$是$\bar{A}_{n-1}$和A_{n+1}的一个极大扩展公共连通子图，并且满足$V(A_1 \bar{\cap} A_{n+1}) \subseteq V(G_1) \subseteq V(\bar{A}_{n-1})$，$V(A_{n+1} \bar{\cap} A_1) \subseteq V(G_2) \subseteq V(A_{n+1})$，由 RLMCSDS 模型得到

$$\frac{\sum_{v\in V(G_1)} W_v^{\bar{A}_{n-1}}}{|V(\bar{A}_{n-1})|} \geqslant \frac{\sum_{v\in V(A_1 \bar{\cap} A_{n+1})} W_{n-1\,v}^{\bar{A}}}{|V(\bar{A}_{n-1})|}$$

$$\frac{\sum_{v\in V(G_2)} W_v^{A_{n+1}}}{|V(A_{n+1})|} = \frac{\sum_{v\in V(G_2)} 1}{|V(A_{n+1})|} = \frac{|V(G_2)|}{|V(A_{n+1})|} \geqslant \frac{|V(A_{n+1} \bar{\cap} A_1)|}{|V(A_{n+1})|}$$

由权重定义式(8.18)可知，在融合过程中，模型A_1中与其他模型中共有节点被不断强化，故在融合设计模型$\bar{A}_{n-1}$中，设计模型A_1中的所有节点满足条件

$$v\in V(A_1),W_v^{\bar{A}_{n-1}} \geqslant \frac{|V(\bar{A}_{n-1})|}{|V(A_1)|}$$

由此得到

$$\frac{\sum_{v\in V(A_1 \bar{\cap} A_{n+1})} W_v^{\bar{A}_{n-1}}}{|V(\bar{A}_{n-1})|} \geqslant \frac{\sum_{v\in V(A_1 \bar{\cap} A_{n+1})} \frac{|V(\bar{A}_{n-1})|}{|V(A_1)|}}{|V(\bar{A}_{n-1})|} = \frac{|V(\bar{A}_{n-1})|}{|V(A_1)|}\cdot\frac{|V(A_1 \bar{\cap} A_{n+1})|}{|V(\bar{A}_{n-1})|} = \frac{|V(A_1 \bar{\cap} A_{n+1})|}{|V(A_1)|}$$

$$\begin{aligned}\mathrm{RSKG}(\bar{A}_{n-1},A_{n+1}) &\geqslant \max\left\{\frac{\sum_{v\in V(G_1)} W_v^{\bar{A}_{n-1}}}{|V(\bar{A}_{n-1})|},\frac{\sum_{v\in V(G_2)} W_v^{A_{n+1}}}{|V(A_{n+1})|}\right\} \geqslant \max_{i\in\{1,2,\cdots,n\}} \mathrm{SKG}(A_i,A_{n+1}) \\ &= \mathrm{SKG}(A_1,A_{n+1})\end{aligned}$$

因此，$\bar{A}_{n-1}$与A_{n+1}的相似性仍然得以保证，进一步得到$\bar{A}_{n-1}$和A_{n+1}融合的设计模型

$$\bar{A}_n = \bar{A}_{n-1} \bar{\cup} A_{n+1} = \bar{\bigcup_{i=1}^{n+1}} A_i$$

记$V_\alpha = V(\bar{A}_{n-1}) \cap V(A_{n+1})$，根据设计模型的权重强化定义式(8.18)得到$\bar{A}_n$中节点权重值为

$$v_1 \in V(\bar{A}_{n-1}) - V_\alpha, W_{v_1}^{\bar{A}_n} = W_{v_1}^{\bar{A}_{n-1}} \cdot \frac{|V(\bar{A}_{n-1} \bar{\cup} A_{n+1})|}{|V(\bar{A}_{n-1})|}$$

$$v_2 \in V(A_{n+1}) - V_\alpha, W_{n\,v_2}^{\bar{A}} = W_{v_2}^{\bar{A}_{n-1}} \cdot \frac{|V(\bar{A}_{n-1} \bar{\cup} A_{n+1})|}{|V(A_{n+1})|}$$

$$v_3 \in V_\alpha, W_{v_3}^{\bar{A}_n} = \max\left\{W_{v_3}^{\bar{A}_{n-1}} \cdot \frac{|V(\bar{A}_{n-1} \bar{\cup} A_{n+1})|}{|V(\bar{A}_{n-1})|}, W_{v_3}^{\bar{A}_{n-1}} \cdot \frac{|V(\bar{A}_{n-1} \bar{\cup} A_{n+1})|}{|V(A_{n+1})|}\right\}$$

从$\bar{A}_{n-1}$的节点权重集合中可以看出，$\bar{A}_n$的节点权重集合可以表达为$\left\{\frac{|V(\bar{A}_n)|}{|V(A_i)|}\right\}$ $(i=1,2,\cdots,n+1)$。由数学归纳法原理可知，在一个碎片化设计模型库中，迭代融合结果具

有顺序无关性，节点权重集合有通用表达式。

（3）由（2）可知，定理适用于单个 MBSE 碎片化设计模型库（库中碎片化设计模型均为基设计模型）的迭代融合。不妨设现有两个基设计模型库$\{A_i\}(i=1,2,\cdots,n)$ 和$\{B_j\}(j=1,2,\cdots,m)$，并且 A_1 与 B_1 最相似，满足

$$\max_{i,j}\mathrm{SKG}(A_i,B_j)=\mathrm{SKG}(A_1,B_1)=\max\left\{\frac{|V(A_1\bar{\cap}B_1)|}{|V(A_1)|},\frac{|V(B_1\bar{\cap}A_1)|}{|V(B_1)|}\right\}>\alpha$$

即这两个 MBSE 碎片化设计模型库相似。设这两个 MBSE 碎片化设计模型库的融合模型分别为$\bar{A}_{n-1}=\bar{\bigcup}_{i=1}^{n}A_i$ 和$\bar{B}_{m-1}=\bar{\bigcup}_{j=1}^{m}B_j$，其节点权重集合分别为$\left\{\frac{|V(\bar{A}_{n-1})|}{|V(A_i)|}\right\}$和$\left\{\frac{|V(\bar{B}_{m-1})|}{|V(B_j)|}\right\}$。

不妨设$\{G_1;G_2\}$是$\bar{A}_{n-1}$ 和$\bar{B}_{m-1}$ 的一个极大扩展公共连通子图，且$\{G_1;G_2\}$满足 $V(B_1\bar{\cap}A_1)\subseteq V(G_2)\subseteq V(\bar{B}_{m-1})$，则有

$$\frac{\sum_{v\in V(G_1)}W_v^{\bar{A}_{n-1}}}{|V(\bar{A}_{n-1})|}\geqslant\frac{\sum_{v\in V(A_1\bar{\cap}B_1)}W_v^{\bar{A}_{n-1}}}{|V(\bar{A}_{n-1})|}$$

由权重定义式(8.18)可得，在融合过程中，节点的权重被不断强化，故在融合设计模型$\bar{A}_{n-1}$ 中，碎片化设计模型 A_1 中的所有节点满足

$$v\in V(A_1),W_v^{\bar{A}_{n-1}}\geqslant\frac{|V(\bar{A}_{n-1})|}{|V(A_1)|}$$

故对公式进一步化简，可得

$$\frac{\sum_{v\in V(A_1\bar{\cap}B_1)}W_v^{\bar{A}_{n-1}}}{|V(\bar{A}_{n-1})|}\geqslant\frac{\sum_{v\in V(A_1\bar{\cap}B_1)}\frac{|V(\bar{A}_{n-1})|}{|V(A_1)|}}{|V(\bar{A}_{n-1})|}=\frac{|V(\bar{A}_{n-1})|}{|V(A_1)|}\cdot\frac{|V(A_1\bar{\cap}B_1)|}{|V(\bar{A}_{n-1})|}=\frac{|V(A_1\bar{\cap}B_1)|}{|V(A_1)|}$$

同理，可证明

$$\frac{\sum_{v\in V(G_2)}W_v^{\bar{B}_{m-1}}}{|V(\bar{B}_{m-1})|}\geqslant\frac{\sum_{v\in V(B_1\bar{\cap}A_1)}W_v^{\bar{B}_{m-1}}}{|V(\bar{B}_{m-1})|}\geqslant\frac{|V(B_1\bar{\cap}A_1)|}{|V(B_1)|}$$

因此得到

$$\begin{aligned}\mathrm{RSKG}(\bar{A}_{n-1},\bar{B}_{m-1})&\geqslant\max\left\{\frac{\sum_{v\in V(G_1)}W_v^{\bar{A}_{n-1}}}{|V(\bar{A}_{n-1})|},\frac{\sum_{v\in V(G_2)}W_v^{\bar{B}_{m-1}}}{|V(\bar{B}_{m-1})|}\right\}\\&\geqslant\max_{\substack{i\in\{1,2,\cdots,n\}\\j\in\{1,2,\cdots,m\}}}\mathrm{SKG}(A_i,B_j)=\mathrm{SKG}(A_1,B_1)\end{aligned}$$

这说明通过 RLMCSDS 模型计算的两个基设计模型融合模型之间的相似度仍然不小于通过 LMSCDS 模型计算的基设计模型之间的相似度，可以保证相似度量和融合的准确性。记 $V_\alpha=V(\bar{A}_{n-1})\cap V(\bar{B}_{m-1})$，通过式(8.18)更新融合模型$\bar{A}_{n+m-1}=\bar{A}_{n-1}\bar{\cup}\bar{B}_{m-1}$ 的节点权重集合，有

$$v_1\in V(\bar{A}_{n-1})-V_\alpha,W_{v_1}^{\bar{A}_{n+m-1}}=W_{v_1}^{\bar{A}_{n-1}}\cdot\frac{|V(\bar{A}_{n-1}\bar{\cup}\bar{B}_{m-1})|}{|V(\bar{A}_{n-1})|}$$

$$v_2 \in V(\bar{B}_{m-1}) - V_a, W_{v_2}^{\bar{A}_{n+m-1}} = W_{v_2}^{\bar{B}_{m-1}} \cdot \frac{|V(\bar{A}_{n-1} \bar{\cup} \bar{B}_{m-1})|}{|V(\bar{B}_{m-1})|}$$

$$v_3 \in V_a, W_{v_3}^{\bar{A}_{n+m-1}} = \max\left\{W_{v_3}^{\bar{A}_{n-1}} \cdot \frac{|V(\bar{A}_{n-1} \bar{\cup} \bar{B}_{m-1})|}{|V(\bar{A}_{n-1})|}, W_{v_3}^{\bar{B}_{m-1}} \cdot \frac{|V(\bar{A}_{n-1} \bar{\cup} \bar{B}_{m-1})|}{|V(\bar{B}_{m-1})|}\right\}$$

进一步，融合设计模型 $\bar{A}_{n+m-1} = \bar{A}_{n-1} \bar{\cup} \bar{B}_{m-1}$ 的权重集合可以表示为 $\left\{\frac{|V(\bar{A}_{n+m-1})|}{|V(A_i)|}, \frac{|V(\bar{A}_{n+m-1})|}{|V(B_j)|}\right\}$。

若 $\{G_{1k}; G_{2k}\}$ 为 $\bar{A}_{n-1}$ 和 $\bar{B}_{m-1}$ 任意一个极大连通同归结构，则容易得到

$$\frac{\sum\limits_{v \in V(G_{1k})} W_v^{\bar{A}_{n-1}}}{|V(\bar{A}_{n-1})|} = \frac{\sum\limits_{v \in V(G_{1k}) \cap V(\bar{A}_{n-1})} W_v^{\bar{A}_{n-1}}}{|V(\bar{A}_{n-1})|} = \frac{\sum\limits_{v \in V(G_{1k}) \cap V(\bar{\bigcup}_{i=1}^{n} A_i)} W_v^{\bar{A}_{n-1}}}{|\bar{A}_{n-1}|} \leqslant \frac{\sum\limits_{i=1}^{n} \sum\limits_{v \in V(G_{1k}) \cap V(A_i)} \frac{|\bar{A}_{n-1}|}{|A_i|}}{|V(\bar{A}_{n-1})|}$$

$$= \sum_{i=1}^{n} \sum_{v \in V(G_{1k}) \cap V(A_i)} \frac{1}{|A_i|} < \sum_{i=1}^{n} 1 = n$$

$$\frac{\sum\limits_{v \in V(G_{2k})} W_v^{\bar{B}_{m-1}}}{|V(\bar{B}_{m-1})|} = \frac{\sum\limits_{v \in V(G_{2k}) \cap V(\bar{B}_{m-1})} W_v^{\bar{B}_{m-1}}}{|V(\bar{B}_{m-1})|} = \frac{\sum\limits_{v \in V(G_{2k}) \cap V(\bar{\bigcup}_{j=1}^{m} B_j)} W_v^{\bar{B}_{m-1}}}{|\bar{B}_{m-1}|} \leqslant \frac{\sum\limits_{j=1}^{m} \sum\limits_{v \in V(G_{2k}) \cap V(B_j)} \frac{|\bar{B}_{m-1}|}{|B_j|}}{|V(\bar{B}_{m-1})|}$$

$$= \sum_{j=1}^{m} \sum_{v \in V(G_{2k}) \cap V(B_j)} \frac{1}{|B_j|} < \sum_{i=1}^{n} 1 = m$$

$$\mathrm{RSKG}(\bar{A}_{n-1}, \bar{B}_{m-1}) = \max \max_k \left\{\frac{\sum\limits_{v \in V(G_{1k})} W_v^{\bar{A}_{n-1}}}{|V(\bar{A}_{n-1})|}, \frac{\sum\limits_{v \in V(G_{2k})} W_v^{\bar{B}_{m-1}}}{|V(\bar{B}_{m-1})|}\right\} \leqslant \max\{n, m\}$$

证明完毕。

上述定理说明了相比于 LMCSDS 模型，RLMCSDS 模型不会导致相似的碎片化设计模型遗漏，消除了漏融现象；RLMCSDS 模型得到的相似度具有有界性；多个碎片化设计模型库可以同时进行融合过程，即各部门进行协同设计时，由 RLMCSDS 模型得到的结果一致，并行运算是可实现的。

本节以生物概念模型为实例，采用 RLMCSDS 模型进行碎片化生物概念模型的迭代构建。首先，取生物概念模型，如图 8.22 所示，根据碎片化设计模型的种类，将生物概念模型随机划分成碎片化生物概念模型。

根据图 8.22 随机生成了 19 个碎片化生物概念模型，如图 8.23 所示。

假设动物界、无脊椎动物、脊椎动物、环节动物、棘皮动物、腔肠动物、节肢动物、软体动物、哺乳类动物、鸟类、鱼类、两栖类、爬行类、植物界、孢子植物、有根茎叶、无根有茎叶、苔藓类分别用数字 1～28 表示，则根据有向图表示法得到碎片化生物概念模型的有向图量化表示见表 8.8。

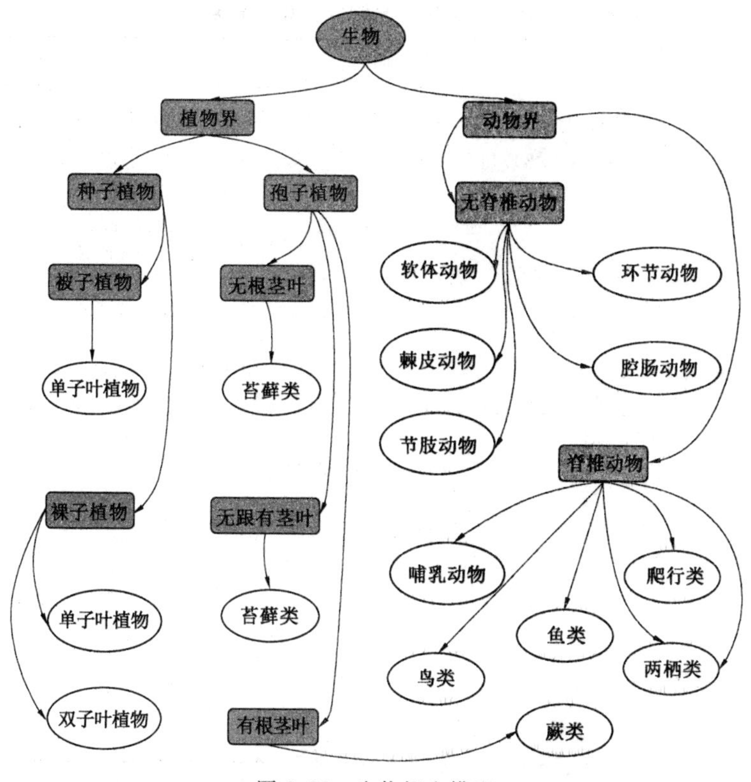

图 8.22 生物概念模型

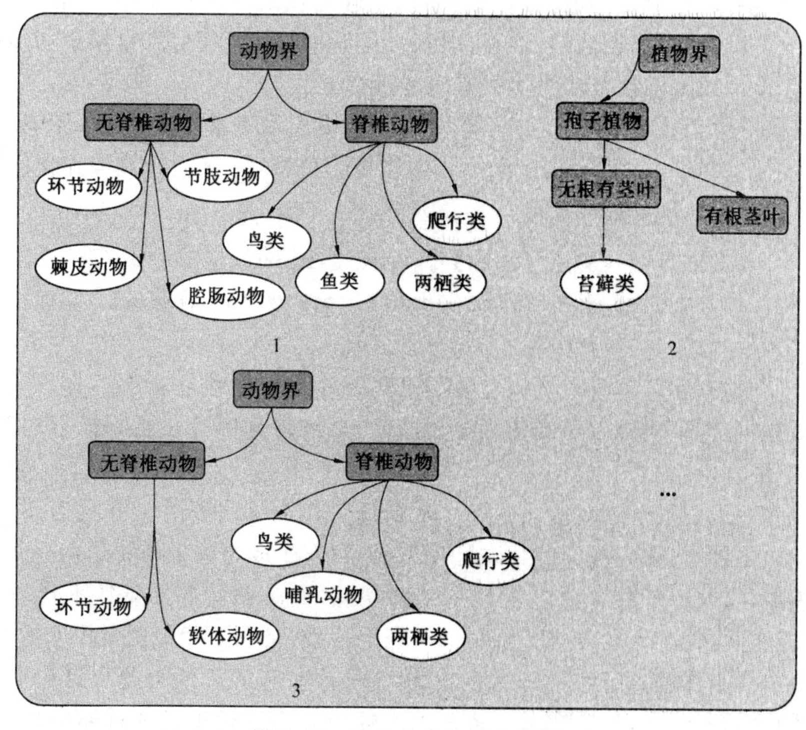

图 8.23 碎片化生物概念模型

表 8.8 碎片化生物概念模型的有向图量化表示

碎片化生物概念模型	碎片化生物概念模型有向图表示	初始化权重
碎片化生物概念模型 1	{(1,2),(1,3),(2,4),(2,5),(2,6),(2,7),(3,10),(3,11),(3,12),(3,13)}	{[1,1],[2,1],[3,1],[4,1],[5,1],[6,1],[7,1],[10,1],[11,1],[12,1],[13,1]}
碎片化生物概念模型 2	{(14,15),(15,16),(15,17),(16,18)}	{[14,1],[15,1],[16,1],[17,1],[18,1]}
碎片化生物概念模型 3	{(1,2),(1,3),(2,4),(2,8),(3,9),(3,10),(3,12),(3,13)}	{[1,1],[2,1],[3,1],[4,1],[8,1],[9,1],[10,1],[12,1],[13,1]}
…	…	…
碎片化生物概念模型 18	{(3,6),(6,13),(6,14),(6,16),(6,17),(3,19),(3,21)}	{[3,1],[6,1],[13,1],[14,1],[16,1],[17,1],[19,1],[21,1]}
碎片化生物概念模型 19	{(2,5),(5,10),(5,11),(5,12),(10,26),(11,27),(12,28)}	{[2,1],[5,1],[10,1],[11,1],[12,1],[26,1],[27,1],[28,1]}

设置实验参数，相似度阈值 $\alpha=0.6$。若两个碎片化设计模型间的相似度大于 α，则认为两个碎片化设计模型是相似的；否则，则认为是不相似的。相似度量模型为 RLMCSDS 模型，碎片化设计模型融合方法为本书提出的融合方法。

现计算碎片化生物概念模型 1 与碎片化生物概念模型 2 的相似度，RSKG(1,2)$=0<\alpha$，即碎片化生物概念模型 1！一碎片化生物概念模型 2。随后计算碎片化生物概念模型 1 和碎片化生物概念模型 3 的最大扩展公共连通子图，$1\bar{\cap}3=3\bar{\cap}1=\{(1,2),(1,3),(2,4),(3,10),(3,12),(3,13)\}$，进而得到其相似度 RSKG(1,3)$=0.778>\alpha$。由融合方法得到碎片化生物概念模型 1 和碎片化生物概念模型 3 的融合设计模型，如图 8.24 所示。

在模型库中，删除碎片化生物概念模型 1 和碎片化生物概念模型 3，保留它们的融合模型及其新权重，为下次融合做准备。反复迭代，最终得到碎片化生物模型的融合结果，如图 8.25 所示。

通过观察可以发现，图 8.25 中的两个融合图为图 8.22 的子图，并且与图 8.22 基本一致。其不同之处是，在生成碎片化设计模型时，没有生成与种子植物这一枝相关联的碎片化设计模型，这并不是相似度量模型带来的误差，而是设计人员设计不合理导致的差异，经人工修正，可以得到图 8.25 与图 8.22 完全一致，证明了相似度量模型的有效性。

MBSE 建模工作的繁重和耗时已经成为 MBSE 实施的瓶颈问题。目前很少有针对建模的自动化与智能化的研究成果。考虑到大规模并行建模工具的普遍应用，为降低单个建模人员的建模工作量和专业水平的要求，本书重点研究了基于碎片化设计模型融合的建模方法，考虑了多种可能出现的碎片化设计模型，针对模型融合规则提出了扩展最大公共连通子图相似度量模型，建立了基于最大相似公共子图的相似度量模型，从理论上证明了融合的顺序不会造成漏融、错融问题，最后通过碎片化生物概念模型的融合建模验证了所给出模型的合理性和有效性。

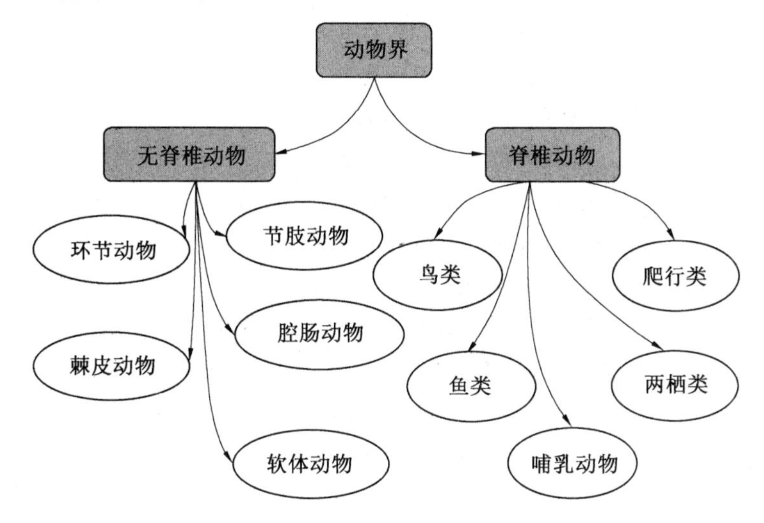

图 8.24　碎片化生物概念模型 1 与碎片化生物概念模型 2 的融合设计模型

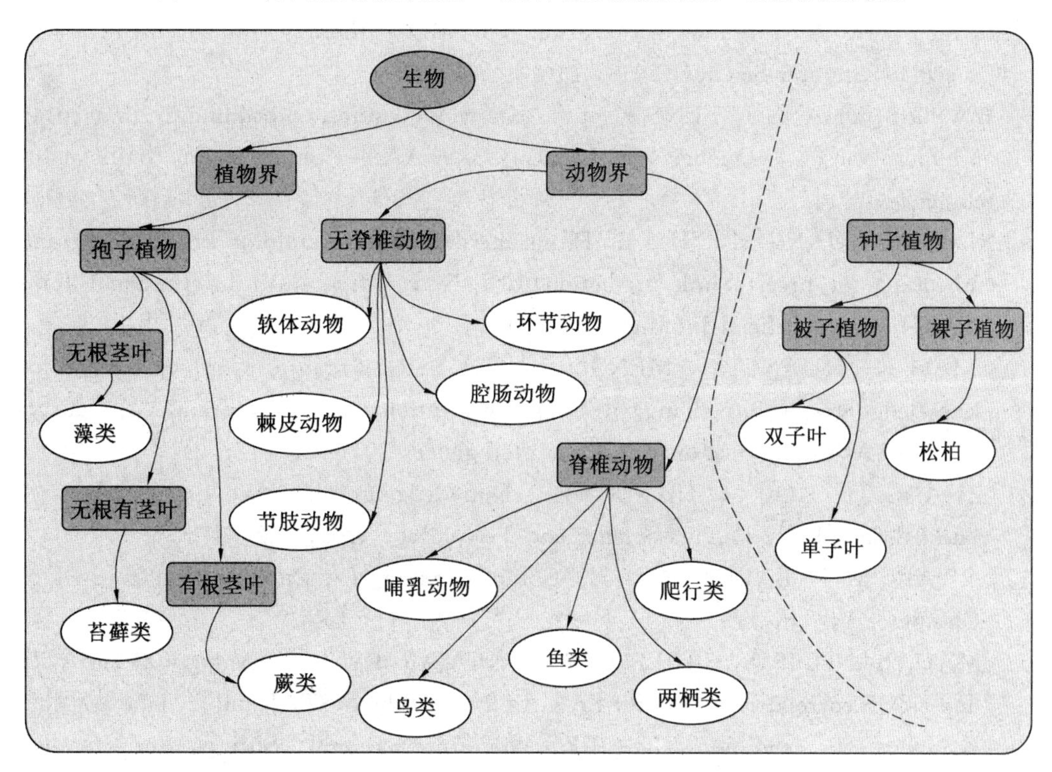

图 8.25　碎片化生物模型的融合结果

本章参考文献

[1] INCOSE T. Systems engineering vision 2020[J]. INCOSE, 2007, 26(2019): 2.

[2] 陈红涛，邓昱晨，袁建华，等. 基于模型的系统工程的基本原理[J]. 中国航天，2016，32(3)：18-23.

[3] JIANG C Y, WANG W P, LI Q. SysML: a new systems modeling language[J]. Journal of System Simulation, 2006, 18(6): 1483-1482.

[4] WIBBEN D R, FURFARO R. Model-based systems engineering approach for the development of the science processing and operations center of the NASA OSIRIS-REx asteroid sample return mission[J]. Acta Astronautica, 2015, 115:147-159.

[5] YANG C H, MENEGAZZI P, PIQUES J D, et al. MBSE approach adapted to vehicle energy consumption optimization[C]. Stockholm: NAFEMS World Congress, 2017.

[6] CAO Y, LIU Y, PAREDIS C J J. System-level model integration of design and simulation for mechatronic systems based on SysML[J]. Mechatronics, 2011, 21(6): 1063-1075.

[7] ADAMS N L, PIHERA L D. A systems engineering based approach for informing extracorporeal membrane oxygenation (ECMO) therapy improvements [J]. Procedia Computer Science, 2013, 16(1): 591-600.

[8] WANG Z, ZHANG J, FENG J, et al. Knowledge graph embedding by translating on hyperplanes[C]. Québec: AAAI 2014: 28th AAAI Conference on Artificial Intelligence, 2014.

[9] XIAO H, HUANG M, ZHU X. From one point to a manifold: knowledge graph embedding for precise link prediction[C]. New York: 25th International Joint Conference on Artificial Intelligence, 2016.

[10] XIAO H, HUANG M, MENG L, et al. SSP: semantic space projection for knowledge graph embedding with text descriptions[C]. San Francisco: Thirty-First AAAI Conference on Artificial Intelligence, 2017.

[11] ZHANG C, ZHOU M, HAN X, et al. Knowledge graph embedding for hyper-relational data[J]. Tsinghua Science and Technology, 2017, 22(2): 185-197.

[12] SWAIN M J, BALLARD D H. Color indexing[J]. International Journal of Computer Vision, 1991, 7(1):11-32.

[13] MAHALANOBIS A, CARLSON D W, KUMAR B V K V. Evaluation of MACH and DCCF correlation filters for SAR ATR using the MSTAR public database[C]. Orlando: Proceedings of SPIE—The International Society for Optical Engineering, 1998.

[14] BAY H, ESS A, TUYTELAARS T, et al. Speeded-up robust features (SURF) [J]. Computer Vision and Image Understanding, 2008, 110(3): 346-359.

[15] KIM J B, PARK R H, KIM H I. A comprehensive analysis and evaluation to unsupervised binary hashing method in image similarity measurement[J]. Iet Image Processing, 2017, 11(8):633-639.

[16] KOCH I. Enumerating all connected maximal common subgraphs in two graphs [J]. Theoretical Computer Science, 2001, 250(1-2): 1-30.

[17] MCGREGOR J J. Backtrack search algorithms and the maximal common subgraph problem[J]. Software: Practice and Experience, 1982, 12(1): 23-34.

[18] ZHU Y, QIN L, YU J X, et al. High efficiency and quality: large graphs matching[J]. The VLDB Journal—The International Journal on Very Large Data Bases, 2013, 22(3): 345-368.

[19] KAWABATA T. Build-up algorithm for atomic correspondence between chemical structures[J]. Journal of Chemical Information and Modeling, 2011, 51(8): 1775-1787.

[20] DUESBURY E, HOLLIDAY J D, WILLETT P. Maximum common subgraph isomorphism algorithms[J]. MATCH Communications in Mathematical and in Computer Chemistry, 2017, 77(2): 213-232.

[21] BRON C, KERBOSCH J. Algorithm 457: finding all cliques of an undirected graph[J]. Communications of the ACM, 1973, 16(9): 575-577.

[22] DURAND P J, PASARI R, BAKER J W, et al. An efficient algorithm for similarity analysis of molecules[J]. Internet Journal of Chemistry, 1999, 2(17): 1-16.

[23] BABEL L. A fast algorithm for the maximum weight clique problem[J]. Computing, 1994, 52(1): 31-38.

[24] RAYMOND J W, GARDINER E J, WILLETT P. Heuristics for similarity searching of chemical graphs using a maximum common edge subgraph algorithm[J]. Journal of Chemical Information and Computer Sciences, 2002, 42(2): 305-316.

[25] GROSSO A, LOCATELLI M, PULLAN W. Simple ingredients leading to very efficient heuristics for the maximum clique problem[J]. Journal of Heuristics, 2008, 14(6): 587-612.

[26] DEPOLLI M, KONC J, ROZMAN K, et al. Exact parallel maximum clique algorithm for general and protein graphs[J]. Journal of Chemical Information and Modeling, 2013, 53(9): 2217-2228.

[27] DAMASHEK M. Gauging similarity with *n*-grams: language-independent categorization of text[J]. Science, 1995, 267(5199): 843-848.

[28] MARTINEZ-GIL J. An overview of textual semantic similarity measures based on web intelligence[J]. Artificial Intelligence Review, 2014, 42(4): 935-943.

[29] LOPEZGAZPIO I, MARITXALAR M, GONZALEZAGIRRE A, et al. Interpretable semantic textual similarity: finding and explaining differences between sentences[J]. Knowledge-Based Systems, 2017, 119: 186-199.

名 词 索 引

H

J

K

L

T

W

X

Y

Z

附录　部分彩图

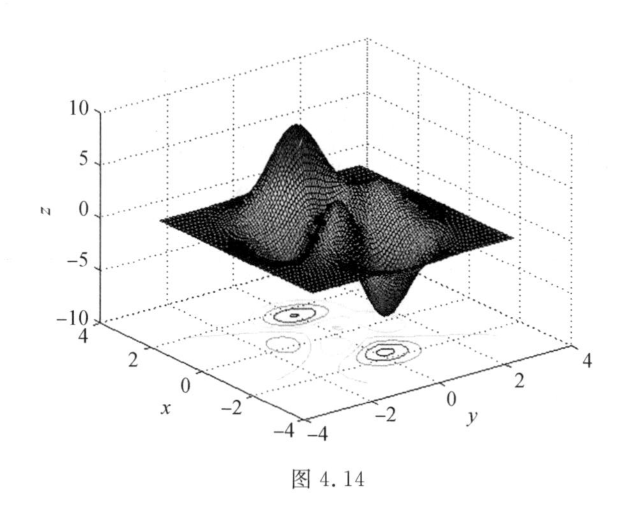

图 4.14

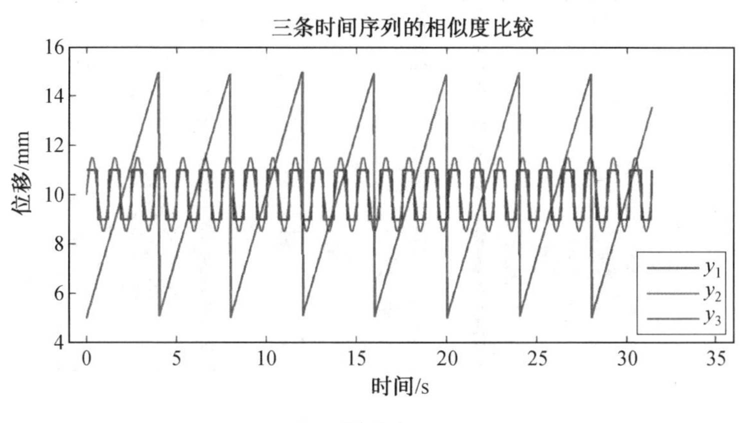

图 6.1

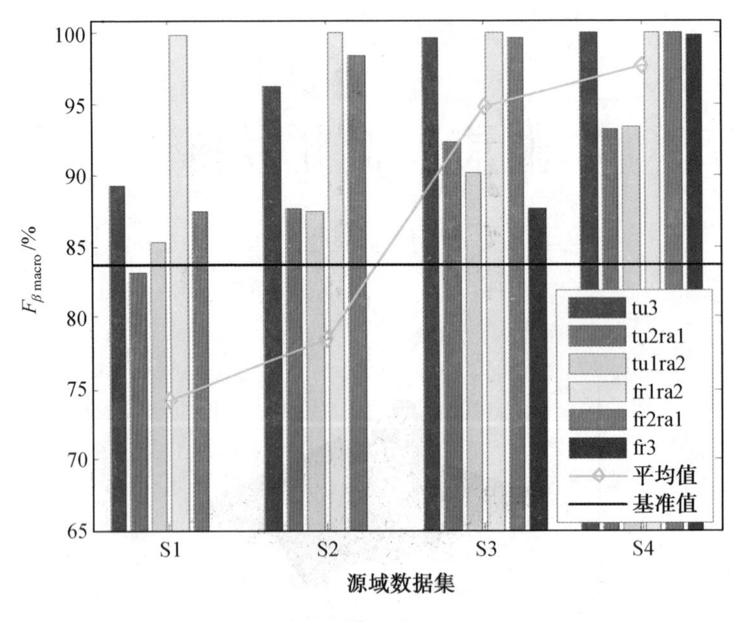
100
95
90
85
80
75
70
65
$F_{\beta\,\mathrm{macro}}$/%
S1
S2
S3
S4
源域数据集
tu3
tu2ra1
tu1ra2
fr1ra2
fr2ra1
fr3
平均值
基准值

图 6.6

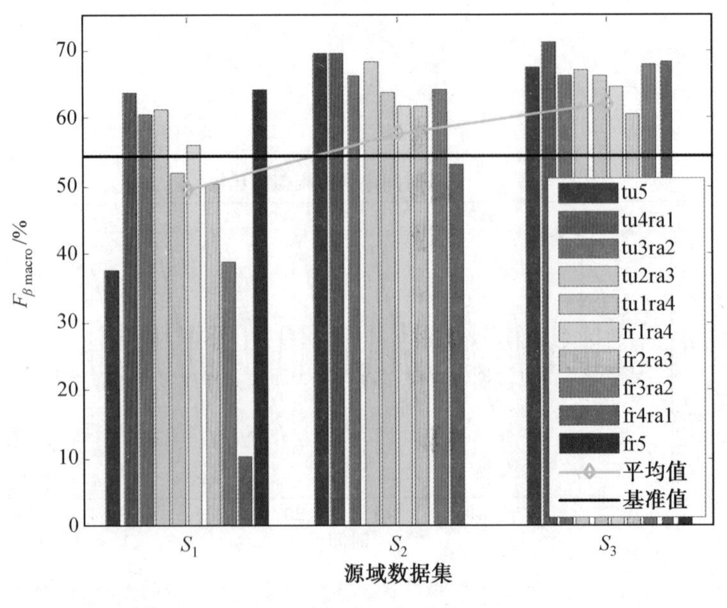
70
60
50
40
30
20
10
0
$F_{\beta\,\mathrm{macro}}$/%
S_1
S_2
S_3
源域数据集
tu5
tu4ra1
tu3ra2
tu2ra3
tu1ra4
fr1ra4
fr2ra3
fr3ra2
fr4ra1
fr5
平均值
基准值

图 6.9

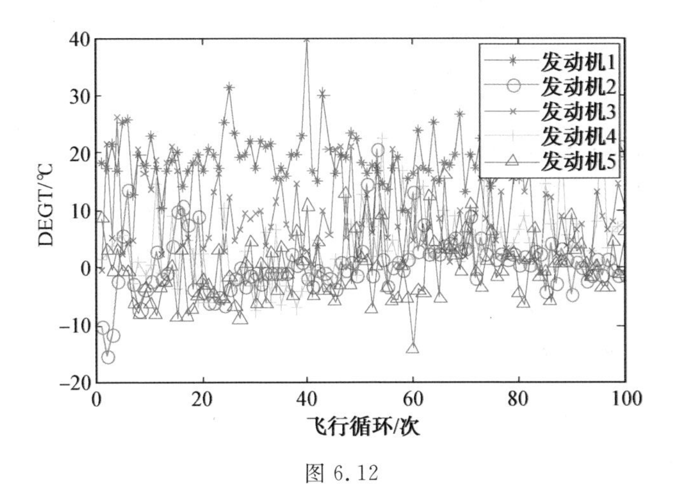

图 6.12

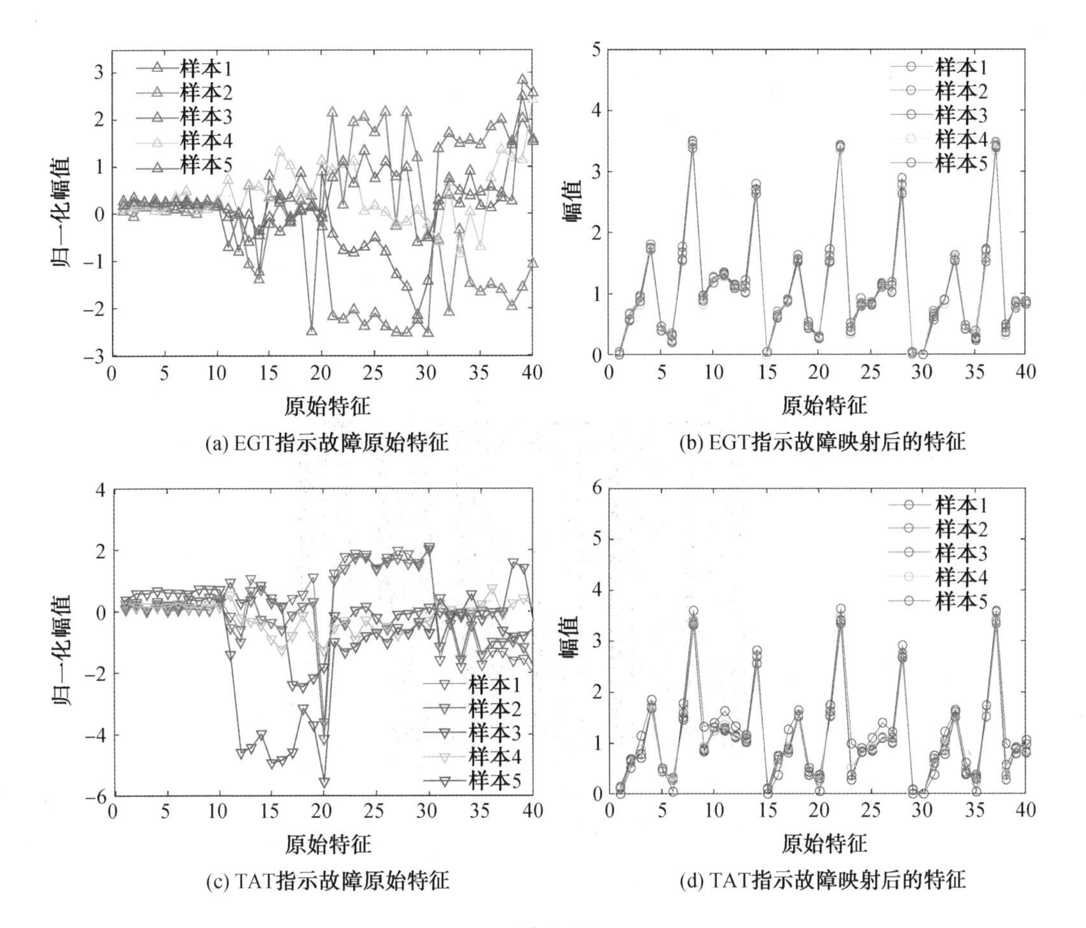

(a) EGT指示故障原始特征

(b) EGT指示故障映射后的特征

(c) TAT指示故障原始特征

(d) TAT指示故障映射后的特征

图 6.19

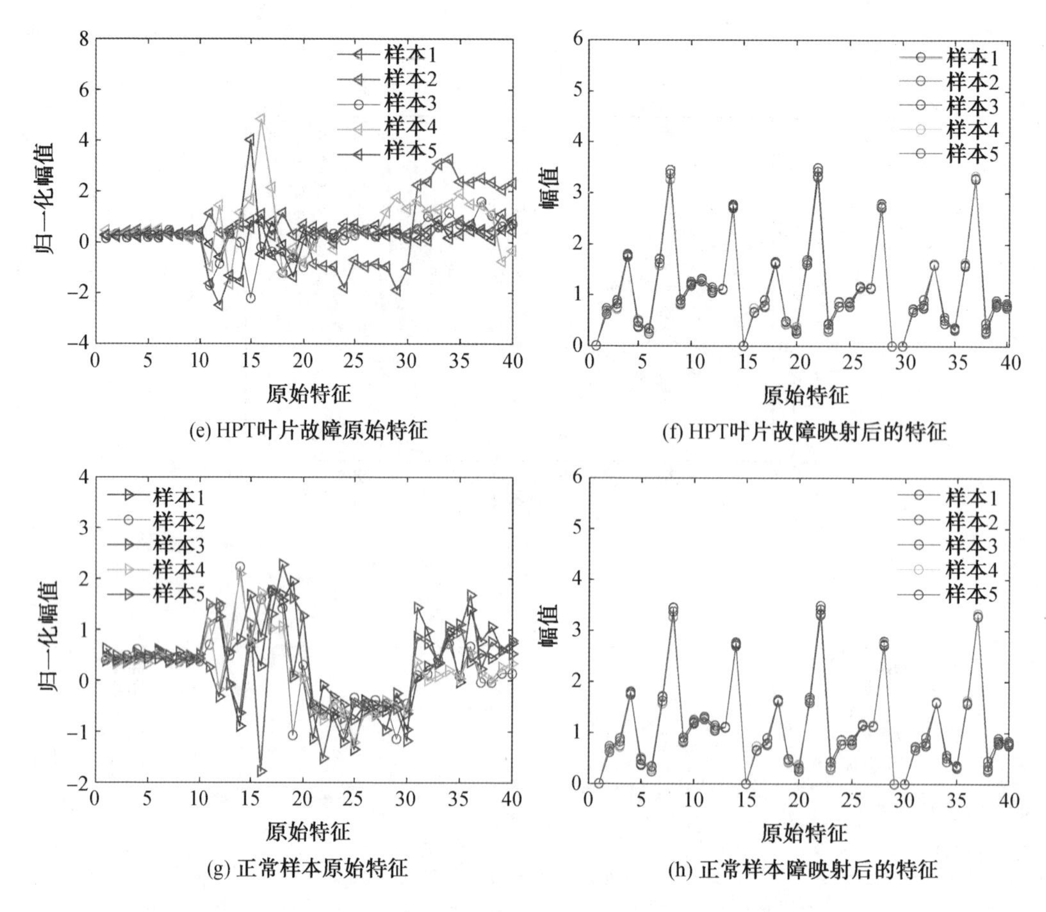

(e) HPT叶片故障原始特征

(f) HPT叶片故障映射后的特征

(g) 正常样本原始特征

(h) 正常样本障映射后的特征

续图 6.19

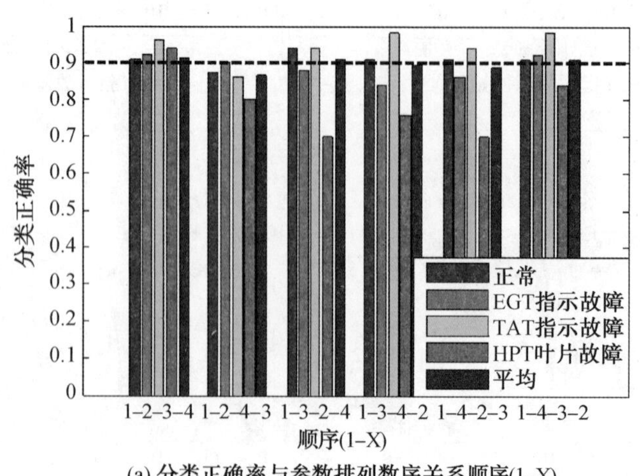

(a) 分类正确率与参数排列数序关系顺序(1-X)

图 6.24

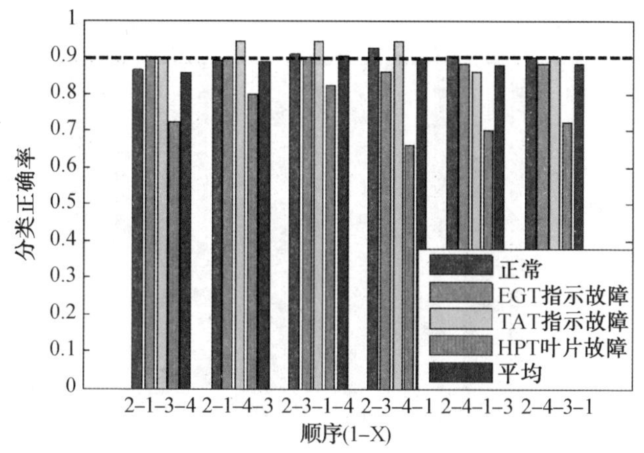

(b) 分类正确率与参数排列数序关系顺序(2-X)

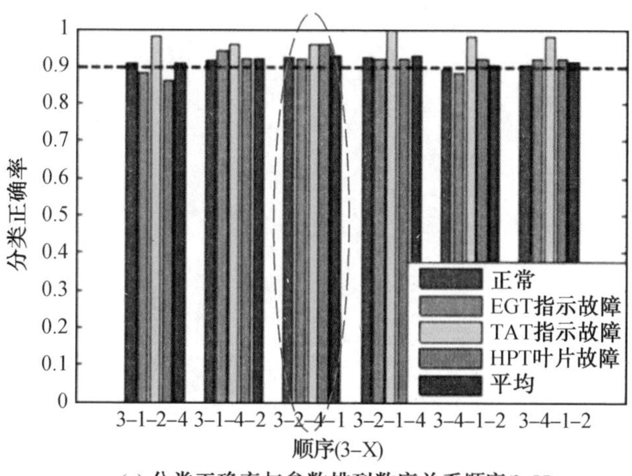

(c) 分类正确率与参数排列数序关系顺序(3-X)

续图 6.24

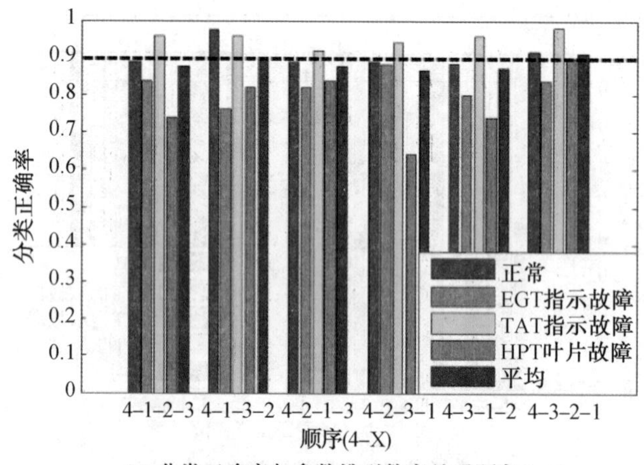

(d) 分类正确率与参数排列数序关系顺序(4-X)

续图 6.24